TRENDSTIME

时尚时间 2013 世界名表年鉴

《时尚时间》编著

中国轻工业出版社

2013世界名表年鉴

本书收录了全球 137 个知名品牌以及 12 个国产品牌，全面展示了各品牌最新和最具有收藏价值的手表款式。本书刊登的参考价格均是 2012 年 9 月由各家手表品牌提供的最新核定价格。此外，本书还对各手表品牌的历史、特点、款式信息以及基本数据做了详尽的介绍，适合手表爱好者、收藏者、时尚人士、奢侈品爱好者的阅读和收藏。

TRENDSTIME
时尚时间

Editorial & Art Department 编辑部

主编Editor-in-Chief/潘箭Pan Jian
编辑总监Editor Director/陈光大Chen Guangda
编辑Editor/聂晶Nie Jing
编辑Editor/卢兴良Lu Xingliang
编辑Editor/高跃Gao Yue
助理编辑Assistant Editor/井元丽Jing YuanLi
美术总监Art Director/赵丹阳Zhao Danyang
美编Designer/朱晔Zhu Ye
助理美编Assistant Designer/宋媛媛Song Yuanyuan
流程编辑Coordinating Editor/李璐璐Li Lulu

开弓没有回头箭

2000 年，我将德国赫尔（HEEL）出版公司的《世界名表年鉴》（Armband Uhren Katalog）第一次引入到国内，得到了广大读者朋友的热情支持。然而第二年，这本年鉴跟我们的合作由于牵扯到各方面的利益关系被迫中断了，这件事让我感到十分遗憾。我是一个特别单纯的人，我加入《时尚时间》的初衷只是为了出版最好的杂志和图书，以回报长期以来关心、支持和帮助我的广大朋友们，没有过多其他的杂念。最终，我和我的同事们经过反复商议，决定出版一本真正属于咱们中国人的《时尚时间》版的《世界名表年鉴》。为此，我们几乎参阅了市面上可以见到的所有中外版本的钟表年鉴。

这是一本立足于国内又兼顾香港市场的手表年鉴，里面收录的手表款式基本都是在市场上能够买到的最新款式。我们在制作这本年鉴时，首先考虑到的是读者朋友的实际需求，力求做到数据准确和详实。面对铺天盖地的资料和图片，这是一件艰苦又艰难的事情。然而，我和我的同事们却都倍感荣幸，因为我们在做一件对于读者朋友们大有裨益的事情。

《时尚时间 2013 世界名表年鉴》精心挑选了 150 个品牌及 2000 多款手表，其中包括一些独立制表人品牌以及 13 个国产品牌，年鉴中收录的参考价格也都是经过反复核实的当前市场价格，因此具有相当高的参考价值和收藏价值。我们正处在世界钟表发展历史过程中的一个最为鼎盛和繁荣的时代，我们这本年鉴中收录的一切，将见证世界各个品牌在这段时期的成长和进步过程。

我衷心感谢参与这本年鉴制作的每一个人，无论是给我们提出过许多宝贵意见的读者，还是为了这本年鉴的最终付梓出版而忘我奋战的杂志社全体同仁，还有自始至终支持和帮助我们的合作伙伴，大家只是为了一个共同的目标——出版一本最好的手表年鉴——而不分昼夜和节假日的默默付出，全部制作过程令我非常感动！由于我们是第一次出版如此大型的年鉴，加上我们编辑出版图书的水平有限，本书错漏之处在所难免，希望读者批评指正，明年我们一定会做得更好！

《时尚时间》主编

7月13日，宝格丽在罗马的dei marmi奥林匹克体育场举办盛大的晚宴和Party，庆祝新款OCTO男表诞生

凝结复古与时尚之美
——宝格丽 OCTO 男表打造经典

一个愿望 十年探索——宝格丽OCTO系列历程

2010 年 9 月，宝格丽集团收购了瑞士 Manufacture du Sentier 高端手表制造业领头羊 Daniel Roth 与杰罗尊达两家公司，使二者成为宝格丽品牌旗下手表产品，这是宝格丽在高端精密制表领域迈出的至关重要的一步。同年，作为原杰罗尊达公司旗下的经典表款 OCTO 系列，宝格丽通过高度整合的技术和经验，在巴塞尔世界珠宝钟表展中推出了 OCTO 系列最新款式。也是在这一年，宝格丽 OCTO 系列双逆跳陶瓷不锈钢手表，获得了瑞士专业手表杂志《Montres Passion》评选的 2010 年度最佳手表奖项。正如路威酩轩集团珠宝手表总裁兼首席执行官弗拉西斯科 · 特拉帕尼（Francesco Trapani）所说：“十年前，我在接受采访时表达了一个愿望，那就是在高端精密制表领域开发我们自己的专业技术。从那以后，宝格丽在不同时期逐渐完成了一系列高端手表制造技术的整合，用于生产顶级表壳、表盘和表链。与此同时，我们迅速拓展了在机械机芯方面的专业知识，提高了我们在复杂精密机芯领域的专业技能。今天我可以大声说：我们的愿望实现了！”

宝格丽 OCTO 系列采用 Manufacture du Sentier 特别研发的机芯，采用粗犷的八角形表壳或独特的椭圆形表壳，在遵循品牌传统风格的基础上，展现大胆自信的个性，结合非凡复杂的钟表制作技能，呈现各自的卓越传统与个性法则。OCTO 系列是其在顶级机械机芯和制表领域非凡卓越能力的集中体现，该系列现有 OCTO 双逆跳陶瓷不锈钢手表，OCTO 四逆跳计时手表，OCTO 逆跳三问表，OCTO 大自鸣陀飞轮表以及 OCTO Maserati 特别系列，2012 年推出的新款 OCTO 男士手表系列则是 OCTO 系列新的创造，凝结了复古与时尚之美。

从 OCTO 系列现有手表的款式当中我们可以看到逆跳、三问以及八角是 OCTO 系列现有款式的经典特征。OCTO 双逆跳陶瓷不锈钢手表具有精密复杂表壳的材质组合：不锈钢组成的中层表壳，缎光陶瓷表圈，镶嵌鹅蛋形缟玛瑙的表冠。配备有天然橡胶表带，以应对日常使用中的种种挑战。颇为特殊的是，这款动感生活的运动手表配备有相当精致复杂的机芯。其标志性复杂功能包含有跳字式显示窗口、分钟和日期逆跳功能。堪称动感生活的运动手表。该表款由自主研发制造的 Calibre GG 7722 机芯驱动，这款自动上弦的机械机芯代表着 Manufacture du Sentier 内在的创新精神：这款机芯蕴含高端精密工艺所必备的技术元素与美学气质，即独一无二的古金效果，小号珍珠纹饰表面与抛光面螺丝头，透过由八枚五边形螺丝固定的蓝宝石表镜可细致观赏精密机芯的运作。

具浓郁欧式风情的宝格丽罗马总店

在复杂手表的梦幻世界中，OCTO 四逆跳计时手表象征着逆跳显示、跳时显示和计时表功能的精髓组合。作为一款卓越的超级复杂机械机芯，Calibre GG 7800 为 OCTO 四逆跳计时手表提供着强劲的驱动力。这款独特的复杂机芯蕴含四项逆跳功能：分钟、日历、计时表小时和秒钟计时器。还可通过 12 点钟位置的窗口显示跳时。巨大的计时表秒针位于 6 点钟位置，采用与众不同的停止和启动装置。这一功能设置确保时间显示永恒可见。按钮与中层表壳完美融合，和谐一致——这种结构化模式符合八角形表壳设计的基本要素，含蓄映衬着镶嵌鹅蛋形缟玛瑙的表冠。景泰蓝工艺表盘展现出各显示区域，尽管信息密集，却又简洁明了，构成结构分明的视觉化组合。

报时表或乐音表精致复杂机械装置是极度精密技艺，其难以掌握的独特非凡工艺只有少数顶级手表品牌才能够做到。宝格丽 OCTO 逆跳三问表与 OCTO 大自鸣陀飞轮表便是这两款的典型作品。许久以来，乐音一直与钟表业密不可分：以往用于记录日出至日落的时间流逝，日历和季节或传达重要的社会事件信息。自中世纪以来，住在高塔内的更夫根据对星辰位置的观察进行报时，水手们也用铃铛或哨子在甲板上测量时间的变化。随着机械计时技术的诞生和发展，大型计时仪器（塔钟）取代了人类的报时角色。技术进步使得塔钟进化到怀表，并最终以手表的形式出现，但是声音信号却伴随着计时工具的漫长进化过程沿用至今。由于机械装置本身的复杂性以及工艺本身所需的精密技术，报时装置被认为是复杂制表技术的巅峰工艺。

OCTO 逆跳三问表以三问装置、跳时显示和分钟逆跳显示而独树一帜。这款杰作体现了优雅时尚设计和高贵制表传统的和谐融合。具备跳时和分钟逆跳功能，用声音传达时光的流逝。滑动专用螺栓，使用者可以选择报时、报刻与报分 G 调和 C 调相结合，旋律优美，清晰易辨。麦穗纹和景泰蓝工艺装饰表盘，白金表壳装饰着两枚鹅蛋形鹰眼石表冠。

OCTO 大自鸣陀飞轮表是复杂制表技术的精粹与终极化身，提供驱动力的自动上弦机芯配备陀飞轮机构，小时逆跳显示以及机芯和报时装置的动力储存指示装置。这款手表的珍贵之处更在于，负责装配机芯的制表大师需要 1 年以上的时间才能完成这项艰巨任务。Calibre GG 31002 双发条盒机芯象征着数百年的人类制表史精髓。其复杂度从零件数量就可见一斑：共有 863 枚零件。其中蕴含乐音报时的专用内部装置，从而确保其演奏不同类型的乐钟，融入了冶金学和声学领域的独特工艺。

机芯簧片采用特殊钢材制成，凭借类似钢琴琴弦的直径演奏出华丽高音。此机芯配备有 4 枚音锤，能够演奏出伦敦威斯敏斯特大本钟的曲调。该款手表能执行两大报时功能：大自鸣与小自鸣。在大自鸣模式下，报时装置报出小时，然后在准备报出第一、第二、第三刻钟前重复小时，运作犹如真正的钟塔。这种“顺时”报时模式自动运作，无需佩戴者人为启动。与此同时，小自鸣模式也能顺时报出小时、第一、第二和第三刻钟。也可选择静音模式，按照佩戴者的意愿，三问模式在佩戴者启动三问报时滑杆装置时进行报时。

2012 年推出的 Octo Maserati 特别系列融汇世界著名两大意大利品牌宝格丽和玛莎拉蒂的独特价值，二者共享各自的理念和卓越视角，并将其对完美、精度、性能、设计和优雅的追求体现在其中。通过创新，他们在各自的领域里诠释着对高级奢侈品的理解和定义，并在各自的类似的历史长河中留下足迹。而 Octo Maserati 系列便是一款全方位展示他们彼此创造力精髓的高级手表。其结构化模式符合八角形表壳设计的基本要素，每一细节都反映了这两大家族的基本原则，将 Octo Maserati 系列的机密技术与玛莎拉蒂汽车制造商的技术灵魂完美搭配。

这款手表的设计特点是表圈上标示有转速刻度圈，表盘展示了摩德纳玛莎拉蒂厂制造的豪华跑车的运动精神和前卫造型。高度精密的部分是工厂采用镶嵌珐琅技术精心打造的，经历一系列的复杂工序——包括铣削涂漆的凹槽、上漆、打磨、烤漆煅烧以及抛光——最终打造出一款完全独特的表盘。不同的显示区域呈现出构造精美的整体效果，与蜗形花纹、缎面处理的蓝色面融为一体。牛皮表带充分展现出玛莎拉蒂的舒适度和手工质量，遵循摩德纳产的汽车坐垫上的装饰物设计原则，同时整个设计呈现玛莎拉蒂银色和蓝色交替的风格。透明底盖上刻有玛莎拉蒂三叉乾标志，极富创意。Octo Maserati 设计和谐，比例平衡，始终追求完美无瑕的至高境界。

宝格丽Octo系列大自鸣陀飞轮手表
瑞士专业手表杂志《Montres Passion》评选的2010年度最佳手表奖项

全新OCTO表盘、机芯、表壳的制造和组装

岁月雕琢时尚精髓——宝格丽OCTO新款男士手表

“每一个城市都有其独特之处,令人难忘。这很难说,罗马! 不管怎么说,就是罗马。我将会永生永世珍惜我访问此地留下的回忆。”时隔60年的好莱坞经典电影《罗马假日》中，由奥黛丽·赫本饰演的安娜公主这样评价罗马。浪漫主义色彩、地中海风情、文艺复兴风貌、巴洛克风格、时尚……罗马仿佛一座露天博物馆，到处都是历史留下的痕迹，罗马不仅仅是罗曼蒂克的代表，沸腾的时尚之都，也暗含着浪漫最初的起源。

2012年7月，宝格丽庆祝OCTO手表最新系列发布会，精心挑选在一个八角形建筑萨西亚的圣神堂中隆重举行。作为八角设计的典型代表，萨西亚的圣神堂故事能够从一个侧面让我们看到顶端为八角形建筑的文艺史。这是一座建于12世纪并经历过数次重修的罗马教堂。教堂的中殿和小堂，设有《五旬节》和《圣母往见》等象征历史和宗教的壁画。教堂内的柱形渗透着古老建筑的历史感和厚重感。OCTO系列的八角形设计灵感即来源于这种巨大而复杂的建筑的顶端——圆顶及其外部覆盖的八角形组合。

在欧洲到亚洲的古老建筑中，常见许多八角形造型设计。特别在意大利，八角形建筑几乎举目可见。除了罗马、永恒之城，普利亚(Puglia)地区最具代表性的蒙特城堡 (Casteldel Monte) 也属于此类建筑。这座雄伟的建筑出现在13世纪，充满各种符号象征，可从中领略数学及天文学领域的众多奥妙知识。有些人将其比喻为修行神殿 (temple of learning) 。而在中国，八角形可说是中国历史、文明与信念的最初根源。阴阳或易经的内容自公元前一世纪开始精心编撰，八角形便说明了世界的局势以及其未来的发展。八个边的设计也指出天地间所发生的现象，象征天地间持续蜕变的征兆。阴阳的概念源于宇宙发生论，造就出中国的思维模式，从古代贯穿至今日。基于阴阳准则(日月、雌雄、积极消极等)对立和互补的本质，进一步

宝格丽机芯厂

位于瑞士纳沙泰尔的宝格丽钟表总部

全新的OCTO手表

OCTO的表壳结构独特，切割利落、线条洗练

OCTO表壳共有110个切面

2012 年7 月，宝格丽男士手表OCTO最新系列发布会，精心挑选在一个八角形建筑——萨西亚的圣神堂中隆重举行。在发布会上，路易威登轩尼诗（LVMH）集团珠宝和手表总裁Francesco Trapani先生和佩戴OCTO最新系列手表的著名演员乔汉姆（Jon Hamm）合影

细分此二元性，阴阳的基本法则可分为 64 卦，并产生各种可能的变化。在之后的中国建筑中，方形和圆形根据建筑准则而表现出象征性的关系。坐落于北京的天坛，建于 15 世纪，即是象征天与地、神明与人类的关系，为中国宇宙观的精髓。其建筑南边为方形围墙，北边则为圆形，呼应了中国传统“天圆地方”的说法。

数字“8”为 OCTO 的拉丁翻译，长久以来皆代表所有领域以及文明的各种普世价值。“8”相当于数学家的无限论，亘古不变的永恒以及象征中国易经的宇宙总和观。对亚洲文化来说，更是繁荣与力量的体现。OCTO 的结构便是此象征内容的精华组合。该作品，超越了纯粹手表功能，洋溢美学和情感意蕴的广泛特征。手表正式而简约的设计流露出繁复的质感，一方面传递均衡、完美、不朽与永恒的一系列价值，另一方面也展现出专业和精湛的钟表工艺。

宝格丽全新 OCTO 的外表纯粹而有力，透过其魅力、个性以及极致优雅的图形设计，完美地再现了男性的刚毅。OCTO 的表壳结构独特、切割利落、线条洗练，展现一种硬朗阳刚的气势和力量。其细腻的质感需经过复杂的基本制作过程，包括壳体、表圈和螺旋式后盖。这三大构造需经过多次反复作业，才能进行组装。宝格丽全新自制的 OCTO 表壳共有 110 个切面，每一部分皆以手工悉心打造，搭配抛光与拉丝处理，与手表的整体风格完美呼应，其内部的构造也以“卓越”为单一设计准则。

OCTO 内置的 Calibre BVL 193 机芯，具备时针、分针、秒针显示，三点钟位置有日期窗口。这枚单向旋转的自动上弦机芯，有两组发条盒，50 小时动力储存，摆频为每小时 28800 次（4Hz），其自动陀采用滚珠轴承结构，优化了上弦效率。全新 OCTO 具有强化的长效等时性，其稳定性和精准度均达到相当高的水准。全新 OCTO 有黑漆与抛光面盘两种款式，全面运用传统指针指示方式，也融合 OCTO 线条的美学特性，在众多表款中脱颖而出，突显男表的大气风格。

OCTO 系列是宝格丽品牌追求创新与完美、凝结复古与时尚的经典之作，手表强烈且细腻的质感，散发独树一帜的个性。它既非圆形也非方形，将两种几何造型完美糅合，完美地打造出高辨识度的八角型几何形设计。OCTO 鲜明的性格，确立了宝格丽在男表王国中的领袖地位。

萨西亚圣神堂顶端的圆顶及其[illegible]的八角形组合

全新OCTO设计图

M

N

O

P

Q

R

S

T

U

V

Z

国产表

朗格

A.Lange & Söhne

创立时间：
1845年

员工数量：
500人

年产量：
5000枚

电话：
+49 (0)35053 440

传真：
+49 (0)35053 445039

网址：
www.alange-soehne.com

销售方式：
专卖店，经销商

经典款式：
Lange 1，Saxonia，Richard Lange

价格区间：
146000元~4244000元

朗格是钟表界中非常少见的“非瑞士制造”的高级钟表品牌，1845 年，阿道夫·朗格雇用十余名年轻工匠，在靠近德国德累斯顿的家乡格拉苏蒂建立了自己的钟表作坊，生产朗格牌钟表。1875 年，60 盛龄的阿道夫·朗格逝世，由他的两个儿子正式继承产业。在当时的德国，朗格表精湛的制造工艺深受王室贵族和社会名流的青睐，甚至德皇威廉二世也向朗格订制极品怀表，作为给别国君主的礼物。

第一次世界大战后爆发了全球性的经济危机，但朗格凭借卓尔不群的口碑和特色产品顽强地生存下来。不过在第二次世界大战中，朗格没能逃过一劫，苏联空军的轰炸使朗格表厂主要生产部门成为一片废墟，并在二战后被东德政府收归国有。

随着 1990 年的“两德统一”，朗格的曾孙沃尔特 · 朗格赶回格拉苏蒂，重塑家族事业，他重新注册登记了朗格表的传统商标。1994 年，复兴后的第一批朗格表问世，其德国风范的精密制造工艺和外观美学堪与瑞士顶级钟表品牌并驾齐驱。今天的朗格每年仅生产数千枚金质或铂金手表，所有朗格手表均配备自家研发的机芯，并由人工整饰及装配。

自20世纪90年代卷土重来以来，朗格已研发出43枚自产机芯，为其手表作品提供源源不绝的动力。最经典的款式为配备特大日历的手表系列 Lange 1，以跳字形式精确清晰地显示数据的 Lange Zeitwerk。新时代的朗格以严谨的态度和出色的作品赢得好评，至今已获得逾160个国际奖项。

朗格秉持德国精密制表业创始人留下的传统，坚持只生产“世界上最优秀的钟表”的信念，因此将年产量限制在数千枚，而且全部作品只采用K金或铂金表壳，从每一枚钟表的组装程序、精湛工艺和装饰艺术便可看出品牌的定位和历史传统。

另外，朗格从2006年开始担任德国德累斯顿州立艺术收藏馆的赞助商，全力支持这家博物馆，双方协议把伙伴关系延长至2015年。未来，朗格也将把资源更集中投放在正进行的装修工程，并计划于2013年春天重开数学与科学展览馆。除了财政上的支持，朗格亦会参与制作有关钟表机械装置的影片，并且协助场馆增加钟表展品。

A

Lange 1 系列陀飞轮万年历

型号:720.025
机芯:L082.1自动上弦
功能:时，分与秒辅助盘，陀飞轮附专利停秒装置，大日期，星期，月份，闰年，日/夜，月相显示
表壳:铂金，直径41.9毫米
表带:鳄鱼皮表带，铂金折叠式表扣
参考价格:2683000元，限量100枚

Grand Lange 1

型号: 117.021
机芯: L095.1手动上弦
功能: 时，分，小秒针辅助盘附停秒装置，动力储存显示，大日历
表壳: 黄金，直径40.9毫米
表带: 鳄鱼皮表带，实心黄金针扣
参考价格: 308000元

Grand Lange1

型号: 117.032
机芯: L095.1手动上弦
功能: 时，分，小秒针辅助盘附停秒装置，动力储存显示，大日历
表壳: 玫瑰金，直径40.9毫米
表带: 鳄鱼皮表带，实心玫瑰金针扣
参考价格: 308000元

Grand Lange 1

型号: 117.025
机芯: L095.1手动上弦
功能: 时，分，小秒针辅助盘附停秒装置，动力储存显示，大日历
表壳: 铂金，直径40.9毫米
表带: 手工缝制鳄鱼皮表带，实心铂金针扣
参考价格: 417000元

Lange 1 Time Zone

型号: 116.039
机芯: L031.1手动上弦
功能: 时，分，停秒装置的小秒针，原居地时间搭配日/夜，大日历显示，地区时间搭配日/夜显示和城市圈，动力储存显示
表壳: 18K白色黄金，直径41.9毫米
表带: 鳄鱼皮表带，实心白色黄金针扣
参考价格: 394000元

Datograph Up/Down

型号: 405.035
机芯: L951.6手动上弦
功能: 时，分，小秒盘，配备停秒功能，飞返计时，动力储存显示，大日历
表壳: 铂金，直径41.0毫米
表带: 鳄鱼皮表带，铂金针式表扣
参考价格: 686000元

Richard Lange Tourbillon "Pour le Mérite"

型号: 760.025
机芯: L072.1手动上弦
功能: 时针，分针，小秒盘，停秒一分钟陀飞轮，显示器
表壳: 玫瑰金/铂金，直径41.9 毫米
表带: 鳄鱼皮表带，实心铂金折叠扣
参考价格: 1832000元，限量100枚

Lange 1系列 陀飞轮万年历

型号: 720.032
机芯: L082.1自动上弦
功能: 时，分与秒辅助盘，陀飞轮附专利停秒装置，大日期，星期，月份与闰年显示，日/夜显示，月相
表壳: 玫瑰金，直径41.9毫米
表带: 鳄鱼皮表带，玫瑰金折叠式表扣
参考价格: 店洽

Saxonia 系列超薄表

型号: 211.026
机芯: L093.1手动上弦
功能: 时针，分针
表壳: 白色黄金，直径40.0毫米
表带: 鳄鱼皮表带，朗格实心白金针扣
参考价格: 197000元

L072.1机芯

功能: 手动上弦，芝麻链传动系统，五方位调校，未经处理的德国银制成的3/4 主板，手工雕刻四轮桥板
直径: 33.6毫米　**厚度:** 17.6毫米
宝石: 32 枚，包括一颗钻石端石
摆轮: 防振glucydur 螺丝摆轮
摆频: 21600次/小时
游丝: 朗格自制优质摆轮游丝
备注: Richard Lange Tourbillon "Pour le Mérite"手表机芯

L043.1机芯

功能: 手动上弦，五方位调校，3/4夹板采用未经处理德国银制造，跳时和跳分功能，恒定动力擒纵系统
直径: 33.6毫米　**厚度:** 9.3毫米
宝石: 66枚
摆轮: Glucydur防振螺丝摆轮配备偏心平衡砝码
摆频: 18000次/小时
游丝: 朗格自制优质摆轮游丝
备注: Lange Zeitwerk手表机芯

L034.1机芯

功能: 手动上弦，五方位精确调校，双发条盒，夹板和桥板以未经处理德国银制造，手工雕花摆轮夹板
直径: 37.3毫米　**厚度:** 9.6毫米
宝石: 61枚，包括1颗透明蓝宝石轴承
摆轮: 防振Glucydur螺钉摆轮
摆频: 21600次/小时
游丝: 尼华洛丝摆轮游丝
备注: 上满弦可提供31天 (744小时) 动力储存，Lange 31手表机芯

A

Armand Nicolet

瑞士品牌 Armand Nicolet 诞生于 20 世纪初，它的创始人 Armand 先生出生在瑞士侏罗山谷的 Tramelan 小镇，这里的经济是以农业为支柱，但同时也是瑞士本土钟表制造的发源地之一。正是在这样的环境下，Armand Nicolet 从小便接触到了钟表，并显露出在制表方面的极高天赋。

作为一名钟表匠的儿子，Armand 继承了父亲对制表的热情与态度。在结束了学徒生活之后，1902 年，他便凭借娴熟的制表技艺，打造出了玫瑰金表壳、珐琅表盘和集单按钮计时功能、日期显示和三问保湿于一体的复杂功能怀表。之后的几年，Armand Nicolet 通过学习手表设计，提高了自己的制表工艺，这也为之后的手表生产起到关键作用。

1939 年，Armand 先生去世，他的儿子 Willy 继承了家族的制表工业。在 1950 年之前，公司一直在研制并生产机芯。到了 1950 年，公司成为当时瑞士第三大制表公司，拥有 800 名制表师及 105 个工厂。然而在 1970 年，Nicolet 受到来自石英危机的冲击，不得不与其他名声显赫的公司合作，为其生产复杂功能机芯，才得以保存自己现有的产业。

直到 1987 年，Armand Nicolet 从家族的后人 Willy 遇到了意大利手表设计师 Rolando Braga。两人的合作，让 Armand Nicolet 重又焕发生机。在 2000 年的巴塞尔表展上，全新的 Armand Nicolet 手表系列成功面世，并重新赢得业内关注。

创立时间：
1902年

员工数量：
不详

年产量:
不详

电话:
41 32 4876514

传真:
41 32 4876515

网址:
www.armandnicolet.com

销售方式:
专营店，经销商

经典款式：
J系列，L系列，LL系列，M系列

价格区间:
4000瑞郎~35000瑞郎

S05完整日历计时手表

型号: T618A-AG-P760MR4
机芯: AN7751自动上弦机芯
功能: 时针，分针，秒针，日月星期显示，月相，计时
表壳: 不锈钢表壳，直径44毫米，防水300米
表带: 棕色鳄鱼皮表带
参考价格: 7000瑞郎

TL7机芯

型号: 9631D-AS-P968RS0
机芯: AN2824-2 TNS自动上弦机芯
功能: 时针，分针，秒针，日期显示
表壳: 不锈钢表壳
表带: 粉色皮表带
参考价格: 8200瑞郎

TM7机芯

型号: 9634A-GS-P968GR3
机芯: AN2020 TNK
功能: 时针，分针，秒针，计时
表壳: 不锈钢表壳
表带: 灰色鳄鱼皮表带
参考价格: 5100瑞郎

J09

型号: 9650A-MR-P865MZ2
机芯: AN2846-9
功能: 时针，分针，秒针，星期，日期显示
表壳: 不锈钢表壳，直径39毫米，防水50米
表带: 麂皮表带
参考价格: 2450瑞郎

L09

型号: T619N-NR-G9610
机芯: AN 0711A
功能: 时针，分针，小秒针显示
表壳: 钛金属DLC黑色表壳，直径44毫米
表带: 橡胶表带
参考价格: 7000瑞郎

L10

型号: 9670A-AG-P670NR1
机芯: AN710A
功能: 时针，分针，秒针
表壳: 不锈钢表壳，直径40毫米，防水深度30米
表带: 鳄鱼皮表带
参考价格: 3900瑞郎，限量999枚

M03

型号: 7151D-NN-P915NR8
机芯: AN9232自动上弦机芯
功能: 时针，分针，秒针，月相，日期
表壳: 不锈钢表壳，直径34毫米
表带: 黑色皮表带
参考价格: 23000瑞郎

LL9

型号: 9653D-AN-P953BC8
机芯: AN704A自动上弦机芯
功能: 时针，分针，秒针
表壳: 不锈钢表壳镶钻，直径34毫米，防水50米
表带: 白色表带
参考价格: 8300瑞郎，限量500枚

LS8

型号: 8620S-GL-P713GR2
机芯: AN0711S手动上弦机芯
功能: 时针，分针，秒针
表壳: 玫瑰金、不锈钢表壳，防水50米
表带: 灰色皮表带
参考价格: 10700瑞郎，限量600枚

亚诺
Arnold & Son

表厂设立在瑞士拉绍德封的亚诺表（Arnold & Son），它的历史可以追溯到英国最著名的制表大师约翰·亚诺（John Arnold）。1736 年，约翰·亚诺出生在康沃尔郡。他的父亲是一名钟表匠，叔叔是一名军械工人，这或许可以解释为什么约翰·亚诺很早就对精密工程和金属制品产生了兴趣。

约翰 · 亚诺是一名优秀的工匠和学者。在他完成了钟表学徒生涯后，为了磨炼和提升自己的制表技艺，19 岁的约翰 · 亚诺离开了英格兰来到荷兰学习制表。两年后，他回到英格兰，很快就成为伦敦斯特兰德的一名声望卓著的钟表匠。在亚诺先生向英王乔治三世和法院展示了最小巧的打簧表之后，他迅速争取到了一群富豪客户的支持，1764 年，他创建了Arnold & Son。

约翰 · 亚诺是 18 世纪英国最具创造力的制表大师之一，拥有锁簧式擒纵机构，双金属摆轮以及螺旋游丝的多项专利，并在钟表行业的发展史上扮演了重要的角色。他与其他制表匠一起解决了在海洋上确定经度的问题，赢得了英国国会颁发的多项津贴和奖项，成为行业内备受尊敬的人物，并与另外一位制表大师宝玑先生成为挚友。他们互相交换心得，甚至接收对方的儿子作为自己的学徒。

如今的亚诺表，仍旧专注于专业机械表的生产，并坚持设计研发自产机芯，是瑞士专业小众制表品牌的代表。

创立时间:
1764年

员工数量:
不详

年产量:
不详

电话:
010 6522 5228

传真:
无

网址:
http://www.arnoldandson.com

销售方式:
中国零售商

经典款式:
TE8系列，TB88系列，HMS1系列，HMS1金龙特别款，HMS女士系列，真月系列，真月陨石系列，“大黄蜂”世界时间手表，“大黄蜂”世界时间镂空版手表

价格区间:
不详

TE8系列手表

型号：1SJAP.B01A.C113A-RG 4N 黑色
机芯：亚诺机械陀飞轮手动上弦机芯
功能：陀飞轮，小时、分钟显示
表壳：18K玫瑰金，直径44毫米，防水30米
表带：手工缝制黑色鳄鱼皮表带
参考价格：773867元，限量25枚

TB88系列手表

型号：1TBAP.B01A.C113S
机芯：亚诺机械手动上弦机芯
功能：小时、分钟显示，跳秒针显示
表壳：18K玫瑰金，直径46毫米，防水30米
表带：手工缝制黑色鳄鱼皮表带
参考价格：240130元

HMS1系列

型号：1LCAP.W01A.C110A
机芯：亚诺机械手动上弦机芯
功能：小时、分钟显示，小秒针显示
表壳：18K玫瑰金材质，直径40毫米，防水30米
表带：手工缝制黑色鳄鱼皮表带
参考价格：98276元，限量250枚

HMS1金龙特别款

型号： 1LCAP.B02A.C111A
机芯： 亚诺机械手动上弦机芯
功能： 小时、分钟显示
表壳： 18K玫瑰金，直径40毫米，防水30米
表带： 手工缝制黑色鳄鱼皮表带
参考价格： 146941元， 限量50枚

HMS女士系列

型号： 1PMMP.W01A.C114A
机芯： 亚诺机械手动上弦机芯
功能： 小时、分钟显示，6点钟位置小秒针
表壳： 18K玫瑰金，直径34毫米，防水30米
表带： 手工缝制蜂蜜色鳄鱼皮表带
参考价格： 店洽

真月系列

型号： 1TMAP.U05A.C42B
机芯： 亚诺机械自动上弦机芯
功能： 小时，分钟，中心秒针，万年历，月相显示，日期
表壳： 18K玫瑰金，直径46毫米，防水50米
表带： 手工缝制蓝色鳄鱼皮
参考价格： 255708元

真月陨石系列

型号： 1TMAP.S04A.C60B
机芯： 亚诺机械自动上弦机芯
功能： 小时、分钟显示，中心秒针，6点钟位置万年历，月相显示，日期显示
表壳： 18K玫瑰金，直径46毫米，防水50米
表带： 手工缝制棕色鳄鱼皮表带
参考价格： 275637元

“大黄蜂”世界时间手表

型号： 1H6AP.B06A.C60B
机芯： 亚诺机械自动上弦机芯
功能： 小时、分钟显示，多个时区显示，月份显示，5点钟位置双盘日期显示
表壳： 18K玫瑰金，直径47毫米，防水50米
表带： 手工缝制棕色鳄鱼皮表带
参考价格： 店洽

“大黄蜂”世界时间镂空版手表

型号： 1H6AS.Oo1A.C79F
机芯： 亚诺机械自动上弦机芯
功能： 小时、分钟显示，多个时区显示，月份显示，5点钟位置双盘日期显示
表壳： 不锈钢材质，直径47毫米，防水50米
表带： 手工缝制黑色鳄鱼皮表带
参考价格： 165932元

爱彼
Audemars Piguet

爱彼是瑞士制表行业内最负盛名的品牌之一，也是瑞士最古老的钟表企业之一。1875 年，爱彼（Audemars Piguet）在瑞士侏罗山谷心脏地带的布拉苏丝（Le Brassus）村庄创立，专门制作精密复杂和具备精美装饰的高档钟表。秉承两位创始人 Jules-Louis Audemars 和 Edward-Auguste Piguet 的理念，爱彼不断延续传统的手工制表精神和技艺，品牌坚持三个根本的价值观，即坚持传统、追求完美、大胆创新。

130 多年来，爱彼始终由其创始者的家族经营，从未落入外人手中，这也使爱彼成为高级钟表业中由创始人家族经营时间最长的企业。目前，爱彼在全球的聘用员工约 1000 人，包括 450 名瑞士三个生产厂房工作的员工，每年出产超过两万只手表，充分展现出其家传独门技术的传承，同时应用了最新的现代科技。

两位创始人在最初创厂时就决定爱彼将致力于研发最精巧的机件来制作最高度复杂及精密的钟表，而早在 1889 年第十届巴黎全球钟表展览中，爱彼就展出一款包括三问、万年历及双追针计时秒表的超复杂功能的顶级怀表，在当时史无前例而引起极大轰动，不但使爱彼声名大噪，也为爱彼奠定了表坛权威的地位。

在复杂功能的研发及制造过程中，爱彼有数次刷新表界历史的创举，在 1892 年，发表世界第一只具有三问功能的手表。1946 年，爱彼推出厚度只有 1.64 毫米的机械表。在 Jules-Louis Audemars 和 Edward-Auguste Piguet 两位高级钟表先驱和品牌创始人的启发下，

创立时间：
1875年

员工人数：
1100人

年产量：
26000 枚

电话：
+41 (0)21 6423 900

传真：
+41 (0)21 6423 401

网址：
www.audemarspiguet.com

销售方式：
专营店

经典款式：
皇家橡树系列，皇家橡树离岸系列，千禧系列，Jules Audemars 系列，Edward Piguet 系列，经典系列

价格区间：
15万元人民币以上

爱彼创造了 Jules Audemars,Edward Piguet,Tradition 等经典系列，此外爱彼还有皇家橡树系列以及千禧系列。

经典系列从优雅的超薄表、精准的计时表、诗意的三问、巧夺天工的陀飞轮、精密复杂的万年历到独家技术制作的复杂菜单，应有尽有，是集爱彼复杂制表技术之大成的系列。

作为爱彼家喻户晓的代表名作，皇家橡树的传奇始于 1972 年。当时，爱彼表厂一反高级表只用贵金属制作的潮流，以不锈钢材质打造了世界第一枚高级运动手表，并以八角形表壳、螺丝外露、表链与表壳一体成型等革命性设计，颠覆了高级制表业的常规。

诞生 40 年的皇家橡树系列，目前已备有完整多样化的选择，从经典的基本菜单到复杂菜单应有尽有，在材质方面除了选用铂金、黄金、白金、玫瑰金、不锈钢及镶钻为主的素材之外，甚至还采用太空领域稀有金属钽、钛合金、航天超级合金 alacrite 602，更独家首创了轻盈而坚韧的锻造碳材质，掀起高级制表业运用创新高科技材质的热潮。

皇家橡树系列诞生之后，爱彼又相继推出挑战极限的皇家橡树离岸型手表、以柔美线条和美钻镶嵌赢得女性芳心的皇家橡树女装手表，以及讲究材质与色彩混搭而极具帅性气质的皇家橡树离岸型女装手表。八角形表壳象征着精湛技艺与大胆创新，也是爱彼取之不尽的灵感之源。

爱彼千禧系列以古罗马竞技场的形状为设计灵感，将传统与现代、古典与前卫的设计感完美融合，创造出椭圆形的偏心式表盘，为人们带来“椭圆时间”的新观念。千禧系列的男装手表强调新古典风格，其特点是大胆的设计以及艺术气息；女装手表则以超现代的设计、清新脱俗的色彩与华丽璀璨的钻石，烘托其整体造型；千禧瑰宝系列以串串晶莹的钻石点亮了椭圆主题的新趣味。

皇家橡树系列超薄镂空手表

型号：15203PT.OO.1240PT.01
机芯：自制5122自动上弦机械机芯
功能：时针，分针，日期显示
表壳：950铂金表壳，直径39毫米，防水50米
表带：950铂金链带
参考价格：1046000元，全球限量发行40枚

皇家橡树系列超薄镂空陀飞轮手表

型号：26511PT.OO.1220PT.01
机芯：2924手动上弦机械机芯
功能：时针，分针，陀飞轮，动力储存显示
表壳：950铂金
表带：950铂金链带
参考价格：2614000元，全球限量发行40枚

皇家橡树系列39毫米超薄手表

型号：15202ST.OO.1240ST.01
机芯：自制2121自动上弦机械机芯
功能：时针，分针，日期
表壳：不锈钢，直径39毫米
表带：不锈钢
参考价格：166000元

皇家橡树系列41毫米超薄陀飞轮手表

型号：26510OR.OO.1220OR.01
机芯：自制2924手动上弦机械机芯
功能：时针，分针，陀飞轮
表壳：18K玫瑰金，直径41毫米
表带：18K玫瑰金
参考价格：1700000元

皇家橡树系列41毫米自动上弦计时表

型号：26320OR.OO.D002CR.01
机芯：2385自动上弦机械机芯
功能：时针，分针，秒针，日期，计时
表壳：18K玫瑰金，直径41毫米
表带：手工缝制大方格鳞纹黑色鳄鱼皮
参考价格：337000元

皇家橡树系列37毫米自动上弦手表

型号：15451OR.ZZ.1256OR.01
机芯：自制3120自动上弦机械机芯
功能：时针，分针，秒针，日期
表壳：18K玫瑰金表壳，镶钻表圈
表带：18K玫瑰金
参考价格：436000元

皇家橡树系列33毫米石英手表

型号：67651ST.ZZ.1261ST.01
机芯：2713石英机芯
功能：时针，分针，日期
表壳：不锈钢表壳，表圈镶钻
表带：不锈钢
参考价格：112000元

皇家橡树离岸型计时表

型号：26400SO.OO.A002CA.01
机芯：Cal.3126/3840自动上弦机芯
功能：时针，分针，小秒针，中央计时秒针，30分钟及12小时计时器，测速仪，日期
表壳：不锈钢表壳，表圈为黑色陶瓷
表带：黑色橡胶表带饰以两道凹纹
参考价格：244000元

皇家橡树日出日落时间等式天文月相万年历手表

型号：26603OR.OO.D092CR.01
机芯：Cal.2120/2808自动上弦机芯
功能：时针，分针，日期，星期，月份，闰年，月相，日出日落时间显示，时间等式
表壳：18K玫瑰金表壳，直径42毫米
表带：褐色鳄鱼皮表带
参考价格：968000元

皇家橡树系列41毫米自动上弦手表

型号：15400ST.OO.1220ST.01
机芯：自制3120自动上弦机械机芯
功能：时针，分针，秒针，日期
表壳：不锈钢，直径41毫米
表带：不锈钢
参考价格：125000元

皇家橡树离岸型自动上弦陀飞轮计时表

型号：26550AU.OO.A002CA.01
机芯：Cal.2897自动上弦机芯
功能：时针，分针，小秒针，中央计时秒针，30分钟计时器，测速仪，陀飞轮，计时
表壳：锻造碳表壳，表圈为黑色陶瓷
表带：黑色橡胶表带
参考价格：2118000元

皇家橡树离岸型阿诺传承限量纪念表

型号：26378IO.OO.A001KE.01
机芯：Cal.2326/2840自动上弦机芯
功能：时针，分针，小秒针，中央计时秒针，30分钟及12小时计时器，测速仪，日期
表壳：黑色陶瓷
表带：无烟煤色人造纤维编织表带
参考价格：350000元，限量1500枚

Jules Audemars超薄手表

型号：15180BC.OO.A002CR.01
机芯：Cal.2120自动上弦超薄机芯
功能：时针，分针
表壳：18k 白金
表带：黑色手工缝制方形大鳞片鳄鱼皮
参考价格：190000元

Jules Audemars超薄万年历手表

型号：26390OR.OO.D088CR.02
机芯：Cal.2120/2802自动上弦超薄机芯
功能：时针，分针，星期，日期，月份，闰年，月相
表壳：18K玫瑰金，直径41毫米，防水20米
表带：褐色"方形大鳞片"手工缝制鳄鱼皮
参考价格：578000元

Jules Audemars自动上弦手表

型号：15170OR.OO.A002CR.01
机芯：爱彼自制Cal.3120自动上弦机芯
功能：时针，分针，日期
表壳：18K玫瑰金
表带：黑色或褐色手工缝制方形大鳞片鳄鱼皮表带
参考价格：150000元

Jules Audemars小秒针手表

型号：77238OR.OO.A088CR.01
机芯：爱彼自制Cal.3090手动上弦机芯
功能：时针，分针，小秒针
表壳：18K玫瑰金表壳
表带：褐色手工缝制方形大鳞片鳄鱼皮
参考价格：131000元

Millenary千禧手动上弦三问手表

型号：26371TI.OO.D002CR.01
机芯：爱彼自制全新Cal.2910手动上弦机芯
功能：时针，分针，小秒针，三问报时
表壳：横椭圆形钛金属
表带：黑色手工缝制方形大鳞片鳄鱼皮
参考价格：3486000元，全球限量发售8枚

Jules Audemars星期日期月相手表

型号：26385OR.OO.A088CR.01
机芯：Cal.2324/2825自动上弦机芯
功能：时针，分针，日期，星期，月相
表壳：18K玫瑰金
表带：褐色手工缝制方形大鳞片鳄鱼皮
参考价格：227000元

Millenary千禧计时表

型号： 26145OR.OO.D093CR.01
机芯： Cal.2385自动上弦机芯
功能： 时针，分针，小秒针，中央计时秒针，30分钟及12小时定时器，测速仪，日期
表壳： 18K玫瑰金表壳
表带： 褐色雾面手工缝制方形大鳞片折边鳄鱼皮
参考价格： 315000元

Millenary千禧昆西琼斯(Quincy Jones)手表

型号： 15161SN.OO.D002CR.01
机芯： Cal.3120自动上弦机芯
功能： 时分显示，中央秒针、日期显示
表壳： 黑钢表壳
表带： 黑色手工缝制真皮表带
参考价格： 159000元，限量发行500枚

皇家橡树离岸型Diver自动上弦潜水表

型号： 15703ST.OO.A002CA.01
机芯： 爱彼独家Cal.3120自动上弦机芯
功能： 时针，分针，潜水时间计时，日期
表壳： 不锈钢，直径42毫米
表带： 黑色橡胶
参考价格： 139000元

皇家橡树离岸型陀飞轮计时表

型号： 26288OF.OO.D002CR.01
机芯： Cal.2912手动上弦双发条盒陀飞轮机芯
功能： 时针，分针，中央计时秒针，30分钟定时器，测速仪
表壳： 玫瑰金表壳，锻造碳表圈
表带： 手工缝制黑色方形大鳞片鳄鱼皮
参考价格： 2404000元

Jules Audemars两地时间手表

型号： 26380OR.OO.D002CR.01
机芯： Cal.2329/2846自动上弦机芯
功能： 时针，分针，日期，昼夜指示的第二时区时间，动力储存显示
表壳： 18K玫瑰金
表带： 黑色手工缝制方形大鳞片鳄鱼皮
参考价格： 253000元

千禧碳(Carbon One)陀飞轮计时表

型号： 26152AU.OO.D002CR.01
机芯： Cal.2884手动上弦双发条盒陀飞轮机芯
功能： 时针，分针，计时，动力储存显示，陀飞轮
表壳： 锻造碳表壳，黑色陶瓷表圈，47毫米x 42毫米，黑色钛合金外圈
表带： 手工缝制方形大鳞片黑色鳄鱼皮表带
参考价格： 2464000元，限量发行120枚

皇家橡树离岸型国际汽车大赛限量计时表

型号：26290IO.OO.A001VE.01
机芯：Cal.3126/3840自动上弦机芯
功能：时针，分针，小秒针，计时，30分钟定时器与12小时定时器，测速仪，日期
表壳：锻造碳，锻造碳和黑色陶瓷双层表圈
表带：手工缝制黑色小牛皮和时尚人造皮
参考价格：316000元，限量发行1750只
其他款式：18K玫瑰金款式，950铂金款式

Millenary千禧计时表

型号：26145OR.OO.D095CR.01
机芯：Cal. 2385自动上弦机芯
功能：时针，分针，小秒针，计时，30分钟和12小时转速表
表壳：18K玫瑰金，防水20米
表带：鳄鱼皮表带
参考价格：315000元

Jules Audemars独家擒纵系统手表

型号：26153PT.OO.D028CR.01
机芯：Cal.2908手动上弦机芯
功能：时针，分针，小秒针，动力储备显示
表壳：950铂金
表带：鳄鱼皮
参考价格：2589000元

Millenary千禧玉髓陀飞轮手表

型号：26354OR.ZZ.D080GA.01
机芯：Cal.2861手动上弦陀飞轮镂空机芯
功能：时针，分针，陀飞轮
表壳：18K玫瑰金镶钻
表带：褐色鲨鱼皮表带
参考价格：3530000元

皇家橡树离岸型计时表

型号：26092CK.ZZ.D002CA.01
机芯：Cal. 2385自动上弦机芯
功能：时针，分针，小秒针，计时，定时器，日期
表壳：白金镶钻表壳，直径37毫米、防水20米
表带：黑色橡胶表带
参考价格：783000元

Millenary千禧4101手表

型号：15350ST.OO.D002CR.01
机芯：爱彼Cal.4101自动上弦机芯
功能：时针，分针，小秒针
表壳：不锈钢
表带：褐色手工缝制方形大鳞片鳄鱼皮
参考价格：179000元
其他款式：18K玫瑰金

3120自动上弦机械机芯

动力储存： 60小时
功能： 时针，分针，中心秒针，日历，两侧拔出
直径： 26.6毫米　**厚度：** 4.25毫米
红宝石： 40颗
摆轮： 铜铍和惰性可变元素
摆频： 21600次/小时
游丝： 平面游丝
防振： Kif
备注： 摆轮桥，22K黄金自动上弦摆陀，不锈钢打磨，精细打磨夹板，日内瓦条纹

2121自动上弦机械机芯

动力储存： 超过40小时
功能： 时针，分针，日历，两侧拔出
直径： 28毫米　**厚度：** 3.05毫米
红宝石： 36颗
摆轮： 铜铍和惰性可变元素
摆频： 19800次/小时
游丝： 平面游丝
防振： Kif
备注： 22K黄金节摆自动上弦摆陀，不锈钢打磨，精细打磨夹板，日内瓦条纹

2385自动上弦机械机芯

动力储存： 超过40小时
功能： 时针，分针，计时，日历
直径： 25.6毫米　**厚度：** 5.5毫米
红宝石： 37颗
摆轮： 铜铍，背面微调
摆频： 21600次/小时
游丝： 平面游丝
防振： Kif
备注： 22K黄金自动上弦摆陀，不锈钢打磨，精磨桥接及日内瓦条纹

2120-2808自动上弦机械机芯

动力储存： 48小时
功能： 时针，分针；带有日历、周历、月历的万年历功能，月相显示，闰年显示；日出和日落时间显示，时差显示（时差方程）；单面超平自动上弦摆陀，支撑轮和21K黄金节摆；
直径： 28毫米　**厚度：** 5.35毫米
红宝石： 41颗
摆轮： 铜铍6砝码　**摆频：** 19800次/小时
游丝： 平面游丝
防振： Kif
备注： 不锈钢打磨，精细打磨夹板，日内瓦条纹

2889手动上弦机械机芯

动力储存： 超过40小时
功能： 时针，分针，小秒针，计时，中间轮控制的计时功能，陀飞轮分针
直径： 29.3毫米
厚度： 7.65毫米
红宝石： 25颗
摆轮： 螺钉摆轮和惰性可变元素
摆频： 21600次/小时
游丝： 平面游丝和菲利普斯曲线
防振： Kif
备注： 不锈钢打磨，精细打磨夹板，日内瓦条纹

2886手动上弦机械机芯

动力储存： 超过70小时
功能： 时针，分针，小秒针，大日历，陀飞轮
尺寸： 27.05毫米×20.3毫米
厚度： 6.1毫米
红宝石： 20颗
摆轮： 螺钉摆轮和惰性可变元素
摆频： 21600次/小时
游丝： 平面游丝和菲利普斯曲线
防振： Kif
备注： 不锈钢打磨，精细打磨夹板，日内瓦条纹

3126/3840自动上弦机械机芯

动力储存： 超过60小时
功能： 时针，分针，计时，日历
直径： 26毫米　**厚度：** 7.15毫米
红宝石： 59颗
摆轮： 铜铍和惰性可变元素
摆频： 21600次/小时
游丝： 平面游丝
防振： Kif
备注： 22K黄金节摆自动上弦摆陀，不锈钢打磨，精细打磨夹板，日内瓦条纹

3124/3841自动上弦机械机芯

动力储存： 60小时
功能： 时针，分针，计时，日历
直径： 26毫米　厚度：7.16毫米
红宝石： 59颗
摆轮： 铜铍和惰性可变元素
摆频： 21600次/小时
游丝： 平面游丝
防振： Kif
备注： 22K黄金节摆自动上弦摆陀，不锈钢打磨，精细打磨夹板，日内瓦条纹

2120/2802自动上弦机械机芯

动力储存： 40小时
功能： 时针，分针，带有日历、周历、月历的万年历功能，月相显示，闰年显示
直径： 28.4毫米
厚度： 4毫米
红宝石： 38颗
摆轮： 铜铍；背面微调
摆频： 19800次/小时

2874手动上弦机械机芯

动力储存： 48小时
功能： 时针，分针，小秒针（陀飞轮护圈内），分针数字计时，分针反跳，陀飞轮分针
直径： 29.3毫米
厚度： 7.65毫米
红宝石： 28颗
摆轮： 螺钉摆轮和惰性可变元素
摆频： 21600次/小时
游丝： 平面游丝和菲利普斯曲线
防振： Kif
备注： 不锈钢打磨；精细打磨夹板，日内瓦条纹

2908手动上弦机械机芯

动力储存： 72小时
功能： 时针，分针（偏心），小秒针，动力储备显示，高频摆轮（专利）
直径： 39毫米
厚度： 8.11毫米
红宝石： 34颗
摆轮： 螺钉摆轮和惰性可变元素
摆频： 43200次/小时
游丝： 双面，反向平面游丝
备注： 267个零件；纯手工（打磨、安装、雕饰和调试）

2140自动上弦机械机芯

动力储存： 最大为40小时
功能： 时针，分针，中心秒针，日历
直径： 20.4毫米
厚度： 4毫米
红宝石： 31颗
摆轮： 铜铍，背面微调
摆频： 28800次/小时

博柏利 Burberry

创立时间：
1856年

员工数量：
不详

年产量：
不详

电话：
+86 400 120 2380

传真：
+86 400 120 2380

网址：
http://cn.burberry.com/store/

销售方式：
多样

经典款式：
“英伦风尚”手表系列

价格区间：
不详

“英伦风尚”手表系列是博柏利（Burberry）背后英式灵感的体现，这一系列的手表设计创新，将工艺与传统特色融合，吸引着钟爱博柏利（Burberry）的人们。另外，博柏利（Burberry）最为注重实用性与功能性以及精湛的制作工艺，希望其手表也能沿袭标志性的 Burberry Trench 风衣特点。

圆弧八角形表壳上装饰独特的螺钉，汲取了来自英国现代设计以及标志性的 Burberry Trench 风衣的灵感。多刻面的表壳结构，配有不同的拉丝及抛光不锈钢表面，流线型的简洁表盘，搭配弧形且透明的底盖，值得一提的是，这个底盖可放大机芯，让人们清楚地欣赏内部机芯的工艺。同时，防反光、抗冲击、耐刮擦的蓝宝石水晶表镜也可以保护表盘和机芯。短吻鳄皮表带，灵感源自标志性博柏利色彩组合，包括 Trench 色、经典棕色和亚光黑以及拉丝和抛光表面的不锈钢表链。指针经过特殊定制的 Trench 色夜光涂漆处理。标志性博柏利色彩组合包括：Trench 色、亚光黑、古铜色、不锈钢、深棕色和黑色。

瑞士制造的自动上弦机械机芯，灵感同样源自标志性博柏利 Trench 风衣传统设计元素的手工制作细节。由手工拧紧的特殊定制螺钉，通过表冠与表圈旋进优雅的弧形底盖，完成表壳的装配。自动机芯装饰独特的环形日内瓦波纹，永动转子上饰有博柏利标志。机芯以复杂的材料组合为特色，色彩丰富，其中包括黄金、黑色、灰色、不锈钢和桃红色。独特的分层技术使表盘拥有美观的梯度表面，表壳内壁上微刻有博柏利标志。手工缝制的短吻鳄皮表带，有多种特殊定制的标志性博柏利色彩可供选择。

Burberry Britain系列

型号： BBY1000
机芯： Soprod 9040瑞士自动上弦机械机芯
功能： 时针，分针，秒针，日期，动力储备显示
表壳： 圆弧八角形表壳，古铜色镀层不锈钢，垂直拉丝和斜刻边缘处理，防水50米
表带： 短吻鳄皮表带
参考价格： 40260元

Burberry Britain系列

型号： BBY1103
机芯： 瑞士朗达5040.D机芯
功能： 时针，分针，秒针，计时功能，日期显示
表壳： 圆弧八角形表壳，黑色镀层不锈钢表圈，防水50米
表带： 短吻鳄皮表带
参考价格： 19530元

Burberry Britain系列

型号： BBY1400
机芯： 瑞士郎达703石英三指针机芯
功能： 时针，分针，秒针
表壳： 圆弧八角形表壳，抛光不锈钢表圈，双翻钻装饰，124颗钻石，防水50米
表带： 短吻鳄皮表带
参考价格： 40260元

B

波尔
Ball

创立时间:
1891年

员工数量:
20人 波尔表业(上海)有限公司

年产量:
不详

电话:
021 62176020，021 62173201

传真:
021 62173851

网址:
www.ballwatch.com

销售方式:
百货商场

经典款式:
工程师碳氢系列，工程师长官升级系列，铁路长官系列，战火勇士系列等

价格区间:
5000元~60000元

“始于 1891 年，在恶劣环境中，依然准确无误”这句话概括了波尔的起源。1891 年 4 月 19 日，美国俄亥俄州的两列邮件列车相撞，导致 11 人丧生，事后经调查发现，这起事故是由时钟故障所导致。随后，来自俄亥俄州克利夫的 Webb C. Ball 先生被铁路公司聘任为总检察官，政府托付他一件最重要的任务就是监管并记录铁路时间。

在波尔先生的监管下，经过筛选的手表制造商们立刻开始对所有铁路员工佩戴的手表进行隔周检查。Webb C. Ball 先生为此设立了严格的标准，严禁采用误差超过 30 秒钟的时计。他这套标准系统确保了计时的精确和统一，也建立了铁路时间和铁路手表作为精确计时的标准，这个网络最终覆盖了美国 75%的铁路。

Webb C. Ball 的成就受到了国际社会的称赞，不仅是因为他作为一个普通公民的贡献，更因为他在钟表制造史上充当的角色——始于 1891 年的波尔正是由他所创立。在最初的准则中，Webb C. Ball 先生要求手表的每一个细节必须严格遵从铁路手表的制作标准，包括指针的形状和时标的形式。

经过百多年的演变，波尔表已做出多项的改革。其中最重要的莫过于在 20 世纪 50 年代将全部手表的制作移师到全球名表集中地——瑞士南部 Belizona 市。今天，尽管波尔表的产品外观发生了变化，但强调实用性的精神却从来没有打过折扣，在性能方面，波尔表一直强调耐用坚固，具有夜间读时、防磁及防振功能，其可靠的品质以及类似发光汽灯的时标设计一直深受消费者的喜爱。

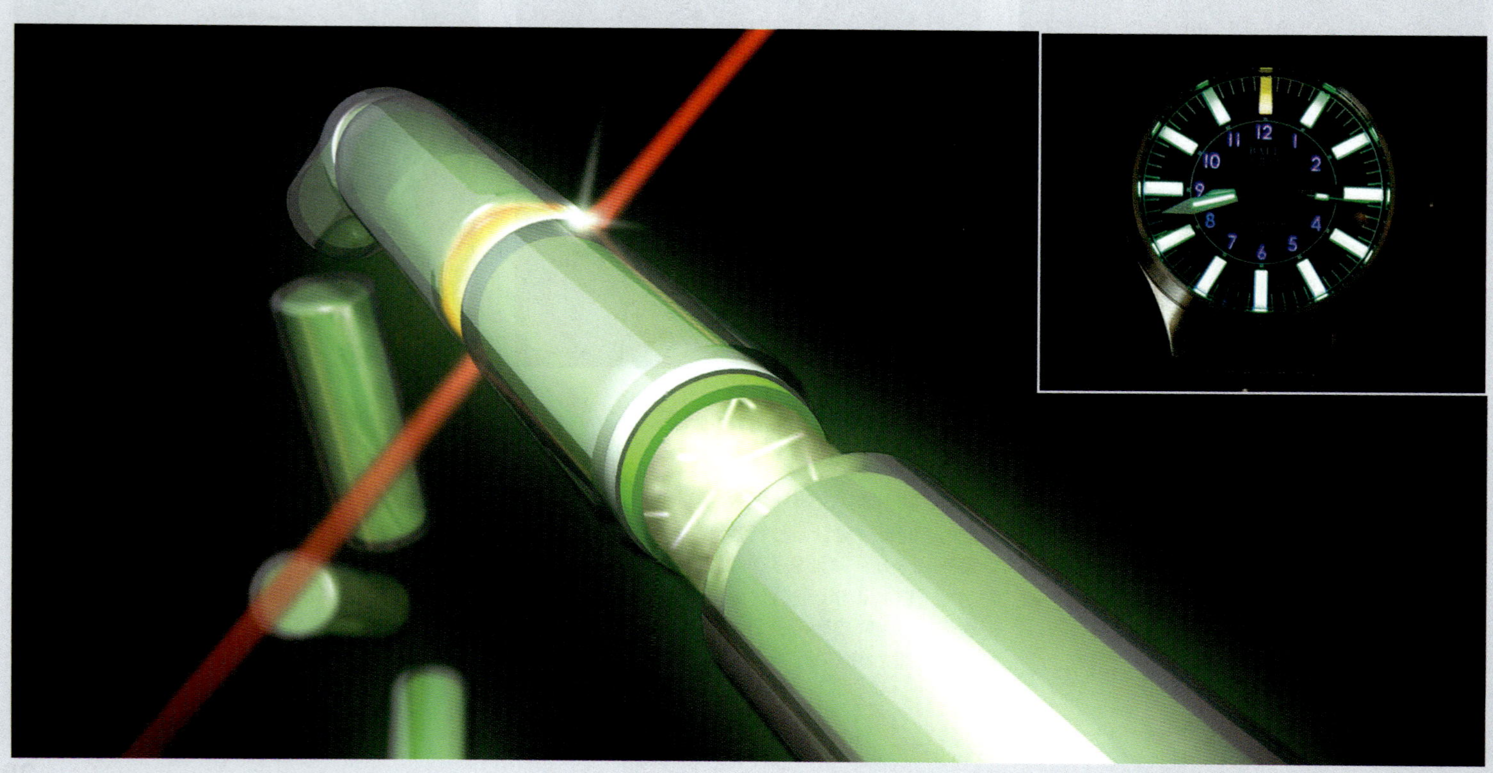

工程师碳氢系列陶瓷十五

型号： DM2136A-SCJ-BK
机芯： ETA 2892机械机芯
功能： 时针，分针，秒针及日期显示，指针及表面上共镶嵌31支自体发光微型汽灯，防磁12000安培，通过5000Gs撞击测试
表壳： 不锈钢表壳，直径42毫米，防水333米
表带： 不锈钢表带，折叠式表扣
参考价格： 27900元

工程师碳氢系列计时秒富豪

型号： CM2098C-SCJ-BK
机芯： ETA 2050自动机芯
功能： 时针，分针，秒针及日期显示，计时，指针及表面上共镶嵌14支自体发光汽灯
表壳： 不锈钢表壳，直径40毫米，防水100米
表带： 不锈钢表带，折叠式表扣
参考价格： 29000元

工程师碳氢系列超级太空长官

型号： DM2036A-SCA-BK
机芯： ETA 2836-2 自动机芯
功能： 时针，分针，秒针，星期及日期显示，80支自体发光微型汽灯置于表面及指针，防磁12000安培，通过7500Gs撞击测试
表壳： 不锈钢表壳，直径41.5毫米，防水333米
表带： 不锈钢表带，折叠式表扣
参考价格： 24000元

工程师碳氢系列深度探索

型号： DM3000A-SCJ-BK
机芯： ETA 2892 自动机芯
功能： 时针，分针，秒针及日期显示，指针及表面上共镶嵌17支自体发光微型汽灯,自动氦排放阀，通过7500Gs撞击测试，防磁4800安培，防水3000米
表壳： 钛金属，直径43毫米
表带： 不锈钢及钛金属表带
参考价格： 31200元

工程师长官升级系列世界时间潜水员

型号： DG2022A-SA-BK
机芯： Ball 965自动机芯
功能： 时针，分针，秒针，星期及日期显示，世界时区显示，夜光内置旋转潜水计时圈，通过5000Gs撞击测试，防磁4800安培
表壳： 不锈钢，直径45毫米，防水300米
表带： 不锈钢表带
参考价格： 19900元
其他款式： 优质橡胶表带配针扣，19000元

工程师长官升级系列自由深降潜水员

型号： DC1028C-S2J-BK
机芯： ETA 7750自动机芯
功能： 时针，分针，秒针，日期及星期显示，计时秒表，指针及表面上共镶嵌25支自体发光微型汽灯，通过5000Gs撞击测试，防磁4800安培
表壳： 不锈钢，直径43.8毫米，防水300米
表带： 不锈钢表带或优质橡胶带
参考价格： 24000元

B

工程师长官升级系列DLC黑金刚

型号： NM2020C-PA-BKYE
机芯： ETA 2836-2机械机芯
功能： 时针，分针，秒针，日期及星期显示，指针及表面上共镶嵌51支自体发光微型汽灯
表壳： 不锈钢，直径41毫米，防水100米，防磁4800安培，通过5000Gs撞击测试
表带： 橡胶表带
参考价格： 13800元

工程师长官升级系列天文台二型

型号： NM1022C-S1CAJ-BK
机芯： ETA 2836-2自动机芯，备瑞士天文台证书
功能： 时针，分针，秒针，报时，日期及星期显示，表面及指针镶嵌31支自体发光微型汽灯
表壳： 不锈钢表壳，直径40毫米，防水100米，防磁4800安培，通过5000Gs撞击测试
表带： 不锈钢表带
参考价格： 18300元

工程师升级系列赤色天文台

型号： NM2026C-LCJ-GY
机芯： ETA 2836自动机芯，备瑞士天文台认证
功能： 时针，分针，秒针，日期及星期显示，表面及指针共镶嵌15支自体发光微型汽灯
表壳： 不锈钢表壳，直径40毫米防水100米，防磁4800 安培，通过5000Gs撞击测试
表带： 不锈钢表带
参考价格： 18300元

工程师升级系列俄亥俄经典

型号： NM1020C-S5J-BK
机芯： ETA 2836-2 自动机芯
功能： 时针，分针，秒针，日期及星期显示，共镶嵌15支自体发光微型汽灯于表面及指针
表壳： 不锈钢表壳，直径40毫米，防水100米，防磁4800安培，通过5000Gs撞击测试
表带： 不锈钢带配接扣
参考价格： 11600元
其他款式： 小牛皮皮带配针扣

工程师升级系列阿拉伯太空冰蓝汽灯

型号： NM1020C-S4-BKSL
机芯： ETA 2824-2自动机芯
功能： 时针，分针，秒针及首次采用放大日期显示，表面及指针共镶嵌27支自体发光微型汽灯
表壳： 不锈钢表壳，直径40毫米，防水100米，防磁4800安培，通过5000Gs撞击测试
表带： 不锈钢带配接扣
参考价格： 13200元
其他款式： 小牛皮皮带配针扣

铁路长官系列120型号

型号： NM2888D-PG-LJ-GYGO
机芯： ETA 2892机械机芯
功能： 时针，分针，秒针及日期显示，指针及表面上共镶嵌14支自体发光微型汽灯，方便夜间读时，通过5000Gs撞击测试
表壳： 18K/750玫瑰金表壳，直径39.5毫米，厚度10.5毫米，防水50米
表带： 优质鳄鱼皮皮带配玫瑰金表扣
参考价格： 51300元

铁路长官系列永恒型号

型号： NM2080D-SJ-SL
机芯： ETA 2836机械机芯
功能： 时、分、秒，星期及日期显示，指针及表面上共镶嵌14支自体发光微型汽灯，通过5000Gs撞击测试，防磁4800安培，防水50米
表壳： 不锈钢表壳，直径39.5毫米
表带： 优质鳄鱼皮皮带配针扣或不锈钢钢带
参考价格： 14900元

铁路长官系列摄氏型号

型号： NT1050D-LJ-SLC
机芯： 机械机芯caliber BALL 9018，特制机芯油能抵御零下40℃的低温
功能： 时、分、秒及日期显示，温度计，指针及表面上共镶嵌15支自体发光微型汽灯，防水50米，通过5000Gs撞击测试
表壳： 不锈钢表壳，直径41毫米，厚度12.6毫米
表带： 优质鳄鱼皮皮带配针扣
参考价格： 26000元

战火勇士系列凯旋型号

型号： NM2098C-S3J-BK
机芯： 机械机芯ETA 2824-2
功能： 时、分、秒报时，日期显示，时、分、秒针及表面上共镶嵌14支自体发光微型汽灯
表壳： 不锈钢表壳，直径40毫米，微拱型太阳光线图纹表盘，精美表盘刻度经，防水100米，通过5000Gs撞击测试
表带： 不锈钢表带
参考价格： 9700元

战火勇士系列经典型

型号： NM2098C-SJ-BK
机芯： ETA 2824-2机械机芯
功能： 时针，分针，秒针报时，日期显示，指针及表面上共镶嵌14支自体发光微型汽灯
表壳： 不锈钢表壳，直径40毫米，微拱形太阳光线图纹表盘，防水100米，通过5000Gs撞击测试
表带： 不锈钢表带
参考价格： 8200元

战火勇士系列光荣

型号： NM2188C-S1-BK
机芯： ETA 2824-2机械机芯
功能： 时针，分针，秒针，报时，日期显示，时、分、秒针及表面上共镶嵌15支自体发光微型汽灯
表壳： 不锈钢表壳，直径40毫米，防水100米，通过5000Gs撞击测试
表带： 不锈钢表带
参考价格： 7500元

战火勇士系列追风者超级黑金刚

型号： CM2192C-P2-BK
机芯： ETA 7750自动机芯
功能： 计时，时针，分针，秒针，星期及日期显示，测距计，测速计，指针及表面上共镶18支自体发光微型汽灯
表壳： 不锈钢表壳经DLC处理，直径43毫米，防水100米，通过5000Gs撞击测试
表带： 优质橡胶带配针扣
参考价格： 26000元

B

宝曼
Balmain

宝曼是由法国时装设计师皮埃尔·宝曼先生于1945年创建，以皮埃尔·宝曼先生设计的蔓藤图式作为品牌的象征和灵感之源，它被称为是将女性的优雅天性从第二次世界大战的阴云中解放了出来。

1987年到1995年，宝曼手表由斯沃琪集团独家许可制作。斯沃琪集团为品牌提供专业的知识技能和最先进高级的制表技术。1995年12月，斯沃琪集团正式购入宝曼手表，这使得宝曼表在技术与设计上有了更强大的依托。

宝曼表厂坐落于闻名于世的瑞士汝拉山谷的索伊米亚 Chasseral 山脚下，这是一个拥有田园般美景，不断激发创作灵感的地方。因此其手表制品也与品牌的其他产品一样具备浪漫优雅的气质，体现出女性对美好爱情的向往和积极向上的人生态度。

2009年，宝曼进入中国市场，其较为合理的价格和符合东方审美的外观设计也受到了年轻消费者尤其是初涉职场的白领女性们的欢迎。

创立时间:
1945年

员工数量:
不详

年产量:
不详

电话:
021 24125223

传真:
021 24125002

网址:
cn.balmainwatches.com

销售方式:
百货商场等

经典款式:
宝曼至美系列，宝曼尼亚系列，宝曼拱廊系列，宝曼典雅系列

价格区间:
2300元~11450元

宝曼至美系列多功能女表

型号： B5079.22.86
机芯： ETAG15.211 石英机芯
功能： 时针，分针，秒针，1/10秒计时盘，小秒盘及日历窗，30分钟计时盘
表壳： 316L不锈钢镀PVD玫瑰金，直径38毫米，防水50米
表带： 小牛皮底白色仿鳄鱼纹面表带
参考价格： 4950元

宝曼至美系列机械女表

型号： B1539.32.86
机芯： ETA2681 自动上弦机械机芯
功能： 时针，分针，秒针，日历
表壳： 316L不锈钢镀PVD玫瑰金，直径29毫米，防水50米
表带： 小牛皮底黑色仿鳄鱼纹面表带
参考价格： 4550元

宝曼至美系列机械女表

型号： B1538.33.86
机芯： ETA2681 自动上弦机械机芯
功能： 时针，分针，秒针，日历
表壳： 316L不锈钢，PVD间金，直径29毫米，防水50米
表带： 316L不锈钢，5微米PVD间金
参考价格： 5300元

宝曼至美系列机械男表

型号： B1549.32.26
机芯： ETA2824-2 自动上弦机械机芯
功能： 时针，分针，秒针，日历
表壳： PVD玫瑰金，直径40毫米，防水50米
表带： 小牛皮底黑色仿鳄鱼纹面表带
参考价格： 4550元

宝曼至美系列机械男表

型号： B1541.33.66
机芯： ETA2824-2 自动上弦机械机芯
功能： 时针，分针，秒针，日历
表壳： 316L不锈钢，直径40毫米，防水50米
表带： 316L不锈钢
参考价格： 4550元

宝曼至美系列女表

型号： B4070.32.16
机芯： ETA F05.111 石英机芯
功能： 时针，分针，秒针，日历
表壳： 316L不锈钢镀2微米18PVD金，防水50米
表带： 小牛皮底黑色仿鳄鱼纹面表带
参考价格： 3800元

B

宝曼至美系列女表

型号： B4070.33.86
机芯： ETA F05.111 石英机芯
功能： 时针，分针，秒针，日历
表壳： 316L不锈钢镀2微米18PVD金，直径35.05毫米，防水50米
表带： 316L不锈钢镀PVD金
参考价格： 3800元

宝曼至美系列男表

型号： B4069.32.26
机芯： ETA F07.111 石英机芯
功能： 时针，分针，秒针，日历
表壳： 316L不锈钢镀PVD金，直径42.05毫米，防水50米
表带： 小牛皮底黑色仿鳄鱼纹面表带
参考价格： 3400元

宝曼歌剧系列女表

型号： B1375.32.16
机芯： ETA902.002 石英机芯
功能： 时针，分针
表壳： 316L镶钻不锈钢，直径30毫米，防水50米
表带： 小牛皮底黑色缎面
参考价格： 7600元

宝曼芭莎系列女表

型号： B3391.33.12
机芯： ETA902.002 石英机芯
功能： 时针，分针
表壳： 316L不锈钢，直径35.8毫米，防水50米
表带： 316L不锈钢
参考价格： 3050元

宝曼尼亚系列多功能女表

型号： B5553.22.84
机芯： ETAG10.211 石英机芯
功能： 时针，分针，秒针，1/10秒计时盘，小秒盘及日历窗，3C分钟计时盘
表壳： 316L不锈钢镀PVD玫瑰金，直径39.4毫米，防水50米
表带： 白色小牛皮表带
参考价格： 5700元

宝曼尼亚系列女表

型号： B3711.32.14
机芯： ETA F03.111石英机芯
功能： 时针，分针，秒针，日历
表壳： 316L不锈钢，直径29毫米，防水50米
表带： 小牛皮底黑色仿鳄鱼纹面表带
参考价格： 2700元

宝曼尼亚系列女表

型号： B3710.33.84
机芯： ETA F03.111石英机芯
功能： 时针，分针，秒针，日历
表壳： 316L不锈钢镀5微米PVD金，直径29毫米，防水50米
表带： 316L不锈钢镀PVD金
参考价格： 3750元

宝曼尼亚系列十二边形多功能女表

型号： B5896.33.82
机芯： ETAG15.211 石英机芯
功能： 时针，分针，秒针，1/10秒计时盘，小秒盘及日历窗，30分钟计时盘
表壳： 316L不锈钢，直径34.5毫米，白色陶瓷表圈，防水50米
表带： 316L不锈钢，白色陶瓷
参考价格： 5300元

宝曼尼亚系列十二边形女表

型号： B3891.33.12
机芯： ETA F04.111石英机芯
功能： 时针，分针，秒针，日历
表壳： 316L不锈钢，直径29毫米，防水50米
表带： 316L不锈钢
参考价格： 3050元

宝曼尼亚系列机械女表

型号： B3771.33.64
机芯： ETA2681自动上弦机械机芯
功能： 时针，分针，秒针，日历
表壳： 316L不锈钢，直径29毫米，防水50米
表带： 316L不锈钢
参考价格： 5300元

宝曼尼亚系列机械男表

型号： B3761.52.24
机芯： ETA2824-2自动上弦机械机芯
功能： 时针，分针，秒针，日历
表壳： 316L不锈钢，直径41.5毫米，防水50米
表带： 灰黑色小牛皮表带
参考价格： 4550元

宝曼典雅系列女表

型号： B8073.33.85
机芯： ETA282.001石英机芯
功能： 时针，分针
表壳： 316L不锈钢，5微米PVD玫瑰间金，直径27毫米，防水50米
表带： 316L不锈钢，PVD玫瑰间金
参考价格： 4800元

B

宝曼典雅系列女表

型号： B1431.33.12
机芯： ETA902.002石英机芯
功能： 时针，分针
表壳： 316L不锈钢，黑色陶瓷，直径28毫米，防水50米
表带： 316L不锈钢
参考价格： 3050元

宝曼经典系列女表

型号： B2991.32.82
机芯： ETA902.002石英机芯
功能： 时针，分针
表壳： 316L不锈钢，直径29毫米，防水50米
表带： 黑色小牛皮表带
参考价格： 2300元
其他款式： 传统银色蔓藤图释表盘

宝曼经典系列男表

型号： B2981.33.62
机芯： ETA G15.261石英机芯
功能： 时针，分针
表壳： 316L不锈钢，直径40毫米，防水50米
表带： 316L不锈钢
参考价格： 2700元
其他款式： 白色表盘

宝曼拱廊系列女表

型号： B4471.22.83
机芯： ETA902.002石英机芯
功能： 时针，分针
表壳： 316L不锈钢，直径23.5毫米，防水50米
表带： 白色小牛皮表带
参考价格： 2700元
其他款式： 黑色珍珠母贝表盘，银色蔓藤图释表盘

宝曼名媛系列女表

型号： B3655.33.12
机芯： ETA902.001石英机芯
功能： 时针，分针
表壳： 316L镶钻不锈钢，直径20毫米，防水50米
表带： 316L不锈钢
参考价格： 5650元
其他款式： 不带钻基本款，白色珍珠母贝表盘

宝曼卵石系列女表

型号： B3251.33.66
机芯： ETA902.001石英机芯
功能： 时针，分针
表壳： 316L不锈钢，直径19.5毫米，黑色釉瓷，防水50米
表带： 316L不锈钢
参考价格： 2700元

B

宝达
Bedat & Co.

创立时间:
1996年

员工数量:
80人

年产量:
不详

电话:
+852 3521 0990

传真:
+852 3521 0992

网址:
www.bedat.com

销售方式:
专卖店销售

经典款式:
专卖店，形象专柜

价格区间:
40000元～1600000元

成立于1996宝达（Bedat & Co.）虽然是一家年轻的钟表品牌，但是有着明确的产品风格和定位，并且严格遵循瑞士钟表制造的品质标准。1997年，宝达在巴塞尔国际钟表展上推出了自己的第一批作品——3号系列和7号系列，其特点是表盘简约、洗练，而表壳则富于装饰性，与20世纪早期的手表异曲同工。在宝达生产的手表系列中，是以型号来强化每款手表的特点。目前有1号正方形系列，2号椭圆形系列，3号酒桶形系列，7号长方形系列以及8号圆形系列。每个型号的名称都代表着宝达制表过程中特有的表壳形状，也借机赋予这些系列一种连续与统一的特性。

另外，每一块宝达手表都刻有品牌特有的“8”字工匠标记，并配有一份A.O.S.C. ®（瑞士原产认证证书）。这个数字标记源于Bedat & Bedat的两个“B”，象征完美和无限，同时也与沙漏的形象相呼应，隐喻了时间的流逝。而A.O.S.C. ®（瑞士原产认证证书）则保证了宝达手表无论在稳定性、准确性还是防振方面的优质特征，并且每块手表都享有5年的国际保修认证。

1号118手表

型号：118.020.101
机芯：ETA 2000.1 自动上弦机芯
功能：时针，分针，秒针，日期显示
表壳：不锈钢表壳，34.3毫米x40.5毫米，镶嵌78颗钻石，防水50米
表带：鳄鱼皮表带配不锈钢折叠扣
参考价格：80700元

2号227手表

型号：227.051.900
机芯：ETA 976.001
功能：时针，分针
表壳：不锈钢表壳，直径26.5毫米，镶嵌145颗钻石，防水50米
表带：不锈钢表带，配不锈钢折叠扣
参考价格：85600元

2号228手表

型号：228.450.989
机芯：ETA956.032石英机芯
功能：时针，分针
表壳：玫瑰金椭圆形表壳，直径36.5毫米，镶嵌195颗钻石，防水50米
表带：鳄鱼皮表带
参考价格：291920元

2号228手表

型号：228.450.989
机芯：ETA 956.032石英机芯
功能：时针，分针
表壳：玫瑰金酒桶形表壳，25毫米x29毫米，镶嵌49颗钻石，防水50米
表带：鳄鱼皮表带
参考价格：97050元

3号315手表

型号：315.031.100
机芯：ETA2892A2自动上弦机芯
功能：秒针，分针，日期显示
表壳：不锈钢表壳，33.5毫米x38.7毫米，镶嵌182颗钻石，防水50米
表带：不锈钢表带
参考价格：126060元

3号316手表

型号：316.020.100
机芯：ETA 956.032石英机芯
功能：时针，分针
表壳：不锈钢酒桶形表壳，27.6毫米x31.8毫米，镶嵌66颗钻石，防水50米
表带：鳄鱼皮表带
参考价格：49180元

3号334手表

型号： 334.340.800
机芯： ETA 956.102石英机芯
功能： 时针，分针，日期显示
表壳： 黄金外表圈，玫瑰金内表圈，镶嵌49颗钻石，防水50米
表带： 鳄鱼皮表带，配黄金折叠扣
参考价格： 103600元

3号384手表

型号： 384.031.600
机芯： ETA 976.001石英机芯
功能： 时针，分针
表壳： 不锈钢表壳，镶嵌125颗钻石，防水50米
表带： 不锈钢表带，配不锈钢折叠扣
参考价格： 69030元

3号386手表

型号： 386.030.600
机芯： ETA 976.001石英机芯
功能： 时针，分针
表壳： 不锈钢六角酒桶形表壳，镶嵌48颗钻石，防水50米
表带： 鳄鱼皮表带
参考价格： 62050元

7号727手表

型号： 727.010.100
机芯： ETA 2000-1自动上弦机芯
功能： 时针，分针，秒针，日期显示
表壳： 不锈钢长方形表壳，防水50米
表带： 牛皮表带
参考价格： 26270元

7号728手表

型号： 728.340.801
机芯： ETA 2000-1自动上弦机芯
功能： 时针，分针，秒针，日期显示
表壳： 黄金表壳，玫瑰金表圈镶钻，防水50米
表带： 手工缝制丝缎表带，配不锈钢折叠扣
参考价格： 112870元

7号788手表

型号： 788.050.109
机芯： ETA 2000-1自动上弦机芯
功能： 时针，分针
表壳： 不锈钢表壳，镶嵌216颗钻石，防水50米
表带： 手工缝制丝缎表带，配不锈钢折叠扣
参考价格： 154520元

B

8号823手表

型号： 823.040.100
机芯： ETA 956.032石英机芯
功能： 时针，分针
表壳： 不锈钢表壳，直径36毫米，镶嵌83颗钻石，防水50米
表带： 鳄鱼皮表带
参考价格： 69360元

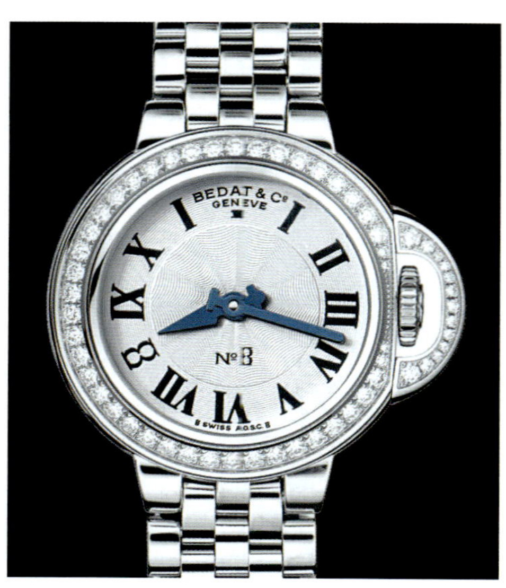

8号827手表

型号： 827.041.600
机芯： ETA956.032石英机芯
功能： 时针，分针
表壳： 不锈钢圆形表壳，镶57颗钻石，防水50米
表带： 不锈钢表带，配不锈钢折叠扣
参考价格： 59540元
其他款式： 鳄鱼皮表带，配不锈钢表扣

8号828手表

型号： 828.041.600
机芯： ETA 2892.2自动上弦机芯
功能： 时针，分针，秒针，日期显示
表壳： 不锈钢圆形表壳，直径36.5毫米，镶嵌151颗钻石，防水50米
表带： 不锈钢表带，配不锈钢折叠扣
参考价格： 111880元

8号830手表

型号： 830.030.100
机芯： ETA 2894-2自动上弦机芯
功能： 时针，分针，秒针，日期显示，计时功能
表壳： 不锈钢圆形表壳，直径41.5毫米，镶嵌52颗钻石，防水50米
表带： 鳄鱼皮表带，配不锈钢折叠扣
参考价格： 77210元

8号831手表

型号： 831.440.100
机芯： ETA 2892A2自动上弦机芯
功能： 时针，分针，秒针，日期显示
表壳： 玫瑰金圆形表壳，直径41.5毫米，镶嵌166颗钻石，防水50米
表带： 鳄鱼皮表带，配玫瑰金间不锈钢折叠扣
参考价格： 193010元

8号832手表

型号： 832.440.980
机芯： ETA 2893自动上弦机芯
功能： 时针，分针，秒针，双时区，日期显示
表壳： 玫瑰金圆形表壳，直径41.5毫米，镶嵌166颗钻石，防水50米
表带： 鳄鱼皮表带，配玫瑰金间不锈钢折叠扣
参考价格： 218090元

8号867手表

型号： 867.010.311
机芯： ETA 2894-2自动上弦机芯
功能： 时针，分针，秒针，计时功能，日期显示，夜光
表壳： 不锈钢表壳，防水50米
表带： 鳄鱼皮表带
参考价格： 52350元

8号878手表

型号： 878.910.510
机芯： ETA 7001手动上弦机芯，高级定制，动力储存42小时
功能： 时针，分针，小秒针
表壳： 铂金表壳，防水50米
表带： 鳄鱼皮表带，配白金针扣
参考价格： 2230000元

8号888手表

型号： 888.418.340
机芯： ETA 2896自动上弦机芯
功能： 时针，分针，秒针，日期双显示窗口
表壳： 玫瑰金表壳，防水50米
表带： 鳄鱼皮表带，配玫瑰金针扣
参考价格： 119840元

Extravaganza 188手表

型号： 188.550.910
机芯： ETA E01.001石英机芯
功能： 时针，分针
表壳： 钯金方形表壳，镶嵌496颗圆形钻石，防水50米
表带： 丝缎表带，配钯金针扣镶嵌66颗钻石
参考价格： 652090元

Extravaganza 288手表

型号： 288.450.910
机芯： ETA 2660手动上弦机芯
功能： 时针，分针
表壳： 玫瑰金椭圆形表壳，镶嵌957颗钻石，防水50米
表带： 丝缎表带，配玫瑰金针扣镶嵌66颗钻石
参考价格： 641180元

3号324手表

型号： 324.555.000
机芯： ETA 956.102石英机芯
功能： 时针，分针
表壳： 白金表壳，镶嵌78颗圆形钻石
表带： 不锈钢表带，镶嵌150颗方形钻石，366颗圆形钻石，防水30米
参考价格： 1102300元

B

名士
Baume & Mercier

1830 年，路易·维德（Louis Victor Baume）和皮雅·约瑟·施利斯丹（Pierre Joseph Celestin Baume）兄弟，在瑞士汝拉山谷登记注册了名士兄弟贸易公司（The Societe Baume Freres）。他们聘请技术精良的制表师傅，组建专业钟表培训学校，并严格训练每一位工匠，此举也促成了当地制表工业的建立。经过多年的发展，二人又于 1851 年在伦敦创办了名士兄弟（Baume Brothers）企业，品牌不但在英伦三岛取得了成功，还开拓了隶属于英联邦的澳洲与新西兰市场。

名士是瑞士传统钟表制造企业之一，曾经在行业中处于领先行列，并多次在各种天文台计时竞赛中获奖。今天的名士表，将黄金分割美学充分应用于现代手表设计中，具备出众的外观，在增加产量的同时坚持生产流程管理，确保产品质量。其产品主要分为灵霓（Linea）、卡普蓝（Capeland）、汉伯顿（Hampton）、克里顿（Clifton）和克莱斯麦（Classima）等几大系列。2011 年，名士重新诠释品牌哲学——凝聚珍贵时刻（Life is about Moments），以汉伯顿美妙的海滨生活为主题，传达出欢乐、分享与隽永持久的价值观。意在使名士表成为人们生活中的温馨伴侣，并记录每一个珍贵和美好的时刻。

创立时间：
1830年

员工数量：
不详

年产量:
不详

电话:
021 33950843

传真:
021 61969701

网址:
http://www.baume-et-mercier.cn/

销售方式:
旗舰店，专卖店

经典款式：
灵霓，卡普蓝，汉伯顿，克莱斯麦，克里顿

价格区间:
19400元~157000元

名士克里顿系列全球首发现场

卡普蓝10065

型号： 10065
机芯： 自动机芯
功能： 时针，分针，计时，测速仪，测距仪，日期
表壳： 44毫米，不锈钢
表带： 黑色鳄鱼皮
参考价格： 35900元

卡普蓝10068

型号： 10068
机芯： 特制机芯，自动机芯，La Joux-Perret 8147-2
功能： 时针，分针，计时，测速仪，测距仪，日期显示
表壳： 44毫米，抛光/缎面打磨不锈钢
表带： 浅栗色鳄鱼皮
参考价格： 60700元

克里顿系列M0A10059

型号： M0A10059
机芯： Sellita SW300自动机芯，动力储存42 小时
功能： 时针，分针，日期显示
表壳： 抛光不锈钢圆形表壳，直径39毫米，防水约50米
表带： 深棕色鳄鱼皮
参考价格： 47500元

克里顿系列M0A10055

型号： M0A10055
机芯： Dubois Dépraz 9000自动机芯，动力储存42 小时
功能： 时针，分针，全历，月相，星期，月份，中央指针显示日期
表壳： 抛光不锈钢圆形表壳，直径43毫米，防水约50米
表带： 黑色鳄鱼皮
参考价格： 32900元

克里顿系列M0A10057

型号： M0A10057
机芯： Dubois Dépraz 9000自动机芯，动力储存42 小时
功能： 时针，分针，全历，月相，星期，月份，中央指针显示日期
表壳： 抛光不锈钢圆形表壳，直径43毫米，防水约50米
表带： 黑色鳄鱼皮
参考价格： 32900元

克里顿系列M0A10053

型号： M0A10053
机芯： Sellita SW260-1自动机芯，动力储存38小时
功能： 时针，分针，小秒针，日期显示
表壳： 抛光不锈钢圆形表壳，直径41毫米，防水约50米
表带： 棕色鳄鱼皮
参考价格： 20500元

B

汉伯顿10048

型号： 10048
机芯： 自动机芯
功能： 时针，分针，小秒针功能，日期显示
表壳： 尺寸45毫米x 32.3毫米，抛光/缎面打磨不锈钢
表带： 抛光/缎面打磨不锈钢
参考价格： 28500元

汉伯顿10051

型号： 10051
机芯： 石英机芯
功能： 时针，分针，日期显示
表壳： 尺寸34.5毫米 x 22毫米，抛光/缎面打磨不锈钢
表带： 抛光/缎面打磨不锈钢
参考价格： 34900元

汉伯顿10047

型号： 10047
机芯： 自动机芯
功能： 时针，分针，小秒针功能，日期显示
表壳： 尺寸45毫米 x 32.3毫米，抛光/缎面打磨不锈钢
表带： 抛光/缎面打磨不锈钢
参考价格： 28500元

卡普蓝10007

型号： 10007
机芯： La Joux-Perret 8147-2自动机芯
功能： 时针，分针，计时，测速仪，测距仪，日期显示
表壳： 直径44毫米，玫瑰金
表带： 棕色鳄鱼皮
参考价格： 157000元

卡普蓝10063

型号： 10063
机芯： 自动机芯
功能： 计时，测速仪，测距仪，日期显示
表壳： 直径42毫米，不锈钢
表带： 蓝色鳄鱼皮
参考价格： 35900元

卡普蓝10006

型号： 10006
机芯： La Joux-Perret 8147-2自动机芯
功能： 时针，分针，计时，测速仪，测距仪，日期显示
表壳： 直径44毫米，不锈钢
表带： 黑色鳄鱼皮
参考价格： 60700元

汉伯顿10032

型号： 10032
机芯： 自动机芯
功能： 计时，日期显示，时针，分针
表壳： 尺寸46.8毫米 x 34毫米，抛光处理不锈钢
表带： 黑色鳄鱼皮
参考价格： 70800元

克莱斯麦10037

型号： 10037
机芯： 自动机芯
功能： 日期显示，时针，分针，秒针
表壳： 直径39毫米，抛光处理18K玫瑰金
表带： 黑色鳄鱼皮
参考价格： 46500元

克莱斯麦10077

型号： 10077
机芯： 自动机芯
功能： 日期显示，时针，分针，秒针
表壳： 直径33毫米，抛光处理18K玫瑰金
表带： 黑色鳄鱼皮
参考价格： 46000元

灵霓10072

型号： 10072
机芯： 石英机芯
功能： 日期显示，时针，分针
表壳： 直径32毫米，不锈钢镶嵌钻
表带： 可更换表带，不锈钢
参考价格： 38700元

灵霓10073

型号： 10073
机芯： 自动机芯
功能： 日期显示，时针，分针，秒针
表壳： 直径32毫米，抛光/缎面打磨双色
表带： 可更换表带，抛光/缎面打磨双色 棕色缎面附加表带
参考价格： 46900元

灵霓10074

型号： 10074
机芯： 自动机芯
功能： 日期显示，时针，分针，秒针
表壳： 直径32毫米，抛光/缎面打磨不锈钢
表带： 可更换表带，抛光/缎面打磨不锈钢 黑色缎面附加表带
参考价格： 28900元

B

柏莱士
Bell & Ross

创立时间:
1992年

员工数量:
>100

年产量:
<5000

电话:
021 63918001

传真:
021 63918002

网址:
http://www.bellross.com/

销售方式:
专卖点，销售网点

经典款式:
BR01和BR03航天表，BR02潜水表，BRS系列，Vintage系列

价格区间:
28500元～1750000元

1992年创立的柏莱士，以生产军表著称。其制表工厂坐落在瑞士汝拉山区的La Chaux-de-Fonds附近的小镇，每一块手表的研发、生产、组装及校准过程，都在这个工厂内完成。在进入市场之前，柏莱士的手表都要经过严格的性能测试，其中包括清晰度测试、功能性测试、精准性测试以及稳定性测试，以保证品质。

柏莱士的手表多以飞机驾驶舱的仪表盘为设计灵感，同时实现了功能性为首位的制表原则，其手表深得专业军方机构的信赖。其中，法国空军、法国警队、法国海军潜艇人员以及太空实验室的工作人员都是柏莱士手表的佩戴者。除此之外，越来越多其他领域的工作人士也开始关注并佩戴风格独特的柏莱士手表。如今，随着市场的认可与接受，柏莱士的制表团队在注重手表功能性的同时，也在设计上加入了更多独特的元素。

BR WW1 PW1怀表

型号： BRPW1-BL-ST
机芯： ETA 6497 手动上弦机芯
功能： 时针，分针，小秒针
表壳： 微拱电镀太阳射线纹黑色表盘，数字、时标和指针经夜光物料涂层处理
表带： 无
参考价格： 26500元

BR WW2 复古手表

型号： BRWW2-REG-HER
机芯： Dubois Dépraz 手动上弦规范指针式机芯
功能： 6点位小时盘，中置分针，12点位小秒针，双向旋转凹凸表圈
表壳： 49毫米喷砂打磨钢壳，灰色PVD涂层
表带： 仿古磨旧小牛皮表带
参考价格： 60500元

地平线BR01手表

型号： BR01-92 HORIZON
机芯： ETA 2892自动上弦机芯
功能： 时针，分针
表壳： 直径46毫米钢表壳经喷砂打磨黑色碳涂层处理，旋入式表冠
表带： 橡胶或强化尼龙
参考价格： 46500元，限量999枚

指南者玫瑰金BR01-92手表

型号： BR0192-COM-GLDCA/SCR
机芯： ETA 2892自动上弦机芯
功能： 时针，分针，转盘显示系统
表壳： 直径46毫米，旋入式表冠
表带： 鳄鱼皮表带
参考价格： 132000元，限量250枚

碳纤维BR01-94手表

型号： BR0194-CA-FI/SFI
机芯： ETA 2894自动上弦机芯
功能： 时针，分针，秒针，计时，日历
表壳： 直径46毫米碳纤维表壳，旋入式表冠
表带： 碳纤维表带
参考价格： 111000元，限量500枚

玫瑰金和碳BR01-94手表

型号： BR0194-BICOL/SCR
机芯： ETA 2894自动上弦机械计时机芯
功能： 时针，分针，秒针，60秒，定时器，日历
表壳： 特大码直径46毫米，18K玫瑰金配喷砂打磨碳粉涂层黑色钢壳，旋入式表冠
表带： 黑色鳄鱼皮表带
参考价格： 113500元

高度仪BR01手表

型号： BR01-96 ALTIMETER
机芯： ETA 2896自动上弦机芯
功能： 时针，分针，秒针，大日历
表壳： 直径46毫米钢表壳，经喷砂打磨黑色碳涂层处理，旋入式表冠
表带： 橡胶或强化尼龙
参考价格： 49500元，限量999枚

镀金BR01手表

型号： BR0192-GLOD-INGOT/SCR
机芯： ETA 2892自动上弦机芯
功能： 时针，分针，秒针
表壳： 直径46毫米，5N 18K玫瑰金表壳，旋入式表冠
表带： 鳄鱼皮或人造强化纤维表带
参考价格： 179000元

雷达BR01手表

型号： BR0192-RAD/SRU
机芯： ETA 2892自动上弦机芯
功能： 时针，分针，秒针
表壳： 直径46毫米，喷砂打磨黑色碳涂层，不诱钢表壳，旋入式表冠
表带： 橡胶表带
参考价格： 51000元，限量500枚

B

红雷达BR01手表

型号：BR0192-RED-RAD/SRU
机芯：ETA 2892自动上弦机芯，碟盘显示系统
功能：时针，分针，秒针
表壳：直径46毫米，黑色PVD不锈钢表壳
表带：橡胶和强韧帆布
参考价格：55000元，**限量**999枚

空用陀飞轮BR01手表

型号：BR01-TOURB-AIRBORNE
机芯：陀飞轮机芯，动力储存显示5日
功能：扭力显示，时针，分针
表壳：喷砂打磨DLC类钻碳涂层钛金属表壳
表带：黑色魔鬼鱼皮制作
参考价格：1300000元，限量20枚

铝金表盘陀飞轮BR01手表

型号：BR01-TOURB-PG/ALU
机芯：手动上弦玫瑰金陀飞轮机芯
功能：小时盘，中置分针，动力储存显示120小时，扭力显示
表壳：直径46毫米，缎面打磨5N玫瑰金表壳
表带：橡胶或手工鳄鱼皮表带
参考价格：1400000元，限量20枚

转弯指示器BR01手表

型号：BR01-92 TURNCOOR
机芯：ETA 2892自动上弦机芯
功能：时针，分针，秒针
表壳：直径46毫米钢表壳经喷砂打磨，黑色碳涂层处理，旋入式表冠
表带：橡胶或强化尼龙
参考价格：57500元，限量999枚

军用陶瓷BR03-92手表

型号：BR0392-CE-MIL/SRU
机芯：ETA 2892自动上弦机芯
功能：时针，分针，秒针，日历
表壳：直径42毫米，绿色陶质
表带：橡胶或强化人造纤维
参考价格：39500元

大型分钟陀飞轮手表

型号：BR-MINUT-TOURB-PG
机芯：手动上弦陀飞轮机芯，铝质镀玫瑰金夹板
功能：时针，分针，小秒针，逆跳计时（60分钟及10小时计时显示），动力储存显示3天
表壳：44毫米 x 50毫米，缎面打磨18K玫瑰金
表带：橡胶或鳄鱼皮表带
参考价格：1750000元，限量30枚

白葡萄BR126手表

型号: BRV-126-BE-ST/SWA
机芯: ETA 2894自动上弦机芯
功能: 时针，分针，小秒针，日历，定时器
表壳: 直径41毫米，缎面磨砂，不锈钢表壳
表带: 棕色小牛皮表带，缎面磨砂，不锈钢折叠扣
参考价格: 39000元

炭黑复古BR123手表

型号: BRV-123-BL-CA/SWA
机芯: ETA自动上弦机芯
功能: 时针，分针，小秒针，日历
表壳: 直径41毫米，黑色PVD不锈钢表壳
表带: 棕色小牛皮表带，黑色PVD不锈钢针扣
参考价格: 28500元

Heure Sautante手表

型号: BR0192-COM-GLDCA/SCR
机芯: ETA 2892自动上弦机芯
功能: 时针，分针，转盘显示系统
表壳: 直径46毫米，旋入式表冠
表带: 手工鳄鱼皮配18K玫瑰金表扣
参考价格: 241000元，限量50枚

传承 BR WW1-92手表

型号: BRWW192-HER/SWA
机芯: ETA 2892自动上弦机芯
功能: 时针，分针，秒针
表壳: 直径45毫米，抛光钢壳，喷砂打磨灰色碳涂层
表带: 小牛皮表带，不锈钢表扣
参考价格: 32000元

大日历BR WW1-96手表

型号: BRWW196-BL-ST/SCR
机芯: 自动上弦机芯
功能: 时针，分针，秒针，大日历窗口
表壳: 直径45毫米，抛光钢壳
表带: 黑色鳄鱼皮表带，抛光不锈钢针扣
参考价格: 36500元

计时传承BR WW1手表

型号: BRWW1-MONO-HER
机芯: La Joux-Perret机械自动机芯
功能: 时针，分针，秒针，单按钮计时，双定时器
表壳: 直径45毫米，抛光不锈钢
表带: 小牛皮或深蓝鳄鱼皮，抛光不锈钢针扣
参考价格: 69500元

宝玑
Breguet

当人们流连于那些工艺精湛的计时器，不免要为其纤薄的表壳、清晰典雅的数字、直线型的指针和机刻扭索纹表盘而痴迷。这些见证过历史风云的器物，历经岁月磨砺，仍旧散发着古雅细腻的光泽，并将人们带往 200 多年前的历史现场，这个伟大的历史传承其中便有宝玑。

早在 1775 年，宝玑表的创始人，28 岁的亚伯拉罕－路易·宝玑就开设了自己的制表作坊。由于他具备渊博的机械知识，对钟表的特点及技术独具过人天分，吸引了当时最优秀工匠，投身其门下，并在他循循善诱下训练成才，他们丰富的想象力得以活现成为一件件动人的优秀作品。这位充满创意的钟表天才对当时最先进的各种制表技艺都了然于心，不久，他的才华及出众的发明能力，便崭露锋芒，并获得当时的文艺倡导者法国国王路易十五的赏识。在巴黎，他的精湛制表工艺和先锋美学成为人们称颂的焦点。18 世纪的最后 25 年，巴黎所流行的钟表样式都偏于雍容华丽、繁复浮夸的巴洛克风格，唯有路易·宝玑的作品追求端庄、精致、低调与简约，恰是这一点，引得法国、英国等王室的喜爱与青睐。

宝玑设计及制造的钟表，产品多元化，无论手表、航海天文钟及钟，设计独具匠心，令他在表坛上被誉为最杰出的人物。宝玑在钟表业各方面取得优越成绩，一开始已一鸣惊人，屡创新高，例如于 1780 年推出的自动手表（Perpetuelle），后又发明大大减少自鸣表阔度的鸣钟弹簧以及世上第一个手表防振装置（PareChute），令手表不再那么容易受损，性能更加可靠。

创立时间:
1775年

员工数量:
不详

年产量:
不详

电话:
021 2412 5000

传真:
无

网址:
www.breguet.com/cn

销售方式:
精品店，专卖店

经典款式:
Classique系列，Classique Grande Complication系列，Queen of Naples系列

价格区间:
不详

无论在钟表历史或是西方历史中，宝玑钟表都曾被记载。从诞生的那一天开始，宝玑这个名字就为皇室而存在。宝玑的钟表深受法国国王路易十六及皇后玛丽·安东尼赞赏，配有创新机件和不断改良的杠杆式或圆筒擒纵装置，其新古典风格十分符合经济效益。宝玑设计的时针在近末端处有镂空圆点（称为“Pomme”时针，后来干脆称为“宝玑时针”），在珐琅表面上更有优雅的数字。至于黄金表壳，以至后来的白银字盘皆用人手以刻花机精心雕琢而成，是自手表面世以来最纤薄细致的表壳。

在1795年，推出大批新发明、新创作，包括宝玑摆轮游丝末圈；定力司行轮；授予拿破仑的世上第一个行李钟；Souscription手表；能为凹处手表调校时间的Sympathique钟；能够靠触觉知道时间的“Tact”手表；以及在1801年取得专利权的陀飞轮标准时计。

在航海天文钟方面，宝玑做出了重大的贡献，1815年赢得“Horloger de la Marine”海军的钟表制造家的美誉。在他的努力推动下，促使钟表制造无论在艺术还是技术上均获得了新的动力与新的广度。宝玑在77岁高龄辞世，他的成就不但在他在世时获得广泛推崇；今天，他仍被公认为有史以来最伟大的天才和钟表制造家。宝玑一生重要的发明包括飞轮擒纵结构（Tourbillon），摆轮双层游丝（The balance-spring overcoil），自鸣钟（The Sympathi-que clock），定速擒纵结构（The Constant force escapement）以及三问表的盘旋式打簧系统（The spring for minute yepeater）等卓越设计，均为今日钟表界带来深远的贡献。

在大师76年的人生岁月里，宝玑跨越了人类钟表史上最重要的两个世纪，而他本人在时计领域的贡献，也如冯·哈勃斯堡公爵所说：宝玑似乎发明了一切。

1823年，这位才华横溢的大师与世长辞，但他的后人也不乏杰作。近代，宝玑的第五代子孙在20世纪50年代制成具有飞返计时功能的手表。科学家爱因斯坦和作家柴可夫斯基曾是宝玑的忠实用户。许多人称宝玑为“表王”，说宝玑是“现代制表之父”，是恰如其分的。世界历史名人如法王路易十六，法国王后玛丽.安东尼沙皇亚历山大一世，英国维多利亚女王，英国首相丘吉尔，普鲁士威廉一世，直致美国国务卿杜勒斯等，虽然彼此并不处于同一时期，但是都有一个共同的联系，那就是都为宝玑表的钟爱者。

进入20世纪之后，宝玑表逐渐失去了往日的光辉，20世纪50年代至90年代，宝玑品牌被几次易手，不仅没有达到先祖的境界，而是行走尘世，日益没落。斯沃琪集团将宝玑收入旗下之后，通过在品牌、文化、制造、技术、市场等多方面协同运作，将宝玑进行重新包装，使其成为斯沃琪集团的奢侈品牌旗舰。如今，创新能力更能显示品牌活力，宝玑不仅持续致力于研发与革新技术，更不断在其现有系列作品上推陈出新，品牌所拥有的创造力和聪明才智愈加历久弥新。在斯沃琪集团老海耶克的带领下，宝玑的实力得以迅速增强，在短短十年时间里，先后申请了多项设计专利，并刮起了一股席卷全行业的陀飞轮旋风。无论是从历史、文化，还是技术、工艺的角度，宝玑手表皆是最受钟表消费者和收藏家们青睐的选择。

陀飞轮调整器

宝玑针

宝玑游丝

B

Classique 18K黄金手表

型号：5207BA/12/9V6
机芯：自动上弦机芯
功能：时针，分针，逆跳小秒针，动力储存显示
表壳：18K黄金手表，表盘字圈偏置，镀银K金表面用手工以刻花机雕刻，直径39毫米
表带：鳄鱼皮表带
参考价格：店洽

Classique 18K玫瑰金计时表

型号：5247BR/29/9V6
机芯：手动上弦机芯
功能：时针，分针，秒针，计时，置有小秒针，30分钟累计器及测速显示
表壳：18K玫瑰金，白色珐琅表盘，直径39毫米
表带：鳄鱼皮表带
参考价格：店洽

Le Réveil du Tsar－Classique 18K白金响闹手表

型号：5707BB/12/9V6
机芯：自动上弦机芯
功能：时针，分针，秒针，小秒针及日历，第二时区显示器，闹钟，动力储存显示器
表壳：镀银K金表面用人手以刻花机雕刻
表带：鳄鱼皮表带
参考价格：257000元

Classique系列 Grande Complication 18K白金手表

型号：5327BB/1E/9V6
机芯：自动上弦超薄机芯以人工刻花
功能：万年历，日期，周，月，闰年及月相，动力储备显示，时分针
表壳：镀银K金表面用手工刻花机雕刻
表带：鳄鱼皮表带
参考价格：店洽

Classique系列 Grande Complication铂金透视手表

型号：3355PT/00/986
机芯：附设陀飞轮，手动上弦机芯以手工刻花，小秒针直接装在陀飞轮轴上
功能：时针，分针，秒针
表壳：镀银K金表面设有表盘字圈和半月形秒针圈，用手工以刻花机雕刻，蓝宝石玻璃表背
表带：鳄鱼皮表带
参考价格：店洽

Classique系列 Grande Complication 18K白金手表

型号：3358BB/52/986 DD00
机芯：附设陀飞轮，手动上弦机芯，小秒针直接装在陀飞轮轴上
功能：时针，分针，秒针
表壳：外圈及表耳镶钻，天然珍珠母贝表面用人手以刻花机雕刻，宝玑阿拉伯数字刻度
表带：鳄鱼皮表带
参考价格：店洽

Classique系列 Grand Complication玫瑰金镂空手表

型号： 5335BR/42/9W6
机芯： 手动上弦机芯，小秒针置于陀飞轮桥架，宝玑补偿摆轮游丝
功能： 时针，分针，秒针，陀飞轮
表壳： 玫瑰金表壳，直径40毫米
表带： 鳄鱼皮表带
参考价格： 店洽

Classique系列 Grand Complication铂金手表

型号： 5347PT/11/9ZU
机芯： 带双旋转陀飞轮，每12小时旋转一次的中央底盘
功能： 时针，分针，秒针，陀飞轮
表壳： 镀银金分圈，中央底盘带手工镌刻图案
表带： 鳄鱼皮表带
参考价格： 店洽

La Musicale音乐手表

型号： 7800BA/11/9YV
机芯： 777型自动上弦机芯
功能： 时针，分针，秒针
表壳： 18K 黄金圆形表壳，表框镌刻一个精致的音乐五线谱符号，表盘带手工镌刻图案并覆铂金镀层，每20至25秒转动一周，与乐声起止时间同步
表带： 鳄鱼皮表带
参考价格： 店洽

Heritage系列18K玫瑰金手表

型号： 8860BR/11/386
机芯： 自动上弦机芯
功能： 时针，分针，秒针，月相
表壳： 18K玫瑰金酒桶形表壳，精致钱币纹表侧，35毫米×25毫米，防水30米
表带： 平织布鳄鱼皮表带
参考价格： 店洽

Heritage系列 18K玫瑰金手表

型号： 3661BR/12/984
机芯： 自动上弦机芯
功能： 时针，分针，秒针
表壳： 18K玫瑰金，酒桶形表壳，置有秒针显示，表圈及表耳镶有56颗钻石，约1.869克拉，弧形镀银金表盘带手工镌刻图案
表带： 鳄鱼皮表带
参考价格： 店洽

Heritage系列 Grand Complication铂金手表

型号： 5497PT/12/9V6
机芯： 手动上弦机芯以手工镌刻，带陀飞轮，小秒针置于陀飞轮轴上
功能： 时针，分针，秒针，陀飞轮
表壳： 镀银金表盘带手工镌刻图案
表带： 鳄鱼皮表带
参考价格： 店洽

B

Classique系列 Grande Complication铂金三问手表

型号： 5447PT/1E/9V6
机芯： 手动上弦机芯
功能： 时针，分针，秒针，万年历，月相
表壳： 铂金表壳，镀银K金表盘用手工以刻花机雕刻，蓝宝石玻璃表背
表带： 鳄鱼皮表带
参考价格： 店洽

Marine 18K玫瑰金手表

型号： 5817BR/Z2/5V8
机芯： 自动上弦机芯
功能： 时针，分针，大日历窗，中央秒针显示
表壳： 黑色镀铑金表盘带手工镌刻图案，防水100米，直径39毫米
表带： 橡胶表带
参考价格： 95900元

Marine 18K白金计时表

型号： 5827BB/12/9Z8
机芯： 自动上弦机芯
功能： 时针，分针，秒针，计时，日期
表壳： 镀银金表盘带手工镌刻图案，螺丝锁定式表冠，防水100米，直径42毫米
表带： 鳄鱼皮表带
参考价格： 店洽

Marine 18K 玫瑰金陀飞轮计时手表

型号： 5837BR/92/5ZU
机芯： 手动上弦机械机芯
功能： 时针，分针，秒针，计时，30 分钟及12 小时累计器
表壳： 黑色镀铑 18K金表盘，带手工镌刻波浪饰纹，小秒针置于12 时位的钛合金的陀飞轮笼框上，蓝宝石水晶底盖
表带： 橡胶表带
参考价格： 店洽

Marine系列 950 铂金陀飞轮计时表

型号： 5837PT/U2/5ZU
机芯： 手动上弦机械机芯　硅质摆轮游丝
功能： 时针，分针，秒针　计时，30 分钟及12 小时累计器
表壳： 镀银铂金涂层黄金表盘，带手工镌刻波浪饰纹，小秒针置于12 时位的钛合金陀飞轮框架上，蓝宝石水晶底盖
表带： 橡胶表带
参考价格： 店洽

Marine 系列女表

型号： 8818BB/59/564 DD0D
机芯： 自动上弦机芯
功能： 时针，分针，秒针
表壳： 18K白金表圈，表环及表耳镶饰58颗钻石，天然珍珠母贝表面用手工以刻花机雕刻，另镶有10颗钻石(约重0.025克拉)
表带： 橡胶表带
参考价格： 店洽

Marine 18K玫瑰金计时表

型号： 8828BR/5D/586 DD00
机芯： 自动上弦机芯，置有日期及小秒副表盘，
功能： 时针，分针，秒针，计时，日期，30分钟及12小时累计器
表壳： 玫瑰金镶钻，直径34.60毫米
表带： 橡胶表带
参考价格： 249000元

Reine de Naples 18K 玫瑰金手表

型号： 8918BR/58/864 D00D
机芯： 自动上弦机芯
功能： 时针，分针
表壳： 雕花镀银18K玫瑰金表盘，偏置于 6点位置天然白母贝盘中，表圈及表冠镶钻，宝玑阿拉伯数字时符，6点位置镶嵌梨形钻石，蓝宝石水晶底盖
表带： 黑色绢带
参考价格： 227000元

Reine de Naples 18K黄金手表

型号： 8908BA/V2/864 D00D
机芯： 自动上弦机芯
功能： 时针，分针，秒针，月相，动力储存显示
表壳： 表圈镶钻，镀银K金表面用人手以刻花机雕刻，局部饰以天然蓝珍珠母贝
表带： 黑色绢带
参考价格： 227000元

Reine de Naples 18K白金手表

型号： 8908BB/5T/J70 D0DD
机芯： 自动上弦537DRL1机芯，动力储存40小时
功能： 时针，分针，秒针，月相，动力储存显示
表壳： 18K白金鹅卵形表壳，防水30米，表圈镶钻，18K镀银金表盘，搭配珍珠母贝
表带： 白金螺纹表链
参考价格： 392500元
其他款式： 绢带表带款，黄金款

Reine de Naples 18K白金鹅卵形手表

型号： 8928BB/51/J60 DD0D
机芯： 自动上弦，586型机芯，动力储存38小时
功能： 时针，分针
表壳： 天然珍珠母贝表盘，18K白金鹅卵形表壳，表圈，表内缘，球形坠饰镶钻，蓝宝石水晶底盖，防水30米
表带： 白金Charlestone表链
参考价格： 店洽

Reine de Naples 18K玫瑰金手表

型号： 8928BR/51/844 DD0D
机芯： 自动上弦586型机芯，动力储存38小时
功能： 时针，分针
表壳： 天然珍珠母贝表盘，18K玫瑰金鹅卵形表壳，表冠镶饰单颗梨形切割钻石，蓝宝石水晶底盖，防水30米
表带： 黑色绢带
参考价格： 店洽

Tradition7027 18K 玫瑰金手表

型号：7027BR/R9/9V6
机芯：手动上弦机芯功能，表盘正面及背面均带有动力储备显示
功能：时针，分针，12点位小表盘
表壳：偏心镀黑色金表盘，带手工镌刻图案，蓝宝石水晶底盖，防水30米，直径37毫米
表带：鳄鱼皮表带
参考价格：169000元
其他款式：白金款（174200元）

Tradition 7057

型号：REF. 7057BB/11/9W6
机芯：手动上弦机械机芯，具备独立编号并带有BREGUET 签名，动力储存50小时
功能：时针，分针，12点位小表盘
表壳：镀银18K金制表盘，12点钟位置的偏心表盘带，独立编号并带有宝玑隐蔽签名，18K 白金圆形表壳，直径40毫米，防水30 米
表带：鳄鱼皮表带
参考价格：180400元

Type XXI飞返归零计时表

型号：3810BR/92/9ZU
机芯：自动上弦机芯
功能：时针，分针，秒针，计时功能，昼/夜显示器及12小时累积定时器，
表壳：18K粉玫瑰金表壳，直径42毫米，刻度外圈可扭动，夜光时针，分针，秒针及数字时标，螺旋锁定式表冠，防水100米
表带：鳄鱼皮表带
参考价格：127600元

Tradition GMT 7067BR

型号：7067BR/G1/9W6
机芯：手动上弦机械机芯，动力储存50小时
功能：时针，分针，秒针，第二时区
表壳：18K玫瑰金表壳，精致钱币纹表侧，直径40毫米，防水30米，18K金表盘，12点位置设镀银偏心表盘，显示第二时区时间，8点位置设黑色镀层表盘
表带：鳄鱼皮表带
参考价格：店洽

Classique 18K 玫瑰金月相盈亏手表

型号：5207BA/12/9V6
机芯：自动上弦机芯
功能：时针，分针，秒针，月相
表壳：镀银18K 金表盘，直径39毫米，带手工镌刻图案，罗马数字刻度圈，12点位设有月相盈亏显示，3 点位设有动力储备显示，宝玑镂空针尖蓝钢指针
表带：鳄鱼皮表带
参考价格：店洽

Marine 5857BR

型号：5857BR/Z2/5ZU
机芯：自动上弦517F型机芯，动力储存72小时
功能：时针，分针，秒针，双时区
表壳：18K玫瑰金，黑色镀铑表盘，带手工镌刻波浪饰纹，钱币纹表侧，42毫米直径，防水100米
表带：橡胶表带
参考价格：店洽

宝珀
Blancpain

作为瑞士传统制表企业的代表，宝珀（Blancpain）的历史可以追溯到 1735 年。自创立之日起，宝珀始终坚持生产机械表（不做石英表）和圆形表，因为宝珀相信，只有坚持传统的制表工艺，才可以打造出永不过时的经典。这一理念也在宝珀 277 年的历史中得以传承。

宝珀的 Le Brassus 表厂位于汝拉山谷西南部的边缘，比邻爱彼和积家表厂，被森林以及放牧的草地环绕着，冬日则是白雪皑皑。在这个宁静的村庄里，宝珀表的制表师们可以悉心地钻研机芯制造技术，并将祖先流传下的制表技艺在日复一日的手工制作过程中发挥到极致。

在宝珀表 La Brassue 制表工坊中，看不到所谓现代化的生产流程，宝珀是少数仍然坚持由制表师一人由始至终完成机芯组装的表厂之一。就像两个世纪以前，所有的表款创作都是制表大师们个人的创意与技艺的展现，在每一只宝珀表款中都蕴含精湛而丰富的手工制表工艺。

宝珀机芯工厂（Manufacture Blancpain）的前身 FP（创立于 1858 年）是瑞士著名的高端机芯制造厂，长期专注于研发制造精密及高复杂的机械机芯，并曾为多家国际著名手表品牌提供机芯，制造规模在同类企业中也名列前茅。2010 年，FP 正式更为 Manufacture Blancpain，与宝珀合二为一。

宝珀的产品中较为著名的是 50 寻（Fifty Fathoms）、Villeret 和 L-evolution 系列以及各种款式的女装机械表。涉及超薄、长动力、防水、隐藏调校、计时（飞返计时）、双时区（半时区）、万年历表、三问、活动人偶、陀飞轮、卡罗素、珐琅、金雕等多个技术和工艺领域，是高品位人士和收藏家的选择。

创立时间:
1735年

员工数量:
100人以上（中国大陆地区）

年产量:
1万~1.2万枚（全球）

电话:
010 6533 1360

传真:
无

网址:
http://www.blancpain.com/

销售方式:
专卖店销售

经典款式:
Villeret系列超薄手表

价格区间:
10万元~1000万元

B

Villeret系列世界首款中华年历表

型号： 00888-3631-55B
机芯： Calibre 3638机芯
功能： 时针，分针，中国传统历法，表耳下方采用宝珀专利性设计的5个隐藏式调校按钮
表壳： 玫瑰金表壳，防水30米
表带： 鳄鱼皮表带
参考价格： 503000元

Villeret系列 8 日动力储存镂空手表

型号： 6633-1500-55B
机芯： Calibre 1333SQ机芯，通过透雕或镂雕手法
功能： 时针，分针，秒针，动力储存8天
表壳： 白金
表带： 鳄鱼皮表带
参考价格： 517500元

Villeret系列超薄逆跳小秒针手表

型号： 6653Q-1529-55B
机芯： 7663Q机芯
功能： 时针，分针，30秒逆跳小秒针
表壳： 白金
表带： 鳄鱼皮表带搭配柔软舒适的Alzavel内衬
参考价格： 170500元
其他款式： 玫瑰金款

L-evolution系列 Super Trofeo双追针飞返计时手表

型号： 8886F-1503-52B
机芯： Calibre 69F9机芯，动力储备40小时
功能： 时针，分针，大日历，双秒针计时功能
表壳： 碳纤维表圈，白金表壳，防水300米
表带： 黑色阿尔坎塔拉真皮表带
参考价格： 421500元

大马士革金雕工艺手表（龙形）

型号： 6615A-3612-55B
机芯： 15B手动上弦机芯，动力储存40小时
功能： 时针，分针
表壳： 钛金属嵌金表盘（大马士革工艺）
表带： 鳄鱼皮表带
参考价格： 811000元

五十寻潜水表

型号： 5015D-1140-71
机芯： CAL.1315自动上弦机芯，动力储存120小时
功能： 时针，分针，秒针
表壳： 不锈钢表壳，单向旋转表圈，防水300米
表带： 不锈钢表带
参考价格： 131000元

Villeret 自动上弦超薄手表（对表）男款

型号： 6223-1529-55A
机芯： Cal.1150自动上弦机芯
功能： 时针，分针，秒针，日历
表壳： 18K白金表壳，防水30米
表带： 鳄鱼皮表带
参考价格： 131500元对表（仅成对出售）

Villeret 自动上弦超薄手表（对表）女款

型号： 6102-1929-55A
机芯： Cal.951自动上弦机芯
功能： 时针，分针，秒针，日历
表壳： 18K白金表壳，防水30米
表带： 鳄鱼皮表带
参考价格： 143000元

半时区两地时半猎手表

型号： 6665-3642-55B
机芯： CAL.5254DF全自动机芯
功能： 时针，分针，秒针，日历，第二时区，昼夜显示
表壳： 18K玫瑰金表壳，放射纹表盘，防水30米
表带： 鳄鱼皮表带
参考价格： 226500元

Villeret系列金雕纹饰手表

型号： 6615-3631-55B
机芯： CAL.15B手动上弦机芯，动力储存40小时
功能： 时针，分针
表壳： 18K玫瑰金表壳，珐琅表盘，防水30米，表背金雕工艺呈现五个地区的不同风貌
表带： 鳄鱼皮表带
参考价格： 430000元

Villeret单按钮全历月相计时表

型号： 6685-3642-55B
机芯： CAL.66CM8全自动机芯，动力储存40小时
功能： 时针，分针，计时功能，日历
表壳： 18K玫瑰金表壳，放射纹表盘，防水30米
表带： 鳄鱼皮表带
参考价格： 250500元

世界首款Villeret半时区 8天动力储存手表

型号： 6661-3631-55B
机芯： CAL.5235DF全自动机芯，动力储存8天
功能： 时针，分针，第二时区，昼夜显示，日历
表壳： 18K玫瑰金表壳，防水30米
表带： 鳄鱼皮表带
参考价格： 337000元
其他款式： 白金版6661-1531-55B

Villeret 两地时区年历手表

型号：6670-3642-55B
机芯：CAL.6054F全自动机芯，动力储存72小时
功能：时针，分针，秒针，第二时区，星期日历
表壳：18K玫瑰金表壳，放射性表盘，防水30米
表带：鳄鱼皮表带
参考价格：304000元
其他款式：白金版6670-1542-55B

50寻潜水手表

型号：5015C-1130-52B
机芯：1315自动上弦机芯，动力储存120小时
功能：时针，分针，秒针
表壳：不锈钢表壳，防水300米
表带：航海帆布表带
参考价格：126000元，限量500枚

L-Evolution 陀飞轮大日历摆陀动力显示手表

型号：8822-36B30-53B
机芯：CAL.4225G全自动机芯
功能：时针，分针，大日历，陀飞轮
表壳：18K玫瑰金表壳，防水30米
表带：鳄鱼皮表带
参考价格：1200500元

女装全历月相手表

型号：3663-4654-55B
机芯：CAL.6763全自动机芯，动力储存100小时
功能：时针，分针，日历，月相
表壳：18K玫瑰金表壳，表圈镶钻，白色珍珠母贝表盘镶有9颗钻石
表带：鳄鱼皮表带
参考价格：148500元
其他款式：蓝色珍珠母贝表盘，绢表带款

珐琅盘面叠加手工镂空版限量三问卡罗素手表

型号：00235-3631-55B
机芯：CAL.235全自动机芯，动力储存65小时
功能：时针，分针，一分钟浮动卡罗素，大教堂钟声三问
表壳：18K玫瑰金表壳，大明火珐琅半镂空表盘
表带：鳄鱼皮表带
参考价格：3121500元，限量30枚

时间绝版珐琅盘面超复杂春宫三问叠加卡罗素孤品

型号：无
机芯：CAL.332手动上弦机芯，动力储存40小时
功能：时针，分针，三问，卡罗素
表壳：18K玫瑰金表壳
表带：鳄鱼皮表带
参考价格：2230000元

莱芒湖女装系列陀飞轮手表

型号： 2825-4963-55B
机芯： CAL.6925自动上弦机芯，动力储存168小时
功能： 时分秒显示，大日历，陀飞轮
表壳： 18K白金，直径38毫米
表带： 鳄鱼皮表带
参考价格： 1328500元

全透明一分钟卡罗素手表

型号： 0222-1500-53B
机芯： CAL.22T手动上弦机芯，动力储存120小时
功能： 时针，分针，全透明一分钟卡罗素
表壳： 18K白金360度可视表壳
表带： 鳄鱼皮表带
参考价格： 1962000元，限量50枚

500寻两地时间潜水表

型号： 50021-12B30-52B
机芯： CAL.5215自动上弦机芯，动力储存5天
功能： 时针，分针，秒针，两地时
表壳： 钛合金表壳，单向旋转表圈，自动排氦阀，防水1000米
表带： 航海帆布表带
参考价格： 224000元，限量500枚

复刻版50寻手表

型号： 5015B-1130-52
机芯： CAL.1315自动上弦机芯，动力储存120小时
功能： 时针，分针，秒针，日历
表壳： 不锈钢表壳，单向旋转表圈
表带： 航海帆布表带
参考价格： 124500元

50寻全日历飞返计时月相手表

型号： 5066F-1140-52
机芯： CAL.66BF8自动上弦机芯，动力储存40小时
功能： 时分，日历，月相，计时
表壳： 不锈钢表壳
表带： 航海帆布表带
参考价格： 191000元

8天长动力全日历月相手表

型号： 8866-3630-53B
机芯： CAL.66R9自动上弦机芯，动力储存8天
功能： 时针，分针，日历，月相，动力存储显示
表壳： 18K玫瑰金表壳，防水100米
表带： 鳄鱼皮表带
参考价格： 323500元

B

动力储存显示陀飞轮手表

型号：6025-3642-55B
机芯：CAL 25自动上弦机芯，动力储存168小时
功能：时针，分针，日历，动力储备显示，陀飞轮
表壳：18K玫瑰金表壳，蛋白色表盘，防水30米
表带：鳄鱼皮表带
参考价格：869500元
其他款式：白金版6025-1542-55B

隐藏式调校全日历月相手表

型号：6654-3642-55B
机芯：CAL.6654自动上弦机芯，动力储存72小时
功能：时针，分针，E历，月相
表壳：18K玫瑰金表壳，蛋白色表盘，防水30米
表带：鳄鱼皮表带
参考价格：198500元

8日动力存储显示手表

型号：4213-3442-55B
机芯：CAL.13R0手动上弦机芯
功能：时针，分针，秒针，动力储存显示，日期
表壳：950铂金表壳，42毫米，防水100米
表带：鳄鱼皮表带
参考价格：407000元

万年历太阳时手表

型号：6638-3431-55B
机芯：CAL.3863全自动机芯，动力储存72小时
功能：时针，分针，小秒针，万年历，太阳时
表壳：950铂金表壳，42毫米，防水30米
表带：鳄鱼皮表带
参考价格：1297500元，全球限量50枚

X-Fathoms顶级机械潜水表

型号：5018-1230-64
机芯：宝珀69F9机芯，动力储存120小时
功能：时针，分针，秒针，最大测深可达90米，并可记录下潜深度，5分钟倒计时功能
表壳：缎面磨砂处理的钛金属表壳
表带：橡胶表带
参考价格：308500元

“蝶月”偏芯日期逆跳女装珠宝表

型号：3653-2954-58B
机芯：宝珀Calibre 2660RL机芯
功能：时针，分针，月相盈亏及逆跳日期显示
表壳：5N玫瑰金镀层表壳，表圈镶嵌40颗钻石
表带：白色表带
参考价格：313000元
其他款式：白金版

B

22T手动上弦机芯

功能： 时针，秒针，动力存储120小时
直径： 33.5毫米
厚度： 6毫米
红宝石： 43
摆频： 28800次/小时

235型机芯

功能： 三问报时，动力存储65小时
直径： 32.8毫米
厚度： 9.1毫米
红宝石： 54
摆频： 28800次/小时

5235DF型机芯

功能： 时针，分针，第二时区，日历
直径： 30.2毫米
厚度： 7.75毫米
红宝石： 36
摆频： 28800次/小时

66CM8型机芯

功能： 时针，分针，月相，星期，日历
直径： 32毫米
厚度： 7.5毫米
红宝石： 35
摆频： 21600次/小时

6938型机芯

功能： 时针，分针，日历，动力存储192小时
直径： 32毫米
厚度： 7.85毫米
红宝石： 43
摆频： 28800次/小时

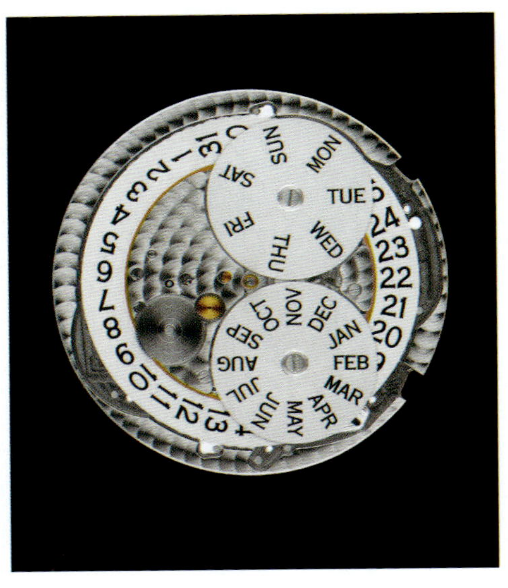

6054F型机芯

功能： 时针，分针，月份，星期，日历
直径： 32毫米
厚度： 5.57毫米
红宝石： 35
摆频： 28800次/小时

B

宝诗龙
Boucheron

创立时间：
1858年

员工数量：
不详

年产量:
不详

电话:
010 6533 1124

传真:
010 6533 1194

网址:
www.boucheron.com

销售方式:
专卖店

经典款式：
Reflet系列，Crazy Jungle系列，Ajourée系列

价格区间:
不详

1858年，Frederic Boucheron 创立宝诗龙（Boucheron），同时这又是一家法国家族式的企业，用美丽珍贵的珠宝作品，吸引着那些具鉴赏力的客户。经过创始人直系后裔四代人的共同努力，宝诗龙公司规模不断壮大，并在2000年加入PPR Gucci 集团。

宝诗龙饰品始终秉承独特的外观设计和大胆复杂的制作工艺，精致奢华，同时又光彩耀人。另外，宝诗龙不但拥有自己的珠宝作品，更是在手表领域大胆创新。与旗下的珠宝系列一样，手表的设计华丽，并采用专业的机芯，很快吸引了众多业内人士的关注。

疯迷Ma Jolie手表

型号：Ma Jolie
机芯：GP手动上弦机芯
功能：时针，分针
表壳：18K灰金，直径42毫米，50米防水
表带：白色磨砂缎带
参考价格：店洽

Crazy Hippocampe海马装饰手表

型号：WA010223
机芯：GP4000自动上弦机芯
功能：时针，分针
表壳：玫瑰金表壳，直径42毫米，镶嵌钻石、各种宝石及缟玛瑙
表带：白色绸缎表带
参考价格：790200元

Hathi 丛林大象手表

型号：WA010222
机芯：GP4000自动上弦机芯
功能：时针，分针
表壳：玫瑰金表壳，直径42毫米，镶嵌钻石、各种宝石及缟玛瑙
表带：绸缎表带
参考价格：738000元

Crazy Jungle Flamant手表

型号： WA010225
机芯： GP4000自动上弦机芯
功能： 时针，秒针
表壳： 透明母贝和漆面表盘，并镶有钻石，粉红蓝宝石和沙弗莱石
表带： 粉红色缎面表带
参考价格： 790200元

青蛙手表

型号： WA010202
机芯： GP4000自动上弦机芯
功能： 时针，秒针
表壳： 白金表壳
表带： 粉色皮表带
参考价格： 852840元

变色龙手表

型号： WA010201
机芯： GP4000自动上弦机芯
功能： 时针，秒针
表壳： 白金镶钻表壳
表带： 粉色蛇皮表带
参考价格： 840300元

Crazy Shéhérazade一千零一夜手表

型号： WA010227
机芯： GP4000自动上弦机芯
功能： 时针，秒针
表壳： 白金表壳，表盘镶嵌青金石，紫水晶，海蓝宝石和钻石
表带： 紫蓝色缎面表带
参考价格： 727500元

猫头鹰手表

型号： WA010206
机芯： GP4000自动上弦机芯
功能： 时针，秒针
表壳： 白金表壳
表带： 紫色缎面表带
参考价格： 451500元

Tourbillon Hibiscus蜂鸟陀飞轮手表

型号： WA010236
机芯： 手动上弦机芯，动力储存100小时
功能： 时针，分针，陀飞轮
表壳： 白金表壳，直径42毫米，镶嵌钻石，蓝宝石
表带： 蓝色蛇皮表带
参考价格： 2000000元

B

百年灵
Breitling

百年灵创始人——里昂·百年灵（Léon Breitling）着迷于征服天空的画面。受到“滑翔之父”奥拓·李林塔尔（Otto Lilienthal）一生为飞行梦想百折不回、最终折翼蓝天的勇气所鼓舞，里昂·百年灵决心用自己制作的计时表来表达对天空的热爱，并于1884年创立百年灵。1915年，百年灵首开计时手表先河，率先发明独立计时按钮；1923年，加斯顿·百年灵（Gaston Breitling）研制出配备独立计时按钮的计时表。这一重大革新使得分段连续计时迅速简便，并立即被航空飞行所应用。之后，在威利·百年灵（Willy Breitling）的极力主张下，百年灵开

创立时间:
1884年

员工数量:
400左右（瑞士总部）

年产量:
15万枚左右

电话:
021 6352 2670 百年灵（中国）有限公司

传真:
021 6352 2667 百年灵（中国）有限公司

网址:
http://www.breitling.com/zh/

销售方式:
经销商，旗舰店直营

经典款式:
Navitimer 百年灵航空计时系列，Chronomat 百年灵机械计时系列，Transocean 百年灵越洋计时系列，Avenger 百年灵复仇者系列

价格区间:
32000元~610000元

发出一整套驾驶舱计时器，并成立了专为航空制造仪表和计时器的“百年灵 HUIT Aviation”部门。这些产品很快受到了航空专业人士，特别是高级军官的垂青。20 世纪 30 年代末，百年灵成为英国皇家空军的计时表供应商。随着第二次世界大战的到来，这些装置百年灵驾驶舱计时器的战斗机在战争中声名鹊起。

第二次世界大战后，世界航空业迎来了全新的发展时代。1957 年，第一批量产四引擎喷气式客机——波音 707，从美国西雅图起航。波音 707 的飞行速度是其他客机的两倍，且拥有极其舒适的乘坐空间，它的出现完全颠覆了传统的飞行体验。很快，为了与波音公司分庭抗礼，道格拉斯航空公司（Douglas Aircraft Company）起用了四引擎喷气式客机 DC-8，欧洲则推出著名的翼根双喷气式引擎客机“快帆”（Caravelle）。这三款客机成为现代航空业的三大标志，代表了航空领域最卓越的速度、性能和安全。

值得一提的是，这三大客机均配备了百年灵的驾驶舱计时器。到了 1957 年，几乎所有世界一流的飞机制造商和航空公司的飞机都配备了百年灵驾驶舱计时器，百年灵因此成为“世界航空业官方指定计时器供应商”。

世界手表史上最为经典的款式之一——百年灵航空计时手表 Navitimer 也诞生于这一时期。配有著名的百年灵环形飞行滑尺，Navitimer 让飞行员可以更快、更轻松地完成制订飞行计划和执行导航中所需的所有运算，包括平均速度、飞行距离、油耗、爬升率、下降率、公里与英里、海里的换算等，被誉为“航空计算机”。不久，改进了部分功能的 Navitimer 手表乘坐“极光 7 号”太空舱首次遨游太空。很快，这款手表作为标准系列被推出——百年灵宇航员手表 Cosmonaute。这两款经典的百年灵手表，记录了人类征服太空的传奇历程。

进入现代，世界航空业大步前进。超音速客机、协和式飞机出现，1969 年，人类更是迈出了在月球上的第一步。于是，百年灵引领风气之先，成为世界特技飞行表演队——意大利空军“三色箭”特技飞行表演队（Frecce Tricolori）的官方手表赞助商。百年灵为“三色箭”表演队精心打造了专属手表：实用的旋转四刻钟指示器，凸起的表圈，坚固的表壳，独特的表耳、按钮和表冠，都完全按照专业航空人士的需求而设计。这款首屈一指的手表不但征服了王牌特技飞行员们，也令百年灵得到航空界的一片盛赞。从此，百年灵成为全球 17 个国家 18 支空军特技飞行队的专业手表供应商，包括：蓝天使（Blue Angels）、雷鸟（Thunderbirds）、法兰西巡逻兵（Patrouille de France）。

更为著名的是百年灵创立的大型民用专业喷气机特技飞行队——百年灵喷气机队（Breitling Jet Team）。飞行队由 7 架双座式军用教练飞机和 7 名经验丰富的专业特技飞行员组成，每年都会在全球最大的航空展上呈现精彩纷呈、动人心魄的表演。

进入 21 世纪，百年灵的天空传奇翻开了新的篇章：1999 年，百年灵成功挑战 20 世纪航空史上的一个世界纪录——百年灵热气球 3 号（Breitling Orbiter 3），首次完成了不停站环球飞行。百年灵热气球 3 号也被收入享誉世界的航空博物馆——华盛顿史密森尼国家航空航天博物馆（Smithsonian National Air and Space Museum），与莱特兄弟（The Wright Brothers）的滑翔机、林德伯格（Charles Lindberg）的圣路易精神号（Spirit of St. Louis）及阿波罗 11 号驾驶舱（Apollo 11）共同展出。同年，百年灵全系产品机芯都通过了著名的瑞士官方天文台认证（COSC），实现了“100% 生产天文台表”。

B

航空计时01手表

型号: AB012012
机芯: 百年灵01自动上弦机芯，瑞士官方天文台认证，摆频28800次/小时，47枚宝石轴承，动力储存70小时以上
功能: 计时精度达1/4秒，配有30分钟及12小时累积计时器，时针，分针，秒针
表壳: 不锈钢，直径43毫米，非旋入式表冠，双向旋转表圈，表耳宽度22/20毫米，表盘日历显示，防水30米
表带: 航空表带
参考价格: 66000元～311700元

航空计时1461手表

型号: A1937012
机芯: 百年灵19型自动上弦机芯，瑞士官方天文台认证，摆频28800次/小时，38枚宝石轴承，动力储存不少于42小时
功能: 计时精度达1/4秒，配有30分钟及12小时累积计时器，闰年历，显示日期，星期，月份，月相，时针，分针，秒针
表壳: 直径46毫米，不锈钢，限量1000枚，防水30米，双向旋转表圈
表带: 鳄鱼皮表带
参考价格: 81900元～93600元

航空世界手表

型号: A2432212
机芯: 百年灵24型自动上弦机芯，瑞士官方天文台认证，摆频28800次/小时，25枚宝石轴承，动力储存42小时
功能: 24小时第二时区显示，计时精度达1/4秒，配有30分钟及12小时累积计时器，时针，分针，秒针
表壳: 不锈钢，防水30米，非旋入式表冠，双向旋转表圈，直径46毫米
表带: 航空表带
参考价格: 54000元～314400元

全新百年灵航空计时宇航员手表

型号: AB021012
机芯: 百年灵自制02手动上弦机芯，瑞士官方天文台认证，动力储存达70小时以上
功能: 计时精度达1/4秒，配有30分钟及12小时累积计时器，时针，分针，秒针
表壳: 不锈钢，直径43毫米，防水30米，双向旋转表圈，表盘日历显示
表带: 牛皮表带
参考价格: 79600元起，限量1962枚

越洋世界时间计时手表

型号: AB0510U0
机芯: 百年灵自制05自动上弦机芯，瑞士官方天文台认证，动力储存70小时以上
功能: 配有30分钟及12小时累积计时器，世界标准时间，时针，分针，秒针
表壳: 不锈钢，防水100米，直径46毫米，表盘日历显示，有黑色、极地白可选配
表带: 牛皮表带，鳄鱼皮表带
参考价格: 91400元～269100元

世界时间计时手表

型号: AB041012
机芯: 百年灵04自动上弦机芯，瑞士官方天文台认证，动力储存70小时以上
功能: 24小时第二时区显示，配有30分钟及12小时累积计时器，时针，分针，秒针
表壳: 不锈钢，防水500米，旋入式表冠，单向棘轮式旋转表圈，直径47毫米，表盘日历显示
表带: 飞行员不锈钢表带
参考价格: 73000元～84300元

终极计时手表

型号： AB011011
机芯： 百年灵01自动上弦机芯，瑞士官方天文台认证，每小时28800次高摆频，动力储存70小时以上
功能： 计时精度达1/4秒，12小时累积计时器，时针，分针，秒针
表壳： 不锈钢款，防水500米，单向棘轮式旋转表圈，直径44毫米，表盘日历显示
表带： 海洋竞赛橡胶表带
参考价格： 66100元～501700元

终极计时手表“飞鱼”限量版

型号： AB011010
机芯： 百年灵01自动上弦机芯，瑞士官方天文台认证，每小时28800次高摆频，动力储存70小时以上
功能： 计时精确度达1/4秒，配有30分钟及12小时累积计时器，时针，分针，秒针
表壳： 不锈钢，防水500米，单向棘轮式旋转表圈，直径47毫米，表盘日历显示
表带： 海洋竞赛橡胶表带
参考价格： 66100元～68600元

世界时间终极计时手表

型号： AB042011
机芯： 百年灵自制04自动上弦机芯，瑞士官方天文台认证，每小时28800次高摆频，动力储存70小时以上
功能： 表盘24小时第二时区显示，表圈提供第三时区显示，计时精度达1/4秒，时针，分针，秒针
表壳： 不锈钢，防水200米，双向棘轮式旋转表圈，直径44毫米，表盘日历显示
表带： 牛皮表带，鳄鱼皮表带
参考价格： 73500元起

超级海洋42手表

型号： A1736402
机芯： 百年灵17型机芯，瑞士官方天文台认证，自动上弦，每小时28800次高摆频，25枚宝石轴承，动力储存可达40小时
功能： 时针，分针，秒针，日历显示
表壳： 不锈钢，防水1500米，旋入式表冠，单向棘轮式旋转表圈，直径42毫米
表带： 深潜橡胶表带，海洋竞赛橡胶表带
参考价格： 26700元～30300元

超级海洋44手表

型号： A17391A8
机芯： 百年灵17型自动上弦机芯，瑞士官方天文台认证，每小时28800次高摆频，25枚宝石轴承，动力储存40小时
功能： 时针，分针，秒针，日历显示
表壳： 不锈钢，防水2000米，单向棘轮式旋转表圈，直径44毫米，表盘日历显示
表带： 不锈钢表带
参考价格： 30000元～33600元

超级海洋计时手表二代

型号： A13341A8
机芯： 百年灵13型自动上弦机芯，瑞士官方天文台认证，每小时28800次高摆频，25枚宝石轴承，动力储存42小时
功能： 计时，30分钟及12小时累积计时器，时针，分针，秒针
表壳： 不锈钢，防水500米，旋入式表冠及安全按钮，单向棘轮式旋转表圈，直径44毫米
表带： 不锈钢表带
参考价格： 47400元～51000元

超级海洋世界时间手表

型号： A3238011
机芯： 百年灵32型自动上弦机芯，瑞士官方天文台认证，摆频28800次/小时，21枚宝石轴承，动力储存42小时
功能： 时针，分针，秒针，日历，第二时区显示
表壳： 不锈钢，防水500米，旋入式表冠，双向旋转表圈，直径41毫米，表盘日历显示
表带： 橡胶表带，不锈钢表带
参考价格： 35300元～35600元

超级海洋M2000计时手表

型号： A73310A8
机芯： 百年灵73型SuperQuartz™温度补偿超级石英机芯，瑞士官方天文台认证
功能： 配有60分钟及12小时累积计时器，飞返式指针分段计时，时针，分针，秒针
表壳： 不锈钢，防水2000米，单向棘轮式旋转表圈，直径46毫米
表带： 超级海洋皮表带，针扣
参考价格： 41300元

复仇者计时手表

型号： A1338012
机芯： 百年灵13型自动上弦机芯，瑞士官方天文台认证，摆频28800次/小时，25枚宝石轴承，动力储存达42小时
功能： 计时精度达1/4秒，12小时累积计时器，时针，分针，秒针
表壳： 不锈钢，防水300米，单向棘轮式旋转表圈，直径45.4毫米
表带： 牛皮表带，海洋竞赛橡胶表带
参考价格： 41500元～50300元

超级复仇者计时手表

型号： A1337011
机芯： 百年灵13型机芯，瑞士官方天文台认证，自动上弦，摆频28800次/小时，25枚宝石轴承，动力储存达42小时
功能： 计时精度达1/4秒，12小时累积计时器
表壳： 不锈钢，防水300米，旋入式表冠，单向棘轮式旋转表圈
表带： 皮表带，深潜橡胶表带，专业不锈钢表带
参考价格： 44100元～50300元

深潜海狼手表

型号： A1733010
机芯： 百年灵17型机芯，瑞士官方天文台认证，自动上弦，摆频28800次/小时，25枚宝石轴承，动力储存达40小时
功能： 时针，分针，秒针，日历显示
表壳： 不锈钢，防水3000米，旋入式表冠，单向棘轮式旋转表圈，直径45.4毫米
表带： 皮表带，深潜橡胶表带，专业不锈钢表带
参考价格： 46200元～53600元

越洋手表

型号： A1036012
机芯： 百年灵10型机芯，瑞士官方天文台认证，自动上弦，动力储存42小时
功能： 时针，分针，秒针，日历显示
表壳： 不锈钢，防水100米，非旋入式表冠，弧面蓝宝石表镜，双面防炫处理，直径43毫米
表带： 牛皮表带，鳄鱼皮表带
参考价格： 35300元～35600元
其他款式： 18K红金款

B

越洋计时手表

型号： AB015212
机芯： 百年灵01机芯，瑞士官方天文台认证，自动上弦，摆频28800次/小时，47枚宝石轴承，动力储存达70小时以上
功能： 计时精度达1/4秒，配有30分钟及12小时累积计时器，时针，分针，秒针
表壳： 不锈钢，防水100米，旋入式表冠，透明蓝宝石表底，直径43毫米
表带： 牛皮表带，鳄鱼皮表带，不锈钢表带
参考价格： 64700元～194200元

越洋1461计时手表

型号： A1931012
机芯： 百年灵19型机芯，瑞士官方天文台认证，自动上弦，摆频28800次/小时，38枚宝石轴承
功能： 计时精度达1/4秒，12小时累积计时器，闰年历，显示日期，星期，月份和月相，时针，分针，秒针
表壳： 不锈钢，防水50米，直径43毫米
表带： 牛皮表带，鳄鱼皮表带，不锈钢表带
参考价格： 79400元～84100元

越洋QP计时手表

型号： R2931012
机芯： 百年灵29型机芯，瑞士官方天文台认证，自动上弦，摆频28800次/小时，
功能： 计时精度达1/4秒，12小时累积计时器，万年历，显示日期，星期，周数，月份，季节，闰年周期和月相，时针，分针，秒针
表壳： 18K玫瑰金，防水50米，直径43毫米
表带： 牛皮表带，鳄鱼皮表带
参考价格： 492300元～517900元

航空计时手表60周年蓝天限量版

型号： AB012512
机芯： 自动上弦百年灵自制01机芯，瑞士官方天文台认证，动力储存大于70小时
功能： 配有30分钟及12小时累积计时器，日历，蓝色小表盘，时针，分针，秒针
表壳： 不锈钢，直径43毫米，防水30米，双向旋转表圈（环形飞行滑尺）
表带： 鳄鱼皮表带，不锈钢折叠扣
参考价格： 77600元，限量500枚

银河36自动手表

型号： A3733012
机芯： 百年灵37型自动上弦机芯，瑞士官方天文台认证，摆频28800次/小时，27枚宝石轴承，动力储存达42小时
功能： 时针，分针，小秒针，日历显示
表壳： 不锈钢，防水100米，单向棘轮式旋转表圈，直径36毫米
表带： 皮表带
参考价格： 36200元～307700元

银河30手表

型号： A71340L2
机芯： 百年灵71型温度补偿SuperQuartz™超级石英机芯，剩余电量显示，瑞士官方天文台认证
功能： 时针，分针，秒针，日历显示
表壳： 不锈钢，防水100米，直径30毫米
表带： 蜥蜴皮表带，飞行员不锈钢表带
参考价格： 34600元～67000元
其他款式： 间金款，不锈钢及金款

B

超级海洋文化42手表

型号： A1732136
机芯： 百年灵17型机芯，瑞士官方天文台认证，自动上弦，摆频28800次/小时，25枚宝石轴承，动力储存达40小时
功能： 时针，分针，秒针，日历
表壳： 不锈钢，防水200米，旋入式表冠，单向棘轮式旋转表圈，弧面蓝宝石表镜，双面防炫处理，直径42毫米
表带： 海洋竞赛橡胶表带，海洋经典不锈钢表带
参考价格： 31200元～36400元

超级海洋文化计时手表

型号： A2337036
机芯： 百年灵13型机芯，瑞士官方天文台认证，自动上弦，摆频28800次/小时，25枚宝石轴承，动力储存运42小时
功能： 计时精度达1/4秒，12小时累积计时器，时针，分针，秒针
表壳： 不锈钢，防水200米，旋入式表冠，单向棘轮式旋转表圈，直径46毫米
表带： 皮表带，深潜橡胶表带，海洋竞赛橡胶表带
参考价格： 43800元～49000元

蒙柏朗计时手表01限量版

型号： RB013112
机芯： 百年灵01机芯，瑞士官方天文台认证，自动上弦，摆频28800次/小时，
功能： 计时精度达1/4秒，12小时累积计时器，时针，分针，秒针
表壳： 18K玫瑰金款，防水30米，双向旋转表圈，配环形飞行滑尺，直径40毫米
表带： 牛皮表带，鳄鱼皮表带，航空表带
参考价格： 66000元～286300元
其他款式： 不锈钢款

自动计时手表黑钢限量版

型号： M1436003
机芯： 百年灵14型机芯，瑞士官方天文台认证，自动上弦，动力储存达42小时
功能： 计时，12小时累积计时器，时针，分针，秒针
表壳： 黑钢，红色橡胶表圈，防水30米，双向棘轮式表圈，配环形飞行滑尺，直径49毫米
表带： 海洋竞赛橡胶表带
参考价格： 77800元起，限量2000枚

太空计时手表

型号： A7836534
机芯： 百年灵78型石英机芯，12/24小时液晶数字显示，剩余电量显示，瑞士官方天文台认证
功能： 计时精度达1/100秒，分段计时，电子日历显示，万年历，时针，分针，秒针
表壳： 不锈钢，防水50米，整合式按钮，双向旋转齿轮表圈，配环形飞行滑尺，直径48毫米
表带： 皮表带，深潜橡胶表带，海洋竞赛橡胶表带
参考价格： 39600元～45900元

航空多功能手表

型号： E7936210
机芯： 百年灵79型石英机芯，模拟及12/24小时液晶数字显示，剩余电量显示，瑞士官方天文台认证
功能： 计时精度达1/100秒，日期显示，4年年历编程，时针，分针，秒针
表壳： 钛金属，防水100米，直径42毫米
表带： 皮表带，深潜橡胶表带，海洋竞赛橡胶表带
参考价格： 28000元～202200元

宾利世界时间V8计时手表

型号： A47362X8
机芯： 百年灵47B型自动上弦机芯，瑞士官方天文台认证，摆频28800次/小时，
功能： 计时精度达1/8秒，计时器，24小时第二时区显示，时针，分针，秒针
表壳： 不锈钢，防水100米，旋入式表冠，配有24个时区指示的旋转表圈，直径49毫米
表带： GMT世界时间橡胶表带
参考价格： 90100元，限量250枚

宾利巴纳托42计时手表

型号： A4139021
机芯： 百年灵41B型自动上弦机芯，瑞士官方天文台认证，摆频28800次/小时，
功能： 计时精度达1/4秒，配有30分钟及12小时累积计时器，日历显示，时针，分针，秒针
表壳： 不锈钢，防水100米，旋入式表冠，直径42毫米
表带： 小牛皮表带
参考价格： 60000元

宾利超级跑车计时手表

型号： A26364A5
机芯： 百年灵26B型机芯，瑞士官方天文台认证，自动上弦，摆频28800次/小时，
功能： 计时精度达1/4秒，配有中央60分钟及12小时累积计时器，时针，分针，秒针
表壳： 不锈钢，防水100米，旋入式表冠，双向齿轮旋转表圈，直径49毫米
表带： 宾利皮表带
参考价格： 76000元，限量1000枚

蒙柏朗47计时表

型号： A2335121
机芯： 百年灵23机芯，瑞士官方天文台认证，自动上弦，25枚宝石轴承，动力储存达42小时以上
功能： 计时精度达1/4秒，配有30分钟累积计时器，时针，分针，秒针
表壳： 不锈钢，防水30米，双向旋转表圈，配环形飞行滑尺，直径47毫米
表带： 航空表链
参考价格： 64300元

百年灵01机芯

功能： 自动上弦，计时功能，动力储存达70小时以上，计时精度达1/4秒，配有30分钟及12小时累积计时器，日历显示
直径： 30毫米
厚度： 7.2毫米
红宝石： 47枚宝石轴承，共346个部件组成
摆频： 28800次／小时

百年灵04机芯

功能： GMT双时区显示系统和精密的计时功能，动力储存达70小时以上，24小时第二时区显示，计时精确度达到1/4秒，配有30分钟及12小时计时器，日历显示
红宝石： 47枚宝石轴承
摆频： 28800次／小时

B

宝格丽
Bulgari

LVMH 集团旗下品牌宝格丽（Bulgari）成立于 1884 年，从一家珠宝店，现已逐渐发展为象征意大利卓越品质的华丽珠宝品牌。通过在全球顶级购物区开设零售网络，并打造从珠宝、高档手表、各类皮具、银器和香水到酒店的一整条多元化产品服务线，宝格丽蜚声国际奢侈品市场，并取得卓越成就。

宝格丽手表结合非凡创意与令人神往的意大利设计，并以传统瑞士制表工艺为坚实后盾，制造时采用最高的精准度，遵循最严苛的瑞士制表品牌标准。

品牌创始人索帝里欧·宝格丽出生于希腊银匠世家，是制作珍贵银器的专家。19 世纪末，索帝里欧移居意大利，1884 年在罗马的 Via Sistina 街开设了第一家店铺。1905 年，索帝里欧在儿子柯斯坦提诺与乔吉奥的协助下，将店址转移至 Via Condotti 大道，成为今天的宝格丽全球旗舰店。

20 世纪初，索帝里欧的两个儿子深深为宝石、珠宝和手表的魅力所吸引，继而培养出相关的专业技术，并逐渐取代父亲掌管家族事业。第二次世界大战结束后的时期，正是宝格丽风格史上的重大转折点。柯斯坦提诺与乔吉奥决定跳脱法国金匠学院派的严谨规范，从希腊罗马古典艺术汲取灵感，融合意大利文艺复兴美学及 19 世纪罗马金匠学派风格，打造出属于自己的独特品位。

20 世纪 70 年代，随着品牌知名度在全球各地迅速蹿升，宝格丽进入拓展国际版图的第一阶段，在纽约、日内瓦、蒙特卡洛、巴黎等地陆续开设精品店。1977 年，宝格丽推出 Bulgari Bulgari 手表系列，随即风靡全球，成为其经典之作。1982 年，Bulgari Time Neuchâtel 成立，专门负责设计制作宝格丽手表。

宝格丽从 2000 年开始积极推动垂直整合计划，收购了顶尖制表厂 Daniel Roth 和 Gérald Genta。2002 年，宝格丽取得了顶级珠宝品牌 Crova 50% 的股份，随后于 2004 年取得了其全部股份。

2005 年，宝格丽集团又连续收购了另外 3 家公司，包括两家瑞士制表公司：专门为顶级手表制造表盘的 Cadrans Design 以及专门制造金属表带的 Prestige d'Or。同年，宝格丽取得了意大利皮具公司 Pacini 的全部股份，并将其更名为 Bulgari Accessori S.r.l。

2007 年，宝格丽在手表领域推动垂直整合的努力取得了丰硕成果，已经具备了独立设计、制造、组装机芯的能力。2009 年，宝格丽集团推出 Sotirio Bulgari 系列陀飞轮万年历手表，这是宝格丽独立制造的第一只手表，其机芯和零件全部由宝格丽自行生产组装。BVL 465 机芯完全由宝格丽独立研发，具备透明自动陀飞轮与万年历功能，搭载创新的双同轴逆跳指针显示功能。同年，宝格丽集团开设了新的专卖店，并收购了另外两家瑞士手表生产公司：专门为顶级手表制造精致表壳的 Finger 以及专门生产制表机具的 Leschot。2012 年，宝格丽又推出了 OCTO 系列新款男士手表。

创立时间：
1884年

员工数量：
4000人

年产量:
不详

电话:
021-51165836

传真:
021-51165837

网址:
http://zh-cn.bulgari.com/

销售方式:
专营店

经典款式：
Bulgari Bulgari 系列，Serpenti系列，Daniel Roth系列，Octo系列，Diagono系列，Sotirio Bulgari系列

价格区间:
46000元起

宝格丽 OCTO 全新男士手表全球首发活动现场

B

Diagono X-Pro系列

型号： DP45BSTVDCH/GMT
机芯： 瑞士官方天文台认证的BVL312自动上弦机械机芯，动力储备48小时
功能： 时针，分针，9点钟位置小秒针，中央计时秒针，中央GMT指针，分钟计时器，小时计时器，带刻度GMT表圈，4:30位置日历窗
表壳： 不锈钢表壳，类钻碳膜处理及钛金属表壳
表带： 橡胶和不锈钢表带，搭配扣针式表扣
参考价格： 143000元

Diagono Calibro系列BVL303机芯手表

型号： DG42C14SWGSDCH
机芯： BVL303自动上弦机械机芯，带日期显示，共有303枚零件，饰有珍珠圆点打磨纹和日内瓦波纹，动力储备40小时
功能： 时针，分针，秒针，计时
表壳： 直径42毫米，不锈钢表壳，搭配18K白金表圈和透明底盖
表带： 不锈钢表链
参考价格： 109000元

Diagono系列手表

型号： DG42BPLTB
机芯： BVL200手动上弦自主设计制造机芯，含200枚零件，全部饰有手工处理的垂直火焰饰纹，扭锁饰纹，缎面太阳纹以及手工倒角处理，尊贵黑金处理，动力储备64小时
功能： 时针，分针，陀飞轮，带底盖动力储备显示
表壳： 直径42毫米，钛金属表壳搭配透明底盖
表带： 鳄鱼皮表带搭配钛金属折扣表扣
参考价格： 960000元
其他款式： 不锈钢款

Diagono系列月相手表

型号： DGP42BGLDMP
机芯： BVL347自动上弦机芯，含347枚零件，饰有珍珠圆点打磨纹，垂直火焰饰纹以及手工倒角处理，动力储备45小时
功能： 时针，分针，秒针，带星期和日期逆跳指针（150度）的专利月相显示装置
表壳： 直径42毫米，18K玫瑰金表壳搭配透明底盖
表带： 鳄鱼皮表带搭配18K玫瑰金钛折叠表扣
参考价格： 326000元

Diagono系列手表

型号： DGP40C6GLDCH
机芯： 自动上弦机械计时机芯
功能： 时针，分针，秒针，日期显示
表壳： 直径40毫米，18K玫瑰金表壳，浮雕饰纹镀银表盘，大牌手工镶嵌时标
表带： 棕色鳄鱼皮表带搭配18K玫瑰金折叠扣表壳
参考价格： 173000元
其他款式： 不锈钢款

Daniel Roth系列小秒针手表

型号： BRRP44C14GLPS
机芯： DR206手动上弦机械机芯，饰有珍珠圆点打磨纹，日内瓦波纹以及手工倒角处理，动力储备43小时
功能： 时针，分针，配备三枚小秒针
表壳： 直径44毫米，18K玫瑰金表壳，搭配透明底盖，多层漆面表盘，饰有缎面垂直条纹
表带： 鳄鱼皮带表搭配18K玫瑰金扣针式表扣
参考价格： 178000元

Daniel Roth系列 Papillon计时表

型号： BRRP46C14GLCHP

机芯： DR2319自动上弦机械机芯，饰有珍珠圆点打磨纹，日内瓦波纹以及手工倒角处理。中心表盘两侧各有一枚显示分钟的伸缩指针，动力储备38小时

功能： 瞬跳时针，独特的Papillon(蝴蝶)分针显示系统及柱状轮的一体式计时装置

表壳： 直径46毫米，18K玫瑰金表壳搭配透明底盖

表带： 鳄鱼皮表带搭配18K玫瑰金折叠表扣

参考价格： 431000元

Daniel Roth系列 陀飞轮双追针计时表

型号： BRRP46C14GLTBRA

机芯： DR8300手动上弦机械机芯，整体饰有手工珍珠圆点打磨纹，日内瓦波纹及手工倒角处理，动力储备48小时

功能： 时针，分针，陀飞轮，双追针计时功能，动力储备显示

表壳： 直径46毫米，18K玫瑰金表壳搭配透明底盖

表带： 鳄鱼皮表带搭配18K玫瑰金折叠表扣

参考价格： 1370000元

Daniel Roth系列Endurer Chronosprint手表

型号： BRE56BSLDCHS

机芯： DR1306自动上弦机械机芯，饰有珍珠圆点打磨纹、日内瓦波纹及手工倒角处理，动力储备45小时

功能： 时针，分针，超大日期，Chronosprint功能

表壳： 直径56毫米，不锈钢表壳，表冠和按钮经过黑化处理，蓝宝石水晶透明底盖

表带： 鳄鱼皮表带搭配不锈钢扣针式表扣

参考价格： 116000元

Octo系列八角形男士手表

机芯： BVL 193自动上弦机芯，动力储存50小时

功能： 时针，分针，秒针，日期，双发条盒

表壳： 41.5毫米x10.55毫米宝格丽自制表壳，螺丝锁入式表冠与螺旋式背盖，防水100米

表带： 黑色鳄鱼皮表带搭配不锈钢或玫瑰金双折叠式表扣

参考价格： 225000元

其他款式： 不锈钢款（75000元）

Octo系列八角形四逆跳计时表

型号： BGOP45BGLDCHQR

机芯： GG7800自动上弦机械机芯，动力储备38小时

功能： 瞬跳小时显示，逆跳分针（120度）和逆跳日期指针（180度），中心大秒针

表壳： 直径45毫米，八角形18K玫瑰金表壳，表冠镶嵌凸圆形玛瑙搭配透明底盖

表带： 鳄鱼皮表带搭配不锈钢折叠表扣

参考价格： 479000元

Octo系列八角形双逆跳手表

型号： BGO43BSCVDBR

机芯： GG7722自动上弦机械机芯，动力储备45小时

功能： 瞬跳小时显示，逆跳分针（210度）和逆跳日期指针（180度）

表壳： 直径43毫米， 八角形不锈钢表壳搭配黑色陶瓷饰钉表圈，表冠镶嵌凸圆形玛瑙搭配透明底盖

表带： 鳄鱼皮表带搭配不锈钢折叠表扣

参考价格： 147000元

B

Sotirio Bulgari系列陀飞轮万年历

型号： SB43BPLTBPC
机芯： BVL464自动上弦机械机芯
功能： 时针，分针，陀飞轮
表壳： 直径43毫米，钛金属表壳搭配透明底盖，扭索饰纹多层表盘，搭配手工镶嵌时标
表带： 鳄鱼皮表带搭配钛金属扣针式表扣
参考价格： 1900000元

Bulgari Bulgari系列 Reserve de marche

型号： BBP41BGL
机芯： 超薄BVL131手动上弦机械机芯，动力储备72小时
功能： 时针，分针，秒针，动力储备显示
表壳： 直径41毫米，18K玫瑰金弧形表壳
表带： 鳄鱼皮表带搭配18K玫瑰金折叠表扣
参考价格： 179000元

Diagono Ceramic系列

型号： DGP42BGCVDCH
机芯： BVL 130自动上弦机械机芯
功能： 时针，分针，计时，日期
表壳： 18K玫瑰金，直径42毫米，陶瓷表圈
表带： 橡胶表带
参考价格： 203000元

Bulgari Bulgari 系列

型号： BB26BSS/12N
机芯： 石英机芯
功能： 时针，分针
表壳： 不锈钢表壳，黑色表盘，饰有巴黎之钉纹饰，镶嵌钻石时标
表带： 自主设计制造不锈钢表链
参考价格： 46000元

Bulgari Bulgari系列

型号： BB33WSSDAUTO/N
机芯： ETA自动上弦机芯
功能： 时针，分针，秒针，日期
表壳： 33毫米不锈钢
表带： 不锈钢表链
参考价格： 38700元

Bulgari Bulgari系列

型号： BB33WSGDAUTO/N
机芯： ETA自动上弦机械机芯
功能： 时针，分针，秒针，日期
表壳： 33毫米黄金和不锈钢
表带： 黄金和不锈钢表链
参考价格： 55500元

Serpenti系列珠宝手表

型号： SPP26BGD1GBLD1.2T
机芯： 石英机芯
功能： 时针，分针
表壳： 玫瑰金表壳镶有6颗明亮式切割钻石（0.60克拉）
表带： 玫瑰金双圈表链镶有385颗明亮式切割钻石（约4.12克拉）
参考价格： 602000元
其他款式： 白色珍珠母贝表盘款

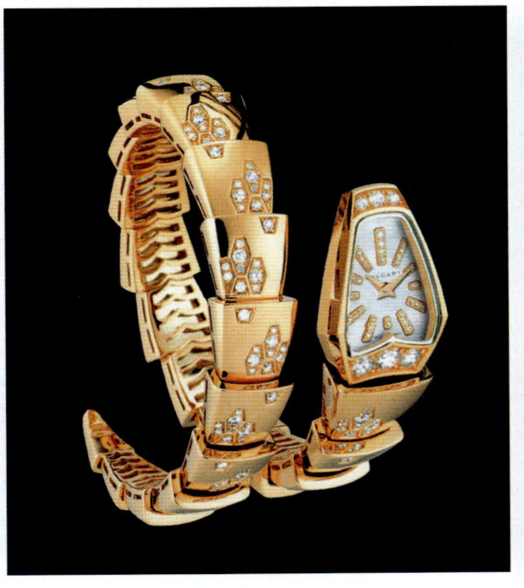

Serpenti系列珠宝手表

型号： SPP26WGD1GD1.1T
机芯： 石英机芯，白色珍珠母贝表盘镶有33颗钻石（0.06克拉）
功能： 时针，分针
表壳： 玫瑰金表壳镶有6颗明亮式切割钻石（0.60克拉）
表带： 玫瑰金单圈表链镶有245颗明亮式切割钻石（约2.79克拉）
参考价格： 388000元

Serpenti系列手表

型号： SPP26BGDIGDIO.IT
功能： 时针，分针
机芯： 石英机芯，黑色表盘镶嵌钻石时标
表壳： 采用18K玫瑰金弧形表壳并镶嵌明亮型切割圆钻
表带： 一圈18K玫瑰金弧形表链，镶嵌明亮型切割圆钻和黑色缟玛瑙
参考价格： 462000元

Serpenti系列手表

型号： SPW26WGDIGD2.2T
机芯： 石英机芯
功能： 时针，分针
表壳： 8K白金弧形表壳，镶嵌明亮型切割圆钻白色珍珠母贝表盘镶嵌钻石时标
表带： 两圈白金表链，镶嵌明亮型切割圆钻
参考价格： 924000元
其他款式： 玫瑰金款

Astrale系列手表

型号： AEW36DICWL
机芯： 石英机芯
功能： 时针，分针
表壳： 采用18K白金弧形表壳，镶嵌明亮型切割圆钻和花式切割彩色宝石，白色表盘
表带： 高科技黑色缎面表带
参考价格： 182000元
其他款式： 黑色表盘

B. Zero 1系列手表

型号： BZ30BSMDSL
机芯： 石英机芯
功能： 时针，分针
表壳： 不锈钢表壳，黑色表盘镶嵌钻石“日月”图案
表带： 黑色皮革表带，搭配不锈钢折叠表扣
参考价格： 29800元
其他款式： 不锈钢表带款

B

宝路华·臻创
Bulova Accutron

宝路华·臻创是将宝路华公司自 1875 年以来的悠久创新历史与 Accutron 的传统融为一体，是瑞士制造的精品手表品牌。

1875 年，约瑟夫·宝路华，一位来自波希米亚的 23 岁移民，在曼哈顿仕女巷开设了自己的第一家商店。之后，他以精湛的技术与艺术方面的高度创新能力，迅速地从这一地区的数百家珠宝店中脱颖而出。1912 年，在亨利·福特试验第一条汽车装配线的同时，约瑟夫·宝路华在瑞士建立了自己的第一家工厂，全面从事手表部件的批量制造和装配，从此以后，他让手表首次成为人人均可享有的物品。

约瑟夫·宝路华是一名真正的美国创新者，他自身的大胆创新精神，令其在拥有超过 50 项发明专利的同时，将宝路华公司在 137 年的发展历史中不断创新、层出不穷地推出一个又一个发明创造：'Dust-Tite Protector”技术是一款早期创新并最终诞生了现代防水技术；“Phototimer”（摄影计时器）则是准确运动终点拍照计时的基石；1928 年，发明了收音机闹钟；1931 年，推出电子钟；1953 年，“Wrist-Alarm”（手腕闹钟）是拥有闹钟功能的手表；作为多年研发成就的结晶，宝路华公司于 1960 年推出 Accutron 一只真正的电子手表。Accutron 手表面世后，被“空军一号”采用，而且还在约翰·F·肯尼迪总统和林登·贝恩斯·约翰逊总统任职期间被作为正式的总统国礼。在太空竞赛中，宝路华公司的 Accutron 技术成为 46 次美国宇航局太空任务不可或缺的一部分。1969 年 7 月 20 日 20 时 17 分 41 秒，在人类首次登月的过程中，一只宝路华 Accutron 计时仪在月球上着陆，并被放在月球静海里，以控制重要数据的传输。至今，这种创新精神和技术成就仍然体现在每只宝路华·臻创手表上。

宝路华·臻创体现出了宝路华公司非凡发展历程和大胆革新的精髓，巩固了它在瑞士制造手表界的应有地位。欧洲的流行款式、瑞士的精密制造、美国的顶尖创新精神，宝路华·臻创是自始至终致力于不断重新定义计时理念这一悠久传统的最好体现。

宝路华·臻创品牌拥有 10 个系列手表，既有机械表芯，也有石英表芯。其机械表既有手动上弦，也有自动上弦，内装瑞士机芯，如著名的 Valjoux 7750、ETA 2824-2、Sellita SW200 和 ETA 6498-1。宝路华·臻创机械表的标志是手表秒针上的音叉图案，以及手表透明的底盖，让里面错综复杂而赏心悦目的机芯运转情况一览无余。个性鲜明的柯沃德手表系列是宝路华·臻创的经典代表之一，全系列既有自动上弦机械机芯也有石英机芯。柯沃德手表展示了奇妙的计时技术，既有完全镂空的表盘，也有开孔表盘，使技术成为不可分割的设计元素。作为另一个主打系列——杰美奈手表系列，它的名称源自为阿波罗登月任务铺平道路的、开创性的美国宇航局太空计划，突出了宝路华·臻创与太空技术之间的紧密联系，这一系列为世人呈献了最完美的传统制表技术。主打的女表系列玛塞拉则是完美无瑕的最佳诠释，流畅的弧形表壳，单独手工精细镶嵌的真钻以及穹顶状表冠无一不将其装饰得更加熠熠生辉。

2011 年，宝路华·臻创任命著名的企业家理查德·布兰森爵士为其品牌形象大使。他是维珍集团的创始人，1999 年因其“对创业精神的贡献”而被封为爵士，成为全球认可和尊重的创新者之一。无论是作为一名企业家、人道主义者或者旗手型人物，布兰森爵士充分体现了宝路华·臻创的创新精神，并示范了品牌创始人约瑟夫·宝路华对创造性和创新能力的理解。此外，理查德·布兰森爵士已将把代言的收益全数捐赠给维珍联合（Virgin Unite—为推动商务成为一股有益的力量，帮助改革企业、社会部门和政府的合作方式而于 2004 年创建的公益基金）。

创立时间:
1875年

员工人数:
不详

年产量:
不详

电话:
021-33661666

传真:
021-33051278

网址:
www.bulova.com, zh_cn

销售方式:
专营店，百货商场

经典款式:
精准者系列，柯沃德系列，杰美奈系列，玛塞拉系列

价格区间:
4900元~25800元

宝路华·臻创精准者手表

型号： 65B148
机芯： ETA 2824-EFAS
功能： 时针，分针，秒针，日历
表壳： 316L不锈钢镀玫瑰金，直径43毫米，EFAS表盘指示区，防水深度50米
表带： 黑色鳄鱼纹真皮表带，折叠表扣
参考价格： 12300元
其他款式： 全不锈钢款12600元

宝路华·臻创柯沃德全镂空机械男表

型号： 64A103
机芯： Selita SW200
功能： 时针，分针，秒针
表壳： 316L不锈钢镀玫瑰金表壳，直径40毫米，镂空表盘，秒针带有音叉徽标平衡锤，防水深度100米
表带： 咖啡色鳄鱼纹真皮表带，折叠表扣
参考价格： 14200元

宝路华·臻创杰美奈多功能计时机械男表

型号： 63C107
机芯： ETA Valjoux 7750
功能： 时针，分针，秒针，星期，日历双历显示，30分，60分，计时功能12小时
表壳： 316L不锈钢，直径42毫米，带有音叉徽标平衡锤的秒针，防水50米
表带： 咖啡色鳄鱼纹真皮表带，折叠表扣
参考价格： 11200元

宝路华·臻创玛塞拉迷你间金镶钻女表

型号： 65R145
机芯： Ronda 762
功能： 时针，分针
表壳： 316L不锈钢镀玫瑰金，直径 28毫米，珍珠母贝内圈表盘，63颗真钻镶嵌于表盘和表圈，穹顶状表冠，防水深度30米
表带： 不锈钢间金表带，折叠表扣
参考价格： 10600元
其他款式： 全不锈钢款10200元

宝路华·臻创潘贝朵珍珠母贝镶钻女表

型号： 63R139
机芯： Ronda 1062-2
功能： 时针，分针
表壳： 316L不锈钢表壳，直径32毫米，珍珠母贝表盘，精湛切割的珍珠母贝镶嵌于表圈，101颗真钻镶嵌于表盘和表圈，防水30米
表带： 316L不锈钢表带，折叠表扣
参考价格： 13300元
其他款式： 镶钻皮表带款 9900元，间金镶钻款12600元

宝路华·臻创理查德·布兰森爵士限量版表

型号： 63B159
机芯： ETA 2893-2 GMT
功能： 时针，分针，秒针，日历，两地时，世界24小时时区
表壳： 钛合金表壳，直径46毫米，黑色表盘上刻有立体地球模型，防水100米，双表冠
表带： 黑色鳄鱼纹质感真皮表带
参考价格： 25800元，限量500枚

B

宝路华·臻创柯洛索运动型镀玫瑰金机械男表

型号: 64B108
机芯: Selita SW200
功能: 时针，分针，秒针，3点位日历窗口
表壳: 直径42毫米，不锈钢镀玫瑰金，防水300米
表带: 黑色棋盘格纹橡胶表带
参考价格: 7600元
其他款式: 不锈钢款 6800元~7600元

宝路华·臻创艾瑞格自动间金男表

型号: 65B106
机芯: ETA 2824-2
功能: 时针，分针，半月形日历窗口
表壳: 316L不锈钢镀金，直径41毫米，防水50米
表带: 不锈钢间金表带，折叠表扣
参考价格: 7600元
其他款式: 皮表带款，不锈钢款

宝路华·臻创柯沃德全自动机械男表

型号: 63A100
机芯: Selita SW200
功能: 时针，分针，秒针
表壳: 316L不锈钢表壳，直径40毫米，防水100米
表带: 咖啡色鳄鱼纹真皮表带，折叠表扣
参考价格: 5900元

宝路华·臻创柯沃德全自动机械男表

型号: 63A102
机芯: Selita SW200
功能: 时针，分针，秒针
表壳: 316L不锈钢表壳，直径40毫米，带有音叉徽标平衡锤的秒针，表盘12点位镂空设计，可尽览正在运行的经典时计功能，螺丝式底盖，防水100米
表带: 316L不锈钢表链，折叠表扣
参考价格: 7500元

宝路华·臻创柯沃德全镂空机械男表

型号: 63A001
机芯: Selita SW200
功能: 时针，分针，秒针
表壳: 316L不锈钢表壳，蓝宝石水晶表镜，带有音叉徽标平衡锤的秒针，表盘全部镂空，透视底盖，可尽览正在运行的经典时计功能，螺丝式底盖，防水100米
表带: 316L不锈钢表链，折叠表扣
参考价格: 12900元

宝路华·臻创杰美奈两地时自动男表

型号: 63B153
机芯: ETA 2893-2 GMT
功能: 时针，分针，秒针，日历，两地时
表壳: 316L不锈钢表壳，直径42毫米，显示两地时间，带有音叉徽标平衡锤的秒针，透视底盖，可尽览正在运行的经典时计功能，防水50米
表带: 咖啡色鳄鱼纹真皮表带，折叠表扣
参考价格: 7900元

宝齐莱
Carl F. Bucherer

创立时间:
1919年

员工数量:
不详

年产量:
15000枚

电话:
021 62493377

传真:
021 62488066

网址:
http://www.carl-f-bucherer.com/

销售方式:
经销商合作

经典款式:
马利龙，柏拉维，雅丽嘉，爱德玛尔

价格区间:
80000元~3300000元

宝齐莱是目前的瑞士钟表行业中，为数不多的仍旧由创办人家族掌控的企业，目前宝齐莱集团由家族的第三代传人 Jr.G.Bucherer 掌舵。

1888 年，在琉森的法尔肯广场，卡尔 · 弗里德里希 · 宝齐莱和路易斯 · 宝齐莱创立第一家钟表与珠宝商店。1919 年，他们的儿子，卡尔 · 爱德华及恩斯特两兄弟游说父亲推出带有 Art Deco 艺术装饰风格的女装计时系列，才有了现在的宝齐莱。

长期以来，宝齐莱以工艺细致闻名，早先曾专注于女装表及珠宝订制，后进军专业制表领域。1968 年至 1976 年，正是瑞士制表业受到石英革命的冲击，处于剧烈变革的时期，宝齐莱通过收购多家专业机芯工厂，跻身当时瑞士三大手表制造商之一，当时每年能够生产超过 15000 枚精密机械手表。

如今的宝齐莱，是一个掩盖在大型零售商外衣下的专业制表品牌，在技术功能方面有着很强进取心，并且绝不随波逐流。其近年来一直强调 Evolution Technology（革新化技术），并推出了以 Evo Tec 命名的全新的自动机械表系列。

柏拉维Travel Graph手表

型号： 00.10618.13.53.01
机芯： CFB 1901自动机芯，39颗宝石，动力储存42小时
功能： 计时，第二时区，日期，时针，分针，小秒针
表壳： 不锈钢，防水深度50米，直径42毫米
表带： 蓝色表盘及小牛皮表带
参考价格： 65000元

柏拉维Big Date手表

型号： 00.10630.08.23.11
机芯： 自制CFB A1003自动上弦机芯，动力储存55小时
功能： 时针，分针，秒针，大日历视窗，小秒针
表壳： 不锈钢表壳镶64颗TW vvs 钻石
表带： 棕色水蛇皮表带配不锈钢折叠扣
参考价格： 145000元

柏拉维周历手表

型号： 00.10629.08.33.01
机芯： CFB A1004自动机芯，33颗红宝石，动力储存55小时
功能： 时针，分针，周数指示，大日期，星期显示，小秒盘
表壳： 不锈钢，防水50米，直径42.6毫米
表带： 小牛皮表带，折叠式带扣
参考价格： 124000元

马利龙Chrono Perpetual万年历计时手表

型号： 00.10906.03.13.01
机芯： CFB 1904自动上弦机芯，动力储存50小时
功能： 时针，分针，秒针，计时，逆跳，万年历，日期，星期，月份，闰年，月相
表壳： 18K玫瑰金，防水30米，直径42.5毫米
表带： 鳄鱼皮表带，18K玫瑰金针扣
参考价格： 430000元，限量100枚

马利龙Moon Phase月相手表

型号： 00.10909.03.13.01
机芯： CFB 1966自动上弦机芯，21颗宝石，动力储存42小时
功能： 日期，星期，月份，月相显示，时针，分针，秒针
表壳： 18K玫瑰金，防水深度30米，直径38毫米
表带： 鳄鱼皮咖啡色表带
参考价格： 118000元
其他款式： 黑色表盘，银色表盘

马利龙万年历手表

型号： 00.10902.03.16.11
机芯： CFB 1955.1 自动上弦机芯，瑞士官方天文台认证，动力储存42小时
功能： 万年历，闰年，月份，日期，星期显示，月相显示，时针，分针，秒针
表壳： 18K玫瑰金，镶嵌64颗钻石，防水30米，直径40毫米
表带： 棕色鳄鱼皮表带，18K玫瑰金针扣
参考价格： 356000元

马利龙日历逆跳手表

型号： 00.10901.03.16.01
机芯： CFB 1903 自动上弦机芯，34颗红宝石，动力储存42小时
功能： 逆跳日历功能，日期，星期显示，24时或第二时区显示，能量储备显示，时针，分针，秒针
表壳： 18K玫瑰金，防水深度30米，直径40毫米
表带： 棕色鳄鱼皮表带，18K玫瑰金针扣
参考价格： 259000元

马利龙Big Date Power手表

型号： 00.10905.03.13.11
机芯： CFB 1964自动上弦机芯，28颗红宝石，动力储存42小时
功能： 大日历，动力储存显示，时针，分针，秒针
表壳： 18K玫瑰金，镶嵌64颗钻石，防水深度30米，直径40毫米
表带： 棕色鳄鱼皮表带，18K玫瑰金针扣
参考价格： 235000元

马利龙Central Chrono计时手表

型号： 00.10910.08.33.01
机芯： CFB 1967自动上弦机芯，动力储存40～44小时
功能： 计时，时针，分针，秒针，日期显示，24小时显示，小秒针显示
表壳： 不锈钢，防水深度30米，直径42.5毫米
表带： 黑色鳄鱼皮表带，不锈钢针扣
参考价格： 63000元

柏拉维EvoTec Big Date女装手表

型号： 00.10628.08.87.11
机芯： 自制CFB A1003自动上弦机芯，33颗红宝石，动力储存55小时
功能： 时针，分针，秒针，大日历视窗，小秒针
表壳： 不锈钢，56颗钻石，旋入式表冠，防水50米，厚度12.9毫米
表带： 水蛇皮配玫瑰金锁针式折叠扣
参考价格： 158000元

柏拉维EvoTec日历手表

型号： 00.10625.13.33.01
机芯： 自制CFB A1001自动上弦机芯，33颗红宝石，动力储存55小时
功能： 时针，分针，秒针，大日期显示，星期显示，小秒针
表壳： 不锈钢，橡胶表圈，防水深度50米
表带： 小牛皮表带，折叠式带扣
参考价格： 120000元

柏拉维 EvoTec Power Reserve手表

型号： 00.10627.13.33.01
机芯： 自制CFB A1002自动上弦机芯，33颗红宝石，动力储存55小时
功能： 时针，分针，秒针，动力储存显示，大日历视窗，星期显示，小秒针
表壳： 不锈钢，防水50米，43.75毫米x44.5毫米
表带： 小牛皮表带，折叠式带扣
参考价格： 125000元

马利龙Monograph单一按钮计时表

型号： 00.10904.03.97.11
机芯： CFB 1962手动上弦机芯
功能： 单一按钮计时系统，时针，分针，秒针
表壳： 玫瑰金，表圈镶钻，直径35毫米，防水30米
表带： 白色水蛇皮镶色蜥蜴皮，18K玫瑰金表扣
参考价格： 465000元

雅丽嘉Adamavi手表

型号： 00.10307.03.16.01
机芯： ETA 2892-A2自动上弦机芯，21颗宝石，动力储存42小时
功能： 日期，时针，分针
表壳： 玫瑰金，防水30米，直径36毫米
表带： 鳄鱼皮表带，18K玫瑰金针扣
参考价格： 65000元

雅丽嘉Alacria黄金手表

型号： 00.10701.01.71.32
机芯： 石英
功能： 时针，分针
表壳： 18K黄金，102颗钻石，珍珠母贝表盘
表带： 黄金表链
参考价格： 346000元

卡地亚
Cartier

1847 年，路易 · 弗朗索瓦 · 卡地亚（Louis-Francois Cartier 1819~1904）从师傅手中接管了位于巴黎蒙特吉尔街 29 号（29 Rue Montorgueuil）的珠宝店，卡地亚的故事就此展开。

卡地亚自创建伊始便与各国皇室贵族维系着紧密的交往——从最初的珠宝工坊，到众多皇室的御用品，卡地亚成为欧洲皇室与上流社会的娇宠。卡地亚之所以能引领潮流旌旗，和其国际化视野息息相关。自 19 世纪末起，路易 · 卡地亚及其兄弟就已经远行至印度、东亚、俄国……积极从各国文化中汲取灵感，创作出无数风靡于世的异国风情精品。1903 年，为了考察美国市场，已年近 70 岁的创始人路易 · 弗朗索瓦 · 卡地亚都毫不踌躇地跨越大西洋。在那个还没有飞机的年代，这种经年累月的行程耗时费力，但卡地亚却敏锐地体察到：只有努力开拓广阔的国际市场，才能拥有长足发展的潜力。在这种思路的指导下，于巴黎精品店之外，卡地亚又于 1902 年和 1909 年在伦敦、纽约开设精品店，从此占领这三个最重要的世界潮流之都，开创了精品经营全球化的先河。

当卡地亚首领的花环风格（Garland Style）还极其流行时，卡地亚已接受了建筑学的启发，开始在珠宝设计上运用明亮色彩和个性化几何造型，成为“装饰艺术风格（Art Deco）”的先行者，并开始涉足钟表领域。从 1904 年为巴西富豪好友山度士 · 杜蒙 (Santos Dumont) 制作的 Santos 系列手表开始，卡地亚先后发明了 Tonneau 酒桶形手表，以第一次世界大战时首次出现的雷诺坦克为灵感的 Tank 系列手表，具有领先的防水概念的 Pasha 系列运动表，经典圆形的 Ronde 系列手表，以及带有标志性的醒目蓝宝石表冠的 Ballon Bleu 系列……百多年来，卡地亚手表持续散发出无穷的魅力。

进入 21 世纪后，卡地亚在专业制表领域不断突破，积极研发基础机芯和高复杂功能机芯，并在表盘的装饰工艺方面不断创新。除了位于拉绍德封和日内瓦的制表厂之外，卡地亚还在瑞士境内还拥有多家机芯和零件配套生产厂。近年来，卡地亚的多款自产机芯获得日内瓦印记的殊荣，在华丽和富于浪漫气息的外表之下，又增添了更多的内涵。

创立时间:
1847年

员工数量:
不详

年产量:
不详

电话:
010 6599 7700

传真:
010 6599 7701

网址:
http://www.cartier.cn

销售方式:
精品店和特约零售商店

经典款式:
Ballon Bleu de Cartier，Tank，Calibre，Santos，Roadster，Pasha

价格区间:
不详

2012 年卡地亚 Tank 手表之夜现场

C

蓝气球系列镶钻白金中型款手表

型号： WE9006Z3
机芯： 卡地亚076型机械式自动上弦机芯
功能： 时针，分针，秒针
表壳： 18K白金，直径36.5毫米，防水30米
表带： 18K金表带，18K金表扣
参考价格： 店洽

蓝气球系列小型款手表

型号： W69002Z2
机芯： 卡地亚057型石英机芯
功能： 时针，分针
表壳： 18K金材质，直径28.5毫米，防水30米
表带： 18K金表带，18K玫瑰金表扣
参考价格： 店洽

蓝气球系列黄金大型款手表

型号： W69005Z2
机芯： 卡地亚049型机械式自动上弦机芯
功能： 时针，分针，秒针，日期显示
表壳： 18K金，防水30米
表带： 18K金，18K金表扣
参考价格： 店洽

Délices de Cartier小型表

型号： WG800014
机芯： 石英机芯
功能： 时针，分针
表壳： 18K白金，镶钻，蓝宝石镜面，防水30米
表带： 浅灰色绢丝表带，18K白金表扣
参考价格： 店洽
其他款式： 18K金镶钻款，18K玫瑰金镶钻款

Délices de Cartier大号表

型号： WG800017
机芯： 石英机芯
功能： 时针，分针
表壳： 18K玫瑰金，镶钻，蓝宝石镜面，防水30米
表带： 粉米色绢丝表带，18K玫瑰金表扣
参考价格： 店洽
其他款式： 18K白金镶钻款

Délices de Cartier超大号表

型号： WG800022
机芯： 石英机芯
功能： 时针，分针
表壳： 18K白金，镶钻，蓝宝石镜面，防水30米
表带： 浅灰色绢丝表带,18K白金表扣
参考价格： 店洽

Calibre de Cartier手表

型号：W7100036
机芯：卡地亚1904——PS MC型自动上弦机械机
功能：芯时针，分针，夜光，日期显示
表壳：不锈钢，18K玫瑰金表圈，防水30米
表带：18K玫瑰金和不锈钢表带，不锈钢表扣
参考价格：店洽
其他款式：18K金和不锈钢款，不锈钢款

Rotonde de Cartier浮动式陀飞轮三问手表

型号：HPI00603
机芯：卡地亚9402 MC型工作坊手动上弦机械机芯
功能：时针，分针，计时，三问报时，陀飞轮
表壳：玫瑰金，蓝宝石镜面，防水30米
表带：黑色鳄鱼皮表带，玫瑰金表扣
参考价格：店洽，限量50枚

Rotonde de Cartier年历手表

型号：国内暂无型号
机芯：卡地亚9908 MC型工作坊自动上弦机芯
功能：时针，分针，年历，星期，月份显示
表壳：18K玫瑰金，蓝宝石镜面，防水30米
表带：棕色鳄鱼皮表带，18K金表扣
参考价格：店洽
其他款式：18K白金

Rotonde de Cartier Cadran Lové陀飞轮手表

型号：HPI00589
机芯：卡地亚9458MC型工作坊手动上弦机械机芯
功能：时针，分针，陀飞轮
表壳：18K白金材质，防水30米
表带：黑色鳄鱼皮表带，18K白金表扣
参考价格：店洽，限量100枚

Rotonde de Cartier万年历手表

型号：国内暂无型号
机芯：卡地亚9422MC型工作坊自动上弦机械机芯
功能：时针，分针，万年历，逆跳式指针指示星期，月份显示
表壳：18K玫瑰金，蓝宝石镜面，防水30米
表带：棕色鳄鱼皮表带，18K金折叠表扣
参考价格：店洽

Rotonde de Cartier浮动式陀飞轮

型号：国内暂无型号
机芯：卡地亚9452MC型工作坊精制手动上弦机械机芯，19颗红宝石轴承，动力储存50小时
功能：时针，分针，浮动式陀飞轮
表壳：18K玫瑰金材质，蓝宝石镜面，防水30米
表带：棕色鳄鱼皮表带，18K玫瑰金表扣
参考价格：店洽

Tank Anglaise大号表

型号： W5310025
机芯： 卡地亚1904 MC型自动上弦机芯
功能： 时针，分针，秒针，日期显示
表壳： 18K白金材质，蓝宝石镜面，防水30米
表带： 抛光相间拉丝的精纯不锈钢表链，搭配按18K白金表带，18K白金表扣
参考价格： 店洽

Tank Anglaise中号表

型号： HPI00585
机芯： 卡地亚076型自动上弦机芯
功能： 时针，分针，秒针
表壳： 18K镀铑白K金表壳，表盘镶嵌明亮切割钻石，蓝宝石水晶镜面，防水30米
表带： 18K镀铑白K金，镶钻
参考价格： 店洽

Tank Anglaise小号表

型号： WT100002
机芯： 卡地亚057型石英机芯
功能： 时针，分针
表壳： 18K玫瑰金材质，0.8克拉钻石镶嵌蓝宝石镜面，防水30米
表带： 18K玫瑰金表带，18K玫瑰金表扣
参考价格： 店洽

Tank Folle手表

型号： WJ306017
机芯： 卡地亚8970 MC型手动上弦机芯
功能： 时针，分针
表壳： 18K白金，钻石镶嵌，蓝宝石镜面，防水30米
表带： 深灰色绢丝表带，18K白金表扣
参考价格： 店洽，限量200枚

Santos-Dumont镂空手表

型号： W2020057
机芯： 卡地亚9614MC型手动上弦机芯
功能： 时针，分针
表壳： 18K玫瑰金材质，蓝宝石镜面，防水30米
表带： 棕色鳄鱼皮表带，18K玫瑰金折叠表扣
参考价格： 店洽

高级复杂功能镂空怀表

型号： W1556213
机芯： 卡地亚9436MC型工作坊精制手动上弦机芯，37颗红宝石轴承，动力储备8天
功能： 时针，分针，时针，分针，万年历
表壳： 18K白金材质，蓝宝石镜面，防水30米
表带： 褐色鳄鱼皮表带，配以18K白K金表扣
参考价格： 店洽，限量5枚

ID TWO 概念表是卡地亚既 ID ONE 之后的最新概念设计，这款概念表以高效能概念为设计理念，通过提升效率和降低能耗两方面努力让手表的动力存储时间达到了 32 天。其中真空表壳降低了空气摩擦，变速差动装置提升了传动效率，4 盒玻璃纤维发条增加了动力，一体成型擒纵机构提升了能量传输效率，此外这款手表还采用了深度反应离子刻蚀技术将零件加工精度提升至纳米级。这一系列新技术的应用让 ID TWO 成为动力存储时间最长的手表之一，同时前瞻的理念也为机械手表的设计与发展开辟了新的视野。

自制9907 MC型手动上弦机械机芯

功能：动力储存约52小时
直径：25.6毫米
厚度：7.10毫米
红宝石：35枚
零件：272枚
摆频：28800次/小时

自制9452 MC型手动上弦机械机芯

功能：浮动式陀飞轮以C字造型陀飞轮框架指示秒钟，动力储存约50小时
直径：24.5毫米
厚度：4.5毫米（包括陀飞轮为5.45毫米）
红宝石：19枚
零件：142枚
摆频：21600次/小时

1904 MC型自动上弦机械机芯

功能：时针，分针显示，小秒针，日历显示，动力储存约48小时
直径：25.6 毫米
厚度：4毫米
红宝石：27颗
零件：186枚，双发条盒，配备自动上弦棘爪的摆陀
摆频：28800次/小时

C

香奈儿
Chanel

1987年，香奈儿推出第一款手表“Première”，并成立了手表工作室，香奈儿表厂位于瑞士钟表谷La Chaux-de-Fonds（拉绍德封），占地8000平方米。香奈儿在这里将其创新理念与高科技技术设备和瑞士传统制表技术相结合，为保证从生产表壳、表带、先进机芯到安装每一环节的顺利进行，香奈儿将所有生产程式集中在同一场地，以便在整个生产环节中严格进行质量监督。目前，香奈儿手表已经成为香奈儿品牌的第三支柱产业，发展为四大手表系列：经典系列，“J12”系列，“Première”系列和Mademoiselle Privé系列。

Première手表

Première手表于1987年推出，是香奈儿的第一款手表。其独特的八角形表盘，蓝宝石水晶镜面，设计灵感来自N° 5香水的经典瓶盖与巴黎芳登广场（Place Vendôme）的形状。这第一款K金链环表本来是香奈儿女士应邀到好莱坞为一代女星葛丽泰·嘉宝（Greta Garbo）所做的设计。“芳登广场”旁的丽池酒店因为英国王妃黛安娜而声名大噪，而丽池酒店顶楼的豪华套房即是香奈儿女士常住的“香闺”。她聪明地将贵族气息以八角的造型隐喻其中，同时也寄托了她“思乡”的情怀。

创立时间：
1987年

员工人数：
不详

年产量：
不详

电话：
021 6288 8873，010 6505 8012

传真：
010 6505 8010，010 6522 8300

网址：
www.chanel.com

销售方式：
仅在香奈儿精品店，香奈儿珠宝手表店及香奈儿手表店销售

经典款式：
J12系列，经典手表系列，Premiere系列

价格区间：
34600元以上

香奈儿高科技陶瓷

J12系列

J12，就像N° 5在香水王国里的地位，成为香奈儿制表业的标志。2000年首次推出的J12系列采用高科技精密陶瓷，其硬度等级与钻石相当，不易刮伤不氧化，利用钻石粉末抛光磨亮的技术使J12闪耀如金属般的耀眼光芒。J12系列分别有自动上弦机芯以及石英机芯两种可供选择，表框可单向旋转计时，防水可达200米。J12手表问世12年后的今天，香奈儿不断推出创新变奏，镶嵌珠宝，亚光设计，限量款，甚至全球独一无二的珍藏表款。

经典手表系列

Mademoiselle名媛手表：1990年推出，大方的方形表盘与细长的罗马数字是装饰艺术风格的最佳秉承，严谨的设计风格与女性化结合，则表现出香奈儿女士最心仪的气质。

Matelassèe菱格纹手表：1993年推出，这款手表运用了香奈儿女士所有设计中最著名的菱格纹图案的经典创意。所有的表面均为菱格纹状，甚至黑色瓷漆内盘面同样有压菱格纹的效果。此款手表有皮革、金属、纯金或不锈钢等不同材质选择，更有珍贵的镶钻设计。

Chocolat巧克力纹手表：2003年推出，是香奈儿的第一款数字珠宝表，重新诠释来自菱格纹的灵感，绝妙的创意为传统钟表业注入崭新活力。

“Mademoiselle Privé”珠宝手表系列

2012年全新的“Mademoiselle Privé”珠宝手表系列，揭开了香奈儿女士私人世界的神秘面纱，更展现了她所钟爱的标志性符号以及生活中不可或缺的重要元素。在香奈儿女士位于巴黎康朋街的工作室大门上，便刻着“MADEMOISELLE PRIVÉ”这几个字。其中一款手表以山茶花的转动显示时间的流转，另一款则以精致的工艺将名贵的珍珠母贝镶嵌成花形，低调而优雅。以传统的“大明火”珐琅工艺创作出的璀璨群星与威武雄狮图案，呈现半透明的蓝色，华丽至极；以渐变的粉红蓝宝石和钻石镶嵌而成的羽毛，灵动得仿佛在随风旋转。

Coromandel东方屏风表盘则撷取了香奈儿女士寓所内的中国乌木漆面屏风图案，采用日内瓦传统技法，以“大明火”珐琅工艺，请瑞士著名珐琅大师Anita Porchet创作出精美的微绘图案。此外，表壳上“雪花式”镶嵌的钻石，令手表更为璀璨生辉，精致不凡。

由最为优秀的珐琅技师、雕刻工匠和宝石镶嵌师创作的这个全新系列，为香奈儿的创意制表传奇写下了又一篇章。

香奈儿女士寓所内的中国乌木漆面屏风

香奈儿J12 白色镶钻手表

型号： H3243
机芯： 高精准石英机芯
功能： 时针，分针，秒针
表壳： 直径29毫米，白色高科技精密陶瓷，镶嵌40颗粉红蓝宝石，珍珠母贝表盘，防水深度50米
表带： 白色高科技精密陶瓷，三重折叠式不锈钢表扣
参考价格： 76300元

香奈儿J12 白色精致表圈镶钻手表

型号： H3111
机芯： 自动上弦机械机芯，动力存储42小时
功能： 时针，分针，秒针
表壳： 直径38毫米，白色高科技精密陶瓷，镶嵌54颗钻石，镀铑指针及数字，防水50米
表带： 白色高科技精密陶瓷
参考价格： 149000元

香奈儿J12 Chronograph 白色计时表

型号： H1007
机芯： 自动上弦机械机芯，由瑞士官方天文台测试组织（COSC）认证，动力储存42小时
功能： 时针，分针，秒针，计时
表壳： 直径41毫米，夜光数字及指针刻度，防水200米
表带： 白色陶瓷，安全蝴蝶扣
参考价格： 65300元

香奈儿J12 Chromatic钛陶瓷镶钻手表

型号： H3155
机芯： 自动上弦机械机芯，动力存储42小时
功能： 时针，分针，秒针
表壳： 直径41毫米，高科技精密钛陶瓷，表圈镶嵌36颗长阶梯形钻石，防水50米
表带： 高科技精密钛陶瓷，钛金属，三重折叠式表扣
参考价格： 525000元

香奈儿J12 GMT Chromatic 两地时钛陶瓷手表

型号： H3099
机芯： 自动上弦机械机芯，动力存储42小时
功能： 时针，分针，秒针，日期，GMT第二时区时间24小时制显示
表壳： 高科技精密钛陶瓷，直径41毫米，防水100米
表带： 高科技精密钛陶瓷，三重折叠式不锈钢表扣
参考价格： 57200元

香奈儿J12 GMT Black 两地时黑色手表

型号： H3102
机芯： 自动上弦机械机芯，动力存储42小时
功能： 时针，分针，秒针，日期，两地时，24小时显示
表壳： 直径38毫米，黑色精密陶瓷，防水深度100米
表带： 黑色高科技精密陶瓷，三重折叠式不锈钢表扣
参考价格： 50900元

香奈儿J12 Chromatic 钛陶瓷粉色表盘镶钻手表

型号： H2564
机芯： 自动上弦机械机芯
功能： 时针，分针，秒针，动力存储42小时
表壳： 直径38毫米，钛陶瓷，表圈镶嵌54颗钻石，表盘镶嵌8颗钻石时标，防水深度50米
表带： 高科技精密钛陶瓷，折叠式不锈钢表扣
参考价格： 161000元

香奈儿J12 Chromatic 钛陶瓷镶嵌粉红蓝宝石手表

型号： H3295
机芯： 自动上弦机械机芯
功能： 时针，分针，秒针，动力存储42小时
表壳： 直径38毫米，钛陶瓷，18K白金表圈，镶嵌36颗粉红宝石，12颗钻石时标，防水50米
表带： 高科技精密钛陶瓷，钛金属三重折叠式表扣
参考价格： 374100元

香奈儿J12 Chromatic 钛陶瓷镶嵌干邑色蓝宝石手表

型号： H3125
机芯： 自动上弦机械机芯
功能： 时针，分针，秒针，动力存储42小时
表壳： 直径38毫米，钛陶瓷，18K白金表圈，镶嵌36颗干邑色蓝宝石，防水50米
表带： 高科技精密钛陶瓷，钛金属三重折叠式表扣
参考价格： 374100元

香奈儿J12 两地时黑色亚光手表

型号： H3101
机芯： 自动上弦机械机芯，动力存储42小时
功能： 时针，分针，秒针，日期，两地时，24小时显示
表壳： 直径41毫米，亚光黑色陶瓷，防水100米
表带： 亚光黑色高科技精密陶瓷，三重折叠式不锈钢表扣
参考价格： 57200元

香奈儿J12 高级珠宝手表

型号： H2932
机芯： 高精准石英机芯
功能： 时针，分针
表壳： 直径29毫米，18K白金表圈，镶嵌83颗长阶梯形切割钻石
表带： 18K白金表带，514颗长阶梯形切割钻石
参考价格： 1017000元

香奈儿J12 珠宝手表

型号： H3114
机芯： 自动上弦机械机芯，动力储存42小时
功能： 时针，分针，秒针
表壳： 直径38毫米，18K白金搭配黑色陶瓷，表壳镶嵌钻石，防水50米
表带： 黑色高科技精密陶瓷表带，搭配钛陶瓷三重表扣
参考价格： 4119000元

C

香奈儿J12 黑色镶钻手表

型号：H3109
机芯：自动上弦机械机芯，动力存储42小时
功能：时针，分针，秒针
表壳：直径38毫米，黑色高科技精密陶瓷，镶嵌54颗钻石，表盘镶嵌8颗钻石时标，镀铑指针及数字，防水深度50米
表带：黑色高科技精密陶瓷，三重折叠式不锈钢表扣
参考价格：149000元

香奈儿J12 蓝宝石表圈镶钻黑色手表

型号：H3122
机芯：自动上弦机械机芯，动力存储42小时
功能：时针，分针，秒针
表壳：直径38毫米，黑色高科技精密陶瓷，18K白金表圈，镶嵌36颗长阶梯形切割蓝宝石，黑色表盘，镶嵌12颗钻石时标，防水50米
表带：黑色高科技精密陶瓷
参考价格：363800元

香奈儿J12 Rétrograde Mystérieuse 神秘飞返黑色亚光手表

型号：H2555
机芯：CHANEL RMT-10机芯
功能：时针，分针，秒针，陀飞轮，逆跳分针，动力存储10天，伸缩式垂直表冠
表壳：直径47毫米，亚光黑色陶瓷，防水30米
表带：亚光黑色高科技精密陶瓷链带
参考价格：2106000元

香奈儿J12 Calibre 3125

型号：H2918
机芯：3125机芯，动力存储60小时
功能：时针，分针，秒针
表壳：直径42毫米，深黑高科技精密陶瓷，18K黄金及深黑精密陶瓷单向旋转表圈，防水50米
表带：深黑高科技精密陶瓷，18K黄金三层表扣
参考价格：188000元

香奈儿Premiere 全钻手表

型号：H2437
机芯：高精准石英机芯
功能：时针，分针
表壳：18K白金，表壳镶嵌52颗钻石，表盘密镶113颗钻石
表带：表带镶嵌424颗钻石
参考价格：450000元

香奈儿Premiere YG White

型号：H2433
机芯：高精准石英机芯
功能：时针，分针
表壳：18K黄金搭配高科技精密陶瓷，表壳镶嵌52颗钻石
表带：为18K黄金搭配白色高科技精密陶瓷
参考价格：111300元

香奈儿Premiere 珍珠手表

型号： H2032
机芯： 高精准石英机芯
功能： 时针，分针
表壳： 19毫米，18K白金，镶嵌34颗钻石
表带： 194颗Akoya养珠，表扣镶嵌110颗圆形明亮式切割钻石
参考价格： 458000元

香奈儿Premiere Triple Roll手表

型号： H3059
机芯： 高精准石英机芯
功能： 时针，分针
表壳： 不锈钢表壳，镶嵌52颗钻石，防水30米
表带： 皮穿链表带
参考价格： 92900元

香奈儿Premiere Triple Row手表

型号： H3058
机芯： 高精准石英机芯
功能： 时针，分针
表壳： 不锈钢表壳，镶嵌52颗钻石，防水31米
表带： 皮穿链表带
参考价格： 92900元

香奈儿Premiere Rubber Noire

型号： H2434
机芯： 高精准石英机芯
功能： 时针，分针
表壳： 表壳镶嵌52颗钻石，表盘镶嵌4颗钻石时标，烤漆珐琅表盘
表带： 黑色橡胶表带
参考价格： 42100元
其他款式： 白色橡胶表带，搭配同色珍珠母贝表盘

香奈儿Premiere Tourbillon 山茶花陀飞轮手表

型号： H3092
机芯： 手动上弦机械机芯
功能： 时针，分针，陀飞轮，动力存储40小时
表壳： 28.5毫米 x 37毫米，18K白金，镶嵌38颗长钻石和52颗圆钻，防水30米
表带： 黑色鳄鱼皮表带
参考价格： 1958000元

香奈儿Mademoiselle Privé Camellia 旋转山茶花表盘

型号： H3093
机芯： 自动上弦机械机芯
功能： 时针，分针，偏心秒针
表壳： 18k白金镶钻表壳
表带： 黑色缎面表带
参考价格： 311800元

C

香奈儿Mademoiselle Privé Etoiles filantes星空表盘

型号：H3097
机芯：高精准石英机芯
功能：时针，分针
表壳：18k白金镶钻表壳
表带：黑色缎面表带
参考价格：270200元

香奈儿Mademoiselle Privé Camellia 珍珠母贝山茶花表盘

型号：H3096
机芯：高精密石英机芯
功能：时针，分针
表壳：18k白金镶钻表壳
表带：黑色缎面表带
参考价格：332500元

香奈儿Mademoiselle Privé Comète 旋转彗星表盘

型号：H2928
机芯：自动上弦机械机芯
功能：时针，分针，偏心秒针
表壳：18k白金镶钻表壳
表带：黑色缎面表带
参考价格：311800元

香奈儿Mademoiselle Privé Coromandel东方屏风表盘

型号：H3079
机芯：自动上弦机械机芯
功能：时针，分针
表壳："大明火"珐琅工艺，18K白金表壳镶嵌663颗F/G-VVS-Est钻石，重2.97克拉，18K白金指针
表带：黑色短吻鳄皮表带
参考价格：1379000元

香奈儿Mademoiselle Privé Coromandel东方屏风表盘

型号：H2924
机芯：自动上弦机械机芯
功能：时针，分针
表壳："大明火"珐琅工艺，18K白金表壳镶嵌520颗F/G-VVS-Est钻石，重3.48克拉，18K白金指针
表带：黑色短吻鳄皮表带
参考价格：1468000元

香奈儿J12 GMT 两地时白色手表

型号：H3103
机芯：自动上弦机械机芯，动力存储42小时
功能：时针，分针，秒针，日期，GMT第二时区时间，24小时显示
表壳：白色高科技精密陶瓷，直径38毫米，旋入式表冠，防水100米
表带：白色高科技精密陶瓷，三重折叠式不锈钢表扣
参考价格：50900元
其他款式：黑色，黑色亚光和钛陶瓷款

3125机芯

总直径: 26.60毫米
厚度: 4.55毫米
镀铑22k黄金铂动陀，内陶瓷滚珠轴承所带动
KIF Elastor防振系统
直径: 26.00毫米
摆频: 21600次/小时
宝石数: 40
调节式摆轮臂 (beat arm)
双向自动上弦
完全上链后动力存储60小时以上
拥有调节砝码的摆轮
零件总数: 278

“山茶花浮动式陀飞轮”机芯

机芯由瑞士Renaud & Papi（隶属APRP SA）专为香奈儿打造
手动上弦机械机芯
动力存储40小时
零件数量： 225（零件以手工倒角，拉长及圆纹装饰）
宝石数： 18
浮动式陀飞轮： 73个组件，框架重0.432克
摆频： 21600次/小时
发动装置： 单发条盒
摆轮扭矩： 720克.厘米
摆轮防振系统，可调式螺丝摆轮

Calibre CHANEL RMT-10机芯

手动上弦
动力存储装置： 约10日 (237 小时)，备指针显示
组件数目： 315
零件以手工倒角抛光，拉丝以及圆纹装饰
厚度： 10.90毫米
表圈直径： 36毫米
红宝石数： 44
陀飞轮： 85 组件
框架重量： 0.464 克
频率： 21600 次 /小时
发动装置： 双发条盒
弹簧扭矩： 每只发条盒460克·毫米
机芯夹板： 黑色高科技精密陶瓷
功能选择转换机板： 钛金
摆轮防振系统，可调式摆轮栓

CHANEL机芯05-T2

手动上弦
动力存储100小时
防水50米
摆频21600次/小时
承轴镶17颗红宝石
2005年收藏版，每款仅生产12枚，每一枚的表底盖上并刻有2005式样的序号

C

雪铁纳 Certina

1888 年，Kurth 兄弟在瑞士格伦兴（Grenchen）创立雪铁纳，开始经营高品质手表机芯和配件生意。以后不久，便将业务扩展到了整个手表制造。

雪铁纳对运动赛事有很大的支持，也正是这种兴趣，促使雪铁纳在 1959 年提出“双保险”概念，提升了手表的防水性与防振性。在经过了大量国际性的探险考验之后，雪铁纳成功掌握了这项技术。

2001 年，雪铁纳赞助瑞士摩托车赛车手 Thomas Lüthi 参加 125cc 级别的 GP 摩托车巡回赛，这位杰出的瑞士车手不负众望，在 2005 年的赛季中夺取冠军。接下来，雪铁纳公司采取进一步行动，积极投身于 F1 方程式赛车的行业，成为 Sauber Petronas F1 车队的全球官方合作伙伴。之后，雪铁纳也一直致力于对车手及 Sauber F1 车队支持。

现在的雪铁纳，无论是设计，还是技术，都表现出豪迈风格。

创立时间:
1888年

员工数量:
不详

年产量:
不详

电话:
021 2412 5455

传真:
021 2412 5001

网址:
http://www.certina.com/

销售方式:
不详

经典款式:
动能系列潜水表，喜马拉雅系列，荣耀系列，冠军系列

价格区间:
2000元～15000元

动能系列自动潜水表

型号：C013.407.11.051.00
机芯：ETA 2824-2机芯，双保险概念机芯
功能：ISO6245认证潜水表，时针，分针，秒针
表壳：316L实心不锈钢表壳，防水200米
表带：316L实心不锈钢表带
参考价格：6200元
其他款式：黑色橡胶表带（5950元）

动能系列自动潜水表

型号：C013.407.44.081.00
机芯：ETA 2824-2机芯，双保险概念机芯
功能：ISO6245认证潜水表，时针，分针，秒针
表壳：全钛表壳，防水200米
表带：全钛表带
参考价格：7200元
其他款式：黑色橡胶表带（6750元）

梦想系列

型号：C021.210.11.056.00
机芯：ETA F06.111石英机芯，双保险概念机芯
功能：时针，分针，秒针，日期显示
表壳：316L实心不锈钢表壳，威塞尔顿钻石，防水100米
表带：316L实心不锈钢表带
参考价格：3950元

荣耀系列计时陶瓷女表

型号： C014.217.37.011.00
机芯： ETA251.471石英机芯，双保险概念机芯
功能： 3个计时器，时针，分针，秒针
表壳： 金色PVD涂层表壳，防水深度100米
表带： 带蝴蝶扣的白色橡胶表带
参考价格： 5350元

荣耀系列陶瓷女表

型号： C014.235.17.051.00
机芯： ETA G15.211石英机芯，双保险概念
功能： 时针，分针，秒针，小秒盘
表壳： 316L实心不锈钢表壳，防水深度100米
表带： 带蝴蝶扣的黑色橡胶表带
参考价格： 4650元

荣耀系列陶瓷女表

型号： C014.235.11.051.01
机芯： ETA G15.211石英机芯，双保险概念机芯
功能： 时针，分针，秒针，小秒盘
表壳： 316L实心不锈钢表壳，防水100米
表带： 316L实心不锈钢表带
参考价格： 5800元

喜马拉雅系列双历自动表

型号： C006.430.16.081.00
机芯： ETA 2824-2机芯，双保险概念机芯
功能： 星期，日期双历显示，时针，分针，秒针
表壳： 316L实心不锈钢表壳，防水深度100米
表带： 咖啡色皮表带
参考价格： 5950元

喜马拉雅系列

型号： C006.407.36.081.00
机芯： ETA 2824-2机械机芯，双保险概念机芯
功能： 日期显示，时针，分针，秒针
表壳： 玫瑰金表壳，防水深度100米
表带： 黑色皮表带
参考价格： 5950元

智能系列

型号： C020.419.11.057.00
机芯： ETA E49.351带石英数字模拟显示机芯，双保险概念机芯
功能： 时针，分针，秒针
表壳： 不锈钢表壳，防水100米
表带： 不锈钢表带
参考价格： 5800元

C

冠军系列世界时计时表

型号： C001.639.16.057.02
机芯： ETA G10.961石英机芯,双保险概念机芯
功能： 12小时计时,双时区，时针，分针，秒针
表壳： 黑色PVD涂层表壳，防水深度100米
表带： 黑色皮表带
参考价格： 4950元

冠军系列

型号： C001.639.16.297.00
机芯： ETA G10.211石英机芯，双保险概念机芯
功能： 3个计时器，时针，分针，秒针
表壳： 不锈钢表壳，防水深度100米
表带： 咖啡色皮表带
参考价格： 3450元

冠军系列女表

型号： C001.210.16.117.00
机芯： ETA 956.412石英机芯，双保险概念机芯
功能： 日期显示，时针，分针，秒针
表壳： 不锈钢表壳，防水深度100米
表带： 红色皮表带
参考价格： 2250元

卡门系列

型号： C017.210.11.057.00
机芯： ETA F06.111石英机芯，双保险概念机芯
功能： 日期显示，时针，分针，秒针
表壳： 不锈钢表壳，防水深度100米
表带： 不锈钢表带
参考价格： 2350元
其他款式： 黑色皮表带（2100元）

卡门系列

型号： C017.410.36.087.00
机芯： ETA F06.111石英机芯，双保险概念机芯
功能： 日期显示，时针，分针，秒针
表壳： 金色PVD涂层表壳，防水深度100米
表带： 咖啡色皮表带
参考价格： 2550元

至尊系列圆形女表

型号： C004.210.16.036.00
机芯： ETA F05.111石英机芯，双保险概念机芯
功能： 日期显示，时针，分针，秒针
表壳： 不锈钢表壳，防水100米
表带： 白色皮表带
参考价格： 2800元

C

Clerc

创立时间：
1874年

员工数量：
不详

年产量:
少量

电话:
+41 22 716 2550

传真:
+41 22 716 2559

网址:
http://www.clercwatches.com

销售方式:
瑞士

经典款式：
不详

价格区间:
万元左右

Clerc 创立于 1874 年，总部位于日内瓦，是拥有深厚历史的瑞士高级手表品牌。公司如今由第四代传人掌管。Clerc 成立最早期的时候，需要借用其他品牌的部件生产手表，例如：劳力士、江诗丹顿、积家等。1930 年，Clerc 在蒙地卡罗开设专门店。20 世纪 70 年代，Clerc 积极研发并生产自制手表，曾获得日内瓦印记 (Poinçon de la Clé de Genève)，便是品牌精准质量与专业技术的最好印证，而这一切都得益于在继承历史传统之上的创新理念。

追溯历史，众多历史知名人士都是 Clerc 手表的定制客户，包括摩纳哥王妃格蕾丝，法国戴高乐将军和法国著名演员尼基塔 · 赫鲁晓夫，西班牙设计师 Paco Rabanne。

Hydroscaph限量版自动计时手表

型号： ref. CHY 555
机芯： Clerc C608自动上弦机芯
功能： 时针，分针，秒针，日历显示，日夜显示，夜光
表壳： 不锈钢，防水500米
表带： 鳄鱼皮革表带
参考价格： 96300元，限量500枚

Calibre Odyssey Silicium手表

型号： OL-A-4A1
机芯： C200机械自动上弦机芯
功能： 时针，分针
表壳： 18K玫瑰金，防水100米
表带： 黑色鳄鱼皮表带，折叠表扣
参考价格： 店洽
其他款式： 钛金属款

Hydroscaph Steel GMT

型号： HY-GMT-152
机芯： C606自动上弦机芯
功能： 时针，分针，秒针，能量储备显示器，日期显示，夜光表盘
表壳： 不锈钢材质，防水1000米
表带： 黑色鳄鱼皮表带
参考价格： 80700元

C

尚美巴黎
Chaumet

创立时间：
1780年

员工数量：
不详

年产量:
不详

电话:
010 65331851

传真:
无

网址:
http://www.chaumet.com/

销售方式:
高级精品店与授权代理商

经典款式：
Dandy（君子·雅仕）系列，Class One系列

价格区间:
50000元~5000000元

尚美巴黎（CHAUMET）创始于1780年，是世界上最古老的珠宝商之一，也是路威酩轩集团LVMH旗下的法国国宝级珠宝和奢华手表品牌。Chaumet的创始人艾蒂安·尼铎(Marie-Etienne Nitot)曾是拿破仑的御用珠宝匠，源远流长的历史以及长期服务于法国贵族经历，使得Chaumet的作品带有浓郁的古典主义和上流社会的格调。

涉足钟表行业以来，Chaumet坚持创作充满情感的手表作品，不断探索和发展自己的产品设计风格，并结合多项精巧功能，推出与众不同的款式。尚美手表虽然是瑞士制造，却是法国巴黎的血统。

Dandy Slim君子雅仕白金自动手表

型号： W11181-27B
机芯： 尚美巴黎订制CP12V-VIII Zenith Elite 681自动上弦机械机芯，动力储存50小时
功能： 时针，分针，小秒针
表壳： 镀铑白金，枕形，38毫米x38毫米
表带： 黑色亚光小牛皮表带配红缎巴亚德条纹，镀铑白金针扣式表扣
参考价格： 未定价，限量100枚

Dandy Slim君子雅仕不锈钢自动手表

型号： W11280-27A
机芯： 尚美巴黎订制CP12V-VIII Zenith Elite 681自动上弦机械机芯，动力储存50小时
功能： 时针，分针，小秒针
表壳： 镀铑白金，枕形，38毫米x38毫米
表带： 黑色亚光小牛皮表带配蓝缎巴亚德条纹，不锈钢针扣式表扣
参考价格： 未定价

Dandy Arty镂空宝石不锈钢自动手表

型号： W18293-40E
机芯： 尚美巴黎订制1CP12V-V Agenhor 4202自动上弦机械机芯，动力储存42小时
功能： 偏心时针，分针，小秒针
表壳： 不锈钢，枕形，40毫米x40毫米
表带： 专利黑色小牛皮表带配黑缎巴亚德条纹，不锈钢双重折叠式表扣，附安全按钮
参考价格： 未定价，限量12枚

Class One陀飞轮白金自动手表

型号： W17193-42C
机芯： 尚美巴黎订制CP12V-X Zenith 4041瑞士陀飞轮自动上弦机芯，动力储存55小时
功能： 时针，分针
表壳： 镀铑白金（109克），直径42毫米，厚14.5毫米，表圈和表壳侧面密镶宝石及钻石
表带： 橡胶效果处理红色小牛皮表带
参考价格： 4221000元，限量1枚

Class One陀飞轮白金自动手表

型号： W17191-42A
机芯： 尚美巴黎订制CP12V-X Zenith 4041瑞士陀飞轮自动上弦机芯，动力储存55小时
功能： 时针，分针
表壳： 镀铑白金，直径42毫米，表圈和表壳侧面密镶宝石及钻石
表带： 橡胶效果处理白色小牛皮表带
参考价格： 4221000元，限量4枚

Class One白金及钛金属珠宝自动手表

型号： W1738F-38M
机芯： ETA2824-2瑞士自动上弦机械机芯，动力储存38小时
功能： 时针，分针，秒针，日期
表壳： 2级钛金属搭配黑色PVD涂层，直径39毫米，镀铑白金表圈，表圈镶钻
表带： 橡胶效果处理黑色小牛皮表带，双重折叠式白金表扣，镶钻，附安全按钮
参考价格： 894000元

Bee My Love 蜂·爱 Laniere黄金珠宝石英手表

型号： W16403-46B
机芯： ETA E01.701瑞士石英机芯
功能： 时针，分针，表底盖设时间调校器，带18K黄金（1.26克）特制蜜蜂图饰刻针
表壳： 18K 3N 黄金（25克），直径19.5毫米，厚7.35毫米，表壳及链节镶钻，侧面镌刻蜂巢图案
表带： 18K 3N黄金表链（18克），爪式表扣镶钻
参考价格： 668000元

Bee My Love 蜂·爱 Laniere玫瑰金及白金珠宝石英手表

型号： W16503-46A
机芯： ETA E01.701瑞士石英机芯
功能： 时针，分针，表底盖设时间调校器，带镀铑白金（1.26克）特制蜜蜂图饰刻针
表壳： 镀铑白金及18K5N玫瑰金（25克），直径19.5毫米，表壳及链节镶嵌38颗钻石，侧面镌刻蜂巢图案
表带： 18K5N玫瑰金表链（18克）
参考价格： 668000元

Bee My Love 蜂·爱 玫瑰金珠宝石英手表

型号： W16804-46A
机芯： ETA E01.701瑞士石英机芯
功能： 时针，分针，表底盖设时间调校器，带特制蜜蜂图饰刻针
表壳： 18K5N玫瑰金（25克），直径19.5毫米，厚7.35毫米，表壳及链节镶钻及宝石，侧面镌刻蜂巢图案
表带： 黑缎表带，镶钻
参考价格： 402000元

C

萧邦
Chopard

创立时间:
1860年

员工数量:
1950人

年产量:
75000枚

电话:
010 61367800

传真:
010 61367899

网址:
www.chopard.com

销售方式:
专营店

经典款式:
L.U.C系列，Mille Miglia系列，Classic Racing系列，Happy Diamonds系列，Happy Sport系列，Imperiale系列

价格区间:
30000元起

路易·于利斯·萧邦（Louis Ulysse Chopard）在1860年于瑞士汝拉山区（the Swiss Jura）的松维利耶（Sonvillier）开设自己的钟表制作坊。自1963年起，萧邦即由舍费尔（Scheufele）家族拥有，总部位于日内瓦。集团以其手表及珠宝精品闻名，今天在世界各地拥有1950名员工。公司运作独立，从上至下紧密整合，从设计到销售均完整监控，掌控1500个销售点及130间专卖店的运作，超过30项工艺在4个着重厂内培训的制作中心进行。萧邦以Happy Diamonds，Happy Sport，Mille Miglia等标志性系列闻名。公司亦因其高级珠宝系列及L.U.C手表系列精巧的制表工艺和工坊专业手艺蜚声国际。萧邦根据其两项基本价值，即尊重及社会责任，热心赞助慈善机构，长期的合作机构包括世界自然基金会（WWF），何塞·卡雷拉斯国际白血病基金会（José Carreras International Leukaemia Foundation）和艾尔顿·约翰艾滋病基金会（Elton John AIDS Foundation）。此外，萧邦亦为各大盛事的合作伙伴，如戛纳国际电影节（the Cannes International Film Festival）以及意大利的Mille Miglia古董车赛、摩纳哥古董车大奖赛（the Grand Prix de Monaco Historique）等。

L.U.C XPS手表 日内瓦印记125周年纪念表款

型号: 161932-5001
机芯: L.U.C 96.01-L 自动上弦机芯，动力储存65小时
功能: 时针，分针，秒针，日期显示
表壳: 18K玫瑰金，直径39.5毫米，防水30米
表带: 手工缝制亚光棕色鳄鱼皮表带
参考价格: 145000元，限量125枚

L.U.C Qualité Fleurier

型号: 161896-1004
机芯: L.U.C 96.09-L自动上弦机芯，动力储存65小时
功能: 时针，分针，小秒针
表壳: 18K玫瑰金表壳，最大直径39毫米，防水30米
表带: 手工缝制棕色鳄鱼皮表带
参考价格: 145000元，限量300枚

L.U.C Lunar One月相手表

型号: 161927-5001
机芯: L.U.C 96.13-L自动上弦机芯，动力储存70小时
功能: 时针，分针，秒针，日期显示，万年历，月相
表壳: 18K玫瑰金，直径43毫米，防水50米
表带: 半亚光棕色鳄鱼皮表，18K玫瑰金针扣式表扣
参考价格: 480000元

L.U.C Lunar Twin手表

型号： 161934-1001
机芯： L.U.C 96.21-L自动上弦机芯，动力储存65小时
功能： 时针，分针，秒针，日期，月相
表壳： 18K白金，直径40毫米，防水30米
表带： 黑色亚光鳄鱼皮表带，18K白金针式表扣
参考价格： 200000元

Happy Sport Medium 手表

型号： 278551-3002
机芯： 石英机芯
功能： 时针，分针，秒针，日期显示
表壳： 不锈钢，直径 36 毫米，防水30 米
表带： 黑色橡胶表带
参考价格： 46200元
其他款式： 白色款46200元

Mille Miglia Chrono Lady手表

型号： 178511-3001
机芯： 自动上弦机械机芯，动力储存42小时
功能： 时针，分针，秒针，计时功能，日历显示
表壳： 不锈钢，直径42毫米，防水50米
表带： 白色橡胶表带（20世纪60年代Dunlop赛车轮胎纹理图案），不锈钢针扣式表扣
参考价格： 113000元

L.U.C XP Skeletec手表

型号： 161936-5001
机芯： L.U.C 96.17-S自动上弦镂空机芯，动力储存65小时
功能： 时针，分针
表壳： 18K玫瑰金，直径39.50毫米，防水30 米
表带： 手工缝制亚光棕色鳄鱼皮表带，18K玫瑰金针式表扣
参考价格： 166000元，限量288枚

Imperiale系列

型号： 384221-0003
机芯： 石英机芯
功能： 时针，分针，秒针
表壳： 18K黄金，直径36毫米，防水50米
表带： 黑色鳄鱼皮表带，搭配18K黄金针式表扣
参考价格： 230000元
其他款式： 18K玫瑰金62000元，不锈钢计时表65000元

Classic Manufactum手表

型号： 161289-5001
机芯： Chopard 01.04-C自动上弦机芯，动力储存60小时
功能： 时针，分针，小秒针，日历
表壳： 18K玫瑰金，直径38毫米，防水30米
表带： 亚光黑色鳄鱼皮弧形表带，18K玫瑰金，黄金或白金针扣式表扣
参考价格： 111000元
其他款式： 黄金款109000元

Grand Prix de Monaco Historique Chronograph 2012手表

型号： 168992-3032
机芯： 自动上弦机芯，动力储存约48 小时
功能： 时针，分针，秒针，日历，计时功能
表壳： 钛金属，直径42毫米，防水50 米
表带： 灰色“Barenia”小牛皮表带，钛金属针式表扣
参考价格： 57000元
其他款式： 玫瑰金双色版，84000元，限量500枚

Mille Miglia GMT Chrono 2012手表

型号： 168550-3001
机芯： 自动上弦机芯，动力储存48小时
功能： 时针，分针，秒针，计时，日期，测速仪
表壳： 18K不锈钢，直径42 毫米，防水50米
表带： 一体式天然黑色橡胶表带，折叠表扣
参考价格： 49600元，限量2012枚
其他款式： 玫瑰金款，157000元，限量250枚

Mille Miglia GT XL Chrono Speed Silver手表

型号： 168459-3041
机芯： 自动上弦机械计时机芯，动力储存46小时
功能： 时针，分针，秒针，计时，日历，转速器
表壳： 钛金，直径44毫米，防水100米
表带： 黑色bar é nia表带，搭配红色缝线钛金针式表扣
参考价格： 72000元，限量发行1000枚

Happy Beach Chrono手表

型号： 283581-5011
机芯： 石英机芯
功能： 计时，日期，时针，分针，秒针
表壳： 18K玫瑰金，直径42毫米，防水30米
表带： 以怀旧的沙滩躺椅为灵感，采用白色防水拉绒帆布，饰以蓝色条纹
参考价格： 191000元

Happy Fish手表

型号： 277473-5012
机芯： 石英机芯
功能： 时针，分针，秒针
表壳： 18K玫瑰金，直径36毫米，防水30米
表带： 蓝色丝质表带
参考价格： 222000元
其他款式： 不锈钢款52000元

Happy Sport Chrono Mystery Pink运动计时表

型号： 288515-9013
机芯： 石英机芯
功能： 计时功能，时针，分针，秒针
表壳： 不锈钢陶瓷，直径42毫米，防水30米
表带： 黑色鳄鱼皮表带，搭配不锈钢针式表扣
参考价格： 80000元

C

瑞宝
Chronoswiss

瑞宝表（Chronoswiss）一直以家族形式营运，虽于 1983 年创立，但在机械表复兴革命中面世的新品牌当中，已算是资历有数的中坚分子了。

1983 年，制表师 Gerd-Rüdiger Lang 已经为自己的制表事业打下了基础，尽管当时亚洲的石英表浪潮已经势如破竹，瑞士的机械表工业看似命悬一线，但 Gerd-Rüdiger Lang 对机械表的信念却毫无动摇。二十多年来，他独立经营家族的业务并且成绩斐然，使瑞宝表在机械表艺术发展方面贡献良多。

瑞宝手表成立之初，Gerd-Rüdiger Lang 已制定了以创新为基础的高质量标准，例如为手表装上透明表背，因为他想让所有的顾客亲睹机械机芯的运作，使顾客们能够与石英表做出比较，并且使透明表背成为品牌产品的标志。所以至今每块瑞宝表必然装配蓝宝石水晶表背，而其他具有品牌特色的细节包括钱币纹表圈，螺丝表耳和古典的洋葱形表冠等，范指针 Régulateur 系列作为其旗舰产品，风格古典而别具特色。

创立时间:
1983年

员工数量:
50人以上

年产量:
5000枚以上

电话:
021 6391 8001

传真:
021 6391 8002

网址:
www.chronoswiss.com

销售方式:
专营店，销售点遍布北京、上海、深圳、太原、呼和浩特、昆明、武汉、大同、洛阳

经典款式:
Timeless/Signature，Allrounde，Sport，Zeitzeichen，Lady Collection

价格区间:
50000元~600000元

Repetition a quarts手表

型号：CH1641 R
机芯：C.126自动上弦机芯，30颗宝石镶嵌，动力储存35小时
功能：时针，分针，小秒针，报时功能
表壳：玫瑰金材质，蓝宝石水晶镜面，防水30米
表带：鳄鱼皮表带
参考价格：271000元

Edition Zeitzeichen手表

型号：CH 6721 Z R III
机芯：ETA 6497-1手动上弦机芯，17颗宝石镶嵌，动力储存40小时
功能：时针，分针，小秒针
表壳：玫瑰金材质，蓝宝石水晶镜面，防水30米
表带：鳄鱼皮表带，铜纹折叠表扣
参考价格：435000元

Balance手表

型号：CH 7541 B R
机芯：La Joux-Perret Caliber LJP 8310自动上弦机芯，39颗宝石镶嵌，动力储存46小时
功能：时针，分针，计时，日历
表壳：玫瑰金材质，蓝宝石水晶镜面
表带：鳄鱼皮表带
参考价格：202300元

Timemaster Big Date手表

型号：CH 3533
机芯：C.351自动上弦机芯，21颗宝石镶嵌，动力储存40小时
功能：时针，分针，秒针，日期，动力储存显示
表壳：不锈钢材质，蓝宝石水晶镜面，防水100米
表带：橡胶表带
参考价格：45200元

Sirius Automatic手表

型号：CH 2891 R
机芯：C.281自动上弦机芯，21颗宝石镶嵌，动力储存42小时
功能：时针，分针，秒针，日期显示
表壳：18K玫瑰金材质，防水30米
表带：鳄鱼皮表带
参考价格：46500元

Kairos Régulateur手表

型号：CH1223
机芯：瑞宝独家C.122自动上弦机械机芯，30颗宝石镶嵌，动力储存40小时
功能：时针，分针，秒针
表壳：不锈钢材质，蓝宝石水晶镜面，防水30米
表带：鳄鱼皮表带
参考价格：46500元

Lunar Chronograph手表

型号： CH 7521 L R
机芯： C.755自动上弦机芯，25颗宝石镶嵌，动力储存46小时
功能： 时针，分针，计时，月相，小秒针，日期
表壳： 18K玫瑰金材质，直径38毫米，厚14.55毫米
表带： 鳄鱼皮表带
参考价格： 150000元
其他款式： 不锈钢款 61500元

Perpetual Calendar手表

型号： CH 1721 R
机芯： C.127型号自动上弦机芯，动力储存40小时
功能： 时针，分针，秒针，日期，月相，星期
表壳： 18K玫瑰金材质，蓝宝石水晶镜面
表带： 鳄鱼皮表带
参考价格： 350000元
其他款式： 不锈钢款 235500元

Sirius Triple Date手表

型号： CH 9343
机芯： 瑞宝独家C.931自动上弦机芯，动力储存42小时
功能： 时针，分针，秒针，日期
表壳： 不锈钢材质，蓝宝石水晶镜面，防水30米
表带： 鳄鱼皮表带
参考价格： 70000元
其他款式： 玫瑰金款 142000元

Kairos Lady手表

型号： CH2023 KD
机芯： ETA 2892-A2自动上弦机芯，21颗宝石镶嵌，动力储存42小时
功能： 时针，分针，秒针，日期显示
表壳： 不锈钢材质，蓝宝石水晶镜面，防水30米
表带： 鳄鱼皮表带
参考价格： 70000元

Régulateur a Tourbillon Squelette手表

型号： CH 3121 SR
机芯： C.361型机芯，动力储存72小时
功能： 陀飞轮，时针，分针
表壳： 18K玫瑰金材质，防水30米
表带： 鳄鱼皮表带
参考价格： 600000元

Soul手表

型号： CH 2821 LL R
机芯： ETA 2892-A2机芯，21颗宝石镶嵌，动力储存42小时
功能： 时针，分针，秒针，日历显示
表壳： 18K玫瑰金材质，防水30米
表带： 精选独家表带
参考价格： 150500元

C

Lunar Triple Date手表

型号： CH9321
机芯： C931型自动上弦机芯，21颗宝石镶嵌，动力储存42小时
功能： 时针，分针，秒针，日期，月份，月相显示
表壳： 18K金材质，蓝宝石水晶镜面，防水30米
表带： 鳄鱼皮表带
参考价格： 135000元

Grand Regulateur手表

型号： CH 6721 R
机芯： 瑞宝表独家C.673手动上弦机芯，动力储存46小时
功能： 时针，分针，秒针
表壳： 玫瑰金材质，蓝宝石水晶镜面，防水30米
表带： 鳄鱼皮表带
参考价格： 155000元

Grand Opus Chronograph手表

型号： CH 7541 SR
机芯： C.751 S自动上弦镂空机芯，25颗宝石镶嵌，动力储存46小时
功能： 时针，分针，计时功能，日历显示
表壳： 18K玫瑰金材质，蓝宝石水晶镜面，防水30米
表带： 鳄鱼皮表带
参考价格： 150500元

C.111手动上弦机芯

直径： 29.40毫米
厚度： 3.30毫米
红宝石： 31颗
摆轮： 三臂Glucydur摆轮
摆频： 21600次／小时
游丝： 扁平Nivarox游丝
防震： Incabloc防振保护装置
备注： Sirius手表

C.122自动上弦机芯

直径： 26.8毫米
红宝石： 30颗
摆轮： 三臂glucydur摆轮
摆频： 21600次／小时
防震： Incabloc防振保护装置
备注： Kairos Regulatuer手表

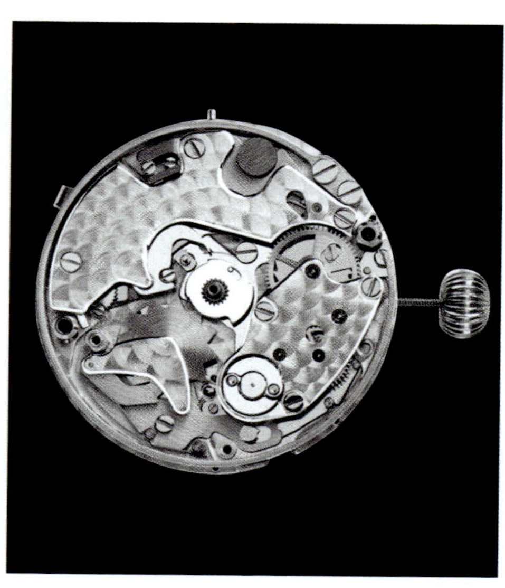

C.126自动上弦机芯

直径： 26.8毫米
红宝石： 30颗
摆轮： 三臂Glucydur摆轮
摆频： 21600次／小时
游丝： Nivarox I 游丝
防震： Incabloc防振保护装置
备注： Repetition a quarts手表

C.111手动上弦机芯

直径：29.4毫米
厚度：3.3毫米
宝石：31颗
动力储存：46小时
备注：此枚机芯首次于1950年面世，现在已成为品牌专有的机芯之一，使用该机芯的表款为Sirius

C.122自动上弦机械机芯

直径：26.8毫米
宝石：30颗
动力储存：40小时
摆频：21600次/小时
备注：使用该机芯的表款有Kairos、Régulateur

C.125型号自动上弦机芯

直径：26.8毫米
厚度：7.8毫米，
宝石：30 颗
动力储存：35 小时
备注：具有Incabloc防震保护装置，使用该机芯的表款有The Chronoscope

C.126自动上弦机芯

直径：26.8毫米
宝石：30颗
动力储存：35小时
备注：使用该机芯的表款有Repetition a quarts

C.127自动上弦机芯

直径：26.8毫米
宝石：30颗（包含组件）
动力储存：40小时
备注：使用该机芯的表款有Perpetual Calendar

C.755自动上弦机芯

宝石：25颗
摆频：28800次/小时
动力储存：46小时
备注：使用该机芯表款有Lunar Chronograph

C

Christophe Claret

瑞士著名独立制表品牌，以另辟蹊径的设计（以电脑 CAD 软件作为辅助）、创新的复杂功能和精致的打磨著称，带给钟表爱好者耳目一新的感觉，同时也是世界上均价最高的钟表品牌之一。

1962 年，品牌创始人 Christophe Claret 生于里昂的一个富裕家庭，他对正统的学业不感兴趣，在他 14 岁的时候就迷上了钟表修理，并由此走出了一条与其他人截然不同的人生道路。

1978 年，Christophe Claret 进入了日内瓦钟表学校，毕业时还不满 20 岁，之后在家乡里昂建立了自己的制表作坊。1987 年，Christophe Claret 第一次参加巴塞尔国际钟表展便遇到了 Rolf Schnyder，Rolf Schnyder 是一位实业家，当时刚刚收购了雅典（Ulysee Nardin）品牌，他向年轻的 Christophe Claret 订购了 20 只带报时人偶的三问表机芯，这成为这位年轻制表师辉煌事业的起点。

Christophe Claret 在瑞士拉绍德封（La Chaux-de-Fonds）成立了一家公司，其后的 10 年间，Christophe Claret 的名字逐渐成为复杂功能机芯领域的标杆，雅典（Ulysse Nardin）、Franck Muller、de Grisogono、Jean Dunand 和海瑞 · 温斯顿（Harry Winston）等公司均上门向他订购机芯，这也促使 Christophe Claret 下定决心成立自己的品牌。1999 年，他收购了力洛克（Le Locle）附近高地上、距离群山钟表博物馆仅一步之遥的一座古老宅邸——金色阳光庄园，以此作为品牌的大本营，经过多次扩建，Christophe Claret 表厂的面积已超过 1000 平方米，并雇用了超过 100 名员工，堪称是目前瑞士钟表行业中实力最为雄厚的独立品牌之一。

创立时间：
1987年

员工数量：
不详

年产量:
不详

电话:
00852 2868 1882

传真:
00852 2810 1223

销售方式:
香港直销店

经典款式：
X-TREM-1，Baccara，21点黑杰克，Adagio，Dualtow，艺术手表

Adagio系列手表

型号: MTR.SLB88.107-807
机芯: SLB88机械机芯，46颗宝石镶嵌，动力储存48小时
功能: 时针，分针，日历显示，世界时间显示
表壳: 玫瑰金材质，防水30米
表带: 鳄鱼皮表带
参考价格: 店洽，限量8枚
其他款式: 白金款，铂金款

Adagio系列手表

型号: MTR.SLB88.107-807
机芯: SLB88机械机芯，46颗宝石镶嵌，动力储存48小时
功能: 时针，分针，秒针，日历，两地时，昼夜
表壳: 白金材质，防水30米
表带: 鳄鱼皮表带
参考价格: 店洽，限量8枚
其他款式: 玫瑰金款，铂金款

21点黑杰克系列手表

型号: MTR.BLJ08.000-021
机芯: BLJ08自动上弦机械机芯，40颗宝石镶嵌，动力储存72小时
功能: 时针，分针，三款游戏
表壳: 白金材质，防水30米
表带: 黑色鳄鱼皮表带
参考价格: 店洽，限量21枚
其他款式: 钛金属款，玫瑰金款

X-Trem-1手表

型号： MTR.FLY11.010-018
机芯： 手动上弦机芯，64颗宝石镶嵌，动力储存50小时
功能： 时针，分针，动力显示，陀飞轮，夜光
表壳： 白金材质，蓝宝石水晶镜面，防水30米
表带： 黑色手缝鳄鱼皮表带，钛金属折叠表扣
参考价格： 店洽，限量8枚
其他款式： 玫瑰金款，铂金款

Dualtow系列手表

型号： MTR.CC20A.001
机芯： CC20A手动上弦机芯，65颗宝石镶嵌，动力储存60小时
功能： 时针，分针，动力储存显示
表壳： 白金材质，防水30米
表带： 橡胶表带
参考价格： 店洽，限量68枚
其他款式： 玫瑰金款，钛金属款，钛金属铂金款

Dualtow Nighteagle手表

型号： MTR.CC20A.045
机芯： CC20A手动上弦机芯，65颗宝石镶嵌，动力储存60小时
功能： 时针，分针，计时，陀飞轮，动力储存显示
表壳： 钛金属材质，蓝宝石水晶镜面，防水30米
表带： 橡胶表带
参考价格： 店洽，限量68枚
其他款式： 红色数字款，蓝色数字款，金色数字款

Baccara手表

型号： BCR09_906
机芯： BCR09自动上弦机芯，40颗宝石镶嵌，动力储存72小时
功能： 时针，分针，三款游戏
表壳： 铂金材质，防水30米
表带： 黑色鳄鱼皮表带
参考价格： 店洽，限量9枚
其他款式： 钛金属款，玫瑰金款

Dragon手表

型号： MTR.CCR97.050
机芯： CCR97手动上弦机芯，19颗宝石镶嵌，动力储存100小时
功能： 时针，分针，陀飞轮
表壳： 玫瑰金材质，防水30米
表带： 黑色鳄鱼皮表带，玫瑰金表扣
参考价格： 店洽，限量1枚
其他款式： Tiger，Tourbillon De La Roche

Tiger手表

型号： MTR.CCR.97.106
机芯： CCR97手动上弦机芯，19颗宝石镶嵌，动力储存100小时
功能： 时针，分针，陀飞轮
表壳： 白金材质，防水30米
表带： 蓝色鳄鱼皮表带，玫瑰金表扣
参考价格： 店洽，限量1枚
其他款式： Dragon款，Musical款

C

西铁城
Citizen

创立时间:
1918年

员工数量:
26000人

年产量:
不详

电话:
400 650 1958

传真:
010 85911938

网址:
www.citizen.com.cn

销售方式:
各大城市店铺网点销售，直营网络店铺，授权网络销售，网络加盟店铺

经典款式:
超级空中之鹰系列，全球多局电波表系列，Promaster系列，运动系列，超级钛系列，馨悦之旅系列，花语风吟系列等

价格区间:
3000元~20000元

西铁城的前身是创立于 1918 年日本尚工舍时计研究所，而品牌的第一枚计时产品则是始于 1924 年的一款怀表。当时西铁城创始人 Kamekichi Yamazaki 邀请他时任东京市长的朋友后藤新平先生为他所成立的钟表公司起名，后藤新平建议他采用“公民”的英文单词——Citizen 作名称，这一名称也意味着每一位日本公民都可以买得起一块该品牌的手表，蕴含着“为市民所喜爱，为市民所亲近”的意义。怀着这样的美好愿望，西铁城时计株式会社在 1930 年正式成立。

针对消费者不同的需求，西铁城公司利用先进的技术与东方传统的精致优雅之美巧妙结合在一起，以“技术与美的融合”为消费者提供各种各样的手表，为人们的生活增添色彩。值得一提的是，这个日本品牌一直以科技为主导，2011 年推出卫星对时的“时翼”成为年度创新之作，在 2012 年的巴塞尔表展中，西铁城凭借两款全新光动能概念款女表——Eco-Drive Luna、Eco-Drive Nova，再次吸引了众人的目光。

超级空中之鹰系列

型号： BY0074-50E
机芯： 光动能电波
功能： 自动校对时间，接收信号强度显示，万年历，日期，世界时，24小时指示，闹铃，60分钟计时器
表壳： 钛合金间DLC外圈环，防水100米
表带： 钛合金，双按式三折扣表扣
参考价格： 13000元

超级空中之鹰系列

型号： BY0020-59E
机芯： 光动能电波
功能： 自动校对时间，接收信号强度显示，万年历，日期，世界时，24小时指示，闹铃，60分钟计时器
表壳： 钛合金，防水100米
表带： 钛合金，双按式三折扣表扣
参考价格： 12000元

超级空中之鹰系列

型号： BY0054-57A
机芯： 光动能电波
功能： 自动校对时间，接收信号强度显示，万年历，日期，世界时，24小时指示，闹铃，60分钟计时器
表壳： 钛合金间玫瑰金色，防水100米
表带： 钛合金，双按式三折扣表扣
参考价格： 13500元

全球多局电波表

型号： CB0011-51L
机芯： 光动能电波
功能： 万年历，日期显示，26个世界城市时间显示，夏令时显示
表壳： 不锈钢，尺寸44毫米，厚度10.3毫米，防反射涂层蓝宝石玻璃表镜，防水100米
表带： 不锈钢，双按式三折扣表扣
参考价格： 5900元

全球多局电波表

型号： CB0011-00EL
机芯： 光动能电波
功能： 万年历，日期显示，26个世界城市时间显示，夏令时显示
表壳： 不锈钢，尺寸44毫米，厚度10.3毫米，防反射涂层蓝宝石玻璃表镜，防水100米
表带： 小牛皮，双按式三折扣表扣
参考价格： 5500元

全球多局电波表

型号： CB0011-51A
机芯： 光动能电波
功能： 万年历，日期显示，26个世界城市时间显示，夏令时显示
表壳： 不锈钢，尺寸44毫米，厚度10.3毫米，防反射涂层蓝宝石玻璃表镜，防水100米
表带： 不锈钢，双按式三折扣表扣
参考价格： 5900元

光动能卫星对时表·时翼

型号： CC0005-06E
机芯： 光动能卫星对时
功能： 万年历，日期显示，星期显示， 26个世界城市时间显示，24小时指示
表壳： 不锈钢间陶瓷覆DLC抗磨损碳素膜，尺寸48.5毫米，厚度20毫米，防水50米
表带： PU橡胶，双按式蝴蝶扣表扣
参考价格： 28000元

光动能电波表AS5019-56E

型号： AS5019-56E
机芯： 光动能电波，尺寸44毫米，厚度12毫米
功能： 自动校对时间接收信号强度显示，万年历，日期显示，时差校正
表壳： 不锈钢覆DLC抗磨损碳素膜，防水200米
表带： 不锈钢覆DLC抗磨损碳素膜，双按式三折不锈钢保险扣表扣
参考价格： 7800元

光动能电波表AS5010-51E

型号： AS5010-51E
机芯： 光动能电波，尺寸44毫米，厚度12毫米
功能： 自动校对时间，接收信号强度显示，万年历，日期显示，时差校正，电池能量不足显示，光动能节电，航空标尺
表壳： 不锈钢，防水200米
表带： 不锈钢，双按式三折保险扣表扣
参考价格： 5800元

C

光动能多局电波 · 馨悦之旅系列 全新徐静蕾签名款

型号： EC2002-50D
机芯： 光动能电波
功能： 万年历，26个世界城市时间显示，UTC时间显示，日期显示，指针修正，JIS1型防磁，撞击侦测，光动能节电
表壳： 不锈钢镀玫瑰金色，防反射涂层蓝宝石玻璃表镜，防水50米
表带： 不锈钢镀玫瑰金色，双按式三折扣表扣
参考价格： 6800元

光动能多局电波 · 馨悦之旅系列 EC1014-65W

型号： EC1014-65W
机芯： 光动能电波
功能： 多局接收电波信号，自动接收信号校对时间，万年历，日期显示，24个世界城市时间显示，夏令时显示
表壳： 不锈钢间粉金色，防反射涂层蓝宝石玻璃表镜，防水50米
表带： 不锈钢间粉金色，双按式三折扣表扣
参考价格： 6200元

光动能多局电波·馨悦之旅系列 EC1010-06A

型号： EC1010-06A
机芯： 光动能电波
功能： 多局接收电波信号，自动接收信号校对时间，万年历，日期显示，24个世界城市时间显示，夏令时显示
表壳： 不锈钢，尺寸30毫米，厚度7.8毫米，防反射涂层蓝宝石玻璃表镜，防水50米
表带： 小牛皮，双按式三折扣表扣
参考价格： 5400元

光动能电波表AS5010-51W

型号： AS5010-51W
机芯： 光动能电波
功能： 自动接收信号校对时间，接收信号强度显示，万年历，日期显示，时差校正
表壳： 不锈钢，防反射涂层蓝宝石玻璃表镜，防水200米
表带： 不锈钢，双按式三折保险扣表扣
参考价格： 5800元

超级钛系列CA0341-52E

型号： CA0341-52E
机芯： 光动能
功能： 日期显示，24小时指示，0.2秒为单位，60分钟计时器，电池能量不足指示，防止过度充电，测速计
表壳： 钛合金，蓝宝石玻璃表镜，防水100米
表带： 钛合金，双按式三折扣表扣
参考价格： 4000元

超级钛系列CA0021-53E

型号： CA0021-53E
机芯： 光动能
功能： 日期显示，24小时指示，0.2秒为单位，60分钟计时器，电池能量不足指示，防止过度充电
表壳： 钛合金，蓝宝石玻璃表镜，防水100米
表带： 钛合金，双按式三折扣表扣
参考价格： 4000元

光动能多局电波·馨悦之旅系列EC1010-57W

型号： EC1010-57W
机芯： 光动能电波
功能： 万年历，日期显示，24个世界城市时间显示，夏令时显示
表壳： 不锈钢，直径30毫米，厚度7.8毫米，防反射涂层蓝宝石玻璃表镜，防水50米
表带： 不锈钢，双按式三折扣表扣
参考价格： 5800元

光动能多局电波·馨悦之旅系列EC1010-57X

型号： EC1010-57X
机芯： 光动能电波
功能： 万年历，日期显示，24个世界城市时间显示，夏令时显示
表壳： 不锈钢，尺寸44毫米，厚度10.3毫米，防反射涂层蓝宝石玻璃表镜，防水50米
表带： 不锈钢，双按式三折扣表扣
参考价格： 5800元

花语风吟系列女表EX1122-58D

型号： EX1122-58D
机芯： 光动能
功能： 时针，分针
表壳： 不锈钢镀玫瑰金色，蓝宝石玻璃表镜，防水50米
表带： 不锈钢镀玫瑰金色，双按式蝴蝶扣表扣
参考价格： 13000元
其他款式： 不锈钢款（11000元）

花语风吟系列女表EX1120-02E

型号： EX1120-02E
机芯： 光动能
功能： 时针，分针，日期显示
表壳： 不锈钢，蓝宝石玻璃表镜，防水50米
表带： 小牛皮，双按式蝴蝶扣表扣
参考价格： 10000元

初见倾心系列光动能表圈对表AW1114-51E与FE1064-58E

型号： AW1114-51E与FE1064-58E，男款
机芯： 光动能
功能： 时针，分针，秒针，日期显示
表壳： 不锈钢间香槟色，尺寸32毫米，防水100米
表带： 不锈钢间玫瑰金色与不锈钢间香槟色
参考价格： 4000元/枚,8000元/对

光动能女表EP5892-59W

型号： EP5892-59W
机芯： 光动能
功能： 电池能量不足显示，时针，分针，秒针
表壳： 不锈钢镀玫瑰金色，尺寸23毫米，厚度7毫米，蓝宝石玻璃表镜，防水50米
表带： 不锈钢玫瑰金色，双按式三折扣表扣
参考价格： 3100元

C

CK

创立时间：
1997年

员工数量：
不详

年产量:
不详

电话:
021 6447 3185

传真:
021 6447 3185

网址:
无

销售方式:
零售

经典款式：
每一季都会推出适合当季潮流的新款

价格区间:
1600元~5500元

CK 手表 & 珠宝有限公司的总部位于瑞士的 Biel，该城市也是世界上最大的钟表制造集团——斯沃琪集团的总部所在地。CK Watch & Jewelry 是斯沃琪集团进入中国的 19 个品牌之一，定位于 20 ~ 35 岁的时尚人群。1997 年，Calvin Klein 与斯沃琪集团融合彼此的品牌创意，推出了 CK Watch 品牌。从此，“手表如同时尚配件”的新颖概念也因而生。今天，在遍及全球 60 个国家的专卖店中，都可以购买到 200 多款由瑞士设计、制作的男女手表。

一路走来，watch & jewley 和喜爱它的人们，通过手表和饰品，自由并自信的表达着对时尚和美的独特理解，“纯净、简约、摩登、性感”所代表的品牌精神，让越来越多喜爱它的人们，感受到 CK 手表首饰的无穷魅力。

CK Accent昼夜系列

型号： K2Y236K6 lady/K2Y216K6 gent
机芯： 瑞士矿石机芯 ETA 980.163
功能： 时针，分针，秒针
表壳： 高抛光316L不锈钢/ PVD玫瑰金色
表带： 黑色/白色鳄鱼压纹小牛皮
参考价格： 2250元~2950元

CK Air空气系列

型号： K1N23526
机芯： 瑞士ETA机芯，ETA 901.001
功能： 时针，分针
表壳： 高抛光316L不锈钢/ PVD灿金色
表带： 高抛光316L不锈钢/ PVD灿金色
参考价格： 2100元~2750元

CK Cogent 圆桌系列15周年纪念款

型号： K3B211C6
机芯： 瑞士矿石机芯 ETA F07.111
功能： 时针，分针，秒针
表壳： 高抛光316L不锈钢
表带： 黑色小牛皮配蝴蝶扣
参考价格： 3550元

CK Equal光线系列

型号： K3E236L6
机芯： ETA F03.111机芯，电池寿命为34个月
功能： 时针，分针
表壳： 高抛光316L不锈钢/ PVD玫瑰金色
表带： 黑色/白色小牛皮表带
参考价格： 1950元

CK Masculine阳刚系列

型号： K2H27101（白色计时表）
机芯： ETA 980.163
功能： 时针，分针，秒针，日历，三眼计时功能
表壳： 高抛光316L不锈钢
表带： 白色小牛皮
参考价格： 2800元
其他款式： 另有K2H21101白色素面（1900元）

CK Skirt迷你裙系列

型号： K2U291L6（银色三眼计时表）
机芯： ETA G15.211
功能： 素面表款为时针，分针/三眼计时款为时针，分针，秒针，日历窗口
表壳： 高抛光316L不锈钢
表带： 黑色/白色压鳄鱼纹小牛皮表带
参考价格： 3450元

CK Substantial怀旧系列

型号： K2N286G6
机芯： ETA G10.211
功能： 时针，分针，秒针，日历，三眼计时
表壳： 高抛光PVD玫瑰金色
表带： 棕色鳄鱼压纹小牛皮
参考价格： 3650元

CK Agile轻盈系列

型号： K2Z2M116
机芯： ETA 901.001
功能： 时针，分针
表壳： 37.5毫米×31.5毫米，高抛光316L不锈钢
表带： 高抛光316L不锈钢 / PVD 金色
参考价格： 1750元

CK Extent罗马鞋系列

型号： K2R2S1K6(S) /K2R2M1K6(M)
机芯： 瑞士矿石机芯 ETA 901.001
功能： 时针，分针
表壳： 高抛光316L不锈钢
表带： 黑色/白色/棕色小牛皮多圈表带
参考价格： 1800元

C

科因沃奇
Coinwatch

创立时间:
1984年

员工数量:
不详

年产量:
50000枚以上

电话:
00852 3793 7000

传真:
00852 3793 7111

网址:
www.coinwatch.ch

销售方式:
零售店

经典款式:
马克系列，伊莎系列，银澳系列

价格区间:
3000元~7000元

瑞士科因沃奇创立于1984年，最大的特色就是以世界各地的钱币作为手表设计的基本元素。钱币上永不磨灭的斧凿痕迹，记载着无数动人故事，然而当永不休止的时间指针放到充满传奇的钱币之上，“时间就是金钱”的概念便被具化成形。而科因沃奇的本意，正是让人静看时刻分秒流逝的同时，更懂得珍惜现在。

品牌将钱币独特的代表性与时间的重要性兼容，如此的设计令品牌迅速发展并普及至世界各地。其中一个原因是这个双赢的概念获得大部分国家铸币局赏识，乐于委以重任将具有民族特色的钱币交予科因沃奇铸制手表。

钱币手表为科因沃奇带来了成就，品牌以简洁踏实的新作风，迎合回归本真的手表设计趋势。

伊莎系列

型号: C128RWH
机芯: 瑞士RONDA 763石英机芯
功能: 时针，分针，秒针
表壳: 不锈钢配电镀玫瑰金，直径33毫米，厚度9.1毫米，珍珠母贝表盘镶嵌12颗钻石，防水30米
表带: 不锈钢配电镀玫瑰金，双按折叠式扣
参考价格: 3280元

马克系列

型号: C119RWH
机芯: 瑞士ETA2824自动机械机芯
功能: 时针，分针，秒针，日历
表壳: 不锈钢配电镀玫瑰金，直径43毫米，厚度12.65毫米，防水100米
表带: 不锈钢配电镀玫瑰金，保险式扣
参考价格: 5680元

银澳系列

型号: C116RSV(男款)，C117RSV(女款)
机芯: 瑞士Ronda石英机芯
功能: 时针，分针，秒针，日历
表壳: 不锈钢配电镀玫瑰金，男款直径40毫米，女款直径30毫米，防水50米
表带: 不锈钢配电镀玫瑰金，双按折叠式扣
参考价格: 2980元

马克系列

型号： C122TWH
机芯： 瑞士SW 200自动机械机芯
功能： 时针，分针，秒针，日历
表壳： 不锈钢配电镀黄金，直径41.5毫米，厚度11.1毫米，防水100米
表带： 不锈钢配电镀黄金，保险式扣
参考价格： 5680元

马克系列

型号： C120TWH(男款) & C121TWH(女款)
机芯： 男款瑞士ETA2824自动机械机芯，女款瑞士ETA2671自动机械机芯
功能： 时针，分针，秒针，日历
表壳： 不锈钢配电镀黄金，男款直径43毫米，女款直径35毫米，防水50米
表带： 不锈钢配电镀黄金，保险式扣
参考价格： 5680元

伊莎系列

型号： C127RWL
机芯： 瑞士RONDA 775石英机芯
功能： 时针，分针，秒针，日历
表壳： 不锈钢配电镀玫瑰金，直径30毫米，厚度8.7毫米，防水30米
表带： 咖啡色绢带配不锈钢线扣
参考价格： 2780元

银澳系列

型号： C107SBK(男款)， C108SBK(女款)
机芯： 瑞士ETA2836自动机械机芯
功能： 时针，分针，秒针，日历，星期
表壳： 不锈钢，男款直径41毫米，女款直径34.5毫米，防水100米
表带： 不锈钢，保险式扣
参考价格： 4580元

银澳系列

型号： C111SCM
机芯： 瑞士ETA2836自动机械机芯
功能： 时针，分针，秒针，日历，星期
表壳： 不锈钢，直径41毫米，厚度11.9毫米，防水100米
表带： 咖啡色真皮皮带，不锈钢双按弹弓式扣
参考价格： 4580元

银澳系列

型号： C108TCF
机芯： 瑞士ETA2836自动机械机芯
功能： 时针，分针，秒针，日历，星期
表壳： 不锈钢，直径34.5毫米，厚度11.1毫米，防水100米
表带： 不锈钢配电镀黄金，保险式扣
参考价格： 4780元

C

君皇
Concord

翻开尊皇152年的历史图册，手中承载的是沉淀的历史，迎面而来的是发光的过去。从1860年到2012年，每一页，品牌成就都不断层地延续；从创始人积·狄狄逊到每一代继承人，手中接过的不仅是尊皇品牌，还有制表之业，品牌创立之初的执著与热情犹在，理念与精密技术犹在。尊皇，是一部由精神链接的显赫发展史。

君皇（Concord）表厂于1908年在瑞士Biel创立。所制造的手表在外形及功能上以和谐而得名。1915年，君皇开始为高级钟表品牌代工生产，例如蒂芙尼及卡地亚。这些手表多以铂金制成，并镶有钻石、绿宝石、红宝石及蓝宝石。20世纪30、40年代，君皇开始追求纤薄小巧的手表及机芯，终于在1979年成功设计出君皇Delirium手表。这是一款表身厚度小于2毫米（只有1.98毫米）的手表。在短短两年后，新款的Delirium诞生，表身只有0.98毫米，厚度是原来的一半。

1992年，君皇在欧洲的钟表珠宝展览中展出“Mariner V Centenario”系列。此系列全套共有五只手表，不但各具特色，同时更配备极为复杂的机械机芯。在展览会展出前不久，该套手表便以320万瑞士法郎售出。这些各具特色的手表之所以价值不菲，不单是因为其用料上乘，更是由于其结构精密繁复的机芯。这些手表为制表技术的发展创造了新的标准。1995年，君皇推出Saratoga Exor手表。Exor具备多种复杂的功能，使之成为高品质的手表。此外，表面又镶嵌了铂金及118颗D级洁净钻石。自Saratoga Exor问世后，便以200万瑞士法郎售出。并在1996年推出了Saratoga SL（Sports Luxury）系列。

在20世纪初，君皇成为时钟设计的创制者。当时也是著名的君皇闹钟的全盛时期。这只旅行钟在当年众人耳熟能详，因此，杜鲁门总统亦以君皇闹钟作为各国出席波茨坦和平会议的国家元首的赠礼。其中一个闹钟更成为杜鲁门总统的私人珍藏，现正存放于密苏里州的杜鲁门独立图书馆内。第二次世界大战结束后，君皇创制出新款的大勋章式手表及揭盖手表。20世纪50年代，君皇认识到手表的款式与其功能将会同样重要，因此，特别设计出手链女表，成为今日收藏家追捧的珍品。

创立时间：
1908年

员工人数：
不详

年产量：
不详

电话：
00852 2736 0820

传真：
不详

网址：
www.concord.ch

销售方式：
钟表店铺（专营店，直销，百货商场，会展等）

经典款式：
C1， C2，New Saratoga

价格区间：
50000元~ 4000000元

C1 BlackSpider Brilliant手表

型号： 0320205

机芯： 君皇C105校准手动上弦机芯，动力储存72 小时，19颗红宝石

功能： 时针，分针，陀飞轮

表壳： 钛制，直径47毫米，厚达3.3毫米的蓝宝石水晶玻璃镜面，双面防炫光处理，不锈钢表冠共镶嵌224 颗钻石，防水30 米

表带： 黑色橡胶化处理，短吻鳄鱼皮表带搭配黑色PVD 处理，不锈钢君皇折叠表带扣

参考价格： 1500000港元~2000000港元

C2 Black & White计时手表

型号： 0320184

机芯： ETA 2894-2自动上弦机芯，动力储存42小时

功能： 时针，分针，秒针，日期及计时秒表

表壳： 不锈钢表壳，直径43毫米，防炫光处理蓝宝石水晶镜面，表圈镶钻，9点钟及6点钟位置银色计时秒表盘，6 点钟位置日期窗口，小秒针旋转盘,防水100米

表带： 鳄鱼皮表带搭配君皇不锈钢折叠表扣

参考价格： 107000港元~89000港元

C2 计时手表

型号： 0320185

机芯： ETA 2894-2自动上弦机芯，动力储存42小时

功能： 时针，分针，秒针，日期及计时秒表，9点钟及6点钟位置银色计时秒表盘，6点钟位置日期窗口，小秒针旋转盘

表壳： 不锈钢表壳，直径43毫米，防水100米，旋入式表背，表圈镶钻

表带： 鳄鱼皮表带搭配君皇不锈钢折叠表扣

参考价格： 125000港元

C2 计时秒表

型号： 0320187

机芯： ETA 2894-2校准自动上弦机芯，动力储存42小时

功能： 时针，分针，秒针，计时以及6点钟方向日期窗口，红色顶框旋转式小秒针盘

表壳： 黑色PVD处理，不锈钢表壳，直径43毫米，防水100米

表带： 红色缝线黑色短吻鳄鱼皮

参考价格： 62100港元

C2 计时秒表

型号： 0320189

机芯： ETA 2894-2校准自动上弦机芯，动力储存42小时

功能： 时针，分针，秒针，计时，日期，小秒针盘

表壳： 黑色PVD处理，不锈钢表壳加上玫瑰金装饰，直径43毫米，防水100米

表带： 短吻鳄鱼皮表带

参考价格： 89000港元

C2 AsphaltBlack计时表

型号： 0320191

机芯： ETA 2894-2 自动上弦机械机芯，动力储存42小时，摆频28800次／小时，37颗宝石

功能： 时针，分针，秒针，日期，计时

表壳： 黑色PVD处理不锈钢表壳，钛金属着色装饰，直径43毫米，螺旋式表冠，防水100米

表带： 橡胶表带，黑色PVD处理，不锈钢表扣

参考价格： 58500港元

C

昆仑
Corum

昆仑表的成立源于 Rene Bannwart。他凭借从各个顶级著名表厂所积累得来的制表经验创立属于自己的品牌，并于 1955 年与叔父 Gaston Ries 成立昆仑（Corum）。Gaston Ries 工艺精湛，而 Rene 则对美学品位独到，并从拉丁文“Quorum”（译为通过有效决定的最低法定人数，可引申为最基本元素）获得启发，决定选用“Corum”作为品牌的名字。昆仑表用钥匙图案作为商标，寓意着有待拆解的神秘事物，意味着有创造力以及凭借不屈不挠的精神而大胆创新。之后，此理念也引申为“美丽时间之钥”，对昆仑而言，也含有“成功之钥”的含义。

昆仑表第一个手表系列诞生于 1956 年。1957 年，昆仑发行了 Golden Tube 系列，将机芯嵌入金质筒状的表壳之中，这个设计造就了之后的 Golden Bridge 金桥手表，成功的设计出了一款长方形机芯的手表。

经过多年的努力，昆仑表把产品系列重新聚焦在品牌上，使品牌在产品质量和创意上的需求能达到一个完善的配合。因此，昆仑表投放大量的资源以巩固其独立品牌的形象，致力于融合不同的专业技术、提升品牌制表师的专业技术，掌握机芯研发及生产，同时集中投资在人才培训上。通过品牌旗下 150 个产品，把昆仑表的四个系列打造成为品牌旗下的经典款式，分别是 Admiral's Cup 海军上将杯系列，Romvlvs 罗马刻字系列，Corum Bridge 昆仑桥系列以及 Artisans 精致工艺系列。

时至今日，行政总裁 Antonio Calce 坚持着当年创立的理念，专注于品牌长远发展及专业制表工艺的融汇及传承。除了不断研发新产品之外，同时也加强了分销网络及品牌宣传的计划专业性。

创立时间：
1955年

员工人数：
不详

年产量：
不详

电话：
+41 32 967 0670

传真：
+41 32 967 0600

网址：
不详

销售方式：
专营店、经销商

经典款式：
Admiral' s Cup海军上将杯系列，Romvlvs 罗马刻字系列，Corum Bridge昆仑桥系列，Artisans精致工艺系列

价格区间：
不详

海军上将杯传奇42

型号： 395.101.55/0001 AK12
机芯： CO395自动上弦机芯，摆频28800次/小时，27颗红宝石，动力储存42小时
功能： 时针，分针，秒针，日历
表壳： 玫瑰金表壳，直径42毫米，防水50米
表带： 黑色鳄鱼皮表带
参考价格： 店洽

海军上将杯传奇38

型号： 082.101.85/0041 PN10
机芯： CO082自动上弦机芯，动力储存42小时
功能： 时针，分针，秒针，日历
表壳： 玫瑰金表壳，直径38毫米，镶嵌72颗钻石，防水50米
表带： 黑色绸缎表带
参考价格： 店洽

海军上将杯传奇38神秘月光

机芯： CO384自动上弦机芯，动力储存42小时
功能： 时针，分针，日期，月相
表壳： 不锈钢表壳，直径38毫米，镶嵌72颗钻石，防水30米
表带： 黑色绸缎表带
参考价格： 店洽

Ti-Bridge动力储存手表

型号： 107.101.04/F371 0000
机芯： CO107手动上弦机芯，摆频28800次/小时，25颗红宝石，动力储存72小时
功能： 时针，分针，动力储存显示
表壳： 钛金属表壳，防水50米
表带： 黑色橡胶表带
参考价格： 店洽

金桥系列

型号： 313.150.55/0002 GK01
机芯： CO313自动上弦机芯，摆频28800次/小时，26颗红宝石，动力储存40小时
功能： 时针，分针
表壳： 玫瑰金表壳，防水30米
表带： 黑色鳄鱼皮表带
参考价格： 店洽，限量130枚

金桥陀飞轮

型号： 213.150.55/0002 GK12
机芯： CO213手动上弦机芯，摆频19200次/小时，22颗红宝石，动力储存40小时
功能： 时针，分针，陀飞轮
表壳： 玫瑰金表壳，防水30米
表带： 黑色鳄鱼皮表带
参考价格： 店洽

C

海军上将48竞赛系列

型号： 947.951.94/0371AK14
机芯： CO947自动上弦机芯，25颗红宝石，摆频28800次/小时
功能： 时针，分针，小秒针，日历显示
表壳： 钛金表壳，防水300米
表带： 橡胶表带，针状表扣
参考价格： 50600元

海军上将Centro Monopusher44计时表

型号： 961.101.94/F371AN12
机芯： CO960自动上弦机芯，27颗红宝石，摆频28800次/小时
功能： 时针，分针，小秒针，计时功能，日历
表壳： 钛金表壳，防水100米
表带： 橡胶表带，三重折叠式表扣
参考价格： 53700元，限量555枚

海军上将44挑战者系列手表

型号： 753.671.20/F371AA52
机芯： CO753自动上弦机芯，27颗红宝石，摆频28800次/小时
功能： 时针，分针，小秒针，计时功能，日历显示功能
表壳： 不锈钢表壳，防水100米
表带： 橡胶表带，三重折叠式表扣
参考价格： 46600元

海军上将44追针计时表

型号： 986.581.98/F371AN52
机芯： CO986自动上弦机芯，31颗红宝石，摆频28800次/小时
功能： 时针，分针，小秒针，指针计时功能
表壳： 不锈钢表壳，防水100米
表带： 橡胶表带，三重折叠表扣
参考价格： 83200元，限量155枚
其他款式： 白色表盘款，限量55枚

海军上将Foudroyante48追针计时表

型号： 895.931.95，0371AN12
机芯： CO895自动上弦机芯，40颗红宝石，摆频28800次/小时
功能： 时针，分针，小秒针，指针计时功能以及“闪电”八分之一秒显示
表壳： 钛金表壳，防水100米
表带： 橡胶表带，针状表扣
参考价格： 130200元，限量155枚

海军上将40黑色镶钻计时表

型号： 984.970.97/F371AA32
机芯： CO984自动上弦机芯，37颗红宝石，摆频28800次/小时
功能： 时针，分针，小秒针，计时功能，日历显示功能
表壳： 不锈钢表壳，防水100米
表带： 橡胶表带，三重折叠式表扣
参考价格： 81800元，限量155枚

钛夹板限量版

型号： 007.400.06/F3710000
机芯： Corum007手动上弦机芯，21颗红宝石，摆频28800次/小时，动力储存72小时
功能： 时针，分针
表壳： 钛金表壳，防水50米
表带： 橡胶表带，双折叠式表扣
参考价格： 103800元，限量393枚

钛夹板陀飞轮

型号： 022.700.04/OF010000
机芯： 昆仑022手动上弦机芯，21颗红宝石，摆频21600次/小时，动力储存72小时
功能： 时针，分针
表壳： 钛金表壳，防水50米
表带： 鳄鱼皮表带，三重折叠式表扣
参考价格： 374000元

海军上将三问陀飞轮手表

型号： 010.101.55/0001AO12
机芯： 昆仑010手动上弦机芯，29颗红宝石，摆频21600次/小时，动力储存72小时，陀飞轮分针及硅质摆轮
功能： 时针，分针，四分之一时针和分针反跳
表壳： 玫瑰金表壳
表带： 鳄鱼皮，针状表扣
参考价格： 2024000元

海军上将Deep Hull48潜水表

型号： 947.950.04/0371AN12
机芯： CO947自动上弦机芯，25颗红宝石，摆频28800次/小时
功能： 时针，分针，小秒针，日历和周历
表壳： 钛金表壳，防水1000米
表带： 橡胶表带，针状表扣
参考价格： 52800元，限量500枚
其他款式： 黑色PVD镀膜款（56300元，限量355只）

海军上将Centro48计时表

型号： 960.101.94/0371AN12
机芯： CO960自动上弦机芯，27颗红宝石，摆频28800次/小时，黑色PVD镀膜雕饰自动上弦摆陀
功能： 时针，分针，小秒针，中心分针显示，计时功能，日历显示功能
表壳： 钛金表壳，防水300米
表带： 橡胶表带，针状表扣
参考价格： 58100元，限量555枚

海军上将Competition48黑色和金手表

型号： 947.951.86/0371AN24
机芯： CO947自动上弦机芯，25颗红宝石，摆频28800此/小时
功能： 时针，分针，小秒针，日历显示
表壳： 钛金表壳，防水300米
表带： 橡胶表带，针状表扣
参考价格： 78300元，限量发售355枚

C

中华时计匠
CTK

强调中国制造的中华时计匠，是一个立志传承中华文化的手表品牌。作为 2010 年创立的新品牌，CTK 手表前卫、浓厚的中国气息以及不失时尚的设计，在瑞士主导的钟表市场里脱颖而出。在 2012 年的巴塞尔国际钟表展上，中华时计匠展示了中国高级手表品牌的高超水平。在名表云集的宫殿展厅中，展示最新推出的第二个 CTK 手表系列。而这一系列也限量制作 14 款，共 480 枚手表。所有的成品表背上，都会刻有中华时计匠的商标、生产年号、以及独有的序号。

中华时计匠糅合了时尚简约以及中国元素的突破性设计。在香港开设了第一间产品陈列室，陈列室营造了一个中国过去与将来交界的氛围，由当地的艺术家所绘的壁画与另一墙壁的传统书法钟表草图，将中国钟表的遗产和美学呈现在表迷面前。

创立时间：
2010年

员工数量：
不详

年产量:
不详

电话:
+852 2893 2382

传真:
不详

网址:
www.thechinesetimekeeper.com

销售方式:
网络订购

经典款式：
日历自动手表，小秒针自动手表

价格区间:
15000元左右

小秒针自动手表

型号： CTK 08
机芯： 海鸥CTK2718机芯，动力储存30小时
功能： 时针，分针，秒针
表壳： 不锈钢表壳，直径44毫米，防水深度50米
表带： 双层黑色牛皮配白色线缝，不锈钢圆形折叠表扣
参考价格： 19800港元，限量50枚

中式时间机械手表

型号： CTK 16
机芯： 海鸥CTK 2846机芯，动力储存36小时
功能： 时针，分针，秒针
表壳： 黑色PVD镀层不锈钢表壳，直径44毫米，防水深度50米
表带： 双层牛皮表带，配不锈钢圆形表扣
参考价格： 23800港元，限量28枚

中式时间机械手表

型号： CTK 15
机芯： 海鸥CTK 2846机芯，动力储存36小时
功能： 时针，分针，秒针
表壳： 黑色PVD镀层不锈钢表壳，直径44毫米，防水深度50米
表带： 牛皮表带，配圆形不锈钢表扣
参考价格： 22800港元，限量28枚

三针翡翠机械手表

型号： CTK 13
机芯： CTK 2189机芯，动力储存36小时
功能： 时针，分针，秒针
表壳： 黑色PVD镀层不锈钢表壳，直径44毫米，防水深度50米
表带： 小牛皮表带，黑色PVD镀层不锈钢表扣
参考价格： 28800港元，限量38枚

三针自动手表

型号： CTK 11
机芯： 海鸥CTK 2189机芯，动力储存36小时
功能： 时针，分针，秒针
表壳： 不锈钢表壳，直径44毫米，防水深度50米
表带： 小牛皮表带，不锈钢圆形表扣
参考价格： 15800港元，限量50枚

三针翡翠机械手表

型号： CTK 14
机芯： CTK 2189机芯，动力储存30小时
功能： 时针，分针，秒针
表壳： 不锈钢表壳，直径44毫米，防水深度50米
表带： 鳄鱼皮表带，配不锈钢圆形表扣
参考价格： 28800港元，限量38枚

C

西马
Cyma

创立时间:
1862年

员工数量:
不详

年产量:
不详

电话:
021 6380 6850

传真:
021 6380 2298

网址:
www.cyma.ch

销售方式:
直销，百货商场

经典款式:
Champion系列，150周年纪念系列，Auto Classic系列

价格区间:
不详

1862 年在瑞士创立的西马，其名称来自法语“cime”，译为“巅峰”之意。在创立之初，西马表一直在超薄机芯的设计上不断研究探索。1903 年，其超薄杠杆机芯便获得纳沙泰尔天文台颁发的证书；1905 年，推出厚度只有 3.85 毫米的 701 机芯，也是当时钟表业内一项突破性的进展。1910 年和 1929 年，西马分别在布鲁塞尔展览会以及巴塞罗那展览会上荣获第一名的奖项。

直到 1943 年，西马推出自己的第一款自动手表。1960 年和 1970 年，西马首次推出的“Navystar”手表系列，配备“CYMAFLEX”吸振仪及防水深度系统两项技术，令西马表增加了约 20 项国际专利，此型号更于 1980 年荣获巴黎的 Gold Bijorhca 奖。之后，又于 1984 年推出只有 1.2 毫米厚的 131 型号超薄机芯。

2012 年正值西马创立 150 周年，西马继续发扬其创新精神，推出纪念版和限量版手表作为纪念。

Ultra Slim Classic 150周年纪念版手表

型号: 02-0681-001/002
机芯: 超薄石英机芯
功能: 时针，分针
表壳: 不锈钢表壳，直径38毫米
表带: 轨道式不锈钢表链
参考价格: 7380元

Ultra Slim Class 150周年纪念版手表

型号: 02-0681-003
机芯: 石英机芯
功能: 时针，分针
表壳: 不锈钢和镀金表壳，直径38毫米
表带: 不锈钢和镀金表带
参考价格: 8880元

Champion 计时手表

型号: 02-0576-004
机芯: 石英计时机芯
功能: 时针，分针，秒针，日历，中央计时秒针
表壳: 不锈钢和镀玫瑰金表壳，直径44毫米，防水100米
表带: 不锈钢表带
参考价格: 7480元

Grand Imperiu Big Date Chronometer 150周年限量版手表

型号：02-0690-001
机芯：自动上弦机芯，瑞士天文台官方认证
功能：时针，分针，秒针，大日期显示
表壳：不锈钢表壳，直径40毫米，防水100米
表带：不锈钢表带
参考价格：店洽，限量50枚

Champion 计时手表

型号：02-0598-002
机芯：石英机芯
功能：时针，分针，秒针，日历，中央计时秒针
表壳：不锈钢表壳，直径42毫米，防水100米
表带：不锈钢表带
参考价格：5280元

Champion 计时手表

型号：02-0650-001
机芯：石英计时机芯
功能：时针，分针，秒针，日历，中央计时秒针
表壳：不锈钢表壳，直径40毫米，防水100米
表带：不锈钢表带
参考价格：店洽

Auto Classic中国独家手表

型号：02-0578-006, 02-0693-001
机芯：石英机芯
功能：时针，分针，秒针，日历
表壳：不锈钢表壳，直径40毫米，防水100米
表带：不锈钢表带
参考价格：店洽

Auto Classic三大针男表

型号：02-0592-002
机芯：自动上弦机芯
功能：时针，分针，秒针，日历
表壳：不锈钢表壳，直径39毫米，防水100米
表带：不锈钢表带
参考价格：8080元

Europa三大针男表

型号：02-0430-007
机芯：自动上弦机芯
功能：时针，分针，秒针，日历
表壳：不锈钢表壳，直径39毫米，防水50米
表带：不锈钢表带
参考价格：7980元

C

夏利豪
Charriol

创立时间:
1983年

员工数量:
不详

年产量:
不详

电话:
00852 2528 3083

传真:
00852 2529 7604

网址:
http://www.charriol.com/

销售方式:
专门店，专柜

经典款式:
彻尔特系列(Celtic)，圣曹菲系列(St-Tropez)，亚历山大系列(Alexandre)

价格区间:
10000港元~50000港元

瑞士品牌夏利豪自 1983 年成立以来，销售点已遍及全球 60 个国家，并以独特的彻尔特钢索成为广为人知的品牌标志，这独特永恒的元素代表着品牌的核心价值。自推出至今，品牌不断推陈出新，将 Charriol 的经典一直延续到各系列，而这些成果都会在最新的 Celtic、Celtica、Parisii 及 Saint-Tropez 手表系列中展现出来。Charriol AEL 手表系列是今年的新品，AEL 系列证明钢索不仅是品牌的 DNA，更是灵感泉源。

Celtica™系列

型号： Celtica™计时手表
机芯： 石英机芯
功能： 备有月，日，星期的完整月历及计时功能
表壳： 直径44毫米，亚灰色PVD镀层圆形不锈钢表壳，配上银色时刻及黑色刻度
表带： 压有 6 行钢索纹理的亚灰色橡胶表带
参考价格： 15000港元

Rotonde™系列

型号： Rotonde™手表
机芯： 自动机械机芯，动力储存达42小时
功能： 备有日期，时针，分针，秒针
表壳： 直径42毫米，亚黑色磨砂PVD镀层不锈钢表壳，亚黑色表盘配银色时标
表带： 黑色橡胶表带
参考价格： 18600港元

Parisii™系列

型号： Parisii™ 42毫米男士手表
机芯： 石英机芯
功能： 日期，时针，分针，秒针
表壳： 直径42毫米，亚黑色PVD镀层圆形不锈钢表壳，表圈，亚黑色表盘配阿拉伯数字
表带： 亚黑色PVD镀层表带
参考价格： 9500港元

Parisii™系列

型号： Parisii™ 33毫米女士手表
机芯： 石英机芯
功能： 备有日期，时针，分针，秒针
表壳： 直径33毫米，亚黑色及黄金PVD镀层圆形不锈钢表壳，表圈，亚黑色表盘配阿拉伯数字及表色时刻
表带： 亚黑色及黄金PVD镀层表带
参考价格： 10200港元

圣曹菲系列

机芯： 石英机芯
功能： 金色时针，分针，秒针
表壳： 直径30毫米，不锈钢及电镀黄金表壳，白色珍珠母贝表盘镶有8颗共重0.05克拉钻石
表带： 钢索表带连海洋手链，表带采用专利表扣
参考价格： 1890瑞士法郎
其他款式： 直径30毫米，不锈钢表壳款

彻尔特系列

型号： Celtic® Automatic XL
机芯： 自动机械机芯采用21颗宝石轴承，动力储存达42小时
功能： 备有日期，时针，分针，秒针
表壳： 直径43毫米，圆形不锈钢表壳
表带： 7行不锈钢及钛金属制的鱼脊形钢索表带
参考价格： 1100 港元

彻尔特系列

型号： Celtic® unisex 38毫米
机芯： 石英机芯
功能： 备有日期，时针，分针，秒针
表壳： 直径38毫米，圆形不锈钢表壳及18K黄金表圈，白色表盘衬托罗马数字时刻
表带： 6行不锈钢及钛金属制的鱼脊形钢索表带配备专利表扣
参考价格： 33800港元

彻尔特系列

型号： Celtic® lady 26毫米
机芯： 石英机芯
功能： 备有日期，时针，分针，秒针
表壳： 直径26毫米，圆形不锈钢表壳，白色珍珠母贝表盘镶有12颗钻石
表带： 6行不锈钢及钛金属制的鱼脊形钢索表带配备专利表扣
参考价格： 23800港元

彻尔特系列

型号： Celtic® lady 26毫米
机芯： 石英机芯
功能： 备有日期，时针，分针，秒针
表壳： 直径26毫米，圆形不锈钢表壳及电镀黄金表圈配白色表盘
表带： 6行不锈钢及钛金属制的鱼脊形钢索表带
参考价格： 22000港元
其他款式： 电镀玫瑰金表圈款

创立时间:
2001年（手表工作室）

员工数量:
不详

年产量:
不详

电话:
400 122 6622

传真:
不详

网址:
http://www.dior.com/

销售方式:
精品店零售

经典款式:
Dior VIII，Chiffre Rouge

价格区间:
不详

迪奥
Dior

1905 年，克里斯汀·迪奥 (Christian Dior) 出生于法国的诺曼底。“Dior” 在法文中是“上帝” 和“金子” 的组合，金色后来也成为迪奥品牌最常见的代表色。Dior 先生毕业于巴黎政治学院。1946 年，克里斯汀·迪奥先生在巴黎的蒙田大道（Avenue Montaigne）开设他的首家高级定制时装店。1947 年，迪奥先生推出他的第一个时装系列，被誉为时装界的“The New Look”，颠覆了所有人的目光。克里斯汀·迪奥一直是好莱坞那些天皇巨星、潮流始创者和口味出众女士们的挚爱。她们包括艾娃·加德纳（Ava Gardner）、玛莲·德烈治（Marlene Dietrich）、烈打·希禾芙（Rita Hayworth）、麦当娜（Madonna）、温莎公爵夫人（Duchess of Windsor）及戴安娜皇妃（Princess Diana）等。

迪奥品牌因为其创意的设计及来自整个品牌自身的 DNA 而享誉全球。它汲取了创始人克里斯汀·迪奥先生的精神，精湛的工艺和隐藏在创意背后的专业知识。迪奥品牌是创意、精湛工艺及专业和卓越的技术的结合。

20 世纪 70 年代初，克里斯汀·迪奥推出它的第一款手表。自 1947 年以来位于巴黎蒙田大道（Ave.Montaigne）的迪奥高级女装工作室便汇聚了最优秀的手工艺人，能够在短短几周内就满足创意天才 John Galliano 的奇思妙想。“Parisienne” 就像迪奥女性，自 1999 年以来，迪奥珠宝设计师 Victoire de Castellane 已经在 Parisian 工作室内创造了最高级的艺术品。2001 年，迪奥手表在“瑞士钟表制造的摇篮” 中心地带拉绍德封建立自己独立的工厂，并拥有高级实验室般的工作场所，由高级专家和工艺师操作最精密的仪器和设备。这一标志性的建筑不但确立了迪奥手表在钟表行业的专业地位，且奠定了迪奥手表在专业表制造领域的基础。因此，迪奥手表自然也是专业技术、无限创意和严格要求所结合的专业制表师的完美工艺结晶。

随着由迪奥高级女装设计师 John Galliano 设计的 Dior Christal 晶钻系列手表在 2005 年成功上市之后，迪奥开始不断尝试更高端的产品系列，2007 年，迪奥推出由高级珠宝设计师 Victoire 设计的 La D Mitza（拉蒂豹纹系列），由此正式进军高级珠宝手表市场。2008 年，迪奥更是一鸣惊人地推出首枚 Christal Tourbillon 晶钻陀飞轮和 Christal Amethyst 晶钻紫水晶珠宝手表，并取得巨大的轰动和成功。这标志着迪奥手表品牌已成为行业中的精英，且在高级珠宝手表的领域铸就了登峰造极的完美品质。

什么产品肯定是瑞士制造？至少有一半的钟表机芯配件、组装、测试和控制，最终成品的组装、调试、时间设置以及控制这些步骤都是在瑞士完成，迪奥手表的瑞士制造，便彰显了迪奥非凡的专业制表地位。

从制图设计开始到图片和各种灵感的结合，设计师首先提出设计方案。借助于完美的软件，“Les Ateliers Horlogers”（钟表工作室）的工艺师随后研究技术可行性：不同配件的集成和表带特性的模拟，通过 3D 模式重新组合，以便于找出所有最根本的设计特性。设计师和工艺师之间积极互动，共同致力于打造一款既满足创意天才的艺术设计，又符合严格的瑞士制表要求的手表。

在表盘制作中，许多繁杂及精细操作都是利用精密仪器针对每块手表的特殊需求进行手工制作。各种图案的冲压、琢刻、上漆和抛光、喷补，进行打磨以确定钻石基座和配置，在表圈或定时器部位排列钻石以决定镶嵌位置。

在安装计时器之前，其配件（表盘、表壳、表带……）均需经过一系列测试，以确保抗损伤性能。抗化学腐蚀，抵抗不同的物理应力和机械疲劳测试……测试样品还要经过紫外线照射测试、抗磨损测试和抗振或防摔反应测试等。在手表生产的每一道隐秘工序中，也要同时执行一系列新的对照测试。

Dior VIII Grand Bal Piece Unique系列

型号： CD124BE5C005
机芯： 自动机芯，“Dior Inversé”机芯，表盘饰有亮漆摆陀，镶嵌孔雀石，动力储存42小时
功能： 时针，分针
表壳： 高科技白色陶瓷和白金，表圈镶有长阶梯形切割蓝宝石，镶嵌玫瑰切割形钻石表冠
表带： 高科技白色陶瓷，金字塔形链节
参考价格： 店洽

Dior VIII系列直径28毫米黑色高科技精密陶瓷手表

型号： CD1235E2C001
机芯： 自动机芯，黑色亮漆摆陀，动力储存40小时
功能： 时针，分针，秒针
表壳： 高科技黑色陶瓷和不锈钢，可旋转表圈，镶有黑色陶瓷角锥体，防反射蓝宝石水晶玻璃，表冠嵌有黑色陶瓷，透明蓝宝石水晶底盖
表带： 高科技黑色陶瓷，金字塔形链节，折叠不锈钢表扣
参考价格： 店洽

Dior VIII系列直径33毫米黑色高科技精密陶瓷手表

型号： CD1235E2C001
机芯： 自动机芯，黑色亮漆摆陀，动力储存40小时
功能： 时针，分针，秒针
表壳： 高科技黑色陶瓷和不锈钢，可旋转表圈，镶有黑色陶瓷角锥体，防反射蓝宝石水晶玻璃，表冠嵌有黑色陶瓷，透明蓝宝石水晶底盖
表带： 高科技黑色陶瓷，金字塔形链节，折叠不锈钢表扣
参考价格： 59000元

Dior VIII系列直径33毫米黑色高科技精密陶瓷手表

型号： CD1235E1C001
机芯： 自动机芯，黑色亮漆摆陀，动力储存40小时
功能： 时针，分针，秒针
表壳： 高科技黑色陶瓷和不锈钢，雪式镶钻表圈，防反射蓝宝石水晶玻璃，钢制旋入式底盖
表带： 高科技黑色陶瓷，金字塔形链节，折叠不锈钢表扣
参考价格： 112000元

Dior VIII系列直径38毫米黑色高科技精密陶瓷手表

型号： CD1245E2C001
机芯： 自动机芯，黑色亮漆摆陀，动力储存38小时
功能： 时针，分针，秒针
表壳： 高科技黑色陶瓷和不锈钢，雪式镶钻表圈，防反射蓝宝石水晶玻璃，钢制旋入式底盖
表带： 高科技黑色陶瓷，金字塔形链节，折叠不锈钢表扣
参考价格： 133000元

Dior VIII系列直径28毫米黑色高科技精密陶瓷手表

型号： CD1221E5C001
机芯： 石英机芯
功能： 时针，分针，秒针
表壳： 高科技黑色陶瓷和不锈钢，雪式镶钻表圈，防反射蓝宝石水晶玻璃，钢制旋入式底盖
表带： 高科技黑色陶瓷，金字塔形链节，折叠不锈钢表扣
参考价格： 102000元

D

Dior VIII系列直径33毫米白色高科技精密陶瓷手表

型号： CD1235E5C001
机芯： 自动机芯，白色亮漆摆陀，动力储存40小时
功能： 时针，分针，秒针
表壳： 高科技白色陶瓷和不锈钢，雪式镶钻表圈，防反射蓝宝石水晶玻璃，表冠嵌有白色陶瓷，透明蓝宝石水晶底盖
表带： 高科技白色陶瓷，金字塔形链节，折叠不锈钢表扣
参考价格： 112000元

Dior VIII系列直径38毫米白色高科技精密陶瓷手表

型号： CD1245E5C001
机芯： 自动机芯，白色亮漆摆陀，动力储存40小时
功能： 时针，分针，秒针
表壳： 高科技白色陶瓷和不锈钢，雪式镶钻表圈，防反射蓝宝石水晶玻璃，表冠嵌有白色陶瓷，透明蓝宝石水晶底盖
表带： 高科技白色陶瓷，金字塔形链节，折叠不锈钢表扣
参考价格： 133000元

Dior VIII系列直径28毫米白色高科技精密陶瓷手表

型号： CD1221E4C001
机芯： 石英机芯
功能： 时针，分针，秒针
表壳： 高科技白色陶瓷和不锈钢，雪式镶钻表圈，防反射蓝宝石水晶玻璃，钢制旋入式底盖
表带： 高科技白色陶瓷，金字塔形链节，折叠不锈钢表扣
参考价格： 103000元

“Résille”系列直径38毫米白色高科技精密陶瓷手表

型号： CD124BE4C001
机芯： 自动机芯，“Dior Inversé”机芯，镶嵌颗颗美钻，动力储存42小时
功能： 时针，分针
表壳： 高科技白色陶瓷和不锈钢，镶钻表圈饰以白色珍珠母贝环，防反射蓝宝石水晶玻璃
表带： 高科技白色陶瓷，金字塔形链节
参考价格： 255000元

“Plumes”系列直径38毫米黑色高科技精密陶瓷手表

型号： CD124BE3C002
机芯： 自动机芯，“Dior Inversé”机芯，镶嵌颗颗美钻与白色羽毛，动力储存42小时
功能： 时针，分针
表壳： 高科技黑色陶瓷和不锈钢，镶钻表圈饰以黑色陶瓷环，防反射蓝宝石水晶玻璃
表带： 高科技黑色陶瓷，金字塔形链节
参考价格： 287000元，全球限量88枚

“Résille”系列直径38毫米黑色高科技精密陶瓷手表

型号： CD124BE3C001
机芯： 自动机芯，“Dior Inversé”机芯，镶嵌颗颗美钻，动力储存42小时
功能： 时针，分针，前置摆陀
表壳： 高科技黑色陶瓷和不锈钢，镶钻表圈饰以黑色陶瓷环，防反射蓝宝石水晶玻璃
表带： 高科技黑色陶瓷，金字塔形链节
参考价格： 255000元

Dior Christal系列直径33毫米手表

型号： CD143114M001
机芯： 石英机芯
功能： 时针，分针，秒针
表壳： 不锈钢，可旋转表圈，镶有钻石和红色蓝宝石水晶角锥体，表冠嵌有红色蓝宝石水晶
表带： 钢制金字塔切割红色蓝宝石水晶，折叠不锈钢表扣
参考价格： 66000元

Dior Christal系列直径38毫米手表

型号： CD144514M001
机芯： 自动机芯，红色亮漆摆陀，动力储存38小时
功能： 时针，分针，秒针
表壳： 不锈钢，可旋转表圈，镶有钻石和红色蓝宝石水晶角锥体，防反射蓝宝石水晶玻璃
表带： 钢制金字塔切割红色蓝宝石水晶，折叠不锈钢表扣
参考价格： 82000元

Dior Christal系列直径33毫米手表

型号： CD143115M001
机芯： 石英机芯
功能： 时针，分针，秒针
表壳： 不锈钢，可旋转表圈，镶有钻石和紫色蓝宝石水晶角锥体，防反射蓝宝石水晶玻璃
表带： 钢制金字塔切割紫色蓝宝石水晶，折叠不锈钢表扣
参考价格： 66000元

Dior Christal系列直径33毫米手表

型号： CD144515M001
机芯： 自动机芯，紫色亮漆摆陀，动力储存38小时
功能： 时针，分针，秒针
表壳： 不锈钢，直径38毫米，可旋转表圈，镶有钻石和紫色蓝宝石水晶角锥体
表带： 钢制金字塔切割紫色蓝宝石水晶
参考价格： 82000元

Dior VIII Baguette系列直径33毫米黑色高科技精密陶瓷手表

型号： CD1235F5C001
机芯： 自动机芯，紫色蓝宝石镶嵌水晶摆陀，动力储存40小时
功能： 时针，分针，秒针
表壳： 高科技黑色陶瓷和白金，表圈镶有长阶梯形紫水晶，透明蓝宝石水晶底盖
表带： 高科技黑色陶瓷，金字塔形链节，金色折叠式表扣
参考价格： 店洽

La D De Dior系列直径38毫米手表

型号： CD043964A001
机芯： Elite手动上弦机芯
功能： 时针，分针
表壳： 白金，表圈和表冠均镶有钻石
表带： 黑色缎纹，白金耙针式表扣加雪花镶嵌钻石
参考价格： 价格店洽

Chiffre Rouge系列M05手表

型号： CD084B40R001
机芯： “Dior Inversé”自动上弦机芯，动力储存42小时
功能： 时针，分针，秒针
表壳： 不锈钢铸黑色橡胶表壳，黑色磨砂陶瓷表圈，防反射蓝宝石水晶玻璃，防水深度50米
表带： 不锈钢铸黑色橡胶
参考价格： 82000元

Chiffre Rouge系列A05 自动计时表

型号： CD084841R001
机芯： ETA 2894自动上弦机芯，动力储存42小时，摆频28800次/小时，刻有“Dior Homme”字样的摆陀
功能： 时针，分针，秒针，日期显示，计时功能，视距仪
表壳： 不锈钢铸黑色橡胶表壳，直径41毫米
表带： 不锈钢铸黑色橡胶表带
参考价格： 51000元

Chiffre Rouge系列C01自动计时表

型号： CD084C10A001
机芯： 自动机芯，动力储存42小时
功能： 时针，分针，秒针，自动返回式日期，动力储存，星期显示
表壳： 磨砂不锈钢表壳，防反射蓝宝石水晶玻璃，刻有限量版编号，防水深度50米
表带： 手工制石灰色鳄鱼皮表带
参考价格： 49000元，全球限量200枚

La D De Dior系列直径25毫米

型号： CD047160A002
机芯： ETA石英机芯
功能： 时针，分针
表壳： 白金，表圈和表冠均镶有钻石
表带： 黑色缎纹，白金耙针式表扣，镶有钻石
参考价格： 195000元

La Mini D De Dior系列直径19毫米手表

型号： CD040153A006
机芯： ETA石英机芯
功能： 时针，分针
表壳： 黄金，表圈和表冠均镶有钻石
表带： 黑色缎纹,针式表扣，镶有钻石
参考价格： 92000元，全球限量50枚

La D De Dior系列直径38毫米

型号： CD043171A001
机芯： ETA石英机芯
功能： 时针，分针
表壳： 玫瑰金，表圈和表冠均镶有钻石
表带： 黑色缎纹，粉金耙针式表扣，镶有钻石
参考价格： 205000元

腕间的华丽绽放

Gorgeously Blooming on the Wrist

**继2011年DIOR VIII 系列取得成功后，
迪奥品牌并未放缓脚步，而是再接再厉，于2012年重磅出击，
推出了多款全新的DIOR VIII GRAND BAL系列手表，
在9月巴黎古董双年展上刮起一阵“8旋风”。
这阵强劲的旋风,让一些专业制表品牌也不得不蓦然驻足，
仔细审视这个从服装起家的法国品牌。**

除了保留传统的 DIOR VIII 系列设计和材质上的优良基因，本年度的 DIOR VIII GRAND BAL 系列手表给人带来的最直观感受就是更为绚丽的色彩和更加丰富的材质。新款 DIOR VIII 手表，黑色不再是主打的颜色，而是和白色、粉色、绿色等色彩一起，带来赏心悦目的视觉体验。多种颜色的运用，让手表显得时尚新颖，活力四射。

自 DIOR VIII GRAND BAL 系列诞生之日起，就被充满着奢华气息的名贵珠宝所装点。正如同克里斯汀·迪奥先生在设计服装的苛求一般，DIOR VIII GRAND BAL 系列高级手表同样呈现出迪奥先生“真正的奢华需要上好的面料与工匠的用心所造就”的理念，并在所用材质与产品设计方面均精益求精，让这款手表作品如同迪奥高级定制服装设计室内衣橱中的款款精致服饰一般，每一个细节都是那样的细腻和无可挑剔。不仅能够显示时间分分秒秒间的流逝，更能够超越当代时尚的潮流。

这个系列另一个显著的变化就是摆陀的位置。手表的摆陀一般置于表背的机芯内，可透过透明表底加以观赏，而在 DIOR VIII Grand Bal 系列中，摆陀的位置不仅被挪到了前方表盘，更加便于观赏，饶有趣味之余，尤见设计创意。源自迪奥先生服装上的创意沿用在手表上，可谓拥有了新的别样的艺术生命。诚然，这些让人心动的新鲜元素还远不是新款 DIOR VIII 腕表的全部。就让我们走进这些时计精品，仔细体会和迪奥品牌高级定制一脉相承的不凡创意，并感受它们的迷人魅力。

DIOR VIII GRAND BAL系列
“PLISSÉ”蛋白石款，
直径38毫米，限量88枚

DIOR VIII GRAND BAL系列“PLISSÉ” 玉石和蛋白石款

作为向华丽高级定制致敬的扛鼎之作，该系列手表之美足以让一睹其“芳容”的人心中震撼。它像是偶尔降临凡尘的仙子，给人世间带来了美好的点缀。恰到好处的色彩搭配和材质运用结合在一起，创造出一种无以复加的艺术美感。以高科技精密陶瓷和白金打造的表壳搭配镶有长阶梯形钻石的表圈，色泽上表现出独特的优雅气质。表盘由玉石、钻石和祖母绿和珍珠母贝等名贵材质制作而成，透过蓝宝石水晶玻璃表镜，优雅独特的气质尽情展现，让人心醉。

白色高科技精密陶瓷表链，搭配金字塔形链节和白金折叠式表扣，犹如 Lady Dior 手袋上“cannage”图案的藤格纹线一样，这种设计优美的金字塔造型，隐约让人看到“Bar Suit”的影子，时光流转，光线照射在切面上，闪耀出了非凡的光芒。表款搭配的 Dior Inversé 自动上链机芯，具有动力储存 42 小时，防水 50 米。每款仅限量发售 88 枚。

DIOR VIII GRAND BAL系列
“PLISSÉ”玉石款，
直径38毫米，限量88枚

D

迪沃斯
Davosa

瑞士Davosa起源于1861年，位于瑞士日内瓦(Geneva)和巴塞尔(Basel)之间的制表工艺重镇——汝拉山谷(Mountainous Jura)的哈斯勒(Hasler)制表家族。自从1993年瑞士的制表厂商Hasler哈斯勒公司与20世纪60年代开始在德国从事手表经销的Bohle博勒公司开始合作以来，Davosa的发展步入一个新的阶段。

2000年，由Bohle博勒公司的科琳娜博勒接管了品牌发展战略等事宜，从此产品规划及销售都由德国方面管理。为了更加突出Davosa迪沃斯品牌的特色，公司对表款的外形设计进行了创新，随后于2002年推出了首批限量版Davosa Panamericana(迪沃斯帕娜梅丽卡娜)系列产品，开创了品牌历史上的又一个里程碑。

目前由独立的家庭企业所经营的Davosa迪沃斯品牌已经遍及全世界，而且在机械表的行列里占有一席之地。

创立时间：
1993年

员工数量：
不详

年产量:
不详

电话:
+49 57 33 83 50

传真:
00852 2572 2399

网址:
www.davosa.com

销售方式:
专营店

经典款式：
Pilot, Titanium, Classic Automatic, World Traveller

价格区间:
5000元~20000元

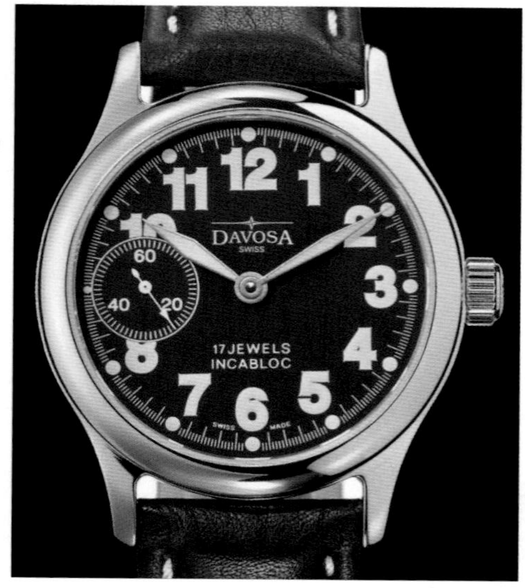

Pilot Manual Winding手动上弦表

型号： 160.410.56
机芯： ETA6498手动上弦机芯，直径36.6毫米，17颗宝石，摆频28800次/时
功能： 时针，分针，小秒针
表壳： 不锈钢，蓝宝石表镜，防水50米，直径42毫米
表带： 小牛皮表带
参考价格： 5480元

X-Agon 手表

型号： 161.493.50
机芯： ETA2824-2自动上弦机芯，直径25.6毫米，25颗红宝石，摆频28800次/时
功能： 时针，分针，秒针，日历显示
表壳： 不锈钢表壳，直径33.47毫米
表带： 不锈钢表带，蝴蝶表扣
参考价格： 6480元
其他款式： 皮革表带款（5480元），各种颜色表盘

飞行员计时表

型号： 161.004.56
机芯： ETA7750自动上弦机芯，直径30毫米，25颗红宝石，摆频28800次/时
功能： 时针，分针，小秒针，计时功能，日期，星期显示
表壳： 不锈钢表壳，直径42毫米
表带： 牛皮表带
参考价格： 14980元

经典动力储存手表

型号： 161.462.16
机芯： ETA2897自动上弦机芯，直径26.2毫米，21颗红宝石，摆频28800次/时
功能： 时针，分针，秒针，日历，动力储存指示器
表壳： 不锈钢材质，直径42毫米，厚度15.6毫米，蓝宝石表镜
表带： 牛皮
参考价格： 9980元

经典手动上弦手表

型号： 160.404.16
机芯： ETA2804手动上弦机芯，直径25.6毫米，17颗红宝石，摆频28800次/时
功能： 时针，分针，秒针，日期
表壳： 不锈钢材质，直径40毫米，厚度8.4毫米，蓝宝石表镜
表带： 牛皮
参考价格： 5980元

Vigo Dual Time 系列男士机械表

型号： 161.475.54
机芯： ETA2893-2自动上弦机芯，直径25.6毫米，21颗红宝石，摆频28800次/时
功能： 时针，分针，秒针，第二时区，日期
表壳： 不锈钢材质，直径40毫米
表带： 牛皮
参考价格： 5980元
其他款式： 不锈钢材质表带款（6980元）

Salome系列镂空女士机械表

型号： 165.408.80
机芯： ETA6497手动上弦机芯改进版，17颗宝石，摆频18800次/时
功能： 时针，分针
表壳： 不锈钢，矿物玻璃表镜，直径43毫米，厚度13.8毫米，防水50米
表带： 鲑鱼皮
参考价格： 5980元

Business Pilot手表

型号： 161.006.15
机芯： Valjoux 7753自动上弦机芯，直径30毫米，25颗红宝石，摆频28800次/时
功能： 时针，分针，秒针，计时，日历
表壳： 不锈钢材质，蓝宝石表镜，直径42毫米，防水100米
表带： 牛皮
参考价格： 14980元

World Traveller手表

型号： 161.501.45
机芯： ETA2893-2自动上弦机芯，直径25.6毫米，21颗红宝石，摆频28800次/时
功能： 时针，分针，秒针，世界时，日历
表壳： 不锈钢材质，直径44毫米，防水50米
表带： 牛皮
参考价格： 9980元

D

De Grisogono

1993 年，Fawaz Gruosi 同两位合伙人在瑞士一起创立 De Grisogono，早年只在日内瓦的精品店里售卖自己设计的珠宝。直到 2000 年的巴塞尔钟表珠宝展上，随着首款 Instrumento N° Uno 手表的亮相，De Grisogono 才正式开启了进军手表制造行业的进程。短短十余年的发展，品牌已经拥有 26 种款式的手表，无论是珠宝表，还是复杂功能表，甚至专为女性设计的陀飞轮表，都有设计独特的代表作品供人选择。

如今，De Grisogono 的手表，已经能够使用自产机芯，并独立完成手表的装配步骤。在此基础上，De Grisogono 还一直致力于手表独特的造型和与众不同的设计。其品牌创始人及总裁 Fawaz Gruosi 先生曾说："手表总是对我有着很深的意义。它们如同珠宝一样，每一款都用独特的方式展现戴表人的个性与风格。"因此，De Grisogono 在设计制造出品牌的石英珠宝表之后，同样在其他款式的设计上推陈出新。

创立时间：
1993年

员工数量：
不详

年产量:
不详

电话:
+41 (0)22 817 8100

传真:
+41 (0)22 817 8188

网址:
http://www.degrisogono.com

销售方式:
品牌直营

经典款式：
Instrumentino S18系列，Instrumento n.UNO XL系列，Tondo by Night系列

价格区间:
平均160000元

Instrumentino S18

型号: Tino S18
机芯: 石英机芯与机械机芯
功能: 时针，分针，两地时
表壳: 玫瑰金表壳，82颗钻石
表带: 粉色压花皮革，配玫瑰金表扣
参考价格: 343000港元

Instrumento n.UNO XL

型号: INSTRUMENTO n.UNO DF XL N01
机芯: 不详
功能: 时针，分针，两地时，星期显示
表壳: 玫瑰金表壳
表带: 褐色皮表带
参考价格: 248000港元

Instrumento N. Uno

型号: UNODFN25/A
机芯: ETA2000自动上弦机芯
功能: 时针，分针，大日历，两地时
表壳: 黑化不锈钢，33毫米x57.4毫米，镶钻
表带: 鲨鱼皮
参考价格: 109100元

Instrumentino S33 QZ

型号： Instrumentino S33 QZ
机芯： 石英机芯
功能： 时针，分针，两地时
表壳： 18K金黑色PVD涂层镶黑钻，防水30米
表带： 粗面皮革
参考价格： 395000元

Tondo by Night

型号： Tondo by Night S02
机芯： 自动上弦机芯
功能： 时针，分针，可视镂空窗口
表带： 珍珠鱼皮压花表带
参考价格： 72000港元起

Tondo 陀飞轮珠宝表

型号： Gioiello S01
机芯： DG31-88手动上弦机芯
功能： 时针，分针，陀飞轮
表壳： 白色K金表壳，镶嵌钻石，防水30米
表带： 白色珍珠鱼皮表带
参考价格： 1997000元，限量10枚

Otturatore手表

型号： Otturatore N03
机芯： DR18-89自动上弦机芯
功能： 时针，分针，小秒针，日期，月相
表壳： 18K玫瑰金，50.15毫米x44.85毫米
表带： 鳄鱼皮表带
参考价格： 626000元，限量55枚

Instrumento大日历计时表

型号： Grande Chrono N01
机芯： ETA2892-A2自动上弦机芯
功能： 时针，分针，计时，大日历
表壳： 玫瑰金，44.9毫米x54.4毫米，防水30米
表带： 爬行动物皮表带
参考价格： 244600元

Meccanico dG

型号： dGN02
机芯： dG手动上弦机芯
功能： 时针，分针，两地时
表壳： 钛金属，56毫米x48毫米，防水30米
表带： 橡胶
参考价格： 2817000元

deLaCour

2003 年，Alfred，Louai 与 Pierre 三位珠宝制表界的挚友，在从事钟表行业多年之后，一起创立 deLaCour 品牌，三人分别担任 CEO（执行总裁），CFO（首席财务官）与首席设计师。品牌创立之前，他们专为在日内瓦、伦敦、巴黎的国际性品牌生产和制造机芯，正是有了这些宝贵经验，为 deLaCour 的成功打下基础。

同年的巴塞尔钟表珠宝展上，deLaCour 展示了首个手表系列——Bichrono。这款配备了两个独立的计时与双时区的手表，结合现代的设计元素，用独有的制表技术，成为历史上首只拥有双自动计时机芯的手表。在这款手表推出 5 个月之后，即 2003 年 11 月，便获得 GPHG（日内瓦高级钟表大赏）的决赛入围，后又在 2004 年获得“年度独特手表设计大奖”。

值得一提的是，设计师 Pierre 找来专门研发瑞士复杂机芯的创始人及名表的掌舵人 Christophe Claret，足足用了一年的时间一起研制镂空的复杂机芯 Bitourbillon 和 Birepetition。在不断的发展与进步中，deLaCour 手表推陈出新，并允许每一个客户将自己的个性化符号或元素注入自己的爱表中，让手表成为私人专属的一件艺术品。

创立时间:
2003年

员工数量:
68人

年产量:
3500枚

电话:
00852 2798 7828

传真:
00852 2798 7738

网址:
http://www.delacour.ch

销售方式:
经销商

经典款式:
Bichrono 及 City Ego系列

价格区间:
平均188000 元以上

Tourbillon陀飞轮手表

型号： City Ego Triplezone
机芯： DC299机械陀飞轮，120小时动力储存
功能： 时针，分针，三地时区
表壳： 玫瑰金，钛金属PVD表壳，57.9毫米x53.7毫米x15.5毫米，防水30米
表带： 鳄鱼皮表带，配玫瑰金表扣
参考价格： 1668000元（个性定制）

Bichrono手表

型号： Bichrono Tech
机芯： DC241 x2自动机芯，37小时动力储存
功能： 时针，分针，秒针，两地时，双计时器，日期显示
表壳： 不锈钢表壳，55毫米x53毫米x13.5毫米，防水30米
表带： 鳄鱼皮表带
参考价格： 215000元，限量222枚

Bichrono手表

型号： Bichrono S3 Asphalt
机芯： DC241x2自动机芯，36小时动力储存
功能： 时针，分针，秒针，荧光两地时，双计时器，日期
表壳： 钛金属PVD，65.7毫米x59.4毫米x15.1毫米，防水30米
表带： 专利橡胶表带，有香草味，配钛金属PVD表扣
参考价格： 188000元，限量222枚

城市系列手表

型号： City Ego Episode
机芯： 自动DC261机芯，42小时动力储存
功能： 时针，分针，秒针，日期，计时，动力储存显示
表壳： 玫瑰金，钛金属PVD，镶嵌钻石，防水50米，53.5毫米x55.5毫米x15.5毫米
表带： 专利橡胶表带，带有香草味
参考价格： 354800元，限量88枚

城市系列手表

型号： City Cadet Sun
机芯： 自动DC251 x2机芯， 36小时动力储存
功能： 时针，分针，秒针，日期，星期
表壳： 玫瑰金，镶嵌钻石，41毫米x47.5毫米x12.5毫米，防水30米
表带： 鳄鱼皮表带
参考价格： 未定价，限量22枚

城市系列手表

型号： City Medium Rain
机芯： 自动DC261机芯， 42小时动力储存
功能： 时针，分针，秒针
表壳： 玫瑰金镶嵌钻石，红宝石，48.8毫米x44.65毫米x12.45毫米，防水30米
表带： 鳄鱼皮表带
参考价格： 未定价，限量22枚

城市系列手表

型号： City Leap Classic
机芯： DC225机芯
功能： 时针，分针，秒针，防水深度50米
表壳： 玫瑰金，镶嵌钻石，黑色／白色珍珠母贝表盘，53毫米x48.5毫米x10.5毫米
表带： 鳄鱼皮表带
参考价格： 328800元，限量88枚

城市系列手表

型号： City Cadet Game Auto II
机芯： 自动DC251 x2机芯， 36小时动力储存
功能： 时针，分针，秒针，星期，日期
表壳： 玫瑰金镶嵌钻石，41毫米x47.5毫米x12.5毫米，防水30米
表带： 鳄鱼皮表带
参考价格： 未定价，限量88枚

Promess 系列手表

型号： Promess Glamour
机芯： DC221机芯
功能： 时针，分针
表壳： 玫瑰金镶嵌钻石，红宝石，40毫米x47.5毫米x9毫米，防水30米
表带： 鳄鱼皮表带
参考价格： 未定价，限量88枚

D

De Bethune

在 2002 年创立的 De Bethune，特色在于独特的机芯设计和多功能的定位，表厂设在瑞士制表重镇汝拉山谷的 La Chaux L' Auberson。创办人 David Zanetta 是一位钟表收藏家。品牌的技术总监 Denis Flageollet 是 Le Locle 制表学校的前教授，也是一位很出色的表匠。De Bethune 创办早期，同样以一间规模较小的工作室开始，据称创作过超过 200 枚 haut de gamme 高价手表。De Bethune 一开始聚焦于以工作室形态来量身制作高级精致的钟表，De Bethune 的手表特色是 42 毫米大表身和特殊的卵形表耳（Ogival Lugs），面盘则纯以手工雕花。即使产量相当有限，款式中简单的自动表到繁复的问表，计时表、海军标准时计 Marine Chronometers 和 Pendulette Clocks。

创立时间：
2002年

员工数量：
不详

年产量:
少量

电话:
021 52132455

传真:
不详

网址:
http://www.debethune.com

销售方式:
经销商

经典款式：
Dream Watch

价格区间:
500000元~1000000元

DB25 s Jewellery女装高级珠宝表

型号: DB25
机芯: DB 2105型号自动上弦机械机芯，摆频28800次／小时，动力储备6天
功能: 时针，分针，De Bethune球面立体月相显示
表壳: 白金鼓形表壳，直径40毫米，镶有61颗长方形切割的蓝宝石
表带: 鳄鱼皮表带
参考价格: 800000元

DB27 Titan Hawk钛金飞鹰手表

型号: DB27
机芯: S233型号自动上弦机械机芯，摆频28800次／小时，动力存储6天
功能: 时针，分针，日期显示
表壳: 5级钛金属表壳，直径43毫米
表带: 鳄鱼皮表带
参考价格: 500000元

DB 28 ST陀飞轮手表

型号: DB 28ST
机芯: DB2119型号手动上弦机械机芯，摆频36000次／小时，动力存储4天
功能: 时针，分针，陀飞轮
表壳: 5级钛金属表壳，直径43毫米，表冠锁设于12时位置
表带: 鳄鱼皮表带
参考价格: 1000000元

DeWitt

创立时间:
2003年

员工数量:
不详

年产量:
3000枚

电话:
400 002 0970

传真:
不详

网址:
www.dewitt.ch

销售方式:
代理经销

经典款式:
828系列，恒动力陀飞轮，差动力陀飞轮，ASW自动上弦陀飞轮等

价格区间:
169000元以上

如果要比出身，DeWitt 绝对算得上是手表界的“蓝血贵族”。这家 2003 年成立的新兴手表品牌，其创始人 Jerome de Witt 先生是拿破仑一世的兄弟——威斯特法里亚国王热罗姆·波拿巴的第五代直系后裔。在品牌创立的那一年，DeWitt 就推出首个特别款的复杂功能手表 Pressy Grande Complication，其中包括了陀飞轮、三问报时、飞返计时以及双逆跳万年历等复杂功能。

目前，DeWitt 的所有手表从设计到机芯的制造、组装都是由品牌独立完成，工匠们手工制作完成，并在最后出品的手表上刻上自己的名字。Jerome 先生深知，“从长远来看，这一点非常重要，只有保持其独立，才能真正处于顶级的水平。”

DeWitt 的年产量在 1000 ~ 2000 只，这样的小规模在保证其专享独特性的同时，也提升了制作效率。一只手表在机芯确定的情况下，从设计到制作完成，仅需要 6 个月的时间。

CHRONOSTREAM计时手表

型号： AC.6005.58.M091
机芯： DW6005自动上弦机芯，摆频28800次/时，动力储存48小时
功能： 时针，分针，秒针，计时
表壳： 玫瑰金表壳，直径43毫米，防水30米
表带： 鳄鱼皮表带，配玫瑰金折叠表扣
参考价格： 店洽，限量250枚
其他款式： 黑色PVD镀层钛金属表盘，橡胶表带

Twenty-8-Eight 自动手表

型号： T8.AU.011
机芯： DWT8AU自动上弦机芯，摆频28800次/时，动力储存42小时
功能： 时针，分针，秒针
表壳： 玫瑰金、钛金表壳，防水30米
表带： 鳄鱼皮表带，配钛金针扣
参考价格： 196000元，限量88枚
其他款式： 玫瑰金、钛金配驼色表盘

Twenty-8-Eight 逆跳秒针手表

型号： T8.SR.001
机芯： DW1102自动上弦机芯，摆频28800次/时，动力储存40小时
功能： 时针，分针，逆跳小秒针
表壳： 玫瑰金、钛金表壳，直径43毫米，防水30米
表带： 鳄鱼皮表带，配钛金针扣
参考价格： 店洽，限量88枚

Twenty-8-Eight Regulator A.S.W.手表

型号： T8.TA.53.011
机芯： 自制机械机芯，摆频18000次/时
功能： 时针，分针，秒针，动力储存显示，陀飞轮
表壳： 玫瑰金圆形表壳，直径46毫米，防水30米
表带： 棕色鳄鱼皮表带，配玫瑰金折叠扣
参考价格： 208万元，限量250枚

Twenty-8-Eight 陀飞轮手表

型号： T8.TH.010
机芯： DW8028手动上弦机芯，摆频18000次/时，动力储存72小时
功能： 时针，分针，陀飞轮
表壳： 防水30米，玫瑰金、钛金表壳，直径43毫米
表带： 鳄鱼皮表带，配玫瑰金针扣
参考价格： 店洽，限量88枚

Twenty-8-Eight 镂空陀飞轮手表

型号： T8.TH.009
机芯： DW8028手动上弦机芯，摆频18000次/时，动力储存72小时
功能： 时针，分针，陀飞轮
表壳： 白金表壳，镶嵌36颗梯形钻石、104颗钻石，直径43毫米，防水30米
表带： 鳄鱼皮表带，配白金针扣
参考价格： 店洽

Twenty-8-Eight 陀飞轮“女王杯 1960-2010”手表

机芯： DW8028手动上弦机芯，摆频18000次/时，动力储存72小时
功能： 时针，分针，陀飞轮
表壳： 玫瑰金圆形表壳，直径43毫米，防水30米
表带： 鳄鱼皮表带，配玫瑰金折叠表扣
参考价格： 店洽，限量50枚

陀飞轮对跖地格林威治平时手表

机芯： DW8900自动上弦机芯，动力储存72小时
功能： 时针，分针，三问，第二时区
表壳： 钛金属、白金表壳，直径45.5毫米，防水30米
表带： 钛金属黑色PVD镀层表带，配折叠表扣
参考价格： 店洽，限量版

恒定动力陀飞轮手表——玫瑰金

型号： AC.8050.53.M1030
机芯： DW8050手动上弦机芯，摆频21600次/时，动力储存72小时
功能： 时针，分针
表壳： 玫瑰金表壳，直径43毫米，防水30米
表带： 鳄鱼皮表带，配玫瑰金折叠式表扣
参考价格： 128300元，限量99枚
其他款式： 铂金表壳

第三号概念手表X-Watch

机芯： DW 8046自动上弦机芯
功能： 时针，分针，秒针，计时，动力储存显示，陀飞轮
表壳： 翻转式双面表壳钛金属表壳，不锈钢“X”形表盖，直径49毫米，防水30米
表带： 小牛皮表带，配钛金属折叠表扣
参考价格： 店洽

金色午后手表

型号： GA.AU.004
机芯： ETA2892自动上弦机芯，摆频28800次/时，动力储存42小时
功能： 时针，分针，秒针
表壳： 圆形白金镶钻，直径39毫米，防水30米
表带： 缎面表带，配白金针扣
参考价格： 店洽

Dame de Pressy “女王杯 1960-2010”手表

机芯： DW0301手动上弦机芯，摆频21600次/时，动力储存40小时
功能： 时针，分针
表壳： 白金表壳，镶嵌315颗钻石，防水30米
表带： 深粉红色鳄鱼皮表带，配白金针扣，镶嵌146颗钻石
参考价格： 店洽，限量50枚

D

时度
Doxa

拥有超过 120 年历史的瑞士时度表 (Doxa)，1889 年于钟表王国的心脏地带瑞士 Le Locle 成立。品牌创办人 Georges Ducommun 本着对制造汽车及飞机仪表板计时钟的严谨态度与卓越技术，开始制作手表，8 日弦机芯由此而生，其精确稳定的性能，足以应付颠簸的长途旅程。品牌更成为汽车品牌 BUGATTI 的钟表仪表版供货商。

20 世纪 60 年代，时度表工厂两名爱好潜水的员工在一次海底深潜中，偶然发现了一种橙色小鱼，这种小鱼即使在黑暗的海洋深处，也十分醒目。橙色小鱼激发了他们的灵感，即尝试使用橙色作为潜水表表盘的颜色，为了从科学上支持他们这一大胆探索，时度品牌在纳沙泰尔湖进行多次潜水实验，最后证实了橙色在水底是最清晰易辨的颜色。随后，时度品牌在纳沙泰尔湖进行了多次科学实验证实了这一理论，从此翻开了时度潜水表的传奇篇章。

1967 年，时度表推出首枚把“无须减压”刻度结合到单向旋转计时圈上，并用不减压水晶玻璃及橙色表盘的 SUB 300T 潜水表，方便潜水人士在水底下阅读。SUB 300T 自此成为潜水表的经典之一。这是具有里程碑意义的年代，时度表创造的橙色传奇令它获得了“潜水表始祖”的至高荣誉。

创立时间:
1889年

员工人数:
不详

年产量:
>50000枚

电话:
010 84351223

传真:
010 84351253

网址:
www.doxa-in-asia.com

销售方式:
零售店

经典款式:
托菲奥系列，Shark深潜300系列，格兰米特系列

价格区间:
6000元~25000元

卡莱斯我愿意系列

型号： D140SWH
机芯： 瑞士ETA2671自动上弦机芯
功能： 时针，分针，秒针
表壳： 不锈钢表壳镶嵌60颗钻石，12时镂空视窗，直径35毫米，防水50米
表带： 不锈钢表带，不锈钢双按保险制扣
参考价格： 17800元，限量199枚

深海瑰宝系列

型号： D151SMW
机芯： 瑞士Ronda6003.D石英机芯
功能： 时针，分针，秒针，日历
表壳： 不锈钢表壳，直径36毫米，珍珠母贝表圈镶嵌12颗珍珠，防水100米
表带： 不锈钢配陶瓷表带，不锈钢双按保险制扣
参考价格： 7650元

Shark深潜300系列

型号： D127SWH
机芯： 瑞士ETA2824自动机芯
功能： 时针，分针，秒针，日历
表壳： 不锈钢表壳，白色可旋转陶瓷表圈，直径42.5毫米，防水300米
表带： 不锈钢表带，不锈钢双按弹弓保险制扣
参考价格： 7800元

Shark深潜300系列

型号： D127SOR
机芯： 瑞士ETA2824自动机芯
功能： 时针，分针，秒针，日历
表壳： 不锈钢表壳，黑色可旋转陶瓷表圈，直径42.5毫米，防水300米
表带： 不锈钢表带，不锈钢双按弹弓保险制扣
参考价格： 7800元

Shark深潜300XL系列

型号： D137SOR
机芯： 瑞士ETA2824自动上弦机芯
功能： 时针，分针，秒针，日历
表壳： 不锈钢表壳，黑色可旋转陶瓷表圈，直径46.5毫米，防水300米
表带： 不锈钢表带，不锈钢保险制扣
参考价格： 9800元，限量1200枚

托菲奥多功能计时码表系列

型号： D128RWH
机芯： 瑞士ETA7751机芯
功能： 时针，分针，秒针，日历，月历，星期，24小时显示，月相，计时
表壳： 不锈钢配电镀玫瑰金表壳，直径42毫米
表带： 不锈钢电镀玫瑰金表带，不锈钢双按弹弓制扣
参考价格： 23800元，限量1000枚

托菲奥系列

型号： D109ROR
机芯： 瑞士ETA2824自动机芯
功能： 时针，分针，秒针
表壳： 不锈钢配电镀玫瑰金表壳，直径42毫米，防水100米
表带： 不锈钢电镀玫瑰金表带，不锈钢双按弹弓制扣
参考价格： 9500元

行政纤薄系列

型号： D155RWH（男）/D156RWH（女）
机芯： 瑞士Ronda1069石英机芯（男）/ 瑞士Ronda1064石英机芯（女）
功能： 时针，分针，小秒针
表壳： 不锈钢配电镀玫瑰金表壳
表带： 不锈钢配电镀玫瑰金表带，不锈钢双按弹弓制扣
参考价格： 3880元

行政系列

型号： D122SRO（男）/D123SRO（女）
机芯： 瑞士ETA2834自动机芯（男）/ 瑞士ETA2671自动机芯（女）
功能： 时针，分针，秒针，日历，星期
表壳： 不锈钢表壳，防水100米
表带： 不锈钢表带，不锈钢保险制扣
参考价格： 5290元（男/女）

格兰米特系列

型号： D138RWH
机芯： 瑞士ETA2824机芯
功能： 时针，分针，秒针，日历
表壳： 不锈钢表壳，18K玫瑰金，直径40毫米，防水30米
表带： 棕色意大利鳄鱼皮表带，不锈钢双按折叠式制扣
参考价格： 21800元，全球限量发行500枚

格兰米特系列

型号： D154RWH
机芯： 瑞士ETA2801手动上弦机芯
功能： 时针，分针，秒针
表壳： 不锈钢表壳，18K玫瑰金，直径40毫米，防水30米
表带： 棕色意大利鳄鱼皮表带，不锈钢双按保险制扣
参考价格： 23800元，全球限量发行1000枚

格兰米特系列

型号： D139TWH
机芯： 瑞士ETA2836自动机芯
功能： 时针，分针，秒针，日历，星期
表壳： 不锈钢表壳，18K黄金表圈，直径40毫米，防水30米
表带： 黑色意大利鳄鱼皮表带，不锈钢双按折叠式表扣
参考价格： 22800元，全球限量发行500枚

E

依百克
Eberhard & Co

创立时间：
1887年

员工人数：
不详

年产量：
不详

电话：
+41919932601

传真：
+41919932605

网址：
www.eberhard-co-watches.ch

销售方式：
专营店

经典款式：
chrono4系列， Tazio Nuvolari系列

价格区间：
不详

19 世纪 90 年代末，年仅 22 岁的乔治 • 埃米尔 • 依百克（Georges-Emile Eberhard ）在拉绍德封租下了一个手工作坊，在那里开始了自己的制表事业，初期以制造小型怀表为主。借着汽车行业的前进之势，这个年轻的企业为自己点亮了一盏明灯。20 世纪 20 年代，依百克就开始为第一次汽车赛事生产专门的计时用表，很快这个“计时器专家”就在阿尔卑斯山脉两端赢得了杰出的声誉，一直为意大利重量级摩托车赛事提供专业的计时器。

马西莫 • 蒙蒂（Massimo Monti）对依百克这一品牌的复兴起到了重要的作用，这位刚刚去世不久的意大利商人在 20 世纪 90 年代将依百克品牌与塔齐奥 • 诺瓦拉利（Tazio Nuvolari）这位传奇的伟大赛车手联系在了一起。马西莫 • 蒙蒂推出了以“诺瓦拉利”命名的系列产品，并且每年都会赞助名为“诺瓦拉利大奖赛”的老爷车拉力赛。

Badboy 计时表

型号： 31060
机芯： 依百克EB250-C4自动上弦机芯
功能： 时针，分针，秒针，计时，日期显示
表壳： 不锈钢，直径46毫米，防水200米，表冠以黑色PVD加工出来
表带： 橡胶表带，表扣上刻有“E&C”标志
参考价格： 45800元

Extra-fort 庆祝成立125年纪念款

型号： 31125
机芯： 依百克ETA7750自动上弦机芯
功能： 时针，分针，秒针，12点钟位置设置日历，3、6、9点钟方向三个计时器
表壳： 不锈钢，直径41毫米，防水50米
表带： 鳄鱼皮表带
参考价格： 店洽，限量500枚

Champion V

型号： 31063
机芯： 依百克ETA7750自动上弦机芯
功能： 时针，分针，秒针，4点钟位置设置日历
表壳： 不锈钢材质，直径42.8毫米
表带： 皮质表带，表扣上刻有“E&C”标志
参考价格： 24500元
其他款式： 其他表带、表盘款

E

玉宝
Ebel

创立时间：
1911年

员工数量：
不详

年产量:
不详

电话:
00852 2736 0820

传真:
不详

网址:
www.ebel.com

销售方式:
专营店

经典款式：
Beluga, Brasilia, Ebel Classic 和1911

价格区间:
20000元~300000元

20世纪初的欧洲，到处充满了蓬勃的新气象，许多划时代的精致文化与艺术创作在此时出现，瑞士玉宝(Ebel)表就是其中之一。1911年，一对爱侣Eugène Blum与Alice Lévy在拉绍德封(La Chaux-de-Fonds)共同创立玉宝表。二人分别从技术和美学的层面发挥所长，1955年发表世界上最轻薄之手表机芯"Caliber96"，20世纪80年代品牌开始赞助体育赛事，如戴维斯杯、蒙地卡罗公开赛以及莱德杯等。1995年首度发表"LeModulor"系列，成为玉宝表自创研发荣获证书之自动计时表。

玉宝手表系列在过去几十年来，经过不断的重新演绎，变得更加丰富，配以品牌的自家机芯和全新设计，形成四个崭新的，又富有当代气息的系列：Beluga, Brasilia, Ebel Classic 和1911。

Brasilia 巴西利亚手表迷你版2012

机芯: 瑞士石英机芯
功能: 时针，分针
表壳: 不锈钢表壳，镶嵌34颗圆形钻石，23.7毫米x30毫米
表带: 不锈钢，磨砂与抛光相间，玉宝折叠式表扣
参考价格: 37200元

Beluga Grande Sertie

型号: 1216071
机芯: 玉宝955型石英机芯
功能: 时针，分针
表壳: 不锈钢，直径36.5毫米，厚度9.65毫米，表壳镶嵌36颗钻石，防水深度50米
表带: 不锈钢，玉宝表折叠式表扣
参考价格: 57800元

Ebel 100

型号: 1216088
机芯: ETA2892-A2机芯
功能: 时针，分针，秒针，日历
表壳: 不锈钢表壳，直径40毫米，厚度10.25毫米
表带: 鳄鱼皮表带
参考价格: 25100元

E

Ebel Sport

型号： 1216032
机芯： 瑞士石英机芯
功能： 时针，分针，日历显示
表壳： 不锈钢间金表壳，直径40毫米，厚度9.9毫米，防水深度50米
表带： 不锈钢间金表带,折叠式表扣
参考价格： 25100元

Ebel Sport

型号： 1216031
机芯： 瑞士石英机芯
功能： 时针，分针，日历显示
表壳： 不锈钢间金表壳，黄金表圈，直径40毫米，厚度9.9毫米，防水深度50米
表带： 不锈钢间金表带，表折叠式表扣
参考价格： 31200元

Ebel Sport

型号： 1216016
机芯： 瑞士石英机芯
功能： 时针，分针，日历显示
表壳： 不锈钢表壳，直径32毫米，厚度7.65毫米，防水深度50米
表带： 不锈钢表带，玉宝表折叠式表扣
参考价格： 15400元

Ebel Classic女装机械手表

型号： 1215928
机芯： 自动上弦机芯
功能： 时针，分针，日历显示
表壳： 不锈钢与18K 5N玫瑰金表壳
表带： 不锈钢与18K 5N玫瑰金表带
参考价格： 56900元

Brasilia 巴西利亚手表迷你版

型号： 1215922
机芯： 瑞士石英机芯
功能： 时针，分针
表壳： 不锈钢与18K 5N玫瑰金表壳
表带： 不锈钢与18K 5N玫瑰金表带
参考价格： 57400元

Ebel Classic

型号： 1216030
机芯： 瑞士石英机芯
功能： 时针，分针，日历显示
表壳： 不锈钢配黄金表壳
表带： 不锈钢配黄金表带，折叠式表扣
参考价格： 37200元

创立时间：
1884年

员工数量：
不详

年产量:
>50000只

电话:
021-31526352 31526327

传真:
021-56351752

电子邮件:
edoxchina@163.com

网址:
www.edox.ch

销售方式:
零售店

经典款式：
WRC, Class-1, Les Vauberts, Grand Ocean, Les Bemonts, Royal Lady等

价格区间:
5000元~25000元

依度
Edox

1884 年，在瑞士风光秀丽的汝拉山谷，制表师 Christian Ruefly-Flury 创立了自己的钟表品牌——依度。本着欧洲式的严谨和精准，依度表在钟表王国的众多同行中脱颖而出，成为传承百年经典的国际品牌。1961 年，推出防水深度达水下 200 米的“海豚”潜水表；1976 年，推出世界时功能的“坦克潜望镜”手表；1999 年，推出了超薄的具有日历功能的石英表……在不断发展中，创新突破成为依度代代相传的特色。

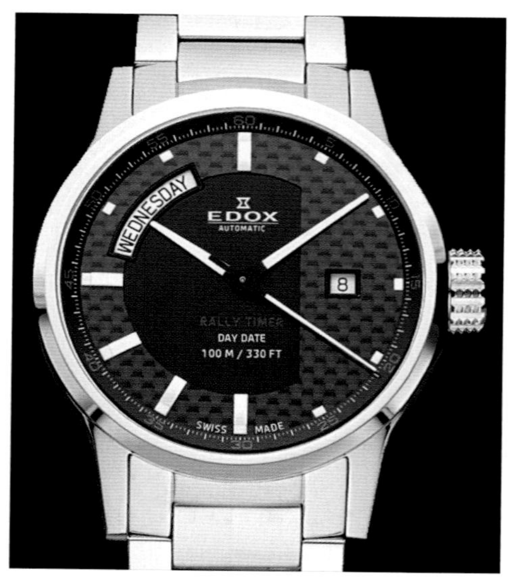

WRC系列

型号： 83009 3 NIN
机芯： 瑞士ETA2834自动机械机芯，摆频28800次/小时,背透可视机芯
功能： 时针，分针，秒针，星期，日历显示
表壳： 不锈钢表壳，直径42毫米，防水100米
表带： 不锈钢双按折叠式制扣
参考价格： 20000元~30000元

WRC系列

型号： 64009 3 AIN
机芯： 多功能石英机芯
功能： 时针，分针，日期显示，小秒针
表壳： 不锈钢表壳，直径42毫米，防水100米
表带： 不锈钢双按折叠式制扣
参考价格： 10000元~20000元

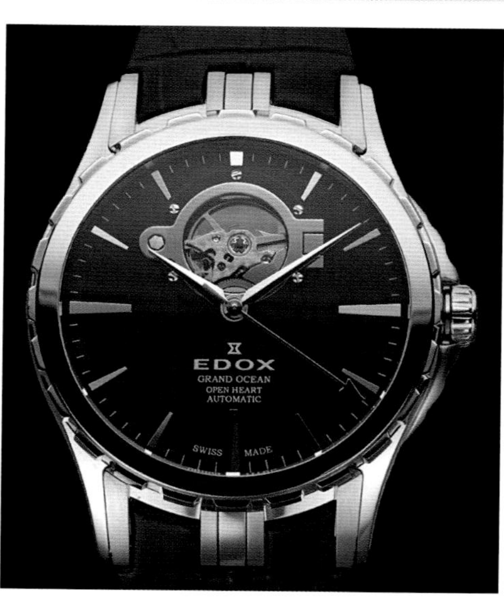

Grand Ocean系列

型号： 85008 3 NIN
机芯： 瑞士ETA2824自动机械机芯，摆频28800次/小时，背透可视机芯
功能： 时针，分针，秒针
表壳： 不锈钢表壳，直径41毫米，防水100米
表带： 牛皮
参考价格： 20000元~30000元

Class-1系列

型号： 80079 3 NIN2
机芯： EDOX CALIBRE27000自动机芯
功能： 时针，分针，秒针，日期
表壳： 不锈钢，直径45毫米，旋紧式安全表冠，防雾蓝宝石镜面，防水300米
表带： 不锈钢双按折叠式制扣
参考价格： 10000元～20000元

Grand Ocean系列

型号： 27035 357JN NID
机芯： EDOX CALIBRE27000专用机芯
功能： 时针，分针，日历显示
表壳： 不锈钢，直径39毫米，防雾蓝宝石镜面，防水50米
表带： 不锈钢双按折叠式制扣
参考价格： 10000元～20000元

Grand Ocean系列

型号： 26025 357J BID
机芯： EDOX CALIBRE26000专用机芯
功能： 时针，分针，日历
表壳： 不锈钢，直径33毫米，防雾蓝宝石镜面，防水50米
表带： 不锈钢双按折叠式制扣
参考价格： 10000元～20000元

Royal Lady系列

型号： 62005 357BR BRIR
机芯： 多功能石英机芯
功能： 时针，分针，秒针，日历，两地时
表壳： 不锈钢表壳，直径33毫米，防雾蓝宝石镜面，防水50米
表带： 天然材料和橡胶表带
参考价格： 10000元～20000元

Les Bemonts系列

型号： 72014 3 NIN
机芯： 手动上弦瑞士ETA7001机械机芯，摆频21600次/小时
功能： 时针，分针，秒针
表壳： 不锈钢表壳，直径40毫米，防水30米
表带： 牛皮
参考价格： 10000元～20000元

Les Bemonts系列

型号： 72014 37R AIR
机芯： 瑞士ETA7001机械机芯，摆频21600次/小时
功能： 时针，分针，秒针
表壳： 不锈钢表壳，直径40毫米，防雾蓝宝石镜面，防水30米
表带： 牛皮
参考价格： 10000元～20000元

E

Les Vauberts系列

型号：83011 3B AR
机芯：瑞士ETA7001全自动机芯，摆频28800次/小时
功能：时针，分针，秒针，星期，日历显示
表壳：不锈钢表壳，直径43毫米，防水50米
表带：不锈钢双按折叠式制扣
参考价格：10000元～20000元

Grand Ocean系列

型号：27035 3 BIN
机芯：EDOX CALIBRE27000专用机芯
功能：时针，分针，日历显示
表壳：不锈钢表壳，直径39毫米，防雾蓝宝石镜面，防水50米
表带：不锈钢双按折叠式制扣
参考价格：10000元～20000元

Les Vauberts系列

型号：83011 3N NIN
机芯：瑞士ETA2834自动机械机芯，摆频28800次/小时
功能：时针，分针，秒针，星期，日历
表壳：不锈钢表壳，直径43毫米，防雾蓝宝石镜面，防水 50米
表带：不锈钢双按折叠式制扣
参考价格：10000元～20000元

Les Vauberts系列

型号：83007 3 NIN
机芯：瑞士ETA2834自动机械机芯
功能：时针，分针，秒针，日历
表壳：不锈钢表壳，直径40.5毫米，防雾蓝宝石镜面， 防水50米
表带：牛皮
参考价格：10000元～20000元

Les Vauberts系列

型号：70162 37R AIR
机芯：瑞士ETA F06.111多功能石英机芯
功能：时针，分针，秒针，星期，日历
表壳：不锈钢配电镀玫瑰金表壳，直径39毫米，防雾蓝宝石镜面， 防水50米
表带：牛皮
参考价格：5000元～10000元

Les Vauberts系列

型号：70162 3 NIN
机芯：石英机芯
功能：时针，分针，秒针，星期，日历
表壳：不锈钢表壳，直径39毫米，防雾蓝宝石镜面，防水50米
表带：牛皮
参考价格：3000元～5000元

Les Vauberts系列

型号： 62004 357 AID
机芯： 多功能石英机芯
功能： 时针，分针，秒针，两地时，日历显示
表壳： 不锈钢表壳，直径40.5毫米，防雾蓝宝石镜面，防水50米
表带： 不锈钢双按折叠式制扣
参考价格： 10000元~20000元

Les Vauberts系列

型号： 85011 357J AID
机芯： ETA2824自动机械机芯，背透可视机芯
功能： 时针，分针，秒针，
表壳： 不锈钢配电镀玫瑰金表壳，直径43毫米，防水 50米
表带： 不锈钢双按折叠式制扣
参考价格： 10000元~20000元

Les Vauberts系列

型号： 85011 3 NIN
机芯： ETA2824自动机械机芯，背透可视机芯
功能： 时针，分针，秒针
表壳： 不锈钢表壳，直径43毫米，防雾蓝宝石镜面，防水50米
表带： 不锈钢双按折叠式制扣
参考价格： 10000元~20000元

Les Vauberts系列

型号： 62004 3 AIN
机芯： 多功能石英机芯
功能： 时针，分针，秒针，两地时，日历
表壳： 不锈钢表壳，直径40.5毫米，防雾蓝宝石镜面， 防水50米
表带： 不锈钢双按折叠式制扣
参考价格： 5000元~10000元

Les Vauberts系列

型号： 10010 37RB BRIR
机芯： 多功能石英机芯
功能： 时针，分针，秒针，日历， 计时
表壳： 不锈钢配电镀玫瑰金表壳，直径40.5毫米，防雾蓝宝石镜面，防水50米
表带： 牛皮
参考价格： 10000元~20000元

Les Vauberts系列

型号： 10010 3N NIN
机芯： 多功能石英机芯
功能： 时针，分针，秒针，日历， 计时
表壳： 不锈钢表壳，直径40.5毫米，防雾蓝宝石镜面，防水50米
表带： 牛皮
参考价格： 5000元~10000元

E

Les Vauberts系列

型号：10010 3A AIN
机芯：多功能石英机芯
功能：时针，分针，秒针，日历， 计时
表壳：不锈钢表壳，直径40.5毫米，防雾蓝宝石镜面，防水50米
表带：牛皮
参考价格：5000元~10000元

Les Vauberts系列

型号：85010 3 NIN
机芯：ETA2824自动机械机芯，背透可视机芯
功能：时针，分针，秒针，
表壳：不锈钢表壳，直径43毫米，防雾蓝宝石镜面，防水50米
表带：牛皮
参考价格：10000元~20000元

Les Vauberts系列

型号：01505 3 NIN
机芯：多功能石英机芯
功能：时针，分针，秒针，日历，计时表，逆跳
表壳：不锈钢表壳，直径41毫米，防雾蓝宝石镜面，防水50米
表带：牛皮
参考价格：5000元~10000元

Les Vauberts系列

型号：83007 37R AIR
机芯：瑞士ETA2834自动机械机芯
功能：时针，分针，秒针，星期，日历
表壳：不锈钢配电镀玫瑰金表壳，直径40.5毫米，防雾蓝宝石镜面， 防水50米
表带：牛皮
参考价格：10000元~20000元

Les Vauberts系列

型号：10401 357J NAID
机芯：多功能石英机芯
功能：时针，分针，秒针，日历，计时
表壳：不锈钢配电镀玫瑰金表壳，直径36毫米，防雾蓝宝石镜面，防水50米
表带：牛皮
参考价格：10000元~20000元

WRC系列

型号：83008 3 AIN
机芯：ETA2834自动机械机芯
功能：时针，分针，秒针，星期、日历，显示夜光刻度
表壳：不锈钢表壳，直径42毫米，防雾蓝宝石镜面，防水100米
表带：天然材料和橡胶表带
参考价格：10000元~20000元

绮年华
Eterna

绮年华（Eterna）创建于 1856 年，从开始的一间机芯零件工厂发展到后来的自主制表，后来被拆分为两家公司，一家直属 ETA 的原始机芯公司，另一家是生产传统精密计时器。绮年华生产的 Eterna Matic3000 型机芯，就是畅销机芯 ETA2892 的原型。

150 多年来品牌一直坚持代代相传的制表技术及工艺，拥有多项发明，包括低摩擦球形轴承自动盘系统 Eterna-Matic 以及配备闹铃功能的手表。1914 年推出第一枚响闹手表，并一直钻研改进机芯技术。1948 年，绮年华创制了革命性的 Eterna-Matic，克服了轴承中的宝石容易磨损的问题。这一代表性的发明也促使绮年华将 5 颗滚珠作为商标图案。1998 年，绮年华开始为保时捷设计（Porsche Design）制造手表系列。2012 年 6 月，中国海淀集团以 2.1 亿元向德国保时捷家族收购了绮年华。

创立时间：
1856年

员工数量：
90人

年产量:
不详

电话:
0755 82371080

传真:
0755 25715590

电子邮件:
不详

网址:
http://www.eterna.com

销售方式:
专营店，钟表珠宝精品店

经典系列:
Vaughan沃恩系列，Madison麦迪逊系列

价格区间:
49000元~119000元

Heritage传承系列计时表1938复刻限量版

型号： 1938.41.45.1250
机芯： ETA 2894-2自动上弦机芯，动力储备42小时
功能： 时针，分针，秒针，日历显示，计时功能
表壳： 不锈钢材质，表径36毫米 x 36毫米，表镜刻有限量编号，防水50米
表带： 黑色真皮表带，折叠扣
参考价格： 39000元，限量1938枚

Heritag传承系列Pulsometer脉搏测量1942限量版

型号： 1942.41.64.1177
机芯： ETA 2894-2自动上弦机芯，动力储备42小时
功能： 时针，分针，秒针，日历显示，计时表功能，夜光12小时刻度
表壳： 不锈钢，表镜刻有限量编号，防水50米，直径42毫米
表带： 黑色路易安娜鳄鱼皮表带，折叠扣
参考价格： 37500元，限量1942枚

Heritage传承系列超级 KonTiki1973限量版

型号： 1973.41.41.1230
机芯： ETA 2894-2自动上弦机芯，动力储备38小时
功能： 时针，分针，秒针，日历显示，夜光12小时刻度
表壳： 不锈钢材质，表镜刻有限量编号，防水深度200米，直径44毫米
表带： 不锈钢表带及潜水专用延伸扣
参考价格： 28000元，限量1973枚

E

Vaughan沃恩全球最薄大日历弧型自动手表系列

型号： 7630.41.61.1186
机芯： 3030至薄大日历弧型自动上弦机芯，动力储备48小时
功能： 时针，分针，秒针，日历显示
表壳： 不锈钢材质，防水50米，直径42毫米
表带： 黑色路易安娜鳄鱼皮表带，折叠扣
参考价格： 49000元

Vaughan沃恩全球至薄大日历弧型自动机芯的手表系列

型号： 7630.69.10.1185
机芯： 3030至薄大日历弧型自动上弦机芯，动力储备48小时
功能： 时针，分针，秒针，日历显示
表壳： 18K玫瑰金，防水50米，直径42毫米
表带： 棕色路易安娜鳄鱼皮表带，折叠扣
参考价格： 11900元

Vaughan沃恩全球最薄大日历弧型自动手表系列

型号： 7630.41.50.1227
机芯： 3030至薄大日历弧型自动上弦机芯，动力储备48小时
功能： 时针，分针，秒针，日历显示
表壳： 不锈钢材质，防水50米，直径42毫米
表带： 不锈钢材质表带，折叠扣
参考价格： 54000元

KonTiki康蒂基系列

型号： 1220.41.43.0268
机芯： Selita SW200-1自动上弦机芯，动力储备38小时
功能： 时针，分针，秒针，日历显示
表壳： 不锈钢材质，蓝宝石防划表镜，防水深度200米，直径42毫米
表带： 不锈钢材质表带，折叠扣
参考价格： 25000元

KonTiki Chronograph康蒂基系列

型号： 1240.41.43.0219
机芯： ETA 7750自动上弦计时机芯，动力储备48小时
功能： 时针，分针，秒针，计时表功能，夜光12小时刻度
表壳： 不锈钢材质，防水200米，直径42毫米
表带： 不锈钢材质表带，折叠扣
参考价格： 39000元

Adventic系列

型号： 7660.41.66.1273
机芯： 专利Eterna Spherodrive 机械装置系统的3843自动上弦机芯，动力储备70小时
功能： 时针，分针，秒针，GMT第二时区显示，日历显示
表壳： 不锈钢材质，防水50米，直径44毫米
表带： 黑色路易安娜鳄鱼皮表带，折叠扣
参考价格： 85000元

Contessa伯爵夫人系列

型号： 2410.51.67.1224
机芯： ETA901.001石英机芯，301颗钻石，白色珍珠贝母面
功能： 时针，分针
表壳： 不锈钢材质，蓝宝石防划表镜，防水50米，尺寸25.75毫米 x 40毫米
表带： 白色及黑色路易安娜表带，折叠扣
参考价格： 75500元

Contessa伯爵夫人系列

型号： 2410.41.65.1199
机芯： ETA901.001石英机芯，1颗钻石，白色太阳放射线条表面
功能： 时针，分针
表壳： 不锈钢材质，蓝宝石防划表镜，防水深度50米，表径25.75毫米 x 40毫米
表带： 深棕色路易安娜表带，折叠扣
参考价格： 18500元

Tangaroa三针系列

型号： 2948.41.53.1261
机芯： Sellita SW200-1自动上弦机芯，动力储备38小时
功能： 时针，分针，秒针，日历显示
表壳： 不锈钢材质，蓝宝石防划表镜，防水深度50米，直径42毫米
表带： 黑色真皮表带，穿孔扣
参考价格： 17000元

Madison麦迪逊八日手动上弦系列

型号： 7720.41.13.1229
机芯： 专利Eterna Spherodrive 机械装置系统的3510手动上弦机芯，表径38.5毫米 x 53.3毫米，动力储备192小时
功能： 时针，分针，秒针，日历显示
表壳： 不锈钢材质，蓝宝石防划表镜，防水深度30米
表带： 棕色路易安娜鳄鱼皮表带，折叠扣
参考价格： 89000元

Madison麦迪逊三日手动上弦系列

型号： 7712.41.41.1177
机芯： Eterna Spherodrive 机械装置系统的3505手动上弦机芯，动力储备54小时
功能： 时针，分针，秒针
表壳： 不锈钢材质，蓝宝石防划表镜，防水50米，表径34.5毫米 x 37.8毫米
表带： 黑色路易安娜鳄鱼皮表带，折叠扣
参考价格： 49000元

Tangaroa月相计时表系列

型号： 2949.41.66.1260
机芯： ETA 7751自动上弦机芯，动力储备48小时
功能： 时针，分针，秒针，计时表功能，星期，日历及月相显示，夜光12小时刻度
表壳： 不锈钢材质，蓝宝石防划表镜，防水深度50米，直径42毫米
表带： 棕色真皮表带，穿孔扣
参考价格： 45000元

E

创立时间:
1854年

员工数量:
不详

年产量:
不详

电话:
010 58790798
021 63868877

传真:
不详

网址:
www.enicar.com

销售方式:
全中国超过1000间分店

经典款式:
“天文台系列”，Versailles经典系列等

价格区间:
10000元~50000元

英纳格
Enicar

英纳格起源于1854年一家古老的瑞士钟表手工制造作坊。Enicar的名字，便是由Racine家族将其姓名倒转过来写而得名，借以代表其家族百年以来代代相传精湛工艺的优良传统。英纳格是瑞士钟表业历史上的重要始祖，早于1910年，英纳格所出产的陀表，便因其精准度而备受推崇。1988年，英纳格被香港华明行收购，但依然在瑞士进行生产。

作为瑞士制表业历史上的重要始祖，早在1910年，英纳格出产的怀表因为走时精确，受到市场的欢迎，特别是欧洲一些国家的铁路人员，通常使用英纳格表作为他们的计时工具。第一次世界大战期间，英纳格表因为较好的精准度和平易近人的价格，成为欧洲国家士兵们腕上的必备品之一。到了1930年，英纳格开始制造自动及防水性能的手表，进而渐渐跻身瑞士著名的钟表品牌。

集高性能及时尚设计于一身的产品风格，以质量为首的制表理念或许正是英纳格跻身为世界10大天文台表制造商的原因。在不同的时代背景下，英纳格都坚持着改良手表的质量及款式，力求达到精益求精为目标。尤其是2006年诞生的天文台系列，最为出色。该系列共分四大类，包括：Kohinoor CH322、Versailles CH325、Neelam CH327及Sherpa CH328，也是品牌近年来的重点产品系列。

英纳格在2012年的巴塞尔钟表珠宝展上，不仅投资超过百万法郎（等同人民币1000万元）打造出华丽现代的“英纳格－瑰丽馆”，更以英纳格SPACE魔幻版手表领衔众多表款闪耀登场。于2011年巴塞尔展出的皇者系列手表和女神系列手表均大获好评并纷纷热卖，2012年，英纳格再接再厉，展出多个系列设计的男、女装手表，成为新的热点。

女神真钻系列

型号： 778-30-128GS
机芯： 机械机芯
功能： 时针，分针，秒针，日历
表壳： 不锈钢玫瑰金表壳，直径44毫米
表带： 不锈钢玫瑰金表带以双轨设计
参考价格： 17500元

CH325 Versailles 真钻手表系列

型号： 780-50325aAS
机芯： 机械机芯
功能： 时针，分针，秒针，日历显示
表壳： 多层次的钻石表圈，镶有90颗钻石
表带： 不锈钢表带
参考价格： 17350元

英纳格 Versailles星钻限量版手表

型号： 780-50-325aAS
机芯： 机械机芯
功能： 时针，分针，秒针，6时位置有清晰的日期显示，连同抛光时分针及箭头时标
表壳： 表圈镶嵌钻石
表带： 不锈钢表带以双轨设计表带
参考价格： 22000元

英纳格星之花系列

型号： 778-50-339GS
机芯： 机械机芯
功能： 时针，分针，秒针，日历显示
表壳： 表壳外圈镶嵌水晶锆石
表带： 不锈钢、玫瑰金双轨设计表带
参考价格： 11500元

英纳格338系列

型号： 169-50-338G
机芯： 机械机芯
功能： 时针，分针，秒针，日历显示
表壳： 不锈钢、玫瑰金
表带： 不锈钢、玫瑰金双轨设计表带
参考价格： 8850元

贵族323G独立秒盘系列

型号： 313160-50-323G
机芯： 机械机芯
功能： 时针，分针，秒针，6时位置的独立秒针表盘，日历显示
表壳： 玫瑰金及不锈钢表圈
表带： 玫瑰金及不锈钢表带
参考价格： 新品未定价

黑色魅力CH333PB

型号： 3168-50-333PB
机芯： 机械机芯
功能： 时针，分针，秒针，日历，星期
表壳： 玫瑰金抛光饰面，直径44毫米
表带： 黑色不锈钢配玫瑰金表带
参考价格： 12000元

Star魔幻版

型号： 3169-50-336aBL
机芯： 机械机芯
功能： 时针，分针，秒针，日历，星期显示
表壳： 黑色条纹表盘，不锈钢表壳
表带： 不锈钢表带，蝴蝶扣
参考价格： 9300元

皇者风范331G独立秒盘系列

型号： 3160-50-331G
机芯： 机械机芯
功能： 时针，分针，小秒针，日历显示
表壳： 不锈钢间玫瑰金表壳
表带： 玫瑰金及不锈钢表带
参考价格： 14900元

英纳格雪巴运动天文台系列2011版

型号： 3268-50-328aCMBB
机芯： 机械机芯，瑞士官方天文台认证
功能： 星期，日期，小秒针，计时，时针，分针
表壳： 43毫米，黑陶瓷表壳，防水200米
表带： 黑色条纹不锈钢表配橡胶表带
参考价格： 20900元

Sandy系列

型号： 262-30-130GS
机芯： 石英机芯
功能： 时针，分针
表壳： 不锈钢、玫瑰金配上方晶锆石
表带： 玫瑰金表带，水晶钻石相间
参考价格： 7700元

CH325 Versailles 18K天文台手表系列

型号： 3168-50-325KCHS
机芯： 机械机芯，瑞士官方天文台认证
功能： 时针，分针，秒针，日历，星期
表壳： 多层次的钻石表圈，男装镶有106颗钻石
表带： 18K玫瑰金及不锈钢表带
参考价格： 55450元

贵族绅士系列

型号： 3160-50-323aA
机芯： 机械机芯
功能： 时针，分针，小秒针，日历显示
表壳： 不锈钢以及特大皇冠表冠
表带： 不锈钢表带
参考价格： 店洽

天文台系列

型号： 3265-50-327GCHK
机芯： 机械机芯，瑞士官方天文台认证
功能： 时针，分针，秒针，日历显示
表壳： 玫瑰金四角外圈
表带： 玫瑰金及不锈钢表带
参考价格： 17150元

Versailles CH325 动力储存系列

型号： 3168-50-325aCPA
机芯： 蓄能显示装置机械机芯，动力存储42小时
功能： 时针，分针，秒针，动力储存显示
表壳： 不锈钢圆弧表壳
表带： 不锈钢表带
参考价格： 19900元

Caerphilly CH323系列

型号： 3168-50-323aGMB
机芯： 机械机芯
功能： 时针，分针，秒针，日历，两地时
表壳： 圆形的表壳配上双轮表圈
表带： 双轨式不锈钢表带
参考价格： 14850元

Kohinoor CH322天文台系列

型号： 3269-51-322GCH
机芯： 机械机芯，瑞士官方天文台认证
功能： 时针，分针，秒针，日历显示
表壳： 不锈钢，玫瑰金蚝式设计外圈
表带： 玫瑰金及不锈钢表带
参考价格： 20850元

321独立秒盘系列

型号： 3160-50-321G
机芯： 机械机芯
功能： 时针，分针，小秒针，日历显示
表壳： 外壳圆润曲线以及特大皇冠表冠
表带： 不锈钢表带
参考价格： 10300元

E

依波路
Ernest Borel

1856 年，瑞士依波路表由 Jules Borel 在“钟表王国”瑞士纳沙泰尔创立，一直尊崇“浪漫时刻，一生相伴”的品牌理念，将品牌情侣 Logo 标志的浪漫故事与严谨、优质的制表工艺相结合，使其成为“瑞士情侣表典范”。19 世纪 60 年代开始，瑞士依波路的产品便走向全球，品牌大力开拓市场，并于 1903 年进入中国，与时俱进，不断开创新领域。156 年的深厚沉淀，造就了品牌的光辉历程，依波路继续把浪漫、积极，热爱生活、享受生活、演绎生活艺术的文化内涵进一步深化。它的出众品质与工艺，蕴含着丰厚的文化，让每一位佩戴者拥有值得一生珍藏的经典。

2012 年对于依波路来说是具有重要意义的一年。在品牌 155 周年庆典的背后，依波路完成了一次华丽的蜕变。在依波路的世界里，传统与潮流不再各行其道，依波路已经蜕变成一个经典与时尚交融、优雅与活力并存的国际钟表品牌。借庆典之余热，在本届巴塞尔钟表展上，依波路众多表款精彩纷呈。极具历史沉淀和收藏价值的祖尔斯系列和皇室系列，尽显依波路百年文化传承与不凡气质，呼应时尚界风潮的复古系列强势回归。将复杂机械功能与奢华钻石融为一体的波莱尔系列，尽展依波路的制表实力与品牌价值，而刚柔相济的传奇系列Ⅲ手表，通过独特的正方体弧形转角设计，将依波路浪漫、典雅的设计风格贯彻始终。各种创新的设计与经典的再现，向世人展现了依波路的全新风采。

创立时间:
1856年

员工数量:
130人

年产量:
22万枚

电话:
+41 32 926 17 26

传真:
+41 32 926 17 29

网址:
www.ernestborel.ch

销售方式:
品牌直营、经销商网络

经典款式:
传奇系列，皇室系列，祖尔斯系列

价格区间:
3000元~82000元

公爵系列

型号：GG7351-2056BR
机芯：DUBOIS DÉPRAZ 9000自动三历机芯，直径26.2毫米，厚度5.2毫米
功能：月份，周历，日历，月相
表壳：316L不锈钢，直径40毫米，电镀10微米18K玫瑰金，透视表底，防水50米
表带：高级鳄鱼皮，按钮式蝴蝶扣
参考价格：27600元

巴奴系列

型号：GS6886-8642BR
机芯：ETA 2896机械机芯
功能：时针，分针，秒针，窗式大日历
表壳：316L不锈钢，37毫米x36毫米，蓝宝石水晶玻璃表镜，透视表底，防水50米
表带：鳄鱼皮表带，按钮式蝴蝶扣
参考价格：13500元

传奇系列Ⅲ

型号：LBR1856SD-4599
机芯：ETA2671自动机芯，直径17.2毫米，25颗红宝石，摆频28800次/小时
功能：时针，分针，秒针，窗式日历
表壳：316L不锈钢，29毫米X29毫米，防水50米，表面及表圈镶钻
表带：316L不锈钢，按钮式蝴蝶扣
参考价格：16000元

传奇系列Ⅱ

型号：GS1856N-4090
机芯：ETA2824-2/SW200-1自动机芯
功能：时针，分针，秒针，窗式日历
表壳：316L不锈钢，直径40.5毫米，蓝宝石水晶玻璃表镜，透视表底，防水50米
表带：316L不锈钢，按钮式蝴蝶扣
参考价格：新品未定价

传奇系列Ⅱ

型号：LB1856N-4631
机芯：ETA2671自动机芯
功能：时针，分针，秒针，窗式日历
表壳：316L不锈钢，直径29毫米，蓝宝石水晶玻璃表镜，透视表底，防水50米
表带：316L不锈钢，按钮式蝴蝶扣
参考价格：新品未定价

传奇系列Ⅱ

型号：GS1856-4532
机芯：ETA2824-2/SW200-1自动机芯
功能：时针，分针，秒针，窗式日历
表壳：316L不锈钢，直径38.5毫米，蓝宝石水晶玻璃表镜，透视表底，50米防水
表带：316L不锈钢，按钮式蝴蝶扣
参考价格：7450元

E

祖尔斯系列

型号： GK9238-4929BR
机芯： SOP 9094自动机芯，直径25.6毫米，30颗红宝石，摆频28800次/小时
功能： 时针，分针，秒针，回拨指针式日历，指针式周历，动力显示
表壳： 18K玫瑰金表壳，直径41毫米，蓝宝石水晶玻璃表镜，透视表底，防水50米
表带： 高级鳄鱼皮，18K玫瑰金表扣
参考价格： 82000元，限量288枚

祖尔斯系列

型号： GS9238-4922
机芯： SOP 9094自动机芯，直径25.6毫米，30颗红宝石，摆频28800次/小时
功能： 时针，分针，秒针，回拨指针式日历，指针式周历，动力显示
表壳： 316L不锈钢，直径41毫米，蓝宝石水晶玻璃表镜，透视表底，防水50米
表带： 316L不锈钢，按钮式蝴蝶扣
参考价格： 23800元，限量688枚

祖尔斯系列

型号： GBK9239-4599
机芯： SOP 9094自动机芯，直径25.6毫米，厚度5.1毫米，24颗红宝石，摆频28800次/小时
功能： 时针，分针，秒针，窗式日历，动力显示
表壳： 316L不锈钢，直径41毫米，蓝宝石水晶玻璃表镜，透视表底，防水50米
表带： 316L不锈钢，按钮式蝴蝶扣
参考价格： 新品未定价

波莱尔系列

型号： GS8610D-8522BR
机芯： DUBOIS DÉPRAZ 14500自动机芯，直径26.2毫米，30颗红宝石，28800 次/小时
功能： 时针，分针，小三针，大日历
表壳： 316L不锈钢，表圈镶嵌60颗天然钻石，直径41毫米，蓝宝石水晶玻璃表镜，透视表底，防水50米
表带： 高级鳄鱼皮，按钮式蝴蝶扣
参考价格： 24500元

波莱尔系列

型号： GBR8600D-4629
机芯： DUBOIS DÉPRAZ 2021自动机芯，直径30毫米，57颗红宝石，28800 次/小时
功能： 时针，分针，秒针，小三针，日历，计时
表壳： 316L不锈钢，直径41毫米，防水50米，电镀10微米18K玫瑰金
表带： 316L不锈钢，按钮式蝴蝶扣
参考价格： 新品未定价

音韵系列

型号： LS6208-520
机芯： ETA2671自动机芯，直径17.2毫米，25颗红宝石，摆频28800次/小时
功能： 时针，分针，秒针，窗式日历
表壳： 316L不锈钢，直径32毫米，蓝宝石水晶玻璃表镜，透视表底，防水50米
表带： 316L不锈钢，按钮式蝴蝶扣，天然贝壳字面镶嵌30颗天然钻石
参考价格： 10800元

传奇系列Ⅲ

型号：GS1856SD-4532
机芯：ETA2824-2/SW200-1机械机芯，直径25.6毫米，厚度4.6毫米，25颗红宝石
功能：时针，分针，秒针，窗式日历
表壳：316L不锈钢，表圈镶嵌34颗天然钻石，蓝宝石水晶玻璃表镜，透视表底，防水50米
表带：316L不锈钢，按钮式蝴蝶扣
参考价格：15500元

传奇系列Ⅲ

型号：GS1856SDR1-4532
机芯：DUBIOS DÉPRAZ 14070自动机芯，直径30毫米，厚度5.2毫米，25颗红宝石
功能：时针，分针，秒针，窗式日历
表壳：316L不锈钢，表圈镶嵌34颗天然钻石，蓝宝石水晶玻璃表镜，透视表底，防水50米
表带：316L不锈钢，按钮式蝴蝶扣
参考价格：23900元

传奇天文台系列

型号：GS1856C1-2522
机芯：DUBIOS DÉPRAZ 9000自动机芯，直径26.2毫米，厚度5.2毫米，21颗红宝石
功能：时针，分针，秒针，窗式月份，窗式星期，指针式日历，月相显示
表壳：316L不锈钢，直径40毫米，防水50米
表带：316L不锈钢，按钮式蝴蝶扣
参考价格：23500元

传奇天文台系列

型号：GK1856C2-2521BK
机芯：ETA2892A2超薄自动机芯，直径25.60毫米，厚度3.60毫米
功能：时针，分针，秒针，窗式日期
表壳：316L不锈钢，18K玫瑰金表圈，直径40毫米，蓝宝石水晶玻璃表镜，防水50米
表带：高级鳄鱼皮，按钮式蝴蝶扣
参考价格：23000元

运动家系列

型号：GS8203-2522
机芯：ETA7750自动机芯
功能：时针，分针，小三针，日历，计时
表壳：316L不锈钢，直径42毫米，蓝宝石水晶玻璃表镜，透视表底，防水50米
表带：316L不锈钢，按钮式蝴蝶扣
参考价格：15500元

骑士系列

型号：GG6150-4666BR
机芯：DUBIOS DÉPRAZ 14070机械机芯，摆频28800次/小时
功能：时针，分针，秒针，月份，日历
表壳：316L不锈钢，电镀10微米18K玫瑰金，蓝宝石水晶玻璃表镜，透视表底，防水50米
表带：高级鳄鱼皮，按钮式蝴蝶扣
参考价格：25000元

布拉克天文台系列

型号： GB7350WC3-2599
机芯： ETA2834-2/SW240自动机芯，直径29毫米,25颗红宝石，摆频28800次/小时
功能： 时针，分针，秒针，窗式日历
表壳： 316L不锈钢，双色款，IPG黄金色处理，直径41毫米，透视表底，防水50米
表带： 316L不锈钢，双色款，IPG黄金色处理，按钮式蝴蝶扣
参考价格： 14500元

布拉克系列

型号： GS7350-5522A
机芯： ETA2824-2/SW200-1自动机芯，直径25.6毫米,厚度4.6毫米，25颗红宝石，摆频28800次/小时
功能： 时针，分针，秒针，窗式日历
表壳： 316L不锈钢，直径41毫米，蓝宝石水晶玻璃表镜，透视表底，防水50米
表带： 316L不锈钢，按钮式蝴蝶扣
参考价格： 8000元

皇室系列

型号： GBR6155W-4829
机芯： ETA2892A2自动机芯，直径25.6毫米,厚度4.35毫米，27钻，摆频28800次/小时
功能： 小三针，时针，分针，秒针，窗式日历
表壳： 316L不锈钢，直径40.5毫米，蓝宝石水晶玻璃表镜，透视表底，30米防水
表带： 316L不锈钢，按钮式蝴蝶扣
参考价格： 新品未定价

皇室系列

型号： GS6155-2590
机芯： ETA2892A2自动机芯，直径25.6毫米,厚度3.6毫米，21颗红宝石，摆频28800次/小时
功能： 时针，分针，秒针，窗式日历
表壳： 316L不锈钢，直径40.5毫米，蓝宝石水晶玻璃表镜，透视表底，防水30米
表带： 316L不锈钢，按钮式蝴蝶扣
参考价格： 11300元

皇室系列

型号： GGR9155-3299BR
机芯： ETA2892A2镂空自动机芯，电镀10微米18K玫瑰金
功能： 时针，分针，秒针
表壳： 316L不锈钢，直径40.5毫米，电镀10微米18K玫瑰金，蓝宝石水晶玻璃表镜，透视表底，防水30米
表带： 高级鳄鱼皮，按钮式蝴蝶扣
参考价格： 29300元，限量1000枚

皇室系列

型号： GS9155-2290
机芯： ETA2892A2镂空自动机芯，直径25.6毫米，厚度3.6毫米，21颗红宝石，摆频28800次/小时
功能： 时针，分针，秒针
表壳： 316L不锈钢，直径40.5毫米，蓝宝石水晶玻璃表镜，透视表底，防水30米
表带： 316L不锈钢，按钮式蝴蝶扣
参考价格： 7600元

F

芬迪
Fendi

芬迪的 Crazy Carats 系列手表休闲又优雅的基调，充分展现了现代女性摩登优雅的气质，又表现出温婉十足的女性魅力。

Crazy Carats 系列手表的亮点在于此款手表有两个表冠，一个用于调校时间，另一个则用于转动时间刻度上的宝石，给佩戴者提供流行时尚的多款选择。例如去海边时，就佩戴如大海一般的蓝宝石。如果参加晚宴，则转动到钻石那一面，呈现奢华高贵的一面。此款手表为现今手表市场带来了创新革命性的设计，最新的宝石转动机关技术，更增添了这只手表的把玩趣味性，消费者可以翻转手表上的宝石，呈现不同风貌以配合心情及服装。

每只芬迪 Crazy Carats 手表有三种不同的色彩宝石组合，轻松转动 4 点钟方向的表冠，就可以看到面盘上宝石神奇地转动，提供了两款彩色宝石及一款高贵宝石不同排列组合的多样选择，并能自表背蓝宝石水晶玻璃及镂空的视窗中看见宝石转动的情形 。

创立时间：
1925年

员工数量：
不详

年产量:
不详

电话:
00852 2968 8637

传真:
00852 2968 5500

网址:
www.fendi.com

销售方式:
Fendi各大精品店 （专营店，直销，百货市场，会展等）

经典款式：
Topaz Collection（拓帕石系列）， Precious Collection（珍贵宝石系列）

价格区间:
20000元~140000元

Fendi Crazy Carats手表

型号: Precious Collection 珍贵宝石系列
机芯: 双指针石英机芯
功能: 时针，分针，专利的宝石转动设计机关
表壳: 抛光不锈钢表壳，防水100米，镶嵌有116颗明亮式切割钻石，约0.13克拉
表带: 鳄鱼皮表带
参考价格: 25400元

F

法穆兰
Franck Muller

法穆兰（Franck Muller）集团于1991年由Vartan Sirmakes先生和Franck Muller制表大师共同创立，在20年的时间内，即成为世界上最重要的高级钟表公司之一。其坐落于日内瓦近郊小镇Genthod的制表总部，更是以坐拥令人叹为观止的日内瓦湖畔及勃朗峰景致著称。

每一位制表师的梦想莫过于能完全参与并掌握一枚手表所有的制作过程。同样的，法穆兰（Franck Muller）从构思到制作也同样追求这一个如艺术创作般的过程，以期能达到完全自制的目标。为了达到此一目标，要求工程师与技术人员拥有最先进的设备，制表师们则需具备最精湛的传统工艺，而唯有借由科技与传统的完美结合，并对法穆兰（Franck Muller）集团的每一个环节娴熟掌握，如此投入全部的精力才得以达至"钟表制造商"的美名。

每年Franck Muller集团都会有WPHH表展举行，去该展参观的人们大多是去看Franck Muller。2011年，Franck Muller GIGA陀飞轮一经推出，就成功地博得全球瞩目，直径达20毫米的GIGA陀飞轮是全球现今手表内最大的陀飞轮装置。2012年，Franck Muller不仅又丰富了这一系列，推出酒桶形的Giga镶钻陀飞轮手表，同时也推出了Infinity Phoenix系列。

所有在法穆兰（Franck Muller）集团生产的手表，皆为100%瑞士制造，其中有70%在Geneva和Jura制造完成，这要归功于管理部门对于维护产品质量的坚持。

创立时间:
1991年

员工人数:
1000名

年产量:
50000枚

电话:
010 85351606

传真:
不详

网址:
http://www.franckmuller.com/

销售方式:
专卖店销售

经典款式:
酒桶形，陀飞轮，复杂功能手表

价格区间:
不详

Giga全镶钻镂空陀飞轮手表

型号： 8889 T G DF D8 CD
机芯： FM 2100手动上弦机芯，摆频18000次/小时，四发条盒，动力储存9天
功能： 时针，分针，陀飞轮
表壳： 9.2毫米×43.7毫米×15.65毫米，18K白金表壳，镶嵌754颗钻
表带： 手工缝制鳄鱼皮表带
参考价格： 2880000元

Giga镶钻镂空陀飞轮手表

型号： 8889 T G SQT D WG
机芯： FM 2100手动上弦机芯，四发条盒，摆频18000次/小时
功能： 时针，分针，陀飞轮
表壳： 59.2毫米×43.7毫米×14毫米，白金表壳，镂空镶嵌钻石
表带： 手工缝制鳄鱼皮表带
参考价格： 2380000元

Giga 全镶钻镂空陀飞轮手表

型号： 8889 T G DF D8 CD
机芯： FM2100
功能： 时针，分针，秒针，陀飞轮，动力储存显示
表壳： 18K金镶钻
表带： 手工缝制鳄鱼皮表
参考价格： 2980000元

Double Mystery

型号： DM 42 D2 RCD SA
机芯： 自动上弦机芯，950白金自动盘，动力储存42小时
功能： 时针，分针
表壳： 白金镶钻表壳
表带： 手工缝制鳄鱼皮表带
参考价格： 822000元

Double Mystery四季手表

型号： 42 DM 4 SAI D3R CD 5N
机芯： FM 800自动上弦机芯，25.6毫米×3.6毫米，动力储存42小时
功能： 时针，分针
表壳： 直径42毫米，18K粉红金表壳，镶嵌338颗钻石和273颗有色宝石
表带： 手工缝制鳄鱼皮表带
参考价格： 822000元

Vintage

型号： 7421 B S6 VIN WG
机芯： FM2210自动上弦机芯
功能： 时针，分针，秒针
表壳： 18K白金，直径42毫米
表带： 手工缝制鳄鱼皮表带
参考价格： 129000元

F

Secret Hours镶钻手表

型号： 7880 SE HI D
机芯： 自动上弦机芯，动力储存42小时
功能： 时针，分针，当按下位于表壳9时方向按钮时，时间即刻显示
表壳： 酒桶型18K白金表壳
表带： 手工缝制鳄鱼皮表
参考价格： 577000元

Crazy Hours

型号： 5850 CH COL DR
机芯： 自动上弦机械机芯，动力储存 40 小时
功能： 时针，分针
表壳： 18K 白金、黄金、玫瑰经酒桶型表壳
表带： 手工缝制鳄鱼皮表带
参考价格： 250000元

Vintage

型号： 8880 SC DT VIN 5N
机芯： FM2210自动上弦机芯
功能： 时针，分针，秒针
表壳： 18K玫瑰金，尺寸39.6毫米x55.4毫米
表带： 手工缝制鳄鱼皮表
参考价格： 213000元

Conquistador GPG陀飞轮

型号： 9900 T GPG
机芯： 2001 R11手动上弦机芯，动力储存60小时
功能： 时针，分针，陀飞轮
表壳： 62.7毫米×48毫米，厚14.6毫米，Ergal合金和钛金属表壳
表带： 手工缝制鳄鱼皮表带
参考价格： 1110000元

Conquistador GPG镶钻手表

型号： 9900 SC GPG D CD 5N
机芯： 0800自动上弦机芯，动力储存42小时
功能： 时针，分针，日期
表壳： 钛金属，玫瑰金，62.7毫米x48毫米x14.6毫米
表带： 手工缝制鳄鱼皮表
参考价格： 414000元

Black Croco 陀飞轮

型号： 8880 T BLK CRO
机芯： FM 2001 自动上弦机芯 ，铂金950摆陀，动力储存60小时
功能： 时针，分针
表壳： Cintrée Curvex自制表壳镀黑色PVD处理磨砂表壳，漆面立体鳄鱼纹装饰
表带： 手工缝制鳄鱼皮表带
参考价格： 1300000元

Gold Croco

型号： 8880 SC GOLD CRO
机芯： 自动上弦机芯
功能： 时针，分针，秒针
表壳： 黑色PVD磨砂表壳，尺寸55.4毫米x39.6毫米x11.9毫米
表带： 手工缝制鳄鱼皮表
参考价格： 240000元

Skeleton 镂空陀飞轮手表

型号： 7880 T SQT D WG
机芯： FM 2001R11手动上弦陀飞轮机芯，摆频18000 次/小时，动力储存60小时
功能： 时针，分针，秒针
表壳： 18K金材质镂空镶钻
表带： 手工缝制鳄鱼皮表带
参考价格： 1840000元

Diamond Cintrée Curvex 酒桶型镶钻手表

型号： 2852 SC D 1P 5N
机芯： 自动上弦机械机芯
功能： 时针，分针，秒针
表壳： 18K黄金、表面和表圈镶嵌2克拉钻石
表带： 手工缝制鳄鱼皮表带
参考价格： 395000元

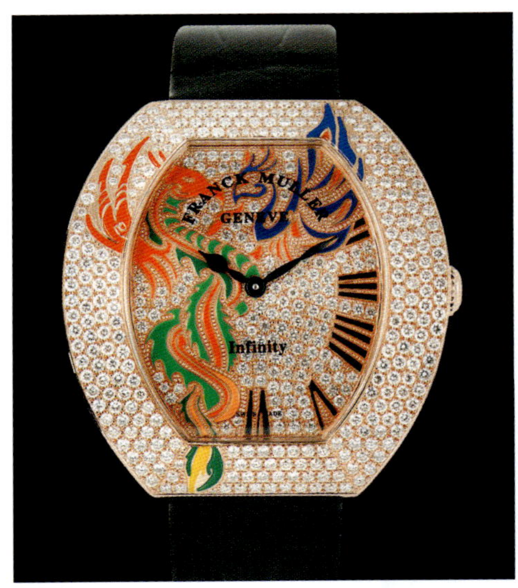

Infinity Phoenix 2

型号： 3540 QZ Phoenix D CD
机芯： 石英机芯，太阳纹双色镀铑
功能： 时针，分针
表壳： 18K金，镶钻，尺寸43毫米x40毫米
表带： 手工缝制鳄鱼皮表
参考价格： 473000元

Infinity Phoenix

型号： 3540 QZ Phoenix D CD
机芯： 石英机芯，太阳纹双色镀铑
功能： 时针，分针
表壳： 18K金，镶钻，尺寸43毫米x40毫米
表带： 手工缝制鳄鱼皮表
参考价格： 473000元

Long Island

型号： 952 QZ DIP WG
机芯： FM2800基础机芯，搭配950纯白金石英盘
功能： 特殊功能依各表款不同而分别具有月相、万年历及三地时间的显示
表壳： 18K白金表壳
表带： 手工缝制鳄鱼皮表带
参考价格： 324000元

F

F.P.Journe

F.P.Journe 创始人 François-Paul Journe 于法国马赛出生，他是一位伟大的制表师。

14 岁时，他进入马赛的制表学校学习。两年之后他又进入巴黎的另一家制表学校就读，并在此之后到他叔叔的钟表修复商店工作。在那里，他的未来构图逐渐形成，见识了两只非凡的宝玑和 George Daniels 怀表之后，年轻的 Journe 决定要制作自己的陀飞轮。 4 年之后，也就是 1982 年，他完成了除宝石和几个小型部件之外完全由自己手工制作的第一只陀飞轮表。包括颇有名望的 Dr. Gschwind 在内的两个知名收藏家决定向他各订制一只怀表，Journe 的职业生涯因此正式开始。他在巴黎开设自己的表厂，并通过 Dr. Gschwind 的关系销售，订单不断涌来……

1987 年在制作 Sympathetique 座钟的同时，他与几个朋友在瑞士的 Sainte-Croix 创办了一家小企业，为几个知名瑞士品牌制作小型系列的 Sympathique 和其他座钟，手表产品被暂时搁置。直到 1994 年，这个法国制表师才决定撤出并返回巴黎。此时，他人生要迈出的下一步已经在脑海中形成。1996 年 François Paul Journe 来到日内瓦并在那里开设自己的表厂。三年之后，在独立表商制表学院的会议上，他展出了机芯完全由自己设计的两个产品原型：Tourbillon Souverain 和 Chronomèter à Résonance。这两只手表分别创造了世界第一。

随着愈来愈多瑞士钟表品牌诚邀合作，François-Paul Journe 决心成立自己的工作坊，并专门为不同品牌设计独特的机芯。他在创制时计方面表现真诚，凭着其独特概念、原创性及技术表现，他的作品很快便登上世界的名表殿堂。直到现在，F.P.Journe 曾经七次于日内瓦钟表大奖中获奖，其中三度获得最高荣誉的“金指针奖”。

创立时间：
1999年

员工数量：
不详

年产量:
少于900枚

电话:
010 8517 2036
00852 2522 1868

传真:
010 8517 2026

网址:
www.fpjourne.com

销售方式:
品牌专卖店

经典款式：
Chronometre a Resonance天文台级共振式手表，Centigraphe Souverain计时表，Sonnerie Souveraine大小自鸣三问表，Chronometre Souverain，Tourbillon Souverain陀飞轮手表，Octa自动上弦系列表款等

价格区间:
183600元~1407600元

Octa Automatique Lune

机芯: 1300.3自动上弦机芯
功能: 时针，分针，秒针，月相，大日期，动力储备显示
表壳: 铂金或玫瑰金，直径38毫米或40毫米
表带: 鳄鱼皮带
参考价格: 399600元~471600元

Tourbillon Souverain

机芯: 1403.2手动上弦机芯，动力储备42小时
功能: 偏心式时针，分针，6点位设小秒针盘，陀飞轮配备恒定力及定秒装置，动力储备显示
表壳: 铂金，直径38毫米或40毫米
表带: 鳄鱼皮带
参考价格: 1461600元~1478400元

Octa Calendrier

机芯: 1300.3自动上弦机芯，动力储备120小时
功能: 偏心式时针，分针，6点位小秒针盘，日期、星期及月份显示
表壳: 铂金或玫瑰金，直径38毫米或40毫米
表带: 鳄鱼皮带
参考价格: 478800元~552000元

Centigraphe Sport

机芯：1506手动上弦机芯，动力储备100小时
功能：时针，分针，计时
表壳：铝合金，饰以橡胶嵌入物，直径42毫米
表带：铝合金，饰以橡胶嵌入物
参考价格： 470000元

Chronometre a Resonance

机芯：1499.3手动上弦机芯，动力储备40小时
功能：两组独立时针，分针，秒针，其中左表盘为24小时转盘式显示，右表盘为指针式显示，动力储备显示
表壳：铂金或玫瑰金，直径38毫米或40毫米
表带：鳄鱼皮带
参考价格：693600元~778300元

Octa UTC

机芯：1300.3自动上弦机芯，动力储备120小时
功能：偏心式时针，分针，小秒针，偏心式第二时区小时，时区显示盘，冬令及夏令时间，大日期，动力储备显示
表壳：铂金或玫瑰金，直径38毫米或40毫米
表带：鳄鱼皮带
参考价格：415200元～488400元

Chronometre Bleu

机芯：1304手动上弦机芯，动力储备56小时
功能：时针，分针，秒针
表壳：钽合金，直径39毫米
表带：鳄鱼皮带
参考价格：183600元

Octa Sport

机芯：1300.3自动上弦机芯，动力储备120小时
功能：时针，分针，秒针，日/夜显示，大日期，动力储备显示
表壳：铝合金，饰以橡胶嵌入物，直径42毫米
表带：橡胶表带
参考价格：245000元

Octa Lune

机芯：1300.3自动上弦机芯，动力储备120小时
功能：偏心式时针，分针，6点位小秒针盘，月相显示，大日期，动力储备显示
表壳：铂金或玫瑰金，直径38毫米或40毫米
表带：鳄鱼皮带
参考价格： 397200元~469200元

Chronometre Optimum

机芯： 1510手动上弦机芯，动力储备70小时
功能： 偏心式时针，分针，小秒针，动力储备显示，定秒显示
表壳： 玫瑰金，直径40毫米或42毫米
表带： 鳄鱼皮带
参考价格： 662000元~708000元

Chronometre Souverain

机芯： 1304手动上弦机芯，动力储备56小时
功能： 时针，分针，小秒针，动力储备显示
表壳： 玫瑰金，直径38毫米或40毫米
表带： 鳄鱼皮带
参考价格： 213000元~264000元

Octa Perpetuelle

机芯： 1300.3自动上弦机芯，动力储备120小时
功能： 偏心式时针，分针，小秒针，飞返日期，星期，月份，闰年显示
表壳： 钛合金，直径40毫米
表带： 鳄鱼皮带
参考价格： 469000元

Octa Divine Sertie

机芯： 1300.3自动上弦机芯，动力储备120小时
功能： 时针，分针，小秒针，月相，大日期，动力储备显示
表壳： 铂金镶钻表壳，直径36毫米
表带： 铂金镶钻表链
参考价格： 433000元~954000元

Sonnerie Souveraine

机芯： 1505手动上弦机芯，动力储备120小时
功能： 偏心式时针，分针，小秒针，大打簧，小打簧，三问，动力储备显示
表壳： 不锈钢表壳，直径42毫米
表带： 鳄鱼皮
参考价格： 650000瑞郎

Vagabondage II

机芯： 1509手动上弦机芯，动力储备40小时
功能： 数字时针，分针，小秒针盘，动力储备显示
表壳： 玫瑰金
表带： 鳄鱼皮带
参考价格： 433000元~450000元

Octa Automatique Reserve

机芯： 1300.3自动上弦机芯
功能： 时针，分针，小秒针，大日期，动力储备显示
表壳： 铂金，直径38毫米或40毫米
表带： 鳄鱼皮带
参考价格： 278000元~339000元

Repetition Souveraine

机芯： 1408手动上弦机芯，动力储备56小时
功能： 时针，分针，小秒针，三问报时，动力储备显示
表壳： 不锈钢，直径40毫米
表带： 鳄鱼皮
参考价格： 1433000元

Tourbillon Souverain Serti

机芯： 1403.2手动上弦机芯
功能： 偏心式时针，分针，小秒针，陀飞轮，定秒装置，动力储备显示
表壳： 铂金，直径40毫米
表带： 铂金镶钻表链
参考价格： 3267000元~8880000元

Octa Reserve de Marche

机芯： 1300.3自动上弦机芯，动力储存120小时
功能： 偏心式时针，分针，小秒针，大日历，动力储备显示
表壳： 玫瑰金，直径38毫米或40毫米
表带： 鳄鱼皮
参考价格： 279000元~340000元

Octa Sport Indy 500 Miles

机芯： 1300.3自动上弦机芯，动力储存120小时
功能： 时针，分针，小秒针，昼夜显示，大日历，动力储备显示
表壳： 黑化铝合金，橡胶嵌入物，直径42毫米
表带： 橡胶表带
参考价格： 225000元

Centigraphe Souveraine

机芯： 1506手动上弦机芯
功能： 时针，分针，计时
表壳： 铂金，直径40毫米
表带： 铂金表链
参考价格： 898000元

F

康斯登
Frederique Constant

康斯登于 1988 年由 Dr. Peter Stas 和太太 Aletta Stas 正式创立，品牌定位为“可触及的奢华”（Accessible luxury），创始人不仅希望得到钟表鉴赏家的喜爱，更能够广泛地与大众分享高质量的瑞士手表，并且让他们以合理的价格拥有。品牌的各个手表系列除了外形流丽雅致，背后也蕴藏丰富的内涵。

“活出你的热情”一直驱使康斯登不断突破自我，凭借对制造手表的热情，在短短的 20 多年间，品牌已发展成为瑞士钟表制造商中的杰出典型，更于瑞士手表之乡日内瓦 Plan-Les-Ouates 设置厂房，自主研发机芯，设计推陈出新，每一只手表都经由人手或仪器做长时间的检测，对质量的高标准要求可见一斑，由此也在市场上取得了不俗的成绩。

创立时间:
1988年

员工数量:
不详

年产量:
120000枚

电话:
021 53858899 668

传真:
不详

网址:
www.frederique-constant.com.cn

销售方式:
经销商网络

经典款式:
Double Heart Beat双心跳系列，Manufacture自家机芯系列

价格区间:
7000元~30000元

双心跳系列Black Beauty手表

型号: FC-310BDHB2PD6
机芯: FC-310自动机芯，动力储存42小时
功能: 时针，分针，秒针
表壳: 直径43毫米，不锈钢镶钻，防水60米
表带: 黑色绢带
参考价格: 33880港元

Index Moon Timer 月影系列手表

型号: FC-330B6B6B
机芯: FC-330自动机芯，动力储存42小时
功能: 时针，分针，秒针，日历，月相
表壳: 直径43毫米，不锈钢表壳，防水100米
表带: 不锈钢表带
参考价格: 17500元

Mini Slim Line 迷你超薄系列手表

型号: FC-200WHDS5B
机芯: 石英机芯
功能: 时针，分针
表壳: 直径25毫米，不锈钢包金表壳，防水30米
表带: 不锈钢包金表带配以折叠式表扣
参考价格: 9800元

Runabout赛艇系列威尼斯手表

型号： FC-303RV6B6
机芯： FC-303自动上弦机芯，26颗宝石
功能： 时针，分针，秒针，日历
表壳： 直径43毫米，不锈钢表壳，防水100米
表带： 咖啡色小牛皮表带
参考价格： 16500元

Runabout赛艇系列威尼斯计时手表

型号： FC-392RV6B6
机芯： FC-392自动机芯，26颗宝石
功能： 时针，分针，秒针，日历，计时
表壳： 直径43毫米，不锈钢表壳，防水100米
表带： 棕色小牛皮表带
参考价格： 25500元，限量1888枚

Amour Pavée by Shuqi手表

型号： FC-310SQPV2PD4
机芯： FC-310自动机芯
功能： 时针，分针，秒针
表壳： 直径34毫米，防水60米，不锈钢包玫瑰金
表带： 绢带配以折叠式表扣
参考价格： 43800元，限量888枚

Slim Line Manufacture Tourbillon超薄陀飞轮

型号： FC-980V4STZ9
机芯： FC-980自动陀飞轮自家机芯
功能： 时针，分针，秒针，陀飞轮
表壳： 直径43毫米，不锈钢间玫瑰金，防水30米
表带： 黑色鳄鱼皮带
参考价格： 300000元，限量188枚

Classics Manufacture 典雅自家机芯手表

型号： FC-710MC4H4
机芯： FC-710自动机芯，动力储存42小时
功能： 时针，分针，秒针，日历
表壳： 直径42毫米，玫瑰金表壳面，防水50米
表带： 小牛皮带配折叠式表扣
参考价格： 21800元

La Carrera Panamericana 卡雷拉泛美拉力赛手表

型号： FC-435V6B6
机芯： FC-435手动机芯，动力储存42小时
功能： 时针，分针，秒针
表壳： 直径43毫米，不锈钢表壳，防水100米
表带： 黑色或棕色小牛皮表带
参考价格： 10500欧元，限量1888枚

Index Moon Timer 月影系列手表

型号： FC-335V6B6
机芯： FC-335自动机芯，动力储存42小时
功能： 时针，分针，秒针，日历，月相
表壳： 直径43毫米，不锈钢表壳，防水100米
表带： 黑色小牛皮表带
参考价格： 17500元

WorldTimer世界时自家机芯系列手表

型号： FC-718WM4H6
机芯： FC-718自动自家机芯
功能： 时针，分针，秒针，世界时，日历
表壳： 直径42毫米，防水50米，不锈钢表壳
表带： 黑色或蓝色小牛皮表带配以折叠式表扣
参考价格： 28000元，限量1888枚

Slim Line 女装超薄系列

型号： FC-220B4SD36
机芯： FC-220石英机芯
功能： 日历，时针，分针
表壳： 直径37毫米，防水30米，不锈钢表壳
表带： 黑色绢带或不锈钢表带
参考价格： 19000港元

Slim Line 女装超薄系列

型号： FC-235MPWD1S6B
机芯： FC-235石英机芯
功能： 时针，分针，小秒针
表壳： 直径28.6毫米，防水30米，不锈钢表壳
表带： 不锈钢表带配以折叠式表扣
参考价格： 8700元

Persuasion信念系列

型号： FC-315M4P6B3
机芯： FC-315全自动机芯
功能： 日历，时针，分针，秒针
表壳： 直径40毫米，不锈钢表壳，防水60米
表带： 磨砂拼抛光不锈钢表带
参考价格： 13000元

Persuasion信念系列

型号： FC-303M4P6B3
机芯： FC-303全自动机芯
功能： 日历，时针，分针，秒针
表壳： 直径40毫米，不锈钢表壳，防水60米
表带： 磨砂拼抛光不锈钢表带
参考价格： 10500元

Slim Line Automatic超薄自动手表

型号：FC-306S4S6
机芯：FC-306自动机芯
功能：日历，时针，分针
表壳：直径40毫米，不锈钢表壳
表带：黑色小牛皮带
参考价格：13800元

Slim Line Automatic超薄自动手表

型号：FC-306G4S6B
机芯：FC-306自动机芯
功能：日历，时针，分针
表壳：直径40毫米，不锈钢表壳，黑色表盘
表带：不锈钢表带
参考价格：15800元

Slim Line 超薄阿拉伯数字刻度女表

型号：FC-235A1S6
机芯：FC235 石英机芯
功能：时针，分针，小秒针
表壳：直径28.6毫米，不锈钢表壳，防水30米
表带：黑色小牛皮带
参考价格：6000元

Slim Line 超薄系列
阿拉伯数字刻度男装手表

型号：FC-245A4S6
机芯：FC245石英机芯
功能：时针，分针 ,小秒针
表壳：37毫米，不锈钢或电镀黄金表壳
表带：黑色小牛皮带
参考价格：7600元

Maxime Manufacture Automatic
卓尔系列自动手表

型号：FC-700MS5M6
机芯：FC-700自制机芯，动力储存42小时
功能：时针，分针，日期
表壳：光砂相间不锈钢，直径42毫米，防水50米
表带：黑色鳄鱼皮带及折叠带扣
参考价格：26800元

Delight 天悦女装手表

型号：FC-220WHD2ER2B
机芯：FC-220石英机芯
功能：时针，分针，日历
表壳：不锈钢及18K玫瑰金，直径31毫米，防水30米
表带：不锈钢表带及真皮皮带
参考价格：11700元

F

Folli Follie

来自希腊的品牌 Folli Follie 创立于 1982 年，以生产珠宝首饰为主，其银色或金色不锈钢搭配钻石的制作风格深受广大时尚女性欢迎。

1994 年，Folli Follie 开拓女式系列手表业务，通过混合搭配，Folli Follie 手表已经建立、发展并形成了自己在时尚领域独特的风格。Folli Follie 手表丰富多样，包括陶瓷系列、橡胶系列、首饰手表以及随后的 Urban Spin、Water Champ 和 Heart4Heart 系列。此外，为了适应现代男性不断变化的生活方式和他们对中高级手表的需求，Folli Follie 遵循时尚行业的指引，于 2006 年 3 月重新启动了男表系列，并推出不同种类的手表设计。

创立时间:
1982年

员工数量:
不详

年产量:
不详

电话:
021 54660866

传真:
021 54660766

网址:
http://www.follifollie.com.cn/

销售方式:
品牌直营，代理商

经典款式:
Heart4Heart系列手表， Desire系列手表， Luna系列手表

价格区间:
1700元~9700元

Fireworks 灿烂烟火系列

型号: Mod. WF2A006BSS_XX
机芯: 石英机芯
功能: 时针，分针，秒针
表壳: 不锈钢，银质表盘，4颗水晶石装饰
表带: 不锈钢，5微米厚度镀银，水晶石装饰
参考价格: 3895元
其他款式: 镀玫瑰金（4155元）
黑色镀层（4155元）

Heart 4 Heart系列手表

型号: Mod. WF2R005SSZ_WH
机芯: 石英机芯，西铁城机芯 5Y36
功能: 时针，分针，秒针
表壳: 不锈钢镀玫瑰金表壳，矿物玻璃表盖，Heart4Heart形状透明不锈钢镀玫瑰金表盘，水晶石装饰，黑色指针
表带: 白色绢丝皮革表带，不锈钢镀玫瑰金表扣
参考价格: 2595元

Regatta 系列手表

型号: Mod. WF1Y041ZEY_WH
机芯: 石英机芯，西铁城机芯OS20
功能: 时针，分针，秒针，日期，计时
表壳: 不锈钢黑色镀层表壳，矿物玻璃表盖白色闪耀印花表盘，黑色夜光时针分针，黄色秒针，防水10米
表带: 白色橡胶表带，不锈钢黑色镀层表扣
参考价格: 3145元

Desire系列手表

型号： WF2A013SSR
机芯： 石英机芯
功能： 夜光时针，分针，秒针
表壳：不锈钢表壳，表圈镶水晶
表带： 红色真皮表带
参考价格： 2625元

Folli Follie Luna系列

型号： WF2B019SPK
机芯： 石英机芯
功能： 时针，分针
表壳： 不锈钢镀玫瑰金
表带： 棕色真皮表带
参考价格： 2585元

Folli Follie Ivy系列

型号： WF2B012STU
机芯： 石英机芯
功能： 时针，分针，秒针，表盘带日期显示
表壳： 不锈钢镀玫瑰金
表带： 蓝色真皮表带
参考价格： 2525元

Folli Follie Purity系列

型号： WF1Y015SPZ
机芯： 半自动机械机芯
功能： 时针，分针，秒针
表壳： 不锈钢镀玫瑰金
表带： 珍珠鱼皮
参考价格： 6885元

Folli Follie Crazy Craziness系列

型号： WF1P034ZPW
机芯： 石英机芯，表盘电子显示Logo
功能： 夜光时针，分针，秒针
表壳： 塑料表壳镶嵌水晶
表带： 树脂
参考价格： 1755元

Folli Follie Beautime系列

型号： WF1B021SES
机芯： 石英机芯
功能： 夜光时针，分针，秒针，计时
表壳： 不锈钢镀玫瑰金，镶嵌水晶
表带： 陶瓷
参考价格： 3435元

G

创立时间:
1791年

员工数量:
不详

年产量:
不详

电话:
010 58138256 021 62886345

传真:
无

网址:
www.girard-perregaux.com

销售方式:
经销商网络

经典款式:
vintage 1945 三金桥陀飞轮，girard-perregaux 1966万年历，cat's eye 猫眼系列陀飞轮

价格区间:
50000元～5938000元

芝柏
Girard-Perregaux

Girard-Perregaux (GP) 芝柏表于 1791 年由制表大师 J. F. 波特 (Jean Francois Bautte) 所创立,最初并不叫作GP 芝柏表。1854 年,表厂由天才横溢的制表师康士坦特·芝勒德 (Constant Girard) 和玛丽 · 柏利高 (Marie Perregaux) 两夫妇接管，两人把自己的姓氏结合，并于 1856 年正式成立 Girard-Perregaux 芝柏表厂。

在芝勒德夫妇掌管下的 GP 芝柏表厂，发展一日千里。1867 年，芝勒德证实了将黄金运用在机芯上的可行性，并成功地研制了三金桥陀飞轮机芯，此发明在 1867 年和 1889 年的巴黎国际博览会上获得了金奖，并被誉为表中的“蒙娜丽莎”。1901 年，巴黎国际博览会宣布三金桥陀飞轮不能再参展，原因是它太完美，无与匹敌。1880 年，德国皇帝威廉一世邀请芝勒德为 2000 名海军将官制造一批表，充满创意的芝勒德希望把怀表做成手表。可惜，这个构思在怀表盛行的 19 世纪被视为过于天马行空，所以计划最后被迫搁置。20 世纪 50 年代开始，GP 芝柏表开始进军亚洲市场，成为真正的国际品牌。

拥有 200 多年历史的 GP 芝柏表，是世界上硕果仅存的真正制表厂之一。品牌的研发部门，拥有大约 20 名资深的制表师和工程师，严格地监控手表生产的每一个过程，设计概念、机芯研发、表壳设计和制造等所有工序，都由他们仔细监督和改良。所以，每一枚 GP 芝柏表，都是传统制表工艺和现代尖端科技的艺术结晶品，已经超越了时计的境界。

1918 年，拉桑迪坊 (La Chaux-de-Fonds) 商人纽丁 (Charles Nuding) 建造了马基列特别墅 (Villa Marguerite)，它竖立在 GP 芝柏表厂的附近，外形典雅优美，和 GP 芝柏表的品牌形象非常相配。2000 年，GP 芝柏表把这座美丽的别墅改建成品牌的博物馆，里面收藏了各款珍贵罕见的 GP 芝柏表，从古董款式到现代经典，一应俱全；通过博物馆内不同的时计，更可深切地了解和体验瑞士钟表制造业的悠久历史和文化。爱表人士可以通过预约方式，参观 GP 芝柏表博物馆。

G

Cat's Eye高级珠宝表

型号： 91702B53P7B1-KK6A
机芯： GP033R0自动上弦机芯，动力储存46小时
功能： 时针，分针，小秒针
表壳： 白金镶钻，尺寸38.63毫米 x 33.63毫米，防水深度30米
表带： 灰色丝缎
参考价格： 5000000元

1966 珠宝表

型号： 49525D53A1B1-BK6A
机芯： GP3300-0066自动上弦机芯，动力储存46小时
功能： 时针，分针
表壳： 白金镶钻石，直径38毫米，防水深度30米
表带： 鳄鱼皮
参考价格： 410000元

Seahawk Pro 1000m潜水表

型号： 49950-19-1202SFK6A
机芯： GP033R0自动上弦机芯，动力储存46小时
功能： 时针，分针，小秒针，动力显示，日期
表壳： 不锈钢，直径44毫米，防水深度1000米
表带： 橡胶
参考价格： 83000元

Cat's Eye 陀飞轮高级珠宝表

型号： GP99498B53P7B1
机芯： GP09700-0006手动上弦机芯，动力储存72小时
功能： 时针，分针，陀飞轮
表壳： 白金镶钻，尺寸32.9毫米x 38.4毫米，防水30米
表带： 灰色丝缎
参考价格： 4655000元

1966白金全历手表

型号： 49535-79-152-BK6A
机芯： GP033M0，动力存储至少46小时
功能： 时针，分针，秒针，全历（带日期、星期、月份和月相指示）
表壳： 白金，直径40毫米，防水30米
表带： 带针扣的鳄鱼皮
参考价格： 190000元

1966 蓝色表盘计时表

型号： 49539-53-451-BK6A
机芯： GP030C0自动上弦机芯，动力储存36小时以上
功能： 时针，分针，小秒针，计时，测速
表壳： 白金，直径40毫米，防水深度30米
表带： 黑色鳄鱼皮配白金针扣
参考价格： 247000元

G

Cat's Eye Bi-Retro 双逆跳钻石手表

型号：GP80485D52A761DB
机芯：GP03390自动上弦机芯，动力储存46小时
功能：时针，分针，秒针，日期，月相
表壳：18K玫瑰金镶钻，尺寸35.25 毫米 x 30.25 毫米，防水30米
参考价格：275000元

GP1966小三针手表

型号：T49534-52-71-BK6A
机芯：GP03300-50自动上弦机芯，动力储存46小时
功能：时针，分针，小秒针
表壳：玫瑰金，直径40毫米，防水30米
表带：鳄鱼皮配针扣
参考价格：199000元

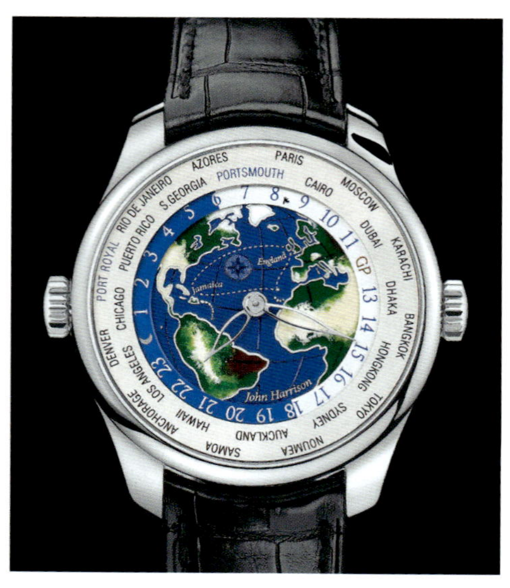

ww.tc John Harrison限量手表

型号：49870-53-R12-BA6A
机芯：GP033G0机芯，动力存储最少46小时
功能：时针，分针，世界时，昼夜
表壳：白金，直径41毫米，防水50米
表带：黑色鳄鱼皮，白金折叠表扣
参考价格：465000元，限量50枚

Vintage 1945 XXL手表

型号：25880-52-721-BB6A
机芯：GP 3300自动上弦机芯，动力储存48小时
功能：时针，分针，小秒针
表壳：玫瑰金，尺寸35.25毫米 x 36.2 毫米，防水30米
表带：短吻鳄鱼皮，配折叠扣
参考价格：210000元

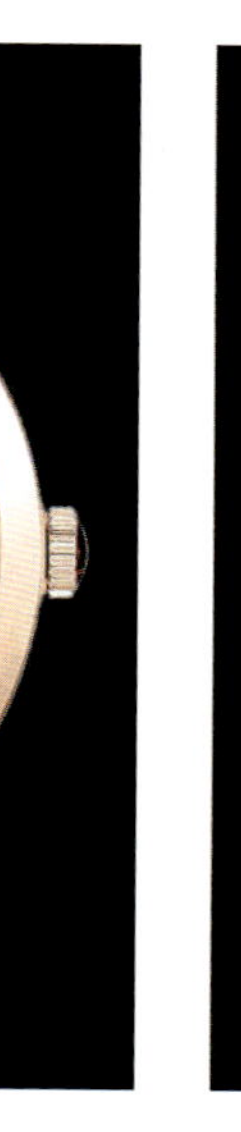

1966男装纤薄手表

型号：49525-52-131-BK6A
机芯：GP03300自动上弦机芯，动力储存 46小时
功能：时针，分针，秒针，日期
表壳：玫瑰金，防水深度 30米
表带：鳄鱼皮，配玫瑰金针扣
参考价格：134000元

1966 Lady女装手表

型号：49528D53A771-CK7A
机芯：GP3200自动上弦机芯，动力储存36小时
功能：时针，分针
表壳：白金表壳镶钻，直径30毫米，防水30米
表带：鳄鱼皮，配玫瑰金针扣
参考价格：145000元

1966年历天文时差手表

型号： 49538-52-131-BK6A
机芯： GP033M0自动上弦机芯，动力储存46小时
功能： 时针，分针，小秒针，年历，天文时差
表壳： 玫瑰金，直径40毫米，防水深度30米
表带： 鳄鱼皮，配玫瑰金针扣
参考价格： 282000元

ww.tc小三针手表

型号： 49865-52-651-BA6A
机芯： GP03387自动上弦机芯，动力储存46小时
功能： 时针，分针，小秒针，日历，世界时间，昼夜
表壳： 玫瑰金，直径43毫米，防水100米
表带： 小牛皮，配折叠式表扣
参考价格： 250000元

三金桥陀飞轮钻石手表

型号： 99193B52H001-BA6A
机芯： GP9600-0018自动上弦机芯，动力储存48小时
功能： 陀飞轮，时针，分针，小秒针
表壳： 玫瑰金镶钻，防水30米
表带： 鳄鱼皮，玫瑰金折扣镶钻
参考价格： 3363000元，限量18枚

ww.tc计时表

型号： 49805-11-153-BA6A
机芯： 自动上弦机芯，动力储存46小时
功能： 时针，分针，小秒针，世界时间，昼夜，计时，日历
表壳： 不锈钢，防水30米
表带： 鳄鱼皮，配折叠扣
参考价格： 133000元

1966金桥陀飞轮手表

型号： 99535D52A111-BK6A
机芯： GP 9610自动上弦机芯，动力储存48小时
功能： 陀飞轮，时针，分针，小秒针
表壳： 玫瑰金，直径40毫米，防水30米
表带： 短吻鳄鱼皮配折叠扣
参考价格： 1378000元 (限量50枚)

Vintage 1945三金桥陀飞轮

型号： 99880-52-001-BA6A
机芯： 9600-0019自动上弦机芯，动力储存48小时以上
功能： 陀飞轮，时针，分针
表壳： 玫瑰金，尺寸36.1毫米 x 35.25毫米，防水30米
表带： 鳄鱼皮表带，玫瑰金折扣
参考价格： 1890000元

G

创立时间：
1997年

员工数量：
不详

年产量:
不详

电话:
010 85150565

传真:
无

网址:
www.gcwatches.com

销售方式:
精品店铺

经典款式：
Gc迷你陶瓷系列X70011L1S，Gc经典自动系列X84003G5S

价格区间:
5000元～30000元

Gc

Gc 是一个由时尚品牌发展而成的具备瑞士制造（"Swiss Made"）标志的钟表企业。它的口号是"Smart Luxury"，即"睿智奢华"，款式以适合日常佩戴的石英和机械运动计时表为主，并通过多变的材料和设计，为男性和女性提供多样化和高品质的选择。Gc 手表由天美时集团（Timex Group）下属的 AGSequel 公司负责制造和分销，成立于 2007 年的 SequelAG 公司，总部位于瑞士楚格（Zug），在伦敦、巴黎、香港、多伦多和康涅狄格州的 Norwalk 均设有分理处。SequelAG 是瑞士手表工业联盟的成员，获得了为期 15 年的制造 Gc 手表和全球分销的权利。

Gc 女士经典 15周年限量版

型号： X89101L1S
机芯： ETA 2801
功能： 时针，分针，秒针
表壳： 316L不锈钢，17颗宝石镶嵌，防水50米
表带： 不锈钢或黑色鳄鱼纹表带，附调节扣
参考价格： 1990欧元～2990欧元，限量115块

Gc-1系列

型号： X90003G4S
机芯： Ronda 5030 D
功能： 时针，分针，秒针，日期，计时
表壳： 亚光不锈钢，直径44毫米，防水100米
表带： 意大利压纹鳄鱼皮表带
参考价格： 550欧元～650欧元

Gc-3潜水系列色彩定制款

型号： X79013G2S
机芯： 瑞士石英机芯
功能： 时针，分针，秒针，日期
表壳： 316L不锈钢，直径44毫米，防水300米
表带： 黑色压纹真皮表带
参考价格： 600 欧元

G

Gc SportClass女士运动经典魅力磨砂系列

型号： X69020L2S
机芯： 瑞士石英机芯
功能： 时针，分针，秒针，日期，星期
表壳： 黑水晶镶嵌，蓝宝石表面，防水100米
表带： 陶瓷表带
参考价格： 620欧元

Gc经典自动系列

型号： X84003G5S
机芯： SW 200-1
功能： 时针，分针，秒针，日期
表壳： 抛光316L不锈钢，防水100米
表带： 鳄鱼皮表带搭配可调节表扣
参考价格： 6255元～6395元

Gc-4 15周年限量版

型号： X87003G2S
机芯： ETA 2801手动上弦机芯，动力储备42小时
功能： 时针，分针，秒针
表壳： 316L亚光不锈钢，直径44毫米
表带： 意大利黑色压纹鳄鱼皮
参考价格： 2100欧元～2300欧元，限量115枚

Gc迷你陶瓷系列

型号： X70011L1S
机芯： 瑞士石英机芯
功能： 时针，分针
表壳： 陶瓷，不锈钢，直径28毫米，防水100米
表带： 陶瓷表带
参考价格： 3855元～3395元

Gc Sport Class XL-S Glam系列

型号： X69003L1S
机芯： Ronda 706
功能： 时针，分针，日期，星期
表壳： 陶瓷，玫瑰金，直径36毫米，防水100米
表带： 陶瓷表带
参考价格： 5695元

Gc 经典纤薄系列

型号： X59004G5S
机芯： Ronda 6004
功能： 时针，分针，小秒针
表壳： 抛光不锈钢，直径42毫米，防水50米
表带： 316L不锈钢表带
参考价格： 3555元 ～3995元

G

德国格拉苏蒂博物馆

格拉苏蒂
Glashütte Original

创立时间:
1845年

员工数量:
不详

年产量:
8000枚

电话:
010 85180618
021 53083766

传真:
无

网址:
www.glashuette-original.com

销售方式:
品牌直营，经销商网络

经典款式:
精髓系列，德国天文台认证手表，偏心大日历手表等

价格区间:
50000元~3500000元

拥有独特德式制表个性的格拉苏蒂，是世界上屈指可数的旗下全系列手表100%装配自制机械机芯的顶级品牌之一。格拉苏蒂(Glashütte Original)的血脉源于已拥有167年制表历史的德国制表重镇格拉苏蒂(Glashütte)。

格拉苏蒂的名字来源于德国的一座小镇的名称，浓缩了这座小镇的历史和独特传统。从格拉苏蒂(Glashütte)第一批身为制表师的企业家的决定建立起一个高知识含量的产业开始，便坚持采用系统方式讲授传统制表技术并一代接一代地加以传承。科学和生产技术的进步、工具和制模机械的改进以及制表大师们的热情奉献，共同培育了延续至今的卓越文化。格拉苏蒂(Glashütte Original)将这一历史作为珍贵的遗产加以珍藏，在这167年里，格拉苏蒂(Glashütte)的制表师已经继承并丰富了这些曾经鼓舞着前辈们的精神。

格拉苏蒂代表的是佩戴优雅且独特的机械手表的愉悦，代表着符合最严苛的德国制表标准。从最微小的零件到复杂的机芯，格拉苏蒂的手表杰作在最严格的标准下手工完成。

格拉苏蒂拥有4大系列，均完美呈现了精美的机芯。“精髓”系列将对传统的极度尊敬展示在手表的设计当中。艺术与工艺系列代表的是德国享誉世界的科技与制造水平，其结合个性化的设计赋予格拉苏蒂所生产的手表明显的德式外表和感觉。20世纪复古系列，唤起我们对20世纪强烈的感情回应。女款系列展示着格拉苏蒂的审美，超越外观——材料和珍贵的宝石创造的艺术。

Perpetual Calendar

型号：W10002110104
机芯：Caliber 100-02
功能：时针，分针，秒针，大日历，月相，平闰年，月份，星期
表壳：18K玫瑰金
表带：棕色鳄鱼皮
参考价格：258500元

Senator Panorama Date

型号：W10003110104
机芯：Caliber 100-03
功能：时针，分针，秒针，大日历
表壳：18K玫瑰金，直径40毫米，防水 50 米
表带：棕色鳄鱼皮
参考价格：165000元

Senator Diary

型号：W10013010104
机芯：Cal. 100-13
功能：时针，分针，秒针，日历式闹铃，大日历
表壳：18K玫瑰金
表带：棕色鳄鱼皮
参考价格：293500元

Senator Diary

型号：W10013040404
机芯：Cal. 100-13
功能：时针，分针，秒针，日历式闹铃，大日历
表壳：18K白金
表带：黑色鳄鱼皮
参考价格：318000元

PanoMaticCounter XL

型号：W19601020204
机芯：Cal.96-01自动上弦机芯，动力储存40小时
功能：时针，分针，计数器，小秒针，飞返计时表，大日历
表壳：不锈钢，直径44毫米，防水50米
表带：黑色鳄鱼皮，不锈钢表扣
参考价格：230500元

Panorama Date

型号：W13947161603
机芯：Caliber 39-31，自动上弦机芯
功能：大日历，时针，分针，秒针
表壳：橡胶，直径46毫米，防震，防水100米
表带：橡胶
参考价格：114000元

Senator Automatic

型号： W13959011204
机芯： Cal. 39-59自动上弦机芯
功能： 时针，分针，秒针
表壳： 不锈钢镶钻
表带： 黑色鳄鱼皮
参考价格： 113000元

PanoTourbillon XL

型号： W14103043404
机芯： Cal. 41-02
功能： 时针，分针，秒针，动力储存显示，日历，陀飞轮
表壳： 18K白金，直径42毫米
表带： 黑色鳄鱼皮
参考价格： 1211500元

PanoInverse XL

型号： W16604040205
机芯： Cal.66-04
功能： 动力储存显示，时针，分针，小秒针
表壳： 抛光不锈钢，直径42毫米
表带： 灰色鳄鱼皮
参考价格： 115500元

PanoInverse XL

型号： W16601010105
机芯： Cal. 66
功能： 时针，分针，小秒针，动力储存显示
表壳： 18K玫瑰金
表带： 黑色鳄鱼皮
参考价格： 218500元

Senator Chronometer

型号： W15801010104
机芯： Cal.58-01
功能： 动力储存显示，时针，分针，小秒针，大日历，停秒，归零，分针格跳功能
表壳： 18K玫瑰金，直径42毫米，防水50米
表带： 黑色鳄鱼皮
参考价格： 252000元

Lady Serenade

型号： W13922121144
机芯： Cal. 39-22，动力储存40小时
功能： 时针，分针，秒针，日历
表壳： 18K玫瑰金
表带： 白色鳄鱼皮
参考价格： 161000元

Pano Matic Lunar

型号： W19002453505
机芯： Caliber 90-02自动上弦，动力储存42小时
功能： 时针，分针，小秒针，大日历，月相
表壳： 18K玫瑰金
表带： 黑色鳄鱼皮
参考价格： 179500元

Senator Meissen Tourbillon

型号： W19411010104
机芯： Cal. 94-11自动上弦，动力储存48小时
功能： 时针，分针，陀飞轮
表壳： 18K玫瑰金，直径40毫米
表带： 黑色鳄鱼皮
参考价格： 1155500元

Sixties Panorama Date

型号： W23947010104
机芯： Caliber 39-47自动上弦机芯
功能： 时针，分针，秒针，大日历
表壳： 18K玫瑰金
表带： 黑色鳄鱼皮
参考价格： 150000元

Sixties Square Tourbillon

型号： W19412010104
机芯： Cal. 94-12，自动上弦，动力储存48小时
功能： 时针，分针，大日历，陀飞轮
表壳： 18K玫瑰金，直径42毫米
表带： 黑色鳄鱼皮
参考价格： 946000元，限量50枚

Senator Meissen

型号： W10010010104
机芯： Cal.100-10，双向上弦，动力储存55小时
功能： 时针，分针
表壳： 18K玫瑰金
表带： 黑色鳄鱼皮
参考价格： 188000元

PanoInverse XL

型号： W16605252505
机芯： Cal. 66-04
功能： 动力储存显示，时针，分针，小秒针
表壳： 18K玫瑰金，直径42毫米
表带： 棕色鳄鱼皮
参考价格： 218000元，限量200枚

手动上弦机芯89-01

功能： 动力储存72小时
直径： 39.2毫米
厚度： 7.5毫米
红宝石： 72颗
摆频： 21600次/小时

手动上弦机芯65-01

功能： 42小时动力储存
直径： 32.2毫米
厚度： 6.1毫米
红宝石： 48颗
摆频： 28800次/小时

Cal.90自动上弦机芯

功能： 时针，分针，小秒针，月相，大日历
直径： 32.6毫米
厚度： 5.4毫米
红宝石： 28颗
摆频： 28800次/小时

Cal.66-05手动上弦机芯

功能： 时针，分针，小秒针，动力显示，动力存储约41小时
直径： 38.3毫米
厚度： 5.95毫米
红宝石： 31颗
摆频： 28800次/小时

Cal.49-13手动上弦机芯

功能： 时针，分针，小秒针，动力显示，月相
直径： 35毫米
厚度： 5.8毫米
红宝石： 35颗
摆频： 28800次/小时

Cal.100自动上弦机芯

功能： 时针，分针，小秒针，大日历
直径： 31.15毫米
厚度： 7.1毫米
红宝石： 59颗
摆频： 28800次/小时

冠星
Glycine

1914 年，Glycine 由 Eugene Meylan 创立，并由其家族管理，秉承优良的传统制表理念。从 1938 年开始，Glycine 便在巴塞尔钟表展上亮相，是首届表展 29 个参展商之一。目前，公司在瑞士比尔（Biel）设立工作室，CEO 为 Stephan Lack，并由 Katherina Brechbuhler 管理公司的日常运营。另外，Katherina 与自己的父亲 Hans Brechbuhler 同时负责品牌的设计工作。凭借创新的设计风格及专业的制表工艺，Glycine 受到了众多钟表爱好者的青睐。

创立时间：
1914年

员工数量：
不详

年产量:
不详

电话:
021 5830 0518

传真:
021 5831 1571

网址:
www.glycine-watch.ch

销售方式:
经销商

经典款式：
Airman, Combat, Incursore, Lagunare

价格区间:
8000港元~25000港元

Airman Double 24 09

型号: 3886.19
机芯: ETA 2893-2 自动上弦机芯
功能: 时针，分针，秒针，计时，两地时，日期
表壳: 不锈钢，直径44毫米，防水200米
表带: 小牛皮表带
参考价格: 26500港元

Combat 6 自动手表

型号: 3890.19
机芯: ETA 2824-2 自动上弦机芯
功能: 时针，分针，秒针，日期
表壳: 不锈钢，直径43毫米，防水50米
表带: 不锈钢表带
参考价格: 7600港元

Incursore III 44毫米 自动手表

型号: 3900.19
机芯: ETA 2824-2自动上弦机芯
功能: 时针，分针，秒针，日期
表壳: 不锈钢，直径44毫米，防水100米
表带: 小牛皮表带
参考价格: 8000港元

G

爵尼
Genie

创立时间：
1919年

员工人数：
不详

年产量：
不详

电话：
800 999 0252

传真：
0755 26418708

网址：
http://www.swissgenie.com/

销售方式：
百货商场 专卖店

经典款式：
睿骏系列The Wiser Series

价格区间：
2000元~50000元

1919年，奥斯凯·克思勒（Oskar Kessler）创办爵尼，至今已将近一个世纪，公司目前由爵尼的第三代继承人管理。爵尼每一只手表都经过精准的人工校对，从组装到调试都是纯手工进行。手表作为一个精细的仪器，需要丝毫不差的精准调试，而爵尼的调表师都是毕生从事手表调试工作的大师，每一条真皮表带都经过繁琐的工序，工整的针脚倾注了爵尼认真、仔细、一丝不苟的企业文化。

细观爵尼手表，经施华洛世奇水晶石镶嵌和蓝宝石玻璃点缀过的手表就像艺术品一样值得欣赏。爵尼对蓝宝石的抛光进行过深入研究，最终获得了最好的蓝宝石加工工艺，尤其是蓝宝石镜面的超光滑表面给手表带来新的高度。施华洛世奇水晶石和蓝宝石玻璃的镶嵌通过精确的计算在美学达到极致的情况下进行，自然唯美。

大将系列Admiral Series

型号：GNQ-T1833M-AW
机芯：自动上弦机芯
功能：时针，分针，秒针，日历
表壳：316L不锈钢
表带：316L不锈钢
参考价格：店洽

波尔祖系列The Burzum Series

型号：GNQ-T1826M-BM
机芯：自动上弦机芯
功能：时针，分针，秒针，日历
表壳：316L不锈钢，钨钢表圈
表带：316L不锈钢夹钨钢
参考价格：店洽

尊宝系列The Europe Classical

型号：GNQ-T1818M-G
机芯：自动上弦机芯
功能：时针，分针，秒针，日历
表壳：316L不锈钢，黄金表圈
表带：316L不锈钢
参考价格：店洽

睿骏系列The Wiser Series

型号： GNQ-T1828M-DG
机芯： 自动上弦机芯
功能： 时针，分针，秒针，日历
表壳： 316L不锈钢，18K黄金表圈、表带、表冠
表带： 316L不锈钢，中珠表层为18K黄金
参考价格： 店洽

卓越雅豪系列Supreme Series

型号： GNQ-T1821M-G
机芯： 自动上弦机芯
功能： 时针，分针，秒针　日历
表壳： 316L不锈钢，黄金表圈
表带： 316L不锈钢，电镀IPG
参考价格： 店洽

酷奇系列Cooskin Series

型号： GNQ-T1829M-AW
机芯： 自动上弦机芯
功能： 时针，分针，秒针，日历
表壳： 316L不锈钢
表带： 316L不锈钢
参考价格： 店洽

卓越俊豪系列 The Excellence Eminence Series

型号： GNQ-T1822M-B
机芯： 自动上弦机芯
功能： 时针，分针，秒针，星期，日历
表壳： 316L不锈钢
表带： 316L不锈钢夹钨钢
参考价格： 店洽

新款系列

型号： GNQ-T1831M-KAD
机芯： 自动上弦机芯
功能： 时针，分针，秒针
表壳： 316L不锈钢，18K黄金表圈、表冠
表带： 316L不锈钢，中珠为18K黄金
参考价格： 店洽

新款系列

型号： GNQ-T1831M-KAG
机芯： 自动上弦机芯
功能： 时针，分针，秒针，日历
表壳： 316L不锈钢，18K黄金表圈、表冠
表带： 316L不锈钢，中珠为18K黄金
参考价格： 店洽

G

创立时间：
2004年

员工数量：
75人

年产量:
100枚

电话:
021 53016833

传真:
021 53016822

网址:
www.greubelforsey.com

销售方式:
专营店

经典款式：
30度双体陀飞轮手表，差动四体陀飞轮手表，24秒陀飞轮手表

价格区间:
2700000元~6000000元

高珀富斯 Greubel Forsey

2004 年，Stephen Forsey 与 Robert Greubel 共同创立 Greubel Forsey。同年的巴塞尔表展是充满革新设计和惊喜的一届。与历届钟表展一样，不少意念新颖的新产品均出自独立制表师协会（AHCI）成员和候选会员之手。其中两位候选会员便是 Robert Greubel 和 Stephen Forsey，他们为 2004 年的 Basel 钟表展带来双重惊喜。他们独创的立体双轴陀飞轮——内置陀飞轮的陀飞轮令世界惊叹。

由于两个陀飞轮框架接连的角度呈 30 度，因此新设计名为“Double Tourbillon 30°”。Greubel Forsey 把每分钟旋转一圈的小陀飞轮，置于每四分钟旋转一圈的大陀飞轮内。

他们构思出这个相连的陀飞轮结构，是为了使陀飞轮更加适合应用于手表内。单轴陀飞轮由宝玑（Abraham-Louis Breguet）在 200 多年前发明，能抵消怀表垂直摆放时地心吸力对摆轮的影响，但由于手表的位置常有变化，往往造成误差，令陀飞轮无法发挥作用。然而，多轴陀飞轮能针对手表垂直或水平摆放时旋转速度的变化，抵消产生的方位差，确保手表更加精确。

Double Tourbillon 30 Technique 3 0 度双体陀飞轮技术工艺手表

型号： 9000 2396
机芯： 手动上弦机芯，动力储备120小时
功能： 时针，分针，秒针，陀飞轮，动力显示
表壳： 铂金，直径47.5毫米，防水30米
表带： 黑色鳄鱼皮表带
参考价格： 4050000元

Tourbillon 24 Seconds Contemporain

型号： 9100 1253
机芯： 手动上弦机芯，动力储备72小时
功能： 时针，分针，秒针，陀飞轮，动力显示
表壳： 铂金，直径43.5毫米，防水30米
表带： 蓝色鳄鱼皮表带，铂金表扣
参考价格： 430000瑞郎，限量33枚

Quadruple Tourbillon Secret

型号： 9100 0328
机芯： 手动上弦机芯，动力储备50小时
功能： 时针，分针，秒针，陀飞轮，动力显示
表壳： 铂金，直径 43.5毫米，防水30米
表带： 黑色鳄鱼皮
参考价格： 720000瑞郎

GMT

型号： 9001 1141
机芯： 手动上弦机芯，动力储备72小时
功能： 时针，分针，秒针，陀飞轮，第二时区，世界时间
表壳： 白金，直径43.5毫米，防水30米
表带： 黑色鳄鱼皮，白金折叠式表扣
参考价格： 3970000元

Tourbillon 24 Seconds 24秒陀飞轮手表

型号： 9000 1154
机芯： 手动上弦机芯，动力储备72小时
功能： 时针，分针，秒针，陀飞轮，动力显示
表壳： 铂金，直径43.5毫米，防水30米
表带： 黑色鳄鱼皮表带
参考价格： 2760000元

Quadruple Tourbillon 差动四体陀飞轮手表

型号： 9000 2705
机芯： 手动上弦机芯，动力储备50小时
功能： 时针，分针，秒针，陀飞轮，动力显示
表壳： 玫瑰金，直径 43.5毫米，防水30米
表带： 黑色鳄鱼皮表带
参考价格： 5370000元

G

古驰
Gucci

创立时间：
1972年

员工数量：
不详

年产量:
不详

电话:
021 52285533

传真:
021 62181510

网址:
www.gucciwatches.com

销售方式:
不详

经典款式：
Icon系列， Horsebit系列，“GG”字母图案

价格区间:
不详

2012 是 Gucci 进入制表行业的第 40 周年。这个意大利时尚品牌成立于 1921 年，开始时制作优质皮具，不久之后便进入了成衣、鞋和配饰市场。由于使用了来自马术、航海或赛车等领域的独创图案，使得 Gucci 产品的辨识度很高；这些标志性图案持续成为这一令人渴望拥有的奢侈品牌的象征。对于 Gucci 手表来说，这些标志同 40 前一样依然意义重大，并继续被融入到所有 Gucci 手表系列的设计中。

1972 年，Gucci 获得了瑞士制表公司 Severin Montres 的授权许可，成为入驻手表行业的时尚设计品牌之一，Severin Montres 制表公司是由制表业开拓者和企业家 Severin Wundermann 创立的。1997 年，Gucci 收购了 Severin Montres 公司，全面接管了 Wundermann 的手表业务，并且进一步推出了一系列标志性产品。Gucci 手表历来由瑞士制造，并在公司位于瑞士制表业中心区拉绍德封 (La Chaux-de-Fonds) 的制表作坊组装完成。

G-Timeless Slim

型号： YA126301
机芯： 瑞士石英机芯
功能： 时针，分针，日历
表壳： 不锈钢，直径40毫米，防水50米
表带： 深棕色皮表带
参考价格： 6950元

Bamboo

型号： YA132401
机芯： 瑞士Ronda 石英机芯
功能： 时针，分针
表壳： 不锈钢圆形竹节，直径35毫米，防水30米
表带： 不锈钢
参考价格： 7500元

Bamboo

型号： YA132402
机芯： 瑞士Ronda 石英机芯
功能： 时针，分针
表壳： 不锈钢圆形竹节，直径35毫米，防水30米
表带： 不锈钢
参考价格： 7500元

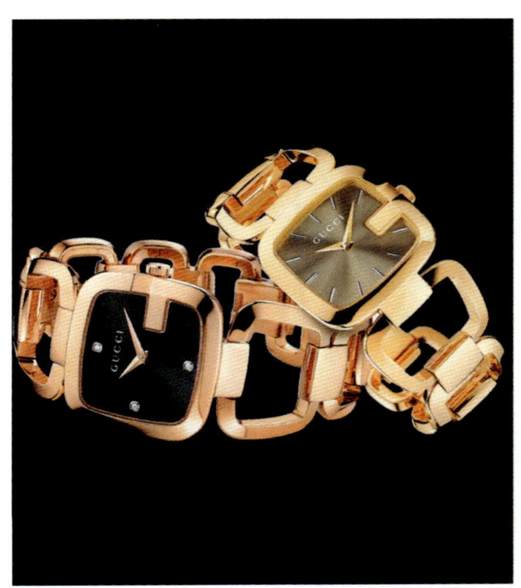

G-Gucci

型号： 10049
机芯： 石英机芯
功能： 时针，分针
表壳： 不锈钢，尺寸34.5毫米 x 22毫米
表带： 不锈钢
参考价格： 9400元

G-Timeless 自动计时手表

型号： YA126240
机芯： ETA 7750机芯
功能： 时针，分针，秒针，计时，日历
表壳： 加大不锈钢，PVD镀黑表圈，防水50米
表带： 深棕色皮革
参考价格： 14500元

G-Timeless 石英计时手表

型号： YA126238
机芯： ETA石英计时机芯
功能： 时针，分针，秒针，日历
表壳： 不锈钢，直径44毫米，防水50米
表带： 不锈钢
参考价格： 8500元

G-Chrono

型号： YA101345
机芯： 石英机芯
功能： 时针，分针，秒针，计时
表壳： 不锈钢，直径44毫米
表带： 不锈钢，陶瓷，防水30米
参考价格： 14000元

I-Gucci Sport

型号： YA114403
机芯： 瑞士自动机芯
功能： 单计时表和双计时表，倒数计时器，速度计，计步器，航海计时
表壳： 不锈钢，直径49毫米，防水50米
表带： 黑色橡胶
参考价格： 12500元

Gucci 1921 Pendant

型号： YA130417
机芯： 瑞士Ronda 石英机芯
功能： 时针，分针
表壳： 不锈钢，搭配红色皮革，防水30米
表带： 不锈钢，搭配红色皮质扣
参考价格： 6900元

G

创立时间：
1960年

员工人数：
不详

年产量：
不详

电话：
010 65136690

传真：
不详

网址：
www.graffdiamonds.com

销售方式：
直营

经典款式：
GraffStar系列，BabyGraff系列

价格区间：
店洽

格拉夫
Graff

Graff 是一家"钻石"公司，采用一站式的经营模式。今天的 Graff 是南非最大的钻石生产商之一，在约翰内斯堡拥有最大的打磨及切割工作坊，雇用 300 余位艺匠。他们处理的钻石多得数以千百克拉计，但芸芸宝石之中，只有最美的才会进入世界各地的 Graff 珠宝店。Graff 亦在安特卫普、毛里求斯、纽约等地设有切割打磨钻石的工作坊。

Graff 高级手表系列至今已推出 20 多个型号，包括价值 100 万英镑、由超过 35 克拉钻石修饰的 MasterGraff 陀飞轮手表及配以专为男士研制的独特机芯的 GraffStar Grande Date 手表等。至于献给女性，细腻而优美的 BabyGraff 手表是再好不过的礼物，表带缀有一行 30 颗半克拉的精美钻石，并在表面及表壳上另外镶有 106 颗钻石。

MasterGraff三问陀飞轮镶钻手表

型号：MasterGraff三问报时陀飞轮镶钻手表
机芯：自动上弦机芯，动力储存80小时
功能：时针，分针，秒针，三问报时，陀飞轮
表壳：直径47毫米，白金镶钻，防水100米
表带：黑色鳄鱼皮，格拉夫镶钻高级表扣
参考价格：约1300万元

MasterGraff 镂空限量版手表

型号：MasterGraff Skeleton镂空镶钻手表
机芯：手动上弦机芯
功能：时针，分针，秒针，陀飞轮
表壳：玫瑰金镶钻
表带：鳄鱼皮
参考价格：店洽，限量10枚

格拉夫Graffstar Grande Date手表

型号：Graffstar Grande Date手表
机芯：Graff Calibre 3特制自动机芯
功能：时针，分针
表壳：直径43毫米，玫瑰金
表带：黑色鳄鱼皮
参考价格：店洽

GraffStar 38毫米珍珠母贝表盘镶钻手表

型号: GraffStar 38毫米珍珠母贝表盘镶钻手表
机芯: 石英机芯
功能: 时针，分针
表壳: 白金
表带: 鳄鱼皮
参考价格:约150万元，限量300枚

BabyGraff 一克拉美钻手表

型号: BabyGraff 1克拉美钻手表
机芯: 石英机芯
功能: 时针，分针
表壳: 白金镶钻
表带: 镶嵌27颗1克拉圆形明亮式钻石
参考价格:约1200万元

格拉夫BabyGraff系列手表

型号: BabyGraff系列手表
机芯: 石英机芯
功能: 时针，分针
表壳: 白金镶钻
表带: 钻石或钻石配宝石
参考价格:约500万元，限量30枚

MasterGraff双陀飞轮两地时间手表

型号: MasterGraff双陀飞轮两地时间手表
机芯: 手动上弦机芯，动力储存72小时
功能: 时针，分针，秒针，双陀飞轮，两地时间
表壳: 直径48毫米，白金镶钻，12颗祖母绿宝石，防水30米
表带: 黑色鳄鱼皮
参考价格: 约1300万元，限量10枚

MasterGraff三问报时陀飞轮手表

型号: MasterGraff三问报时陀飞轮手表
机芯: 手动上弦陀飞轮机芯
功能: 时针，分针，秒针，计时器，三问报时
表壳: 玫瑰金
表带: 鳄鱼皮
参考价格: 约500万元，限量30枚

MasterGraff 陀飞轮计时手表

型号: MasterGraff Chrono陀飞轮计时手表
机芯: 手动上弦机芯，动力储存80小时
功能: 时针，分针，秒针，计时
表壳: 玫瑰金
表带: 鳄鱼皮
参考价格: 约400万元，限量30枚

G

格拉夫深水皇者系列

型号： ScubaGraff潜水手表
机芯： Graff Calibre 2自动上弦机芯
功能： 时针，分针，秒针，倒计时
表壳： 钛金属
表带： 橡胶复合鳄鱼皮
参考价格： 店洽

GraffStar系列玫瑰金配黑色类钻石涂层男装手表Grande Date

型号： GraffStar大日历玫瑰金配黑色钻石涂层
机芯： Graff Calibre 1手动上弦机芯
功能： 大日历，时针，分针，小秒针，动力储存
表壳： 玫瑰金、黑色钻石涂层，直径45毫米
表带： 橡胶，黑色钻石涂层折叠表扣
参考价格： 约30万元，限量300枚

GraffStar Grande Date镶钻手表

型号： GraffStar Grande Date镶钻手表
机芯： Graff Calibre 1 自动上弦机芯
功能： 时针、分针、秒针，大日历，动力储存
表壳： 玫瑰金镶钻
表带： 黑色鳄鱼皮
参考价格： 约240万元，限量50枚

GraffStar 大日历香港限量版手表

型号： GraffStar Grande Date 香港限量版手表
机芯： Graff Calibre 1
功能： 大日历，小秒针，时针，分针，动力储存
表壳： 白金
表带： 鳄鱼皮
参考价格： 约50万元，限量5枚

GyroGraff手表

型号： GyroGraff月相手表
机芯： 手动上弦机芯，动力储存60小时
功能： 时针，分针，双轴陀飞轮，月相，动力储存
表壳： 直径48毫米，玫瑰金，防水100米
表带： 黑色鳄鱼皮表带
参考价格： 约500万元，限量10枚

MasterGraff镂空手表

型号： MasterGraff 镂空手表
机芯： 自动上弦机芯，动力储存72小时
功能： 时针，分针，陀飞轮
表壳： 直径47毫米，玫瑰金
表带： 黑色鳄鱼皮，
参考价格： 约2300万元

G

格拉夫银河系列（Graff Galaxy）红宝石手表

型号： Graff Galaxy红宝石手表
机芯： 石英机芯
功能： 时针，分针
表壳： 白金
表带： 45颗钻石，39颗红宝石
参考价格： 约150万元

格拉夫银河系列（Graff Galaxy）钻石手表

型号： Graff Galaxy银河系列钻石手表
机芯： 石英机芯
功能： 时针，分针
表壳： 白金
表带： 镶嵌83颗钻石，共重27.87克拉
参考价格： 约400万元

The LadyGraff 手表

型号： The LadyGraff 手表
机芯： 石英机芯
功能： 时针，分针
表壳： 白金镶钻
表带： 镶嵌超过100颗钻石
参考价格： 约500万元，限量20枚

格拉夫Baby Galaxy手表

型号： Baby Galaxy手表
机芯： 石英机芯
功能： 时针，分针
表壳： 白金镶钻
表带： 镶嵌90颗钻石
参考价格： 约200万元

格拉夫天鹅钻石手表

型号： Graff Swan钻石手表
机芯： 石英机芯
功能： 时针，分针
表壳： 白金镶钻，900颗钻石
表带： 白金镶钻
参考价格： 约450万元

格拉夫蝴蝶手表

型号： Graff Butterfly手表
机芯： 石英机芯
功能： 时针，分针
表壳： 白金镶钻及红宝石
表带： 白金镶钻及红宝石
参考价格： 约100万元

H

汉米尔顿
Hamilton

创立时间:
1892年

员工数量:
不详

年产量:
不详

电话:
400 670 1892

传真:
021 2412 5009

网址:
www.hamilton.com.cn

销售方式:
品牌直营，经销商

经典款式:
爵士，探险，野战等

价格区间:
4000元~20000元

汉米尔顿 1892 年在美国宾夕法尼亚州的兰开斯特镇成立，在世界钟表之都瑞士 Biel 落地生根并且发展为世界一流品牌，是 Swatch 集团的成员。因在《珍珠港》《黑衣人》《超人归来》等 350 多部好莱坞影片中的亮相，被誉为“好莱坞明星手表”。它的历史可以追溯到上世纪初。

1912 年，早期的汉米尔顿怀表系列被誉为“最精准的铁路计时器”。当时的铁路计时方式参差不齐，导致事故频发，而汉米尔顿为铁路安全运行创造了精准的计时工具。第一次世界大战期间，汉米尔顿成为美军军表供应商，装备绰号“黑杰克”的伯钦将军所率领的部队，印证了其耐久与可靠。精确的性能使其于 1919 年被美国航空公司选用为公司官方用表。在此后二十多年的发展中，汉米尔顿在美国探险家海军少将 Richard E. Byrd 飞越北极探险、伯德南极探险中分别被重用，并且正式成为各大商业航线的官方用表，这些航线包括美国环球航空公司 (TWA)，美国东方航空公司 (Eastern)，美国联合航空公司 (United) 和美国西北航空公司 (Northwest)，并成为美国联合航空航线服务的制表商。

第二次世界大战期间，汉米尔顿成为美军以及盟军军表，这成为汉米尔顿永载史册的光辉历史。汉表停止了 99% 以上的民用生产线，全力生产军表，在短短的 4 年时间里，汉米尔顿总计生产了 100 多万块海陆空计时器，贡献了自己的全部力量，战后被美国财政部授予“一分钟民兵奖”的光荣称号。美军遍布全球的足迹，也将汉表经久耐用的美名广泛传播。为了节省钢铁材料，但又要保证手表正常使用，汉米尔顿使用帆布（卡其布）制作表带，今天汉米尔顿产品两大家族的卡其家族正是由此而生。20 世纪 50 年代，美国的娱乐业发展兴旺，好莱坞也重新复苏。1951 年拍摄的《蛙人海底战》是描写海军陆战队蛙人小队英勇登陆的故事，影片的道具师很自然地选择了汉米尔顿的军表“蛙人系列”作为片中手表，他怎么也没有想到从此开启了汉米尔顿的大银幕生涯。

1957 年，首块电池动力手表“探险”问世。对于传统的钟表工业来说，机械是手表唯一的动力。而汉米尔顿破天荒地将电引入了手表中，创造了世界上第一块电池动力手表“探险”，这块被称作“石英表始祖”的三角形手表将制表业带入了另一片广阔的天空。“探险”使用的极为少见的三角形外壳由设计大师 Arbib 根据汽车和电波为灵感创造。电代表了创新，三角象征着个性，创新与个性也成了汉米尔顿的灵魂。

汉米尔顿的天才设计师们不满足于“探险”所带来的荣誉，在 20 世纪 70 年代，他们又发明了世界上第一块“数字显示电子表”。21 世纪初，汉米尔顿生产线全部转移至瑞士。它融合了自由奔放的美国风格和精益求精的瑞士工艺，为追求个性的人们提供最具性价比的选择。2006 年，汉表正式登陆中国大陆。

1961 探险伴猫王出演《蓝色夏威夷》

2006 年起，在好莱坞创办年度“幕后英雄盛典”，向默默奉献的电影幕后工作者致敬。

汉米尔顿 探险表成为黑衣人的个性装备

汉米尔顿爵士自动计时表

型号： H32596131
机芯： H21 自动上弦计时机芯
功能： 时针，分针，小秒针，计时，日历
表壳： 不锈钢，直径42毫米，防水 100米
表带： 不锈钢
参考价格： 12750元～13250元

汉米尔顿卡其天行者

型号： H77505433
机芯： ETA2893-2自动上弦机芯
功能： 时针，分针，秒针，两地时间
表壳： 不锈钢，直径42毫米，防水 300米
表带： 黑色压纹皮带
参考价格： 店洽

汉米尔顿卡其巡航者

型号： H76556131
机芯： H21 自动上弦计时机芯
功能： 时针，分针，小秒针，计时，星期，日历
表壳： 不锈钢，直径42毫米，防水 100米
表带： 不锈钢表带
参考价格： 12750 元～13250元

汉米尔顿爵士大师自动计时手表

型号： H32766783
机芯： H21 自动计时机芯
功能： 时针，分针，计时，星期，日历
表壳： 不锈钢，直径45毫米，防水 100米
表带： 牛皮
参考价格： 12880元～13490元

汉米尔顿卡其海军先锋限量版

型号： H78719553
机芯： 2895自动上弦机芯
功能： 时针，分针，小秒针
表壳： 不锈钢，直径400毫米，防水 100 米
表带： 棕色牛皮
参考价格： 7950元

汉米尔顿探险未来型女士款

型号： H24251391
机芯： 956.102石英机芯
功能： 时针，分针，秒针
表壳： 不锈钢，防水 50米
表带： 橡胶表带
参考价格： 5400元～28600元

汉米尔顿卡其飞行员自动表

型号：H64666135
机芯：H31 自动上弦计时机芯
功能：时针，分针，秒针，日历，计时
表壳：不锈钢，直径42毫米，防水 200米
表带：不锈钢表带
参考价格：13350元~13900元

汉米尔顿探险未来型

型号：H24655331
机芯：2824-2 自动上弦机芯
功能：时针，分针，秒针
表壳：不锈钢，防水 50米
表带：黑色橡胶表带
参考价格：9900元

汉米尔顿臻薄手表

型号：H38475751
机芯：2892-2 自动上弦机械机芯
功能：时针，分针，秒针
表壳：不锈钢（黄金PVD），防水50米
表带：黑色仿古牛皮表带
参考价格：6150元

汉米尔顿先锋自动计时手表

型号：H60416583
机芯：汉米尔顿H31，防磁软铁
功能：时针，分针，秒针，自动计时
表壳：不锈钢表壳，蓝宝石水晶镜面，防水100米
表带：棕色牛皮
参考价格：13800元

汉米尔顿铁路自动计时表

型号：H40686335
机芯：A07-211
功能：时针，分针，秒针，自动计时
表壳：不锈钢表壳，蓝宝石水晶镜面，防水100米
表带：牛皮表带
参考价格：16370元

汉米尔顿铁路自动计时表

型号：H35756755
机芯：汉米尔顿H31
功能：时针，分针，秒针
表壳：不锈钢表壳，蓝宝石水晶镜面，防水100米
表带：牛皮表带
参考价格：16370元

汉米尔顿新勇者手表

型号： H39515734
机芯： 2824-2 自动上弦机械机芯
功能： 时针，分针，秒针
表壳： 不锈钢表壳，蓝宝石水晶镜面，防水50米
表带： 牛皮表带
参考价格： 4600元

汉米尔顿普尔萨 40周年纪念款

型号： H52515139
机芯： H1970
功能： 机械机芯数字时间显示，动力储存120天
表壳： 不锈钢，蓝宝石水晶镜面，防水50米
表带： 不锈钢表带
参考价格： 12500元

汉米尔顿爵士纤薄系列小秒针手表

型号： H38655785
机芯： ETA 2895
功能： 时针，分针，秒针
表壳： 不锈钢表壳，蓝宝石水晶镜面，防水50米
表带： 皮表带
参考价格： 5280元

汉米尔顿纤薄系列手表

型号： H38435221
机芯： 2824 自动上弦机芯
功能： 时针，分针，秒针
表壳： 不锈钢表壳，蓝宝石水晶镜面，防水50米
表带： 金属松紧链式表带
参考价格： 7410元

汉米尔顿臻薄手表

型号： H38455131
机芯： 2892-2 自动上弦机械机芯
功能： 时针，分针，秒针
表壳： 不锈钢表壳，蓝宝石水晶镜面，防水100米
表带： 不锈钢表带
参考价格： 7700元

汉米尔顿卡其巡航者手表

型号： H76566351
机芯： H21 自动上弦计时机芯
功能： 时针，分针，秒针，计时，单位换算
表壳： 不锈钢表壳，防炫光涂层蓝宝石镜面，防水100米
表带： 黑色橡胶表带
参考价格： 13250元

H

亨利慕时
H. Moser & Cie

创立时间：
1826年

员工数量：
70人

年产量：
约1200枚

电话：
0052 2529 0226

传真：
00852 2559 3826

网址：
www.h-moser.com

销售方式：
经销商

经典款式：
Mayu小三针系列，Monard大三针系列，Monard Date 日历表系列，Moser Perpetual 1 万年历系列，Henry Double Hairspring双游丝系列

价格区间：
125000元~850000元

深得市场认同的 H. Moser & Cie，其最开始的创办过程并非一帆风顺。1826 年，Heinrich Moser 完成制表学徒的训练，返回瑞士 Schaffhausen。当时他希望以当地人力分工为基础，逐步引入工厂生产模式，并通过设立小型制表厂实践这个理念。但是，当地市议会拒绝了 Moser 的建议。壮志未酬的 Moser 移居俄国圣彼得堡，并在 1828 年于当地开设 H. Moser & Co 公司，开始经营手表。1845 年，Moser 已在俄国钟表贸易市场有了很好的发展，并在巴黎建立了业务联系。然而，1917 年俄国十月革命爆发，由瑞士主导的钟表行业也受到严重影响。1920 年，莫斯科政府没收 Moser 公司业务，成立国营的中央手表维修工厂，在 1927 年至 1930 年间继续开始手表的生产。

直到 1979 年，原有的 Le Locle 制表厂被 Dixi-Mechanique 集团收购，并以 H. Moser & Cie 的名称继续经营。2002 年，Dr Jürgen Lange 和 Moser 家族合作，创办 Moser Schaffhausen AG 公司，并将创办人建立的 H. Moser & Cie 重新注册。

在过去几年的研发中，H. Moser & Cie 以“热情执着，与众不同”为制表理念，不但延续了一贯的古典美感，更继承了创办人所制定的自制顶级机械机芯的传统。

Henry双游丝手表

型号： Henry_324.607-004
机芯： HMC324.607手动上弦机芯，最少动力储备4天
功能： 时针，分针，小秒针，秒停
表壳： 玫瑰金
表带： 鳄鱼皮
参考价格： 197000元
其他款式： 白金、铂金、钯金表壳

Mayu小三针手表

型号： Mayu_321.503-005
机芯： HMC321.503手动上弦机芯，动力储备3天
功能： 时针，分针，小秒针，秒停
表壳： 玫瑰金
表带： 鳄鱼皮
参考价格： 125000元
其他款式： 白金、铂金、钯金表壳

Mayu小三针钻石手表

型号： Mayu_322.504-LB04
机芯： HMC321.503手动上弦机芯，动力储备3天
功能： 时针，分针，小秒针，秒停
表壳： 玫瑰金镶钻，直径38.8毫米
表带： 鳄鱼皮
参考价格： 410000元
其他款式： 白金钻石表壳

Meridian两地时手表

型号： 346.121-024
机芯： HMC346.121自动上弦机芯
功能： 时针，分针，秒针，大日历，两地时间，秒停
表壳： 铂金，直径41毫米
表带： 鳄鱼皮表带
参考价格： 378000元
其他款式： 玫瑰金表壳

Monard Date大日历手表

型号： 342.502-002
机芯： HMC341.502手动上弦机芯，动力储存7天
功能： 时针，分针，秒针，大日历
表壳： 白金，直径40.8毫米
表带： 鳄鱼皮表带
参考价格： 215000元
其他款式： 玫瑰金、铂金、白金表壳

Monard大三针手表

型号： 343.506-016
机芯： HMC343.505手动上弦机芯，动力储存7天
功能： 时针，分针，秒针
表壳： 钯金，直径40.8毫米
表带： 鳄鱼皮
参考价格： 208000元
其他款式： 玫瑰金、铂金、白金表壳

Moser Perpetual 1 万年历手表

型号： 341.501-004
机芯： HMC341.501手动上弦机芯，最少动力储存7天
功能： 时针，分针，秒针，万年历
表壳： 玫瑰金，直径40.8毫米
表带： 鳄鱼皮表带
参考价格： 370000元
其他款式： 玫瑰金、铂金、白金、钯金表壳

Moser Golden Edition万年历黄金系列手表

型号： 341.101-008
机芯： HMC341.101手动上弦机芯，最少动力储存7天
功能： 时针，分针，秒针，万年历
表壳： 玫瑰金，直径40.8毫米
表带： 鳄鱼皮表带
参考价格： 850000元

Moser Perpetual Moon 千年月相手表

型号： 348.901-013
机芯： HMC348.901，最少动力储存7天
功能： 时针，分针，秒针，月相
表壳： 玫瑰金，直径40.8毫米
表带： 鳄鱼皮表带
参考价格： 268000元
其他款式： 铂金表壳（374000元）

H

爱马仕
Hermès

创立时间:
1978年

员工数量:
不详

年产量:
不详

电话:
021 61710380

传真:
021 61710399

网址:
www.hermes.com

销售方式:
专营店，直销，百货商场，会展等

经典款式:
Arceau，Cape Cod，Dressage，H-hour Kelly等

价格区间:
不详

1837年，爱马仕在巴黎成立，以其精湛的马鞍制作技艺赢得美誉。20世纪初期，爱马仕将这项备受推崇的技艺延伸到手工皮具制造领域，如皮带，服饰及皮包的制作上。至于爱马仕悠长的制表工艺历史可以追溯到20世纪20年代，它创新地将皮革制作工艺运用到皮表带制作上。1928年，爱马仕在巴黎福宝道24号总店展示其首个时计系列。当时，爱马仕与积家、宇宙(Universal)、江诗丹顿及爱彼等瑞士名厂合作研制时计产品。1978年，爱马仕钟表总部(Ateliers de La MontreHermès)在瑞士比尔建立。

爱马仕把制表工坊设立在瑞士制表业中心，表明品牌追求高标准、高精准的专业制表决心，同时结合品牌八十多年来以顶尖工艺为本，致力于技术创新的理念。自2003年以来，爱马仕钟表把高端手表机械机芯的制作委托给Vaucher Manufacture Fleurier，现已拥有其25%的股份，双方对手工技艺的热情和坚持如出一辙。Vaucher Manufacture Fleurier是瑞士顶尖表厂之一，秉承两个多世纪世代相传的制表技术传统，足以全面驾驭制表研发工序。这种结合使爱马仕钟表由小型传统工艺过渡到复杂工艺，从而符合其一直所追求的手工艺高标准和高质量要求。

2006年，爱马仕钟表瑞士总部加建了皮表带工作坊。与皮包和马鞍一样，表带的制作有严格的要求和一系列复杂的工艺。无论是珍罕名贵皮革或是传统皮料的，这些不同种类的皮质都有丰富多彩的颜色选择。

以“马鞍针法”缝制的皮表带蕴含品牌超凡皮具制作传统技艺，更充分体现了爱马仕钟表一并驾驭皮革及制表两大专才工艺的能力。

今天，爱马仕钟表首次推出两枚品牌自制机芯：H1837和H1912。这两枚机芯，与之前爱马仕钟表在复杂功能领域里首创的“变速时计”与“暂停时间”一样，传承着品牌一贯的精髓和理念。

同一枚机芯衍生出两款专属机芯：一款供Dressage男表系列，另一款供Arceau女表系列。这两枚机芯是爱马仕与瑞士知名机芯厂Vaucher Manufacture长期合作的结晶。H1837和H1912两枚自动上弦机械机芯根据不同的手表型号配备时、分、秒和日历等的不同功能。

想象中的时间主题图片

Arceau 大明火珐琅星空手表

型号： AR8.790.151/MM76
机芯： H1928自动上弦机芯，动力储存55小时
功能： 时针，分针
表壳： 18K白金表壳，直径41毫米，防水30米
表带： 鳄鱼皮表带
参考价格： 店洽

ArceauParcours d'H珐琅手表

型号： AR8.790.286/MGA
机芯： H1928自动上弦机芯，动力储存55小时
功能： 时针，分针
表壳： 18K白金表壳，直径41毫米，防水30米
表带： 鳄鱼皮表带
参考价格： 店洽

Arceau玫瑰金女装手表

型号： AR6.670.221/MHA
机芯： H1912自动上弦机芯，动力储存50小时
功能： 时针，分针，小秒针
表壳： 18K玫瑰金表壳，表圈镶钻，防水30米
表带： 鳄鱼皮表带
参考价格： 184500元

Arceau Pocket Astrolabe珐琅怀表

型号： AP2.890.630/MM76
机芯： H1928自动上弦机芯，动力储存55小时
功能： 时针，分针
表壳： 18K白金表壳，直径48毫米，防水30米
表带： 鳄鱼皮表带
参考价格： 店洽，限量1枚

Arceau Pocket Amazone女骑士怀表

机芯： H1928自动上弦机芯，动力储存55小时
功能： 时针，分针
表壳： 18K玫瑰金表壳，直径43毫米，防水30米
表带： 鳄鱼皮表带
参考价格： 店洽，限量1枚

Arceau麦秆镶嵌艺术手表

型号： AR8.790.300/MM76
机芯： H1928自动上弦机芯
功能： 时针，分针
表壳： 18K白金表壳，直径41毫米
表带： 鳄鱼皮表带
参考价格： 店洽

Dressage玫瑰金小秒针手表

型号：DR5.77C.231/MGA
机芯：H1837自动上弦机芯，动力储存50小时
功能：时针，分针， 小秒针
表壳：18K玫瑰金表壳，40.5毫米×38.4毫米
表带：鳄鱼皮表带
参考价格：276700元，限量175枚

Dressage小秒针手表

型号：DR5.71B.335/MNO
机芯：H1837自动上弦机芯，动力储存50小时
功能：时针，分针，小秒针
表壳：不锈钢表壳，40.5毫米×38.4毫米
表带：鳄鱼皮表带
参考价格：74700元

Dressage日历手表

型号：DR5.71A.220/MHA
机芯：H1837自动上弦机芯，动力储存50小时
功能：时针，分针，秒针，日历
表壳：不锈钢表壳，40.5毫米×38.4毫米
表带：鳄鱼皮表带
参考价格：74700元

Arceau暂停时间手表

型号：AR8.97A.435/MHA
机芯：自动上弦机芯
功能：时针，分针，日历，暂停时间
表壳：18K玫瑰金表壳，直径43毫米，防水30米
表带：鳄鱼皮表带
参考价格：390000元

Arceau暂停时间手表

型号：AR8.97A.222/MHA
机芯：自动上弦机芯
功能：时针，分针，日历，暂停时间
表壳：18K玫瑰金表壳，直径43毫米，防水30米
表带：鳄鱼皮表带
参考价格：340700元

Arceau玫瑰金机械手表

型号：AR8.670.220/MHA
机芯：H1928自动上弦机芯，动力储存55小时
功能：时针，分针
表壳：18K玫瑰金表壳，直径40毫米，防水30米
表带：鳄鱼皮表带
参考价格：207500元

Arceau玫瑰金月相手表

型号： AR8.870.221/MHA
机芯： 自动上弦机芯
功能： 时针，分针，秒针，星期，日历，月相
表壳： 18K玫瑰金表壳，直径43毫米
表带： 鳄鱼皮表带
参考价格： 221400元

Arceau镂空手表

型号： AR6.77A.232/MHA
机芯： 自动上弦机芯，动力储存42小时
功能： 时针，分针，秒针
表壳： 18K玫瑰金表壳，直径41毫米，防水30米
表带： 鳄鱼皮表带
参考价格： 198300元

Arceau机械手表

型号： AR7.710.435/MHA
机芯： 自动上弦机芯
功能： 时针，分针，日期
表壳： 不锈钢表壳，直径41毫米，防水30米
表带： 镂空皮表带
参考价格： 35800元

Arceau机械手表

型号： AR7.710.220/VBA
机芯： 自动上弦机芯
功能： 时针，分针，日期
表壳： 不锈钢表壳，直径41毫米，防水30米
表带： 小牛皮表带
参考价格： 33800元

Arceau系列玫瑰金镶钻女装手表

型号： AR6.672.212/MHA
机芯： H1912自动上弦机芯，动力储存50小时
功能： 时针，分针，小秒针
表壳： 18K玫瑰金表壳，直径34毫米，防水30米
表带： 鳄鱼皮表带
参考价格： 258300元

Arceau 系列不锈钢镶钻女装手表

型号： AR6.630.220/MM76
机芯： H1912自动上弦机芯，动力储存50小时
功能： 时针，分针，小秒针
表壳： 不锈钢表壳，直径34毫米，防水30米
表带： 鳄鱼皮表带
参考价格： 131800元

Cape Cod 玫瑰金镶钻机械手表

型号： CC1.171.213/MNO
机芯： 自动上弦机芯
功能： 时针，分针，秒针
表壳： 18K玫瑰金表壳，29毫米×29毫米
表带： 鳄鱼皮表带
参考价格： 230600元

Cape Cod变速手表

型号： CD5.810.220/MHA
机芯： 自动上弦机芯
功能： 时针，分针，秒针，加快，减慢时间系统
表壳： 不锈钢，36.5 毫米x 35.4毫米
表带： 亚面雪茄色或石墨色短吻鳄鱼皮
参考价格： 75200元

Cape Cod大号男装手表

型号： CD6.210.231/WW8F
机芯： 自动上弦机芯
功能： 时针，分针，秒针，日历
表壳： 不锈钢表壳，36.5毫米×35.4毫米
表带： 小牛皮表带
参考价格： 30200元

Cape Cod Coup de Fouet手表

型号： CD1.790.650/MHA
机芯： H1928自动上弦机芯，动力储存55小时
功能： 时针，分针
表壳： 18K白金表壳，36.5毫米×35.4毫米
表带： 鳄鱼皮表带
参考价格： 店洽

H-our玫瑰金镶钻手表

型号： HH1.271.291/ZNO
机芯： 石英机芯
功能： 时针，分针
表壳： 18K玫瑰金表壳
表带： 鳄鱼皮表带
参考价格： 152200元

H-hour机械手表

型号： HH2.810.220/VBA
机芯： 自动上弦机芯
功能： 时针，分针，秒针
表壳： 不锈钢，32.2毫米 x 32.2毫米
表带： 天然Barenia小牛皮表带，安全折叠表扣
参考价格： 29700元

H

海瑞温斯顿全球最大旗舰店落户上海新天地

创立时间：
1932年

员工数量：
不详

年产量:
不详

电话:
021 2310 6969

传真:
无

网址:
www.harrywinston.com

销售方式:
专卖店

经典款式：
Midnight，Ocean，Premier系列

价格区间:
不详

海瑞温斯顿
Harry Winston

海瑞温斯顿公司是美国的专业珠宝商，由海瑞温斯顿于 1932 年创立于美国纽约，受到各国皇室和各界名人的钟爱。海瑞温斯顿的客户包括了世界上最顶尖、最聪明及最富有的人们，但是基于尊重贵宾们隐私权的保障，公司不打算公开他们的身份。但是在一些重要的社交公开场合、国际盛会当中，有许许多多的知名人士身上穿戴的都是海瑞温斯顿的珠宝。

近年来，这一高端珠宝品牌在高级制表领域屡出佳作，海瑞温斯顿每年都会与独立制表大师合作一款 Opus 手表，今年是第 12 年，Opus 12 是由海瑞温斯顿与制表师 Emmanuel Bouchet 和设计师 Augustin Nussbaum 合作研发，它不是由一组表盘中央的指针指示时间，而是通过手表外围的 12 对指针由外向内以运动方式呈现。此外，今年的女表作品也是让人大开眼界，比如外形让人惊艳的 Premier Feathers 女装手表，四款手表分别选择了银色野鸡羽毛、白腹锦鸡羽毛、环颈野鸡羽毛及孔雀羽毛来打造表盘。

Ultimate Adornment

机芯：石英机芯
功能：时针，分针
表壳：白金镶钻
吊坠：18K白金抛光
参考价格：10755000元

Avenue Traffic城市剪影珠宝手表

型号：161.006.15
机芯：Valjoux 7753自动上弦机芯
功能：时针，分针
表壳：不锈钢镶钻，防水100米
表带：牛皮表带
参考价格：14980元

Talk to Me, Harry Winston™ 海瑞温斯顿手表限量版

机芯：石英机芯
功能：时针，分针
表壳：白金镶钻
表带：深蓝色缎面
参考价格：3456100元

海瑞温斯顿海洋系列仕女月相手表

机芯：石英机芯
功能：时针、分针，日期，月相
表壳：白金
表带：橡胶，白金
参考价格：350100元

Premier Feathers

机芯：石英机芯
功能：时针，分针
表壳：18K玫瑰金镶钻
表带：18K玫瑰金针扣式表扣
参考价格：537800元

Premier Ladies

机芯：自动上弦机芯
功能：时针，分针
表壳：18K白金镶钻
表带：18K白金表扣
参考价格：299400元

Midnight Big Date大日历手表

机芯：自动上弦机械机芯
功能：偏心时针，分针，双视窗大日历
表壳：白金
表带：黑色鳄鱼皮
参考价格：272500元

Premier Excenter Time Zone偏心两地时手表

机芯：自动上弦机芯
功能：偏心时针，分针，第二时区，大日期，昼夜
表壳：18K白金
表带：黑色鳄鱼皮表带，折叠表扣
参考价格：386000元

海瑞温斯顿Ocean Sport™ 计时表限量版

机芯：自动上弦机械机芯
功能：时针，分针，秒针，计时，日期
表壳：Zalium™锆合金
表带：黑色橡胶，Zalium™锆合金折叠表扣
参考价格：280000元，限量300只

Opus 12

型号：500/MMEB46WL.K
机芯：手动上弦机械机芯
功能：时针、分针
表壳：18K 白金表壳
表带：黑色鳄鱼皮表带
参考价格：2292000元

Histoire de Tourbillon 3

型号：500/MMTWZL.K
机芯：手动上弦机芯
功能：时针、分针、小秒针，动力存储指示
表壳：抛光及锻面磨砂处理，18K白金表壳
表带：黑色鳄鱼皮表带
参考价格：5150000元

Ocean Sport女士石英手表

型号：411/LQ36ZC.WD
机芯：石英机芯
功能：时针、分针、小秒针，日期显示
表壳：锆合金表壳，抛光处理锯齿状表圈
表带：白色橡胶表带
参考价格：124300元

H

显赫
Hanhart

创立时间:
1882年

员工数量:
40人

年产量:
2500块手表，25000块机械秒表

电话:
+41 52 646 2040

传真:
+41 52 646 2041

网址:
www.hanhart.com

销售方式:
经销商

经典款式:
先锋者系列（Pioneer），Primus系列，经典计时系列（Classic Timer）

价格区间:
2000瑞郎~8000瑞郎（约13400元~53600元人民币）

坐落在德国南部Schwenningen小镇的Hanhart表厂始创于1882年，至今已有130年历史。最初的Hanhart是由创始人Johann Hanhart先生在瑞士东北部的Rhine河畔起草声明，宣布开设制表工厂，并于1902年迁到德国，继续发展制表事业。

1923年，热爱运动的Willy Hanhart在参加了一次田径比赛之后，认为当时的秒表使用起来复杂且不方便，因此在1924年，Willy发明了使用更加方便，并且价格能够被更多世人接受的第一款机械计时秒表。1952年，Hanhart带着自己的首只手表在瑞士巴塞尔表展上亮相；1981年，独立发明低价机芯3305，并在1982年大量投入生产。

先锋者行动1882限量手表

型号: 735.510-001
机芯: HAN4312自动上弦机芯
功能: 时针，分针，小秒针，计时，测速仪
表壳: 黑色镀层不锈钢
表带: 小牛皮带黑色镀层不锈钢铆钉表带
参考价格: 6350欧元

先锋者双指示器手表

型号: 730.210-011
机芯: HAN4011自动上弦机芯
功能: 时针，分针，秒针，小秒针，12小时计时，30分钟计时
表壳: 不锈钢
表带: 小牛皮带铆钉
参考价格: 4850欧元

先锋者单指示器手表

型号: 733.220-011
机芯: HAN4212自动上弦机芯
功能: 时针，分针，小秒针，计时
表壳: 不锈钢
表带: 小牛皮带铆钉
参考价格: 5050欧元

先锋者双控手表

型号： 720.200-011
机芯： HAN3809自动上弦机芯
功能： 时针，分针，小秒针，计时，日期
表壳： 不锈钢
表带： 小牛皮带铆钉
参考价格： 2800欧元

先锋者单控手表

型号： 723.210-6428
机芯： HAN3911自动上弦机芯
功能： 时针，分针，小秒针，计时，日期
表壳： 不锈钢
表带： 不锈钢
参考价格： 3600欧元

先锋者测量仪手表

型号： 712.200-011
机芯： HAN3703自动上弦机芯
功能： 时针，分针，小秒针，计时，测速仪
表壳： 不锈钢
表带： 小牛皮带铆钉
参考价格： 2380欧元

Primus 沙漠飞行员

型号： 740.250-372
机芯： HAN3809自动上弦机芯
功能： 时针，分针，小秒针，计时，日期
表壳： 不锈钢
表带： 帆布
参考价格： 4250欧元

Primus赛跑者手表

型号： 741.510-102
机芯： HAN3809自动上弦机芯
功能： 时针，分针，小秒针，计时，日期
表壳： 黑色镀层不锈钢
表带： 橡胶
参考价格： 4250欧元

Primus潜水者手表

型号： 742.270-132
机芯： HAN3809自动上弦机芯
功能： 时针，分针，小秒针，计时，日期
表壳： 不锈钢
表带： 橡胶
参考价格： 3750欧元

H

宇舶
Hublot

创立时间：
1980年

员工数量：
不详

年产量：
30000枚

电话：
+41 022 990 90 00

传真：
+41 022 990 90 29

网址：
www.hublot.com

经典款式：
Big Bang系列，Classic Fusion经典融合系列，King Power王者至尊系列

价格区间：
75000元以上

Hublot在法文里代表“船舶的舷窗”，作为历史上首个以天然橡胶腕带搭配贵重金属作为制表材质的品牌，宇舶表开创了奢侈品手表行业的先河。近年来，宇舶表专注于大胆使用不常见的制表材质，更致力于在传承瑞士传统制表技术的同时，与现代化新制表技术的完美融合。品牌的灵魂“融合的艺术”诠释了这一富有哲理的概念。

如今宇舶表的掌门人，宇舶表全球董事会主席让－克劳德·比弗先生是真正少数在瑞士制表业留下足迹的人物，被赞誉为“魔法师”的比弗先生曾经令宝珀、欧米茄（现均隶属于斯沃琪集团）魔术般重生并焕发活力。从而成为享誉盛名的营销大师。宇舶表在市场营销上秉持“聚焦多元化”的理念，在足球、F1、滑雪、帆船、篮球、马球、高尔夫、航海等各领域选择合作伙伴。作为2010年以及2014年两届FIFA世界杯的官方计时，以及F1一级方程式全球范围内的独家官方手表，宇舶表在绿茵场和轰鸣赛道上可谓独领风骚。

宇舶表独特的品牌个性和舒适的佩戴体验，在世界范围内特别是受到欧洲王室成员广受追捧，被称为“国王的手表”。

除了材质方面的大胆融合和创新之外，宇舶表在机芯的自主研发方面更是影响卓著。由330枚零件组成的Unico机芯带有计时和飞返功能。有别于其他任何

碧昂斯豪掷 500 万美金，购入宇舶表——史上最昂贵手表，为 Jay-Z 庆生

计时机芯，Unico 将零件放置于机芯正面，从而可以实现从镂空表盘中欣赏到机芯的运作情景。机芯背面的擒纵结构由独特的独立平台承载，固定螺丝可以轻松拆下，手表拥有者的姓名首字母也可经特别要求铭刻其上。同时，Unico 机芯拥有专利保护的双调校式摆轮，更加强了表款的精确性能，并且以水平式同步离合计时秒针与分针确保振频稳定。如宇舶表一直秉承的理念“融合的艺术”，宇舶表并没有止步于三问、陀飞轮等传统、高复杂功能的研究，而是更加注重于着眼未来和创新。首次采用碳纤维材质制造出的三问表机芯夹板，打簧声音比传统的铜质夹板更加错落有致，将时、刻、分分辨得清晰透彻，扣人心弦。

宇舶表工厂设有专门的材质研发部门。制表业通常是从其他行业引入高科技材料，但是自己发明材质却十分罕见，甚至是前所未有的。宇舶表碳纤维以其材质纯粹和富有质感区别于其他制表品牌的碳纤维。长久以来，宇舶表在材质上都追求同未来科技的融合，所以碳纤维也采用近似于一级方程式赛车使用碳纤维标准，和航空航天采用碳纤维有相似的标准。

材质研发部的最新杰作是世界上第一款防划痕的材质——魔力金。这一切始于一个奇思妙想——“不会被刮伤的 18K 金”。在洛桑联邦理工学院的协助下，经过 6 个月的可行性研究，最终诞生了将黄金与陶瓷结合以获得一种全新的防磨损的 18K 金。这是前所未见的新材料——只有钻石才能在其表面留下真正意义上的划痕，并且以暗哑的色泽区别于其他黄金。魔力金诞生的意义并不仅限于一种材质，而是开启了众多新材质问世的大门。目前，魔力铂金、魔力银、魔力铝等材质正在积极的研究过程中。

制表师马蒂亚斯·布特（Mathias BUTTET）先生

安提凯希拉手表

Big Bang 镂空 · 李连杰

型号： 311.CI.1130.GR.JLI11
机芯： HUB4214 – Aero Bang自动上弦机芯，动力储存42 小时
功能： 时针，分针，秒针，计时
表壳： 直径44.5 毫米，微喷砂黑色陶瓷
表带： 黑色短吻鳄鱼皮
参考价格： 164100元，限量200枚

王者至尊马拉多纳 · 王金

型号： 716.OM.1129.RX.DMA12
机芯： HUB4245 自动上弦机芯，动力储存约42小时
功能： 时针，分针，秒针，计时
表壳： 18K王金，直径48毫米，防水100米
表带： 可调节黑色天然橡胶
参考价格： 298300元

2012美国艾滋病研究基金限量手表卡拉方钻款

型号： 341.CI.6019.LR.114.AMFR12
机芯： HUB1300 自动上弦计时机芯
功能： 时针，分针，秒针，计时
表壳： 黑色陶瓷，直径 41 毫米
表带： 白色鳄鱼皮
参考价格： 452600元

Big Bang 法拉利 · 魔力金

型号： 401.MX.0123.GR
机芯： HUB 1241 Unico自动上弦计时机芯，动力储存约72小时
功能： 时针，分针，秒针，计时
表壳： 抛光魔力金，直径45.5毫米，防水100米
表带： 黑色天然橡胶
参考价格： 257900元

Big Bang 蟒纹 · 玫瑰金绿蟒

型号： 341.PX.7818.PR.1978
机芯： HUB 4300自动机械计时机芯，动力储存约42小时
功能： 时针，分针，秒针
表壳： 18K玫瑰金，直径41毫米，防水100米
表带： 绿色蛇皮表带
参考价格： 314500元

王者至尊Unico世界时 · 王金

型号： 771.OM.1170.RX
机芯： HUB 1220自动上弦UNICO机芯，动力储存72小时
功能： 时针，分针，秒针，世界时
表壳： 18K王金，直径48毫米，防水100米
表带： 黑色天然橡胶
参考价格： 338700元

经典融合超薄镂空·钛金

型号：515.NX.0170.LR
机芯：HUB1300 手动上弦机芯，动力储存约90小时
功能：时针，分针，秒针
表壳：直径45毫米，钛金属拉丝处理，防水50米
表带：黑色鳄鱼皮
参考价格：115600元

经典融合镂空陀飞轮·王金

型号：505.OX.0180.LR
机芯：MHU6010.H1.8 手动上弦机芯，动力储存约120小时
功能：时针，分针，秒针
表壳：18K王金，直径45毫米，防水50米
表带：黑色鳄鱼皮表带
参考价格：767800元
其他款式：经典融合镂空陀飞轮·钛金

王者至尊Uefa Euro 2012·波兰版

型号：716.OM.1129.RX.EUR12
机芯：HUB4245自动上弦机芯，动力储存42小时
功能：时针，分针，秒针，计时
表壳：直径48毫米，防水100米
表带：黑色天然橡胶
参考价格：177100元
其他款式：王者至尊Uefa Euro，2012乌克兰版

王者至尊阿灵基4000米潜水手表

型号：731.QX.1140.NR.AGI12
机芯：HUB1401自动上弦机芯，动力储存42小时
功能：时针，分针，秒针
表壳：直径48毫米，防水4000米
表带：黑色天然橡胶
参考价格：193200元

Big Bang 碳纤维

型号：301.QX.1724.RX
机芯：HUB 4104自动上弦机芯 动力储存42小时
功能：时针，分针，秒针，计时
表壳：直径44毫米，防水100米
表带：天然橡胶
参考价格：149600元

王者至尊尤塞恩·博尔特

型号：703.CI.1129.NR.USB12
机芯：Caribre HUB4100自动上弦机芯，动力储存42小时
功能：时针，分针，秒针，计时
表壳：直径48毫米，防水100米
表带：黑色天然橡胶表带
参考价格：169000元

H

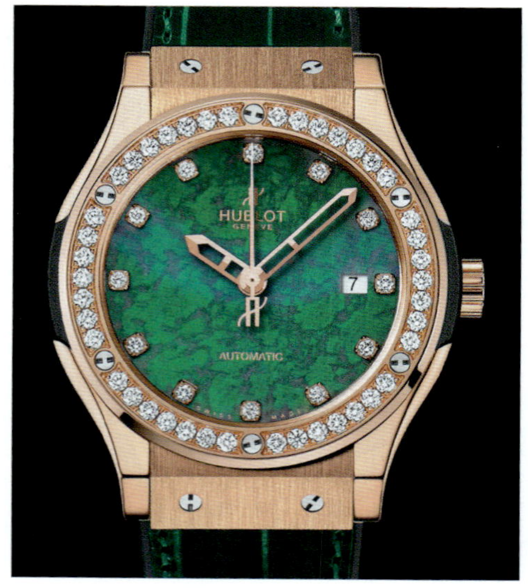

Big Bang灵动翠绿

型号：542.OG.8490.LR.1204/Jadeite
机芯：HUB1110自动上弦计时机芯
功能：时针，分针，秒针
表壳：18K玫瑰金，直径42毫米
表带：绿色短吻鳄鱼皮内侧缝合黑色天然橡胶
参考价格：228800元

Big Bang陀飞轮水果 · 午夜幽蓝密镶

型号：345.PL.5190.LR.0901
机芯：HUB6004手动上弦机芯
功能：时针，分针，秒针，陀飞轮
表壳：18K玫瑰金，直径41毫米，防水30米
表带：蓝色短吻鳄鱼皮，18K玫瑰金折叠表扣
参考价格：1131500元

Big Bang鱼子酱水果 · 红韵

型号：346.CD.1800.LR.1913
机芯：HUB1112自动上弦机芯，动力储存42小时
功能：时针，分针，秒针
表壳：抛光黑色陶瓷，直径41毫米，防水100米
表带：红色短吻鳄鱼皮
参考价格：169000元

深海探秘4000米白色王金

型号：731.OE.21.80.RW
机芯：HUB1401自动上弦机芯，动力储存42小时
功能：时针，分针，秒针
表壳：18K王金，直径48毫米，防水4000米
表带：白色天然橡胶
参考价格：306400元

Big Bang 法拉利中国版限量手表

型号：401.MX.0123.VR
机芯：HUB 1241 UNICO自动上弦计时机芯，动力储存约72小时
功能：时针，分针，秒针，柱状轮飞返计时功能
表壳：魔力金，直径45.5毫米，防水100米
表带：黑色天然橡胶
参考价格：249800元

Skull Bang

型号：511.CM.1110.VR.PIC12
机芯：HUB1112自动机芯，动力储存约42小时
功能：时针，分针，秒针
表壳：直径45毫米，拉丝黑色陶瓷，防水50米
表带：黑色皮质
参考价格：店洽

万国
IWC

瑞士沙夫豪森万国表的创始人是一位富有开拓精神的美国人。从1868年开始，这间瑞士制表厂便一直坚守品质。万国表素有“高档钟表工程师”之称，专门制造男装手表。经典的款式加上巧妙的设计，典雅而精致，操作极其简便。

表盘上铭刻着“瑞士沙夫豪森万国表”，但这间世界闻名的制表厂却选择在莱茵河畔一个田园小镇建厂，许多人对此感到不解。由于厂址远离瑞士著名的制表中心，再加上万国表公司（International Watch Company）并不像瑞士公司的名称，使人们对其来历充满好奇。来自波士顿的美国青年佛罗伦汀·阿里奥斯托·琼斯（Florentine Ariosto Jones），是一位富有开拓精神、远大抱负以及敏锐商业触角的制表大师。在乘船横渡大西洋时，他脑海里已有一套完善计划。他利用现代化的美国生产机器，制造极为精确的怀表机芯，并在当时处于低薪经济时代的瑞士掀起了一场钟表革命。琼斯于1868年在瑞士沙夫豪森创业，成立万国表公司，使当地成为创新精密制表业的摇篮。在距离莱茵瀑布不远的地方，这间新建的制表厂利用水力进行现代化生产。

对万国表的工程师而言，钟表本身比精确时间更令人着迷，他们大胆创新设计，在专业制表技术领域，工艺精湛。万国表独创的手表包括超卓复杂型手表系列、达文西手表系列和葡萄牙手表系列。飞行员手表系列、工程师手表系列和海洋计时手表系列则属于传统型手表。各系列手表采用运动型/实用型的设计，配上不锈钢或钛金属表壳，最适合爱好运动的人士日常佩戴。

IWC的手表工程师对创新发明、技术革新和钟表业的重大发展抱有极大热情，成为万国表前进的动力。“建基于沙夫豪森，放眼

IWC 万国表北京芳草地旗舰店外景

创立时间:
1868年

员工数量:
约750人

年产量:
不详

电话:
021 33950880

传真:
无

网址:
www.iwc.com

销售方式:
专营店

经典款式:
达文西系列，葡萄牙系列，Ingenieur系列，Aquatimer系列

价格区间:
44000元~132000元

全球”是万国表恪守的信条，万国表虽地处远离制表中心的小镇，仍稳固占据表业的领导地位。为满足特殊需求而专门制造特殊钟表，一直是瑞士沙夫豪森团队最乐意接受的挑战，如为皇家空军制造的防磁飞行员手表马克十一，成为业界的传奇，而为海军、铁路公司及潜水员研发的特殊时计，则为万国表赢得“创新思维发明家”的美誉。

就像 2011 年主打波涛菲诺一样，2012 年万国也只推出了一个系列——飞行员 (Pilots)。万国的飞行员系列 20 世 40 年代的产物，该系列麾下又分出很多小系列，如钟表爱好者们耳熟能详的大飞、喷火战机、马克、Top Gun 海军空战部队等，2012 年都有新作品问世，总计 12 款。除了延续传统的设计风格外，新款飞行员表的尺寸亦进一步扩大，几款大飞的直径统一增至 48 毫米 (以前为 46 毫米)，马克十七也同样从马克十六的 39 毫米增大至 41 毫米，其余则为 46 毫米或 43 毫米。

另一项重大改变是在材质方面，Top Gun 海军空战部队系列的 5 款表全部为高科技陶瓷表壳配钛合金表底，表带也全部采用编织材料内衬软橡胶，这是万国表应用高新材质幅度最大的一次，而且新材质和 Top Gun 的整体设计风格配合得十分妥帖，霸气十足。其余 7 款作品仍旧采用不锈钢或 K 金材质，配传统的鳄鱼皮、小牛皮表带或链带。在功能方面，万国表补充了追针计时和世界时的款式，唯一透底的一款喷火战机万年历的摆陀被做成了喷气式飞机的造型，而且还非常逼真……总体来说，今年万国虽然只有一个系列，但产品的变化大，在细节方面的功夫下得足，所以 2012 年的飞行员系列必须火。

Top Gun 海军空战部队Miramar计时手表

型号：388002
机芯：IWC89365自动上弦机芯，动力储备68小时
功能：时针，分针，秒针，日期，计时
表壳：抛光陶瓷，直径46毫米，防水60米
表带：绿色织物表带，不锈钢喷砂针式表扣
参考价格：96600元

大型飞行员系列Top Gun海军空战部队手表

型号：501901
机芯：IWC 51111自动上弦机芯，动力储备 168小时
功能：日期，时针，分针，秒针，动力存储显示
表壳：陶瓷，直径48毫米，防水深度 60米
表带：黑色软质表带，不锈钢喷砂折叠式表扣
参考价格：138000元

Top Gun海军空战部队计时手表

型号：388001
机芯：IWC89365自动上弦机芯，动力储备68小时
功能：时针，分针，秒针，日期，计时
表壳：陶瓷，直径46毫米，防水60米
表带：黑色软质表带，不锈钢喷砂折叠式表扣
参考价格：96600元

Top Gun 海军空战部队万年历手表

型号：502902
机芯：IWC51614自动上弦，动力储备168小时
功能：时针，分针，万年历，日期，星期，月份，南北半球双月相，年份
表壳：陶瓷，直径48毫米，防水60米
表带：黑色软身表带，不锈钢喷砂折叠式表扣
参考价格：288000元

喷火战机数字万年历手表

型号：379103
机芯：IWC89800自动上弦，动力储备 68小时
功能：时针，分针，秒针，计时，万年历，大日历，月份，闰年显示
表壳：18K玫瑰金，直径46毫米，防水60米
表带：棕色鳄鱼皮表带，18K红金折叠式表扣
参考价格：400000元

大型飞行员手表

型号：379103
机芯：51111自动上弦机芯，动力储备 168小时
功能：日期，动力储备显示，时针，分针，秒针
表壳：不锈钢，直径48毫米，防水60米
表带：棕色鳄鱼皮，折叠式表扣
参考价格：400000元

马克十七手表

型号：326501
机芯：30110自动上弦机芯，动力储备 42小时
功能：日期，时针，分针，秒针
表壳：不锈钢，直径41毫米，防水60米
表带：黑色鳄鱼皮，不锈钢针式表扣
参考价格：36000元

飞行员计时手表

型号：377701
机芯：79320自动上弦机芯，动力储备 44小时
功能：日期，星期，计时，时针，分针，小秒针
表壳：不锈钢，直径42毫米，防水60米
表带：黑色鳄鱼皮，不锈钢针式表扣
参考价格：45500元

飞行员追针计时手表

型号：377801
机芯：79420自动上弦机芯，动力储备 44小时
功能：日期，星期，计时，追针
表壳：不锈钢，直径46毫米，防水60米
表带：黑色鳄鱼皮，不锈钢折叠式表扣
参考价格：92800元

劳伦斯体育公益基金会2011版

型号：323310
机芯：自动上弦机芯，动力储备44小时
功能：时针，分针，秒针，日历
表壳：不锈钢，直径42.5毫米，防水深120米
表带：蓝色鳄鱼皮
参考价格：66500元

喷火战机计时手表

型号：387802
机芯：9365自动上弦机芯，动力储备 68小时
功能：时针，分针，秒针，日期，计时
表壳：不锈钢，防水60米
表带：棕色鳄鱼皮表带,18K红金针式表扣
参考价格：80500元

圣艾修佰里纪念版飞行员计时手表

型号：387805
机芯：89361自动上弦机芯，动力储备68小时
功能：日期，计时，时针，分针
表壳：18K玫瑰金，直径43毫米，防水60米
表带：棕色小牛皮表带配缝线装饰，折叠式表扣
参考价格：240000元

葡萄牙龙表

型号： 500125
机芯： 51011自动上弦机芯，动力储备168小时
功能： 日期，动力储备显示，时针，分针，小秒针
表壳： 18K玫瑰金，直径42.3毫米，防水30米
表带： 黑色鳄鱼皮，折叠式表扣
参考价格： 185000元

航海精英计时手表 2011-2012年度沃尔沃环球帆船赛特别版

型号： 390212
机芯： 89361自动上弦，动力储备68 小时
功能： 时针，分针，秒针，计时，日期
表壳： 钛金属，直径45.4 毫米，防水60米
表带： 黑色橡胶表带，不锈钢折叠式表扣
参考价格： 124000元

葡萄牙超卓复杂手表

型号： 377401
机芯： 79091自动上弦机芯，动力储备44小时
功能： 时针，分针，小秒针，星期，日期，月份，万年历，月相，三问报时
表壳： 铂金，直径45 毫米，防水30米
表带： 黑色鳄鱼皮表带，铂金折叠式表扣
参考价格： 2100000元

柏涛菲诺自动手表

型号： 356502
机芯： 35110自动上弦机芯，动力储备42小时
功能： 日期，时针，分针，秒针
表壳： 玫瑰金，直径40毫米，防水30米
表带： 黑色鳄鱼皮表带
参考价格： 35000元

柏涛菲诺计时手表

型号： 391012
机芯： 79320自动上弦机芯，动力储备44小时
功能： 计时，星期，日期，时针，分针，秒针
表壳： 不锈钢，直径42毫米，防水30米
表带： 米兰式不锈钢织网表链，不锈钢针式表扣
参考价格： 53500元

飞行员世界时间手表

型号： 326201
机芯： 30750自动上弦机芯；动力储备 42小时
功能： 日期，世界时间，时针，分针，秒针
表壳： 不锈钢，直径45毫米，防水60米
表带： 黑色鳄鱼皮，不锈钢折叠式表扣
参考价格： 72500元

工程师地球任务自动手表
“普拉斯提基”特别版

型号： 323608
机芯： 80110自动上弦机芯，动力储备44小时
功能： 时针，分针，秒针，日期
表壳： 不锈钢，直径46毫米，防水120米
表带： 蓝色橡胶
参考价格： 66000元，限量发售1000枚

柏涛菲诺手动上弦八日动力储备手表

型号： 510104
机芯： 59210自动上弦机芯，动力储备192小时
功能： 日期，动力储备显示，时针，分针
表壳： 玫瑰金，直径45毫米，防水30米
表带： 深棕色鳄鱼皮Santoni表带，不锈钢针式表扣
参考价格： 154000元

大型飞行员系列Top Gun
海军空战部队Miramar手表

型号： 501902
机芯： IWC51111自动上弦机芯
功能： 日期，时针，分针，秒针，动力存储
表壳： 抛光陶瓷，直径48毫米，防水60米
表带： 绿色织物表带，不锈钢喷砂针式表扣
参考价格： 138000元

海洋时计加拉帕格斯特别版

型号： 376705
机芯： 79320 自动上弦机芯，动力储备44小时
功能： 时针，分针，秒针，星期，日期
表壳： 硫化橡胶不锈钢，直径44毫米，防水120米
表带： 橡胶表带
参考价格： 57000元

工程师追针计时钛金属手表

型号： 376501
机芯： 79230自动上弦机芯，动力储备 44 小时
功能： 时针，分针，秒针，追针计时，日期，星期
表壳： 钛金属、橡胶，直径45毫米，防水120米
表带： 黑色橡胶表带，针式表扣
参考价格： 99000元

柏涛菲诺计时手表
劳伦斯体育公益基金会版

型号： 391019
机芯： 79320自动上弦机芯
功能： 星期，日历，小秒针附掣停装置，时针，分针，计时
表壳： 不锈钢，直径42毫米，防水30米
表带： 蓝色鳄鱼皮，不锈钢针式表扣
参考价格： 47500元

创立时间：
2002年

员工数量：
80人

年产量:
不详

电话:
+41 44 213 1450

传真:
+41 44 213 1451

网址:
http://www.jaermann-stuebi.com/

销售方式:
网上订购

经典款式：
一杆入洞系列，圣安德鲁斯1759系列

价格区间:
均价160000元

Jaermann & Stübi

Jaermann & Stübi 只生产高尔夫球表，之所以如此专注是源自品牌创始人对该项运动的极度热爱。创始人 Urs Jaermann 作为一名业余高尔夫球爱好者，对自己一般的比赛成绩感到满意。但是他发现，业余玩家计算杆数往往影响比赛时的专注力，所以，希望能拥有一块可靠的计算装置在比赛时可以协助他。由于 Urs 热爱精致细腻的手表，这让他联想到制造一块能计算杆数的手表。

2002 年，Urs Jaermann 在一次研讨会上认识了 Pascal Stübi。他们一见如故，在不同事情上有着很多相同的看法和观点。结合 Stübi 在生产手表的经验，创立他们自己品牌的手表成为两人共同的话题。最后，他们更决意追随这个梦想，创造自己品牌的手表。第一款手表是可以计算高尔夫球杆数的高贵豪华手表。有了这样的想法和主题，机芯及设计亦随之更加完善。他们与瑞士最好的钟表制造商合作，使用先进的设备和技术，研发可计算高尔夫球杆数的机械机芯手表。每块 Jaermann & Stübi 手表均独立编号和由手表工匠们一丝不苟地在瑞士汝拉山地区（Jura）打造。

一杆入洞系列手表

型号： Ref.HO1
机芯： A10自动上弦机芯，动力储存42小时
功能： 时针，分针，秒针，总杆数，洞数显示，防振装置，夜光显示
表壳： 不锈钢，防水100米
表带： 鳄鱼皮
参考价格： 店洽

一杆入洞系列手表

型号： Ref.HO4
机芯： A10自动上弦机芯，动力储存42小时
功能： 时针，分针，秒针，总杆数，洞数显示，防振装置，夜光显示
表壳： 不锈钢，防水100米
表带： 橡胶
参考价格： 店洽

圣安德鲁斯1759系列手表

型号： ST3
机芯： A10自动上弦机芯，动力储备42小时
功能： 时针，分针，秒针，总杆数，洞数显示，防振装置，夜光显示
表壳： 不锈钢，防水100米
表带： 鳄鱼皮
参考价格： 店洽，限量72枚

J

积家
Jaeger-LeCoultre

1833 年，Antoine LeCoultre 先生在瑞士侏罗山的小镇 Le Sentier 创立工作坊，即积家表厂的前身。1900 年，Antoine LeCoultre 的子孙 Jacques-David LeCoultre 接掌家族事业，与巴黎钟表大师 Edmond Jaeger 合作，积家 (Jaeger-LeCoultre) 诞生。积家自 1833 年成立于瑞士汝山谷（Vallée de Joux）以来，将精确计时技术和精湛艺术天赋进行糅合统一，对整个制表业的发展有重大突破和创新。积家拥有无数开创新猷、享誉表坛的产品，包括 Reverso，Duoplan，Master Control，Memovox Polaris，Gyrotourbillon 及 Atmos。其制表大师、工程师和设计师们紧密配合，遵循精湛传统制表工艺的同时不断追求技术创新，对制造的每一枚钟表都倾注心血。每一款杰作，都传承了积家 178 年之久的制表工艺。近 40 项顶尖工艺，在钟表的制作过程中与汝山谷的传统完美融合。积家共计发明了 1231 枚机芯，获享 398 项注册专利，不断超越自我，连创佳绩，堪称高级制表业界中的典范。

在装饰艺术（Art déco）风格盛行的 1920—1930 年，积家经典的 101 珠宝表的前身 Duoplan 手表（1925 年）、恒动的 Atmos 空气钟（1928

创立时间：
1833年

员工数量：
1200人以上

年产量：
不详

电话：
400 162 6626

传真：
021 3395 0968

网址：
http://www.jaeger-lecoultre.com/

销售方式：
专卖店

经典款式：
Reverso翻转手表系列，Master大师系列，双翼系列

价格区间：
40000元以上

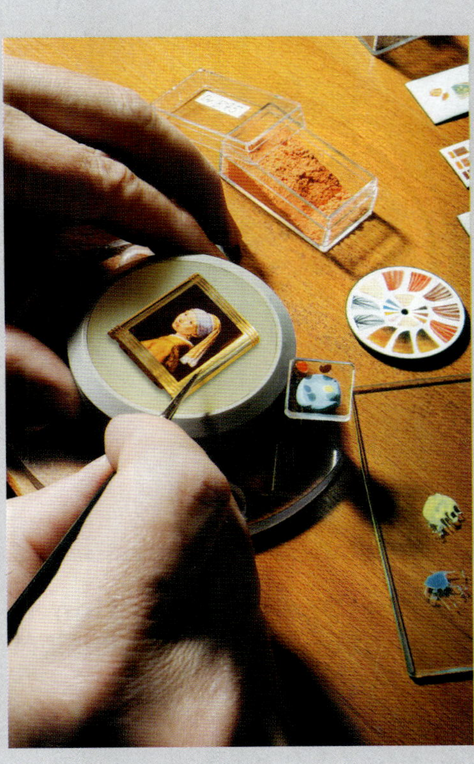

年）以及的 Reverso 手表（1931 年）相继问世。1946 年，积家推出品牌第一枚自动上弦机芯：积家 476 型机芯。从此在自动上弦领域不断推陈出新，从轴承式摆重到摆陀（自动盘）和金质摆陀，从单向上弦到双向上弦，还有高振频与陶瓷滚珠的运用等。诞生于三十年黄金时期的 Memovox，Futurematic，Geophysic 等手表所主张的日常实用功能（闹铃、自动上弦、两地时间等），深深影响了积家自 1992 年推出至今的 Master Control 系列，出厂前的检验流程历时 1000 个小时，追求精益求精的完美。

1991 年，Reverso 也首度推出搭载复杂功能的款式。先后采用玫瑰金与铂金打造的 Reverso 限量系列陆续问世，分别配备有陀飞轮、三问报时、万年历、回跳式计时秒表等复杂功能。1994 年问世的 Reverso Duoface 手表，首创将两个面盘同时呈现在正反面表壳上，分别显示两地时间。之后于 1997 年推出的姐妹作 Reverso Duetto，则是以正面显示白天时间，反面镶钻面盘则用于显示夜晚时间，为名媛淑女度身打造。

2000 年以来，积家表厂推出 50 多款机芯，其中包括了陀飞轮、三问报时、计时秒表、万年历、15 日动力储存等复杂机芯，还有第一枚完全不需润滑油的机芯。此外，积家还在机芯与表壳制造领域获得 50 多项专利的肯定，充分保障品牌创新发明的资产。品牌的代表有超薄复杂手表，高级珠宝表，还有配备复杂功能的空气钟，以及 AMVOX，Master Compressor Diving 和 Reverso Squadra 等系列。

J

Master Grande Tradition à Répétition Minutes超卓传统规范指针三问大师系列手表

型号: Q50125 50
机芯: 积家947 手动上弦机芯，动力储存15天
功能: 时针，分针，三问，动力储存显示
表壳: 18K玫瑰金，直径44毫米，防水50米
表带: 鳄鱼皮，搭配18K金针式表扣
参考价格: 170000欧元

Duomètre Sphérotourbillon 双翼立体双轴陀飞轮手表

型号: 605 25 20
机芯: 积家382手动上弦机芯，动力储存50小时
功能: 时针，分针，陀飞轮，飞返小秒针，动力储存显示，日期，时区
表壳: 18K玫瑰金，直径42毫米，防水50米
表带: 鳄鱼皮，搭配18K玫瑰金针式表扣
参考价格: 167000欧元

Duomètre à Quantième Lunaire 双翼月相日历手表

型号: Q6042521
机芯: 积家381 手动上弦机芯，动力储存50小时
功能: 时针，分针，瞬跳秒针，停秒，日期，月相，月龄，动力储存显示
表壳: 玫瑰金，直径40.5 毫米，防水50米
表带: 鳄鱼皮，搭配18K 金针式表扣
参考价格: 304000元，限量18枚

Grande Reverso Blue Enamel 大型蓝色珐琅表盘翻转手表

型号: Q373 35 E1
机芯: 积家822机芯，动力储存45小时
功能: 时针，分针
表壳: 18K白金，48.5毫米x 30毫米x 10.24毫米，防水30米
表带: 蓝色鳄鱼皮，高级针式表扣
参考价格: 366000元

Grande Reverso 1931 Rouge大型红色表盘翻转手表

型号: 278856J
机芯: 积家822手动上弦机芯，动力储存45小时
功能: 时针，分针
表壳: 不锈钢，46毫米x 27.5毫米x 7.27毫米，防水30米
表带: 鳄鱼皮表带
参考价格: 72000元

Grande Reverso Lady Ultra Thin大型Reverso超薄女装翻转手表

型号: Q3204120
机芯: 积家657石英机芯
功能: 时针，分针
表壳: 18K玫瑰金与不锈钢表壳，尺寸40毫米x 24毫米x 7.17毫米
表带: 18K玫瑰金与不锈钢双色表带
参考价格: 86500元

J

Reverso Répétition Minutes à Rideau三问翻转手表

型号：Q2353520
机芯：积家944手动上弦机芯，动力储存35小时
功能：时针，分针，三问报时
表壳：18K白金，55毫米x35毫米，防水30米
表带：鳄鱼皮，搭配18K白金针式表扣
参考价格：2260000元，限量75枚

Grande Reverso Lady Ultra Thin大型Reverso超薄女装翻转手表

型号： Q 3208420
机芯： 手动上弦机芯，动力储存40 小时
功能： 时针，分针
表壳： 18K 玫瑰金， 33 毫米 × 24 毫米 × 7.2 毫米
表带： 玫瑰金
参考价格：39400元

Grande Reverso Ultra Thin大型Reverso超薄翻转手表

型号：Q2782520
机芯：积家822手动上弦机芯，动力储存45小时
功能：时针，分针
表壳：18K玫瑰金，46毫米x 27.5毫米x 7.2毫米，防水30米
表带：鳄鱼皮表带
参考价格：134000元

Grande Reverso Calendar大型日历翻转手表

型号：Q375 25 20，Q375 84 20
机芯：积家843型机芯，动力储存45小时
功能：时针，分针，星期，月份，日期，月相
表壳：18K玫瑰金，48.5毫米 x 29.5毫米x 10.24毫米，防水30米
表带：真皮，搭配标准针式表扣
参考价格：177000元

Grande ReversoUltra Thin SQ大型超薄镂空翻转手表

型号：Q278 35 40
机芯：积家849RSQ机芯，动力储存35小时
功能：时针，分针
表壳：18K白金，46毫米 x 27毫米，防水30米
表带：威尼斯蓝色鳄鱼皮表带，高级针式表扣
参考价格：481000元

Atmos Marqueterie镶木空气钟

型号：Q554 33 02
机芯：积家582机械机芯
功能：三针一线，24小时显示，月份，月相
钟壳：外层由1200多片珍贵木片制成，内层为镀铑及水晶玻璃
参考价格：198000欧元，限量10枚

Master Control大师系列手表

型号：Q1542520
机芯：积家899自动上弦机芯，动力储存43小时
功能：时针，分针，秒针，日期
表壳：不锈钢，直径39毫米，防水50米
表带：鳄鱼皮，搭配不锈钢折叠表扣
参考价格：58000元

Master Ultra Thin Réserve de Marche超薄动力储存显示大师系列手表

型号：Q1378420
机芯：积家938自动上弦机芯，动力储存43小时
功能：时针，分针，小秒针，日期，动力储存显示
表壳：不锈钢，直径39毫米，防水50米
表带：鳄鱼皮，搭配不锈钢折叠表扣
参考价格：79000元

Master Ultra Thin Tourbillon 超薄陀飞轮大师系列手表

型号：Q1322510
机芯：积家982自动上弦机芯，动力储存48小时
功能：时针，分针，小秒针，陀飞轮
表壳：18K玫瑰金，直径40毫米，防水50米
表带：鳄鱼皮，搭配18K金针式表扣
参考价格：472000元

Jaeger-LeCoultre Deep Sea Chronograph积家深海计时手表

型号：Q2068570
机芯：积家758自动上弦机芯，动力储存65小时
功能：时针，分针，小秒针，计时
表壳：不锈钢，直径42毫米，防水100米
表带：黑色真皮，搭配不锈钢针式表扣
参考价格：92000元

Deep Sea Vintage Chronograph 深海复古计时手表

型号：Q206857J
机芯：积家751G自动上弦机芯，动力储存65小时
功能：时针，分针，秒针，计时
表壳：不锈钢，直径40.5毫米，防水100米
表带：黑色真皮，搭配不锈钢针式表扣
参考价格：94500元

Rendez-Vous Night & Day 约会系列女装手表

机芯：积家898A自动上弦机芯，动力储存43小时
功能：时针，分针，秒针，昼夜
表壳：18K 玫瑰金，防水30米
表带：鳄鱼皮表带
参考价格：162000元

创立时间：
2003年

员工数量：
不详

年产量:
35~40枚

电话:
00852 2735 8481

传真:
无

销售方式:
香港直销店

经典款式：
Palace, Tourbillon, Orbital,Shabaka

价格区间:
不详

Jean Dunand

Jean Dunand 名牌成立于 2003 年，由著名钟表大师 Christophe Cla et 和钟表企业家 Thierry Oulevay 创立。两人都非常欣赏一位伟大的艺术工匠——Jean Dunand，并把他命名为自己新品牌的名字，以表示对他的敬意。

Jean Dunand 的年产量限制在 35~40 块手表。2009 年，该品牌将出售其第 100 只手表。自 2003 年创建以来，除了 Grande Complications 的 6 块手表以外，Jean Dunand 仅仅推出了两种不同的款型。这些是 2005 年的 Tourbillon Orbital 系列和 2008 年开始的 Shabaka。“我们平均两年开发和推出一种产品。我们下一个型号的产品原型已经存在，但该款直至 2009 年底或者 2010 年初才会上市，”Oulevay 解释道，所以每一块 Jean Dunand 手表都是独一无二的。

Palace手表

机芯: CLA02CMP手动上弦，动力储存72小时
功能: 时针，分针，秒针，动力显示，第二时区
表壳: 18K白金，防水30米
表带: 鳄鱼皮表带，18K白金表扣
参考价格: 店洽

Tourbillon Orbita 手表

型号: Diamonds
机芯: IO200手动上弦机芯　动力储存110小时
功能: 指针，分针，陀飞轮
表壳: 18K玫瑰金材质，防水30米
表带: 手工鳄鱼皮表带
参考价格: 店洽

Shabaka手表

型号: Red Gold
机芯: CLA88QPRM手动上弦，动力储存45小时
功能: 时针，分针，月相，日期，星期
表壳: 18K玫瑰金材质，防水30米
表带: 手工缝制鳄鱼皮
参考价格: 店洽

雅克德罗
Jaquet Droz

雅克德罗（Jaquet Droz）是世界上最古老的钟表品牌之一，迄今已经有300多年的历史，清朝时期已获得大清皇族们欣赏。Jaquet Droz以精致制表和珐琅技艺备受赞誉，尤其擅长以珐琅烧制面盘为设计元素。生于1721年的皮埃尔·雅克·德罗，堪称启蒙时代的时间大师，他精通机械，并擅长制作复杂机芯，是位毋庸置疑的自动人偶机大师。他制作的报时鸟、音乐喷泉和音乐钟表，均为名副其实的艺术珍品。这些杰作现存于瑞士纳沙泰尔艺术与历史博物馆，供世人欣赏。

1738年，年仅17岁的皮埃尔·雅克·德罗在拉夏德芳的Sur le Pont农场创办第一家表厂，开始制造和销售日臻完善的钟表和座钟，通常配备音乐装置和机械驱动的人物形象，即所谓的“自动人偶钟”。1774年，皮埃尔·雅克·德罗在伦敦创办了第二家表厂，并委托其子亨利－路易斯对其进行管理。当时的伦敦是启蒙时代欧洲举足轻重的商业中心以及国际贸易枢纽，他慧眼独具，发现了伦敦商业的无限潜力。由于劳累过度，亨利－

创立时间:
1738年

员工数量:
不详

年产量:
2500万枚

电话:
021 53019880

传真:
021 24125012

网址:
www.jaquet-droz.com

销售方式:
零售

经典款式:
Grande Seconde系列

价格区间:
均价200000元

雅克德罗机器人偶

路易将伦敦表厂的管理托付给了皮埃尔·雅克·德罗的养子让·弗雷德里克·雷索。此后，雷索与英国最重要的钟表出口商詹姆士·考克斯建立了紧密联系。詹姆士·考克斯通过向广州派驻代理，为进入远东市场拓宽渠道，并担任雅克德罗驻中国、印度和日本销售代理多年。

1784 年，因为醉心于当地的艺术和文学生活，亨利·路易决定移居日内瓦。不久，让·弗雷德里克·雷索也紧随其后。两人决定在这座城市创办第一家制表厂，这家表厂专门从事极致奢华手表、音乐手表、自动人偶手表与大型复杂功能手表的小批量生产和出口。亨利·路易·雅克·德罗受邀加入艺术协会，这个刚刚成立的组织致力于积极推动科技进步与普及。他终其一生，都致力于在日内瓦建立一所专门传授三问报时手表制造工艺的工坊学校。

在 18 世纪，Jaquet Droz 家族堪称奢华钟表装饰领域之翘楚，名满天下，很大程度上是因作品上精美的掐丝珐琅或珐琅彩绘装饰。而这些由雅克德罗首创的技艺，在很久之后才被当时珐琅工匠所掌握。如今，雅克德罗仍将这一独特工艺运用于系列表款中的某些独一珍品，其中最具代表性的即是微绘珐琅工艺和 PAILLONNÉ 珐琅工艺。从纯粹的自然主义到神奇的抽象图案，从欧洲宫殿到当代大都会，这些独特表款继续讲述雅克德罗的传奇，款款限量，无比珍稀。不仅将传统工艺发扬光大，更向心灵手巧的制表大师致敬。

2000 年，雅克德罗钟表公司加入斯沃琪集团。

Grande Seconde Off-Centered Ivory Enamel

型号： J006033200
机芯： 自动上弦机芯，68小时动力储存
功能： 时针，分针，秒针
表壳： 直径43毫米，18K玫瑰金
表带： 手工缝制鳄鱼皮表带
参考价格： 171000元

Grande Date Ivory Enamel

型号： J016933200
机芯： 自动上弦机芯，65小时动力储存
功能： 时针，分针，大日历
表壳： 直径43毫米，18K玫瑰金
表带： 手工缝制鳄鱼皮表带
参考价格： 209500元

The Eclipse Ivory Enamel

型号： J012633203
机芯： 自动上弦机芯，68小时动力储存
功能： 时针，分针，星期，月份，月相
表壳： 直径43毫米，18K玫瑰金
表带： 手工缝制鳄鱼皮
参考价格： 250500元

The Eclipse Onyx

型号： J012630270
机芯： 自动上弦机芯，68小时动力储存
功能： 时针，分针，星期，月份，日期，月相
表壳： 直径43毫米，不锈钢
表带： 手工缝制鳄鱼皮表带
参考价格： 153000元

Grande Heure Onyx

型号： J025030270
机芯： 自动上弦机芯，68小时动力储存
功能： 时针
表壳： 直径43毫米，不锈钢
表带： 手工缝制鳄鱼皮表带
参考价格： 94500元

Grande Seconde SW Steel-Rubber

型号： J029030140
机芯： 自动上弦机芯，68小时动力储存
功能： 时针，分针，秒针
表壳： 直径45毫米，钛金属
表带： 不锈钢搭配橡胶表带
参考价格： 154500元

Tourbillon

型号： J030033240
机芯： 自动上弦机芯，7天动力储存
功能： 时针，分针，陀飞轮
表壳： 直径45毫米，18K玫瑰金
表带： 手工缝制鳄鱼皮表带
参考价格： 902000元

The Heure Celeste

型号： J005023521
机芯： 自动上弦机芯，68小时动力储存
功能： 时针，分针
表壳： 直径41毫米，18K玫瑰金
表带： 手工卷边黑色绢缎
参考价格： 278500元

Grand Seconde SW 钛金属间玫瑰金

型号： J029037440
机芯： 自动上弦机芯，68小时动力储存
功能： 时针，分针，秒针
表壳： 直径45毫米，钛金属
表带： 天然黑色橡胶
参考价格： 170000元

Petite Heure Minute Medium White Enamel

型号： J005020202
机芯： 自动上弦机芯，68小时动力储存
功能： 时针，分针
表壳： 直径41毫米，不锈钢
表带： 手工缝制鳄鱼皮
参考价格： 96000元，限量88枚

The Heure Astrale

型号： J005014202
机芯： 自动上弦机芯，68小时动力储存
功能： 时针，分针
表壳： 直径39毫米，18K白金
表带： 手工缝制鳄鱼皮表带
参考价格： 292000元，限量8枚

Petite Heure Minute Onyx

型号： J005010201
机芯： 自动上弦机芯，68小时动力储存
功能： 时针，分针
表壳： 直径39毫米，不锈钢
表带： 手工卷边黑色绢缎
参考价格： 79500元

Petite Heure Minute Onyx

型号： J005010201
机芯： 自动上弦机芯，68小时动力储存
功能： 时针，分针
表壳： 直径39毫米，不锈钢
表带： 手工卷边白色绢缎
参考价格： 79500元

Date Astrale Mother of Pearl

型号： J021010208
机芯： 自动上弦机芯，68小时动力储存
功能： 时针，分针，逆跳日期
表壳： 直径39毫米，不锈钢
表带： 手工卷边白色绢缎
参考价格： 142000元

Petite Heure Minute 35毫米

型号： J005010201
机芯： 自动上弦机芯，68小时动力储存
功能： 时针，分针
表壳： 直径35毫米，18K白金镶钻
表带： 手工卷边白色绢缎
参考价格： 215500元

SW Chrono

型号： J029530409
机芯： 自动上弦计时机芯，40小时动力储存
功能： 计时，大日历，时针，分针，秒针
表壳： 直径45毫米，不锈钢
表带： 天然黑色橡胶
参考价格： 144000元

Petite Heure Minute 35毫米

型号： J005000570
机芯： 自动上弦机芯，68小时动力储存
功能： 时针，分针
表壳： 直径35毫米，不锈钢
表带： 手工卷边蓝色绢缎
参考价格： 72000元

Perpetual Calendar Ivory Enamel

型号： J008333201
机芯： 自动上弦机芯，68小时动力储存
功能： 时针，分针，小秒针，日期，星期，闰年
表壳： 直径43毫米，18K玫瑰金
表带： 手工缝制鳄鱼皮
参考价格： 500500元，限量88枚

Perpetual Calendar Onyx

型号： J008333202
机芯： 自动上弦机芯，68小时动力储存
功能： 时针，分针，小秒针，日期，星期，月份，闰年
表壳： 直径43毫米，18K玫瑰金
表带： 手工缝制鳄鱼皮
参考价格： 550500元，限量8枚

The Rattrapante

型号： J024533202
机芯： 自动上弦机芯，40小时动力储存
功能： 时针，分针，计时秒针，追针，大日历
表壳： 直径45毫米，玫瑰金
表带： 手工缝制鳄鱼皮
参考价格： 350500元

Chrono Grande Date Black Enamel

型号： J024033201
机芯： 自动上弦机芯，40小时动力储存
功能： 时针，分针，计时，大日历
表壳： 直径43毫米，18K玫瑰金
表带： 手工缝制鳄鱼皮
参考价格： 267000元，限量88枚

Tourbillon

型号： J013033200
机芯： 自动上弦机芯，7天动力储存
功能： 时针，分针，陀飞轮
表壳： 直径43毫米，18K玫瑰金
表带： 手工缝制鳄鱼皮
参考价格： 830000元

Tourbillon Power Reserve

型号： J028033201
机芯： 手动上弦机芯，88小时动力储存
功能： 时针，分针，秒针，日期，陀飞轮
表壳： 直径47毫米，18K玫瑰金
表带： 手工缝制鳄鱼皮
参考价格： 1626000元，限量28枚

The Pocket Watch Ivory Enamel

型号： J080031000
机芯： 手动上弦机芯，40小时动力储存
功能： 时针，分针，秒针
表壳： 直径50毫米，18K黄金
表带： 无
参考价格： 233500元

Grande Seconde Brozite

型号： J003033357
机芯： 自动上弦机芯，68小时动力储存
功能： 时针，分针，秒针
表壳： 直径43毫米，18K玫瑰金
表带： 手工缝制鳄鱼皮
参考价格： 217000元，限量发行88枚

The Time Zones Circled Slate

型号： J015133201
机芯： 自动上弦机芯，68小时动力储存
功能： 时针，分针，小秒针，中央第二时区，24小时指示器
表壳： 直径42毫米，18K玫瑰金表壳和内盘环
表带： 手工缝制鳄鱼皮
参考价格： 225500元

Grande Seconde Ivory Enamel

型号： J003033240
机芯： 自动上弦机芯，68小时动力储存
功能： 时针，分针，秒针
表壳： 直径43毫米，18K玫瑰金
表带： 手工缝制鳄鱼皮
参考价格： 167000元

Grande Seconde Quantième

型号： J007030241
机芯： 自动上弦机芯，68小时动力储存
功能： 时针，分针，秒针，日期
表壳： 不锈钢，直径43毫米
表带： 手工缝制鳄鱼皮
参考价格： 80000元

Petite Heure Minute Relief Dragon

型号： J005023271
机芯： 自动上弦机芯，68小时动力储存
功能： 时针，分针
表壳： 直径41毫米，18K玫瑰金
表带： 手工缝制鳄鱼皮
参考价格： 619500元，限量88枚

Grande Seconde Minute Repeater

型号： J011033202
机芯： 自动上弦机芯，48小时动力储存
功能： 时针，分针，秒针，三问报时
表壳： 直径43毫米，18K玫瑰金
表带： 手工缝制鳄鱼皮
参考价格： 1734500元，限量28枚

J

尊皇 Juvenia

创立时间：
1860年

员工数量：
不详

年产量:
不详

电话:
4006 024 801

传真:
不详

网址:
www.juvenia.com

销售方式：
不详

经典款式：
不详

价格区间:
不详

翻开尊皇152年的历史图册，手中承载的是沉淀的历史，迎面而来的是发光的过去。从1860年到2012年，每一页，成就不断层地延续；从创始人雅克·狄狄逊到每一代继承人，手中接过的不仅是尊皇品牌，还有制表之业，品牌创立之初的执著与热情犹在，理念与精密犹在。尊皇，是一部由精神链接的显赫史。

1860年，尊皇由来自法国阿尔萨斯的制表匠雅克·狄狄逊于索依米亚一手创立，并开设了他第一家的制表工厂。其子贝尔纳·狄狄逊并未因眼前的成就而停滞下来，他于1908年开设了一家表厂，专门为尊皇生产超薄怀表机芯，并积极参与钟表界的各个范畴，以致品牌涉足于手表、手表零件、时钟及零件、制造手表的辅助器具及抛光用品等，集钟表制造及技术的精华。到了20世纪初期，尊皇在巴黎第十区43 Rue de L'Echiquier和马德里Valverde 1分别开设了两家品牌专卖店。1914年，尊皇总部迁移至拉绍德封，并在Paix大道101号开设了首家现代化设备及先进仪器的制表工场。一切努力终有结果，期间尊皇迎来史上重要的研发和创新——1880年率先发展和应用的滚筒式齿轮操作；1914年在瑞士国际展览会展出当时全球最细小（机芯直径仅为9.5毫米，而厚度更只有2.5毫米）的单层式机械芯机件，至今仍堪称为不朽的巨作。

2012年，尊皇在高级复杂制表业中又掀开新的一页。众所周知，最初陀飞轮的产生是为了抵消地心引力对机械零件产生影响而减少误差，如今，这一精密的机械结构却被赋予了更多的装饰性意义，就像尊皇的这款陀飞轮表，运用熟练的工艺手工打造机芯细部装饰，将6点位的陀飞轮衬托的格外精美。而Art Deco系列则让人重新回顾“经典”，对于那些真正喜爱尊皇表的人来说，此系列是别无他求之选，它将享受和实用结合起来，是尊皇152年历史上手表设计的闪耀基石。2012年，尊皇再次为六分仪表推出全新版本Sextant.3，向数百年前直到未来所有探索大海、天空的冒险精神致敬。此表简约设计、精准的标志和刻度不仅重演了人类机械工具制造的传奇，而且也记录下属于海阔天空的雄心与豪情。另有尊皇世界时间手表，是尊皇第一款世界时间手表，专为频繁出游人士所设计，经由制表工作室的特别研发，带有日期功能并能显示24个时区时间的机械机芯。两表并航，奠定尊皇领航水运海陆之程。

收藏家系列孔雀三问怀表

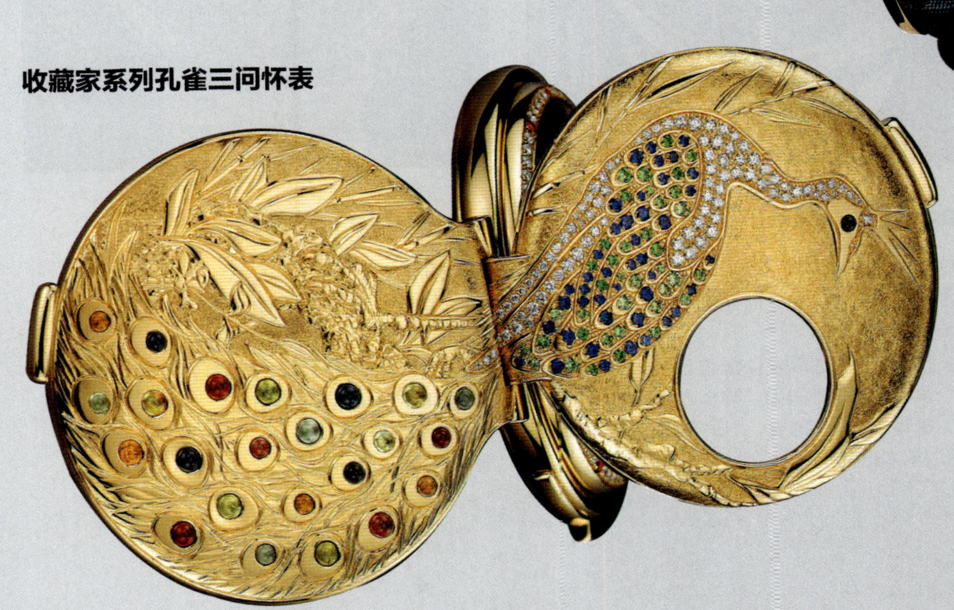

Marquise女伯爵系列

收藏家系列老虎

型号： CW007.7.194.20
机芯： 镂空手动机芯
功能： 时针，分针
表壳： 18K黄金表壳，外层表壳镶钻76颗，内层表壳镶嵌红宝石12颗和钻石48颗
表带： 黑色鳄鱼皮表带
参考价格： 1102500元

Biarritz星钻龙凤系列—男装手表龙

型号： B5Q1.7.799.03
机芯： 石英机芯
功能： 时针，分针
表壳： 18K白金实金，表壳直径33毫米；钻石共799粒，防水30米
表带： 抛光18K白金表链，配以折叠表扣
参考价格： 897800元

Biarritz星钻龙凤系列—女装手表凤

型号： B2Q1.7.799.03
机芯： 石英机芯
功能： 时针，分针
表壳： 直径22.5毫米，钻石共496粒，防水30米
表带： 抛光18K白金表链，配以折叠表扣
参考价格： 564900元

Tourbillon

型号： 新款暂无型号
机芯： J020手动上弦机芯，动力储存65小时
功能： 时针，分针
表壳： 玫瑰金，厚度5.2毫米，直径38毫米，防水30米
表带： 咖啡色鳄鱼皮带，18k 玫瑰金表扣
参考价格： 630000元

Dragon

型号： 新款暂无型号
机芯： J1105机芯，动力储存42小时
功能： 时针，分针
表壳： 蓝色/红色珐琅表盘配玫瑰金，直径41毫米，蓝色珐琅表面，防水功能30米
表带： 咖啡色鳄鱼皮表带，18k 玫瑰金5N表扣
参考价格： 485000元

Marquise 神秘系列

型号： F350.7.194.00
机芯： 真力时手动上弦机芯
功能： 时针，分针
表壳： 黄金表壳镶钻，共58颗共0.87克拉，3，6，9，12点位镶钻
表带： 18K黄金
参考价格： 453600元

J

Slimatic

型号：新款暂无型号
机芯：J09自动机芯，动力储存40小时
功能：时针，分针，日历
表壳：玫瑰金，直径40毫米，18k玫瑰金表冠，金色表面，防水功能30米
表带：咖啡色鳄鱼皮表带，玫瑰金表扣
参考价格：115000元

Classique系列Sextant.3

型号：：sextant III
机芯：ETA2892-2自动上弦机芯
功能：时针，分针，秒针
表壳：玫瑰金，直径40毫米，防水30米
表带：咖啡色鳄鱼皮表带配18K玫瑰金表扣
参考价格：86000元

Worldtime 世界时间

型号：新款暂无型号
机芯：J07-A自动机芯
功能：时针，分针，秒针，日历
表壳：玫瑰金，直径40毫米，防水功能30米
表带：咖啡色鳄鱼皮带，玫瑰金表扣
参考价格：153000元

Classique

型号：C6A1.6.151.21
机芯：自动机芯
功能：时针，分针，秒针，星期，日历，动力显示
表壳：黄金，100米防水
表带：棕色鳄鱼皮表带
参考价格：130200元

收藏家系列蓝色怀表

型号：CP002.6.189.00、CP003.6.189.00
机芯：超薄手动上弦机芯
功能：时针，分针
表壳：4个罗马数字和8个花纹案刻度指标，同时采用饰有金丝线纹的白色母贝表面
参考价格：677100元

Attraction

型号：新款暂无型号
机芯：J02手动上弦机芯，动力存储30小时
功能：时针，分针
表壳：18k玫瑰金5N，表壳钻石426颗，直径16.4毫米x 38.8 毫米，防水30米
表带：鳄鱼皮带，18K玫瑰金5N表扣
参考价格：632000元

J

尚维沙
JeanRichard

创立时间:
1681年

员工人数:
不详

年产量:
不详

电话:
00852 2907 2129

传真:
00852 2907 2083

网址:
www.jeanrichard.com

销售方式:
直销

经典款式:
Bressel 1665

价格区间:
40000元~ 2500000元

尚维沙的制表工坊位于瑞士汝拉山区 (Jura) 的拉绍德封 (La Chaux-de-Fonds)，一个被联合国教育科学暨文化组织认可的历史遗迹，从十八世纪中叶至今仍是瑞士制表的集中地。

这个旨在研创和制造结合传统钟表工艺和创新制表技术的高质量手表的品牌，其手表所需的所有零件都在自己瑞士的制表工坊生产，大至表壳、小至机芯内的零件皆能生产，让每一只手表都是百分百自制。

尚维沙的品牌渊源可追溯至 1681 年的制表天才丹尼尔·尚维沙 (Daniel JeanRichard)。丹尼尔·尚维沙被整个钟表业界尊称为“瑞士钟表之父”。尚维沙品牌于 1988 年受到 SOWIND 集团赏识和收购。基于尚维沙拥有领导者的精神，不难发现每一枚尚维沙手表完美结合传统瑞士钟表工艺、当代的创新技术和发掘新领域的热情。其手表系列包括 Haute Horlogerie 复杂功能手表、2TimeZones 两地时间手表、Diverscope 潜水表、Aquascope、Chronoscope 计时秒表、Paramount 和为其合作伙伴推出的 MV Agusta 运动手表。

尚维沙每年的新表都不算多，但也不乏看点。2012 年发布的 4 款作品，Bressel Hommage 系列的男表和女表各一只，高地系列为支持大型动物基金会而专门制作了“Highlands Big Life”限量版手表，Diverscope LPR 潜水表，带有前所未有的“平板线性动力储存显示功能”，该装置位于 12 点位时标背后，随着动力的消耗，时标逐渐由白色变成透明。

Bressel Hommage Daniel手表

型号: 60119-52-70A-AA6
机芯: JR1000自动上弦机芯
功能: 时针，分针，秒针，日历
表壳: 18K玫瑰金，直径38毫米，防水30米
表带: 鳄鱼皮带
参考价格: 75800元

Bressel Triple Calendar手表

型号: 70119-52-70A-AA6
机芯: JR70自动上弦机芯
功能: 时针，分针，秒针，月份，星期，日历
表壳: 18K玫瑰金，直径41毫米，防水30米
表带: 鳄鱼皮带
参考价格: 138800元

Bressel 1665月相手表

型号: 46112_49_70A_AA6
机芯: JR10PL自动上弦机芯
功能: 时针，分针，逆跳秒针，月相
表壳: 18K玫瑰金，直径42毫米，防水30米
表带: 鳄鱼皮带
参考价格: 155800元，限量50枚

Bressel 1665 Regulator手表

型号： 63112_49_70E_AA6
机芯： JR1020自动上弦机芯
功能： 偏心式时针，分针，秒针，日历
表壳： 18K玫瑰金，直径42毫米，防水30米
表带： 鳄鱼皮带
参考价格： 108800元

Bressel lady手表

型号： 28119D52A71A-AA7
机芯： JR28自动上弦机芯
功能： 时针，分针，秒针，日历
表壳： 18K玫瑰金，直径34毫米，防水30米
表带： 鳄鱼皮带
参考价格： 75800元，限量[illegible]00枚

Bressel Lady Juliette手表

型号： 64143D52A71B-AA7D
机芯： JR1040自动上弦机芯
功能： 偏心式时针，分针，日历，动力显示
表壳： 18K玫瑰金，直径38毫米，防水30米
表带： 鳄鱼皮带
参考价格： 196800元

Aquascope手表

型号： 60140_11_41C_AC4D
机芯： JR60自动上弦机芯
功能： 时针，分针，秒针，日历
表壳： 不锈钢，44.5毫米x 40毫米，防水300米
表带： 胶带链折扣
参考价格： 22800元

Highlands手表

型号： 60150_11_21B_AN6D
机芯： JR60自动上弦机芯
功能： 时针，分针，秒针，日历
表壳： 不锈钢，44.5毫米x 40毫米，防水100米
表带： 胶带链折扣
参考价格： 19800元

Highlands Big Life手表

型号： 60140_13_60B_AN6D
机芯： JR1000自动上弦机芯
功能： 时针，分针，秒针，日历
表壳： 不锈钢，44.5毫米x 40毫米，防水100米
表带： 胶带链折扣
参考价格： 38800元，限量100枚

L

浪琴
Longines

浪琴表自1832年于瑞士索伊米亚创立，现已拥有180年制表传统，其产品以优雅精准著称。1832年，奥古斯特.阿加西（Auguste Agassiz）加入瑞士索伊米亚的一个钟表贸易公司，从此开始进入钟表制造业的世界，很快他就持有了这家公司，并将其更名为阿加西公司（Agassiz & Co）。19世纪50年代，阿加西的侄子欧内斯特•弗兰西昂（Ernest Francillon）接管了生意。1866年，他在穿过索伊米亚山谷的苏士河（Suze）的右岸购买了两块相毗邻的地。这个地方当地方言叫做“Les Longines”，1867年弗兰西昂就用这个名字命名了他在此建造的工厂。19世纪70年代期间，弗兰西昂的制表工业理念取得了很好的实效，工厂不断发展壮大直到20世纪上半叶，1911年，浪琴表工厂的工人达1100人，产品销往世界各地。

浪琴钻研制表技术，精益求精，因此获得了众多奖项，使公司在国际大展和世界博览会上赢得获奖最多的盛誉，到1929年巴塞罗那博览会，浪琴表先后获得十次以上的Grand Prix大奖。早在1889年，弗兰西昂就为品牌商标包括Longines的名字和现在非常著名的飞翼沙漏图形注册了专

创立时间：
1832年

员工数量：
560人

年产量:
不详

电话:
+49 6173 606 281

传真:
+49 6173 606 285

网址:
www.longines.com

销售方式:
专营店

经典款式：
Master收藏系列，Prima Luna系列，运动系列，Heritage系列，Saint-Imier系列

价格区间:
8800元~80000元

利。今天，浪琴表成为世界知识产权组织所有注册商标中最悠久的商标和标志，并仍然保持着最初的形式。自 1867 年起，品牌便一直沿用“飞翼沙漏”作为象征以及“Longines”作为名字，这一切都作为品质的保证，抵制那些想利用浪琴公司良好声誉牟利的假冒产品。

凭借制表技术专长，浪琴与体育建立了密切的合作关系，使其可以为 20 世纪众多著名运动赛事提供专业的服务。如今，浪琴表不断创制新的作品，始终秉承品牌历史中一以贯之的价值观，自豪的传承和延续着自己独有的传统。同时，品牌在运动计时领域亦不断投入与发展：浪琴表对马术运动的热情可以追溯到 1878 年，那时浪琴表生产了一枚计时秒表，表上镌刻了一位骑手和他的骏马。1926 年，浪琴表首次为日内瓦举行的国际官方障碍赛担任官方计时。浪琴表对体操的投入开始于 1912 年，这一年公司首次将其发明的电子机械计时设备，或者叫“断线”自动计时系统用于瑞士体操联合会的赛事上。浪琴表自 1933 年开始了与高山滑雪赛事的长期合作。从那时起，这些冬季赛事便成为浪琴表展示许多技术创新与发明的好机会。从 2007 年开始，浪琴表开始为每年在罗兰·加洛斯举行的著名的法国网球公开赛担任指定计时。浪琴也是国际射箭联合会（FITA）举办的射箭世界杯和世界锦标赛的官方合作伙伴。

2012 年，正值浪琴表 180 周年，纪念款手表更是集优雅与传统于一体。180 年的优美传承中，浪琴表始终追求优雅的轨迹，细数制表传统沿革的传奇，纵览与运动界的辉煌携手，致敬史诗一样的人物与故事。而一只只荟萃 180 年优雅精神的浪琴表，将与佩戴者一起继续谱写又一段不一样的历史。

柱状轮单按钮计时秒表180周年限量版

型号:L2.774.8.23.3
机芯:ETA A08.261自动上弦机芯
功能:时针，分针，秒针，日期，计时
表壳:玫瑰金表壳，直径40毫米，防水30米
表带:棕色短吻鳄鱼皮表带
参考价格: 81100元

嘉岚系列180周年限量手表

型号:L4.514.0.87.6
机芯:L209石英机芯
功能:时针，分针
表壳:不锈钢，直径29毫米，防水30米
表带:不锈钢，按压式折叠安全表扣
参考价格: 52000元

阿加西180周年限量版手表

型号: L7.022.6.11.1
机芯: L878.4手动上弦机芯
功能: 时针，分针，小秒针
表壳: 黄金表壳，直径56毫米
参考价格: 133000元

Heritage 1940复刻手表

型号: L2.767.4.13.2
机芯: L615.3自动上弦机芯
功能: 时针，分针，日期，小秒针
表壳: 不锈钢，直径38.5毫米，防水30米
表带: 黑色短吻鳄皮表带
参考价格: 13400元

Heritage 1940复刻计时表

型号: L2.768.4.53.2
机芯: ETA A08.L01自动上弦机芯
功能: 时针，分针，秒针，日期，计时
表壳: 不锈钢，直径40毫米，防水30米
表带: 黑色短吻鳄皮表带
参考价格: 21700元

Conquest 24h手表

型号: L3.687.4.56.6
机芯: ETA A07 171自动上弦机芯，时针，分针，秒针，日期，第二时区
功能: 时针，分针，秒针，日期，第二时区
表壳: 不锈钢
表带: 三重安全折叠表扣带按压式开启装置
参考价格: 12100元

Conquest 24h手表

型号: L3.687.4.76.6
机芯: ETA A07 171自动上弦机芯
功能: 时针，分针，秒针，日期，第二时区
表壳: 不锈钢，直径 41 毫米，防水300 米
表带: 不锈钢，三重安全折叠表扣
参考价格: 12100元

Conquest 24h手表

型号: L3.687.4.99.6
机芯: ETA A07 171自动上弦机芯
功能: 时针，分针，秒针，日期，第二时区
表壳: 不锈钢，直径 41 毫米，防水300 米
表带: 不锈钢，三重安全折叠表扣
参考价格: 12100元

Ladies Diamond Conquest手表

型号: L3.280.0.87.6
机芯: L263石英机芯
功能: 时针，分针，秒针，日期
表壳: 不锈钢镶嵌钻石，直径35 毫米，防水50 米
表带: 不锈钢，折叠扣
参考价格: 20000元

Ladies Diamond Conquest手表

型号: L3.280.0.57.6
机芯: 石英机芯L263
功能: 时针，分针，秒针，日期
表壳: 不锈钢镶钻，直径35毫米，防水50米
表带: 不锈钢，折叠扣
参考价格: 20000元

Saint-Imier手表

型号: L2.263.4.52.6
机芯: ETA 2000/1自动上弦机芯
功能: 时针，分针，秒针，日期
表壳: 不锈钢，直径26毫米，防水30米
表带: 不锈钢，折叠扣
参考价格: 15400元

Saint-Imier手表

型号:L2.263.5.72.7
机芯:ETA 2000/1自动上弦机芯
功能:时针，分针，秒针，日期
表壳:不锈钢，直径26毫米，防水30米
表带:不锈钢玫瑰金，三重折叠安全表扣
参考价格:18400元

Saint-Imier手表

型号：L2.263.5.87.7
机芯：ETA 2000/1自动上弦机芯
功能：时针，分针，秒针，日期
表壳：不锈钢，直径26毫米，防水30米
表带：不锈钢玫瑰金，三重折叠安全表扣
参考价格：30200元

Saint-Imier计时表

型号：L2.753.8.72.3
机芯：ETA A08.231自动上弦机芯
功能：时针，分针，秒针，日期，计时
表壳：玫瑰金表壳，直径39毫米，防水30米
表带：不锈钢玫瑰金，折叠扣
参考价格：70700元

Saint-Imier 手表

型号：L2.763.4.72.6
机芯：ETA 2892/A2自动上弦机芯
功能：时针，分针，秒针，日期
表壳：不锈钢，直径38.5毫米，防水30米
表带：不锈钢，折叠扣
参考价格：16600元

Saint-Imier手表

型号：L2.763.5.52.7
机芯：ETA 2892/A2自动上弦机芯
功能：时针，分针，秒针，日期
表壳：不锈钢玫瑰金，直径38.5毫米，防水30米
表带：不锈钢玫瑰金，折叠扣
参考价格：24500元

阿加西180周年限量版手表

型号：L4.306.9.87.0
机芯：L209石英机芯
功能：时针，分针
表壳：玫瑰金镶钻，直径25.5毫米，防水30米
表带：黑色短吻鳄鱼皮表带
参考价格：66500元

Saint-Imier计时表

型号：L2.753.5.72.7
机芯：ETA A08.231自动上弦机芯
功能：时针，分针，秒针，日期，计时
表壳：不锈钢玫瑰金，直径39毫米，防水30米
表带：不锈钢玫瑰金，折叠扣
参考价格：32000元

L

康铂系列玫瑰金钻石女表

型号： L2.285.5.88.7
机芯： L595机械机芯
功能： 时针，分针，秒针，日期显示
表壳： 不锈钢和玫瑰金表壳及表链，外圈镶钻，直径29.5毫米，防水50米
表带： 不锈钢和玫瑰金表链
参考价格： 44000元

康铂系列不锈钢玫瑰金计时表

型号： L2.786.5.56.7
机芯： L688导柱轮机芯
功能： 时针，分针，小秒针，30分钟累计表盘，12小时累计表盘，日期显示
表壳： 不锈钢和玫瑰金表壳及表链，外圈镶钻，直径41毫米，防水50米
表带： 不锈钢和玫瑰金表链
参考价格： 38200元

康铂系列玫瑰金女表

型号： L2.285.8.56.3
机芯： L595机械机芯
功能： 时针，分针，秒针，日期显示
表壳： 玫瑰金表壳，直径29.5毫米，防水50米
表带： 黑色鳄鱼皮表带
参考价格： 40700元

浪琴表康铂系列不锈钢钻石女表

型号： L2.285.0.57.6
机芯： L595机械机芯
功能： 时针，分针，秒针，日期显示
表壳： 不锈钢，外圈镶钻，直径29.5毫米，防水50米
表带： 不锈钢表带
参考价格： 33300元

浪琴表康铂系列玫瑰金计时男表

型号： L2.786.8.76.3
机芯： L688导柱轮机芯
功能： 时针，分针，小秒针，30分钟累计表盘，12小时累计表盘，日期显示
表壳： 玫瑰金表壳，外圈镶钻，直径41毫米，防水50米
表带： 黑色鳄鱼皮表带
参考价格： 82300元

浪琴表康铂系列计时男表

型号： L2.786.4.76.6
机芯： L688导柱轮机芯
功能： 时针，分针，小秒针，30分钟累计表盘，12小时累计表盘，日期显示
表壳： 不锈钢，直径41毫米，防水50米
表带： 不锈钢表带
参考价格： 23900元

L

Linde Werdelin

Linde Werdelin 是由 Morten Linde 与 Jorn Werdelin 在 2002 年创立的品牌。在两位合伙人的带领下，Linde Werdelin 迅速发展成为一个高品质的手工机械手表品牌。除了所追求的前卫设计，复杂功能，以及高品质的理念之外，在 LW 创立之初，为了能给品牌添加新的概念与想法，Linde 和 Werdelin 便达成共识，希望 Linde Werdelin 生产的手表能够在潜水、登山或滑雪的环境下，不仅能够提供电子信息，而且可以精确计时，使之成为高端精密设备。在工艺上，Linde Werdelin 融合了瑞士制表技术以及丹麦设计理念，将指针指示与电子显示结合。

值得一提的是，在 Linde Werdelin 的系列手表中，SpidoLite 由于表壳为全部钛金材质，相较于其他手表在重量上减少了60%，成为 Linde Werdelin 最轻的手表系列。另外，“岩石”系列与“暗礁”系列是分别针对登山滑雪和潜水特别制作的电子附件，他们可以紧密套扣在 Linde Werdelin 的手表上。

创立时间：
2002年

员工数量：
10人

年产量:
500枚

电话:
+44 20 7727 6577

传真:
+44 20 7900 1722

网址:
lindewerdelin.com

销售方式:
经销商，网站

经典款式：
Oktopus手表系列，Spidos手表系列

价格区间:
13230瑞郎~22500瑞郎

SpidoSpeed 钢质手表

型号: SPS.S.A
机芯: LW03 2251概念机芯，摆频28800次/小时，48小时动力储存
功能: 时针，分针，秒针，计时
表壳: 钢质表壳，100米防水
表带: 小牛皮表带
参考价格: 14160瑞郎

SpidoSpeed 玫瑰金钛质DLC镀膜手表

型号: SPS.T.RG.A
机芯: LW03 2251概念机芯，摆频28800次/小时，48小时动力储存
功能: 时针，分针，秒针，计时
表壳: 玫瑰金钛质DLC镀膜表壳，100米防水
表带: 小牛皮表带
参考价格: 19440瑞郎

SpidoSpeed橙黑色手表

型号: SPS.SBO.1
机芯: LW03 2251概念机芯，摆频28800次/小时，48小时动力储存
功能: 时针，分针，秒针，计时
表壳: 钢质，黑色DLC镀膜表壳，100米防水
表带: 小牛皮表带
参考价格: 15600瑞郎

SpidoSpeed 黑煤DLC镀膜手表

型号： SPS.S.GR.A
机芯： LW03 2251概念机芯，摆频28800次/时，48小时动力储存
功能： 时针，分针，秒针，计时
表壳： 黑色煤炭DLC镀不锈钢，100米防水
表带： 小牛皮表带
参考价格： 15120瑞郎

SpidoLite二代钛质手表

型号： SLT II.1
机芯： 2251自动机芯，摆频28800次/时，42小时动力储存
功能： 时针，分针，小秒针，日历
表壳： 钛金属表壳
表带： 小牛皮表带
参考价格： 11760瑞郎

SpidoLite 二代钛金属黑炭DLC镀膜手表

型号： SLT II.1
机芯： 2251自动机芯，摆频28800次/时，42小时动力储存
功能： 时针，分针，小秒针，日历
表壳： 钛金属表壳
表带： 小牛皮表带
参考价格： 11760瑞郎

Oktopus 二代钛金属蓝色手表

型号： OKT II.TB.1
机芯： LW 14580自动机芯，摆频288000次/时，40～44小时动力储存
功能： 时针，分针，秒针，日期
表壳： 钛质，防水300米
表带： 定制橡胶
参考价格： 10560瑞郎

Oktopus 二代钛金属黄色手表

型号： OKT II. TBY.1
机芯： LW 14580自动机芯，摆频288000次/时，40～44小时动力储存
功能： 时针，分针，秒针，日期
表壳： 钛质，防水300米
表带： 定制橡胶
参考价格： 11280瑞郎

Oktopus 二代钛金属玫瑰金手表

型号： OKT II. TBG.2
机芯： LW 14580自动机芯，摆频288000次/时，40～44小时动力储存
功能： 时针，分针，秒针，日期
表壳： 钛质，防水300米
表带： 定制橡胶
参考价格： 22200瑞郎

路易威登
Louis Vuitton

路易威登（Louis Vuitton）创立于 1854 年，现隶属于法国 LVMH（Moet Hennessy Louis Vuitton）奢侈品集团。路易威登一直是时尚旅行艺术的象征，如今代表作品已不仅限于其标志性的箱包产品，马克·雅可布 1997 年出任设计总监后，路易威登开始涉足男士女士成衣、鞋履、配饰、手表和珠宝等领域。从早期的路易威登衣箱到如今每年巴黎时装周期间美轮美奂的时装秀，路易威登之所以能一直屹立于国际时尚行业顶端地位，傲居奢侈品牌之列，在于其自身独特的品牌 DNA。

路易威登于 2002 年在瑞士汝拉山谷的拉绍德封设立了首座拥有 32 位工匠的钟表工坊，翻开了崭新的一页。品牌致力于研发自制机芯，并且选择以 Tambour 作为表壳外观和品牌特征。2009 年，路易威登钟表工坊又在原有基础上扩充，增加为 50 位工匠。

2002 年，路易威登 Tambour 系列问世，标志着品牌对高级制表领域探索的开始。经过十年的发展，路易威登不但使 Tambour 系列的“鼓表”造型逐渐深入人心，还具备了制造两地时、计时、飞返计时、刻度翻转时间显示、陀飞轮、神秘时间、三问等复杂功能机芯和手表的技术实力，并能够为客人提供机芯从内到外的多种定制服务。和其他几家几乎同一时期涉足高级制表领域的品牌相比，路易威登在技术和工艺方面迈出的步伐最大也最为坚实。

2011 年，路易威登终于启动了品牌赴巴塞尔国际钟表展的“处女航”，在停靠于莱茵河畔船坞内的一艘豪华游艇上为媒体和贵宾们集中展示了品牌近年来所取得的成果。这次并不高调的亮相，终于让外界有机会一窥路易威登手表的综合实力，其中尤以一款行业内首创的两地时三问表令现场嘉宾大呼过瘾。这款两地时三问表是路易威登和位于日内瓦 La Fabrique du Temps 机芯厂合作研发的，在巴塞尔表展落幕后不久，路易威登便宣布将这家机芯厂并入了旗下，成为其钟表战略的重要技术后盾。

通过与多家珠宝工艺作坊及顶级珐琅制作工坊的合作，路易威登对传统钟表制造工艺进行了全方位的探索。路易威登最初为客人提供陀飞轮表的高级定制服务，主要是将局部夹板镂空为客人姓名的首字母，再镶嵌钻石，比如黄金镶钻的“LV”形夹板。当有客人的姓名结构比较复杂，比如是繁体汉字时，路易威登又想到了用金雕，或者在白金外面化学电镀一层玫瑰金，再经局部抛光，露出与镶钻效果相仿的白金图案。每当路易威登面临一个新的技术或工艺上的挑战时，首先会在当地寻找最好的合作伙伴，因为品牌本身并非这方面的专家。在合作的过程中，路易威登不断积累经验，如果确认有必要的话，就会采用并购的方式，将最好的工坊纳入麾下。这对于像路易威登这样的大品牌来说是最为高效强大自身力量的途径，同样也能够为顾客提供最好的产品选择。

创立时间：
2002年

员工数量：
不详

年产量:
不详

电话:
4006 588 555

传真:
021 62881436

电子邮件:
contact_cn@louisvuitton.com

网址:
www.louisvuitton.com

销售方式:
直营店

经典款式：
Tambour系列

价格区间:
23600元~1800000元

Tambour Volez II
自动计时飞返手表

型号： Q102B0
机芯： LV137机芯，42小时动力储存
功能： 时针，分针，秒针，计时，飞返功能
表壳： 直径44毫米，不锈钢表壳，防水100米
表带： 鳄鱼皮与小牛皮双重材质
参考价格： 68500元

Tambour Voyagez II
自动计时测速手表

型号： Q10210
机芯： LV168机芯，42小时动力储存
功能： 时针，分针，秒针，计时，测速，日期
表壳： 直径44毫米，玫瑰金，防水100米
表带： 小牛皮表带配红色小牛皮里衬
参考价格： 227000元(玫瑰金)

Tambour Voyagez II
自动计时测速手表

型号： Q102C0
机芯： Dubois-Depraz制造的LV168机芯，42小时动力储存
功能： 计时，测速以及日期显示功能
表壳： 不锈钢表壳，直径44毫米，橡胶包覆表冠，背面蚀刻有Monogram图案，防水100米
表带： 打孔镂空小牛皮表带配红色小牛皮里衬
参考价格： 68500元，限量888枚

Tambour Forever Ceramic
陶瓷手表

型号： Q13M30
机芯： 石英机芯
功能： 时针，分针
表壳： 直径34毫米，陶瓷表壳，不锈钢表耳镶钻，防水100米
表带： 黑色或白色的Monogram漆皮
参考价格： 102000元

Tambour Forever Ceramique Blanche

型号： Q13M40
机芯： 石英机芯
功能： 时针，分针
表壳： 陶瓷表壳，不锈钢表耳镶钻，直径34毫米，镶嵌钻石
表带： 黑色Monogram漆皮表带
参考价格： 102000元，限量250枚

Tambour Forever Ceramique Noire

型号： Q13MC0：
机芯： 石英机芯
功能： 时针，分针
表壳： 陶瓷表壳，不锈钢表耳镶钻，直径34毫米，镶嵌钻石，防水100米
表带： 黑色Monogram漆皮表带
参考价格： 102000元，限量200枚

Tambour Regatta America' s Cup 美洲杯帆船赛自动手表

型号：Q102H0
机芯：DuboisDépraz自动计时机芯，动力储存42小时
功能：时针，分针，秒针，5分钟飞返倒计时
表壳：黑色模铸橡胶和钢质，防水100米
表带：黑色橡胶
参考价格：89000元

Tambour Regatta America' s Cup 美洲杯帆船赛石英手表

型号：Q101A0
机芯：ISA 8270 石英机芯
功能：时针，分针，秒针，计时，闹钟，日期
表壳：黑色模铸橡胶和钢质，防水100米
表带：黑色橡胶
参考价格：48500元

Tambour Diving 潜水计时手表

型号：Q103A0
机芯：LV105机芯
功能：时针，分针，秒针，30分钟计时
表壳：直径45.5毫米，黑色模铸橡胶和钢质，防水300米
表带：黑色橡胶
参考价格：48500元

Tambour Diving II 蔚蓝潜水表

型号：Q103F0
机芯：ETA 2895自动上弦机芯，42小时动力储存
功能：时针，分针，秒针
表壳：直径44毫米，不锈钢，防水300米
表带：黑色橡胶
参考价格：47000元

Tambour LV Cup 倒计时功能自动航海表

型号：Q103D0
机芯：Dubois-Depraz自动上弦机芯，42小时动力储存
功能：时针，分针，秒针，5分钟飞返计时功能
表壳：直径44毫米，不锈钢，防水100米
表带：海军蓝鳄鱼皮表带及天然橡胶备用
参考价格：89000元

Tambour Spin Time Regatta 时光飞旋帆船赛计时表

型号：Q102J0
机芯：自动LV156机芯，48小时动力储存
功能：时针，分针，秒针，帆船计时
表壳：直径45.5毫米，白金，防水100米
表带：鳄鱼皮
参考价格：店洽

Tambour Bijou Secret珠宝手表

型号： Q151E0
机芯： 石英机芯
功能： 时针，分针
表壳： 直径22毫米，白金镶钻，防水深度30米
表带： 鳄鱼皮表带
参考价格： 196000元

Tambour Spin Time 时光飞旋手表

型号： Q10C50
机芯： LV 119自动上弦机芯，40小时动力储存
功能： 翻转时标，分针
表壳： 直径44毫米，18K玫瑰金，防水100米
表带： 黑色或灰色鳄鱼皮
参考价格： 320000元

Tambour Spin Time Joaillerie 时光飞旋珠宝手表

型号： Q11C30
机芯： LV 119自动上弦机芯，40小时动力储存
功能： 旋转时标，分针
表壳： 直径39.5毫米，18K白金，防水100米
表带： 白色鳄鱼皮或黑色蜥蜴皮
参考价格： 500000元

Tambour Minutes Repeater三问表

型号： 定制款
机芯： LV178机芯，100小时动力储存
功能： 时针，分针，秒针，动力储存显示，昼夜，三问报时
表壳： 直径44毫米，18K白金表壳，防水30米
表带： 黑色鳄鱼皮
参考价格： 180000欧元

TambourSpinTime Homme 时光飞旋两地时间表

型号： Q103C0
机芯： LV 119自动机芯，40小时动力储存
功能： 日期，GMT，时光飞旋
表壳： 18K白金表壳，表背透明，直径44毫米，黑色表盘，防水100米
表带： 黑色鳄鱼皮表带
参考价格： 320000元

Tambour Monogram Tourbillon 尊贵定制陀飞轮手表

型号： 定制款
机芯： LV103自动上弦机芯，90小时动力储存
功能： 时针，分针，陀飞轮
表壳： 直径41.5毫米，100米防水
表带： 皮表带
参考价格： 180000欧元

L

海涅
Lang & Heyne

创立时间：
2001年

员工数量：
不详

年产量:
40枚~50枚

电话:
0351 8023440

传真:
0351 8023441

网址:
www.lang-und-heyne.de

销售方式:
北京直营店

经典款式：
Friedrich August I., Albert von Sachsen, Markgraf Heinrich

Lang&Heyne 出自德国历史名城——德累斯顿。独立制表人马克·朗（Marco Lang）来自于在德累斯顿一个历史悠久的制表家族，是家族的第五代传人，他的父亲拉尔夫·朗（Rolf Lang）在 1990 年以前一直担任钟表修理的首席技师，负责维护修理享誉世界的收藏。从小在父亲身边，马克耳濡目染，拥有比其他制表师更得天独厚的条件来学习制表，对传统制表技艺的掌握极为扎实。然而，马克的父亲并没有将他留在自己的身边，而是将其送到格拉苏蒂进行了为期 3 年的金属加工学习，又在北德不莱梅与汉堡师从几位德国知名的制表大师，学习钟表制作等知识。7 年后，马克回到德累斯顿时，已经是一位拥有钟表大师证书的制表人。

意气风发的马克与父亲的高徒海涅（Heyne）于 2001 年注册了 Lang&Heyne 商标，开始了自己的创业历程。全部 Lang&Heyne 作品都由两个人在工作坊内采用传统的萨克森制表工艺手工完成。尽管一年以后海涅离开了作坊，但是品牌一直使用两人的名字。

Lang&Heyne 全部作品拥有终身质保，足见马克对自己作品的信心与骄傲。全部产品接受预订，同时客户有特殊要求也可与马克商谈，可以定制一枚完完全全属于自己的作品。

Friedrich August I.手表

型号： Friedrich August I
机芯： 手动上弦机芯，动力储存46小时
功能： 时针，分针，小秒针
表壳： 18K玫瑰金
表带： 美洲鳄鱼皮，18K玫瑰金表扣
参考价格： 248300元

Albert von Sachsen手表

型号： Albert von Sachsen
机芯： 手动上弦机芯，动力储存46小时
功能： 时针，分针，小秒针，双追针
表壳： 铂金
表带： 美洲鳄鱼皮，铂金表扣
参考价格： 659300元

Markgraf Heinrich手表

型号： Markgraf Heinrich
机芯： 手动上弦机芯，动力储存33小时
功能： 时针，分针，秒针，日历，动力显示
表壳： 18K白金
表带： 美洲鳄鱼皮，黄金表扣
参考价格： 620200元

L

创立时间：
1806年

员工数量：
不详

年产量:
不详

电话:
010 5806 025

传真:
无

网址:
http://www.louismoinet.com

销售方式:
北京直营店

经典款式：
Mecanograph, Stardance, Treasures of the World

价格区间:
平均100000元

Louis Moinet

制表史上的大师 LouisMoinet 拥有众多发明，他娴熟科学及美术基础，能将新的理念娴熟的融入到制表之中。不过，他对钟表最大贡献不在于制表，而是写下了当时最齐全的制表学术著作《Traite d' Horlogerie》，至今此书仍是研究古董钟表的读者不可或缺的经典宝书。

以 Louis Moinet 为名的钟表工坊由 Jean-Marie Schaller 和 Micaela Bartolucci 两人共同成立，位于汝拉山谷，致力于制造独特且具个人特色的手表。目前知名作品包括 Variograph、Twintech 等。而手表中所用到的技术不少源自 Moinet 的创意：像是特别的 Jura 波纹；Twintech 使用了 Moinet 在 17 世纪发明的法式摆轮夹板；更有趣的是，Louis Moinet 使用真正的陨石碎片来制造手表的月相盘。

Mecanograph手表

型号： LM-31.20.50
机芯： LM431自动上弦机芯，动力储存48小时
功能： 时针，分针
表壳： 钛金属，防水50米
表带： 手缝鳄鱼皮，钛金属表扣
参考价格： 店洽，限量365枚

Stardance手表

型号： LM-32.20DSAP.80
机芯： 自动上弦机芯，动力储存42小时
功能： 时针，分针
表壳： 钛金属，防水50米
表带： 手缝鳄鱼皮表带，钛金属表扣
参考价格： 店洽，限量365枚

Treasures of the World手表

型号： Australian Opal
机芯： 手动上弦机芯，动力储存72小时
功能： 时针，分针，陀飞轮
表壳： 18K白金，防水30米
表带： 手缝鳄鱼皮，18K白金材质表扣
参考价格： 店洽，限量1枚

L

Laurent Ferrier

Laurent Ferrier 的创始人有着传奇的人生经历。1946 年，这位天才制表师生于日内瓦，在日内瓦的钟表制造学校里参加完整的培训。毕业后，他开始在一家著名的手表制造厂的机芯车间里工作。同时作为一名狂热的赛车爱好者，Laurent Ferrier 从未放弃过自己业余赛车手的梦想。1974 年，他被百达翡丽公司任命为创意总监并且开发了一系列极具传统风格的产品。

在百达翡丽任职 37 年后，他决定创建一家手表品牌，并且在 2010 年巴塞尔国际钟表珠宝展上正式推出自家品牌的首款手表。

Laurent Ferrier 创立的这个品牌因以本人的姓名命名而极具象征意义，并深度展现了卓越不凡的传统制表工艺。作为钟表世家的传人，Laurent Ferrier 在钟表设计、技术研究和手表外观设计等领域有着丰富的经验，这也恰如其分地诠释了他本人一丝不苟的敬业精神和非凡的创造力。

2010 年，Laurent Ferrier 推出了首款带有他签名的手表。从形成概念到投入生产，他都在开发具有独特风格的手表，而在这个过程中，他也得到了儿子 Christian 的支持，保障了产品的延续性。

创立时间：
2010年

员工数量：
不详

年产量:
不详

电话:
021 6091 9565

传真:
不详

网址:
http://www.laurentferrier.ch

销售方式:
不详

经典款式：
Galet经典系列，Galet Micro-Rotor系列

价格区间:
10000元以上

Galet Classic陀飞轮双游丝

型号: Ref. LCF001-R
机芯: FBN916.01手动上弦机芯
功能: 时针，分针，小秒针
表壳: 18K 5N玫瑰金，直径41毫米，防水30米
表带: 手工缝制栗褐色Alcantara鳄鱼皮衬里
参考价格: 店洽

Galet Micro Rotor系列

型号: LCF004 G
机芯: FBN-229.01自动上弦机芯
功能: 停秒，时针，分针，小秒针
表壳: 白金
表带: 黑色皮带
参考价格: 店洽

Galet Micro Rotor系列

型号: LCF004 R
机芯: FBN-229.01自动上弦机芯
功能: 停秒，时针，分针，小秒针
表壳: 玫瑰金
表带: 黑色皮带
参考价格: 店洽

M

Steven Holtzman

Andreas Strehler

Kari Voutilainen

创立时间：
2005年

员工数量：
不详

年产量:
不详

电话:
+41 32 911 1717

传真:
+41 32 911 1718

网址:
www.maitresdutemps.com

销售方式:
经销商

经典款式：
Chapter One, Chapter Two, Chapter Three

价格区间:
579000元~4541000元

Maîtres du Temps

2005 年，Steven Holtzman 创立 Maîtres du Temps。Maîtres du Temps 团队汇聚了世界上众多才华横溢的手表设计及制作大师，大胆采用全新的制表概念，将自己的每一块手表无论在创新还是技术方面都制作得尽善尽美，很快便在世界顶级手表行业占据了一席之地。

2008 年，Maîtres du Temps 推出第一款手表 Chapter One，由 Christophe Claret 和 Speake Marin 两位大师联手打造，也是世界上首款仅一枚陀飞轮机芯，集成多项复杂功能的手表。汇聚众多独立制表大师一起创作，是 Maîtres du Temps 的坚持；也正是有了这些大师的创意合作，在传统与创新的平衡下，Maîtres du Temps 才能够不断推出经典手表。

2012 年，具有日期指示、月相显示，搭配隐藏式第二时区与日夜显示的 Chapter Three Reveal 由独立制表大师 Kari Voutilainen 与 Andreas Strehler 携手创作。由 Kari Voutilainen 研发的 Chapter Three Reveal 手表机芯，搭配由 Andreas Strehler 精心规划的技术层面，不但是 Maîtres du Temps 第一款全自制机芯，也是除了自创品牌以外，Voutilainen 首度为其他品牌设计的顶级机芯。

Chapter Three Reveal手表

型号： C3R.5.5.135
机芯： Caliber SHC03手动上弦机芯，39颗红宝石
功能： 时针，分针，秒针，日期显示，月相，第二时区，日夜
表壳： 玫瑰金表壳，防水深度30米
表带： 鳄鱼皮表带
参考价格： 765000元

Chapter One玫瑰金手表

型号： C1T.55.1E.11-0
机芯： Caliber SHC02手动上弦机芯，58颗红宝石，动力储存60小时
功能： 时针，分针，秒针，计时，时区，日期，星期
表壳： 玫瑰金表壳
表带： 鳄鱼皮表带，配玫瑰金表扣
参考价格： 4166000元

Chapter One白金手表

型号： C1T.00.2E.12-0
机芯： Caliber SHC02手动上弦机芯，58颗红宝石，动力储存60小时
功能： 时针，分针，秒针，计时，时区，日期，星期
表壳： 白金表壳
表带： 鳄鱼皮表带，配白金表扣
参考价格： 4166000元

Chapter One圆形手表

型号： C1R.55.2E.22-2
机芯： Caliber SHC02手动上弦机芯，58颗红宝石，动力储存60小时
功能： 时针，分针，秒针，计时，时区，日期，星期
表壳： 玫瑰金表壳
表带： 鳄鱼皮表带，配玫瑰金表扣
参考价格： 4541000元

Chapter Two玫瑰金手表

型号： C2T.55.21.142
机芯： Caliber SHC01自动上弦机芯，32颗红宝石，50小时动力储存
功能： 时针，分针，秒针，大日历，日期，星期
表壳： 玫瑰金表壳
表带： 鳄鱼皮表带
参考价格： 741000元

Chapter Two白金钻石手表

型号： C2T.D00.21.132
机芯： Caliber SHC01自动上弦机芯，32颗红宝石，50小时动力储存
功能： 时针，分针，秒针，大日历，日期，星期
表壳： 白金表壳，镶嵌205颗钻石
表带： 鳄鱼皮表带
参考价格： 938000元

Chapter Two TCR手表

型号： C2R.TT0.21.110
机芯： Caliber SHC01自动上弦机芯，32颗红宝石，50小时动力储存
功能： 时针，分针，秒针，大日历，日期，星期
表壳： 钛金表壳
表带： 橡胶表带
参考价格： 579000元

M

摩纹
Marvin Watch C°

创立时间:
1850年

员工数量:
不详

年产量:
60000枚

电话:
0757 8591 1105

传真:
0757 8596 1603

网址:
www.marvinwatches.com

销售方式:
专营店，百货商场

经典款式:
Malton 160圆形系列，Malton 160枕形系列，勒布系列

价格区间:
4000元~23000元

1850 年，马克 Didisheim 和艾曼纽 Didisheim 两兄弟创建了家族第一间手动上弦机芯和零配件工厂。1891，马克 Didisheim 的两个儿子（亨利艾伯特 -Didisheim 和查理斯 -Didisheim）继承父业，把原有的手动上弦机芯和零配件工厂规范与规模化成为自主组装能力的钟表工厂，同时重新命名公司为“Albert Didisheim et Freres”。1894，摩纹（Marvin）从索伊米亚（Saint-Imier）搬迁到有瑞士制表之乡之美称的拉绍德封。1912 年，摩纹表厂在拉绍德封扩大规模，并于靠近伯尔尼的汝拉山脉间一个叫 Reconvilliers 的村庄设立了分厂。1917 年，亨利艾伯特 -Didisheim 的三个儿子：马肯 -Didisheim，维尼 -Didisheim 和简 -Didisheim 继承父业，同年公司被重新命名为“Fils de Henri-Albert Didisheim, fabrique Marvin, Marvin Watches Co.”。1918 年，摩纹表一度成为拉绍德封最大的钟表厂，工厂全职和兼职员工超过 300 人。1921 年，摩纹钟表厂在拉绍德封的厂房被瑞士著名钟表杂志（Journal Suisse de l' Horlogerie）美誉为瑞士钟表业成功之典范。1926 年，摩纹表为工厂机芯的抗地心引力提升做了为期两个月的研究，并取得卓越的成绩。1934 年，摩纹钟表厂再次扩大规模，厂址仍在拉绍德封。1939 年，摩纹钟表厂为法国军队提供军械部件以抵抗希特勒的西德纳粹入侵，直至法国投降。1941 年，“Compagnie des Montre MARVIN SA”摩纹公司注册成为瑞士有限公司。

1950 年，为庆祝摩纹表 100 周年华诞，摩纹表限量发行自动双日历 + 独立秒针周年纪念白金腕表。1970 年，瑞士钟表工业开始面临日本电子手表的冲击，摩纹公司冒着巨大风险，反其道而行增大对公司的资金投入，完善现有表厂生产结构。同年，摩纹表加入瑞士 MSR 集团（Manufactures d' Horlogeries Suisse Reunies），成为 MSR 集团中一个手表领军品牌。2002 年，摩纹表取回独立的经营权，重新登上瑞士制表业舞台。2007 年，摩纹公司发布一系列高品质新产品，并在瑞士包括巴塞尔展览的大小展览会中展出，为摩纹表在全球 60 个国家和地区的国际销售网络打下牢牢的基础。2010 年，摩纹公司成功与欧洲 WRC 七届拉力赛冠军车手赛巴斯蒂安 - 勒布签约 5 年代言，同年以巴斯蒂安 - 勒布命名而设计一款 2011 年限量计时手表。2010 年秋，摩纹表为庆祝美国第一间专卖店开幕在美国华盛顿瑞士大使馆举办 Soirée Suisse 晚会。2012 年，摩纹 Malton 160 系列以甜蜜的爱情为主题打造了一系列色彩鲜艳的枕形系列，此外，还推出了名为“Flying Hour”的矩形表壳系列并携手品牌形象大使塞巴斯蒂安 · 勒布打造出两款运动表。

Malton160 圆形系列

型号：M117.52.21.78
机芯：Sellita SW200 自动上弦机芯，38小时动力储存
功能：时针，分针，秒针，日期
表壳：玫瑰金PVD，直径38毫米，防水50米
表带：棕色鳄鱼皮皮带
参考价格：9100元

Malton160矩形系列

型号：M024.14.41.64
机芯：石英机芯
功能：跳时小时，分针，小秒针
表壳：316L不锈钢
表带：针缝白线真皮皮带
参考价格：7200元

DN8系列

型号：M124.24.41.64
机芯：全自动Sellita SW200，38小时动力储存
功能：时针，分针，日期显示，防水50米
表壳：黑色PVD表壳
表带：真皮皮带
参考价格：11100元

Malton 160圆形系列

型号： M020.51.21.51
机芯： Ronda760
功能：时针，分针
表壳：玫瑰金PVD表壳，直径28毫米
表带： 玫瑰金PVD表带
参考价格： 6450元

Malton160 圆形系列

型号：M117.13.22.11
机芯：Sellita SW200自动上弦机芯，38小时动力储存
功能：日期，时针，分针，秒针
表壳：不锈钢，直径42毫米，防水50米
表带：不锈钢
参考价格：10050元

Malton 160圆形系列

型号： M117.12.41.11
机芯： Sellita SW200 ，38小时动力储存
功能：时针，分针，秒针，日期显示
表壳： 不锈钢表壳，直径38毫米，防水50米
表带： 不锈钢表带
参考价格： 9100元

勒布赛车系列

型号： M121.25.49.94
机芯： Valjoux 7750 自动上弦机芯
功能： 时针，分针，日历，星期，小秒针，计时
表壳： 直径44毫米，黑色PVD涂层，防水100米
表带： 黑色橡胶，针扣
参考价格： 26350元，限量88枚

摩纹Core系列

型号： M112.14.31.64
机芯： ETA 2801手动上弦机芯，42小时动力储存
功能： 时针，分针，秒针
表壳： 不锈钢表壳，直径44毫米，防水50米
表带： 真皮皮带
参考价格： 7550元

Malton160 圆形系列

型号： M115.13.24.64
机芯： Dubois-Dépraz 14072自动上弦机芯，38小时动力储存
功能： 时针，分针，秒针，日期
表壳： 不锈钢，直径42毫米，防水50米
表带： 真皮皮带
参考价格： 22250元

勒布赛车系列——收藏家系列

型号： M121.25.48.94
机芯： Valjoux 7750自动上弦机芯
功能： 时针，分针，小秒针，日历，星期，计时
表壳： 直径44毫米，黑色PVD外涂层，防水100米
表带： 黑色橡胶，针扣
参考价格： 24300元

Malton160 圆形系列 Balthazar限量版

型号： M020.13.91.92
机芯： Ronda 7004 B 石英机芯
功能： 时针，分针，小秒针，大日期
表壳： 不锈钢， 直径42毫米
表带： 白色牛仔皮
参考价格： 65100元，一套4枚手表

Malton160 圆形系列

型号： M020.13.41.74
机芯： Ronda 7004 B石英机芯
功能： 时针，分针，小秒针，大日历
表壳： 不锈钢，直径42毫米，防水50米
表带： 鳄鱼皮真皮皮带
参考价格： 6700元

Malton160 圆形系列 Balthazar限量版

型号： M115.13.93.94
机芯： Dubois-Dépraz 14072机芯，38小时动力储存
功能： 时针，分针，秒针，日期
表壳： 不锈钢，直径42毫米
表带： 黑色鳄鱼皮/黑色蜥蜴皮/黑色牛仔皮
参考价格： 65100元，一套4枚手表

Malton160 圆形系列 Balthazar限量版

型号： M116.13.94.74
机芯： ETA 2897，42小时动力储存
功能： 时针，分针，秒针，日期，动力储存显示
表壳： 不锈钢，直径42毫米
表带： 黑色鳄鱼皮
参考价格： 65100元，一套4枚手表

Malton160 圆形系列 Balthazar限量版

型号： M117.13.94.75
机芯： Sellita SW200
功能： 时针，分针，秒针，日历
表壳： 不锈钢，直径42毫米
表带： 黑色蜥蜴皮/黑色牛仔皮
参考价格： 65100元，一套4枚手表

Malton160 枕形系列

型号： M118.13.41.11
机芯： ETA Valjoux 7750自动上弦机芯，46小时动力储存
功能： 时针，分针，秒针，计时，星期，日期
表壳： 不锈钢，直径42毫米，防水50米
表带： 不锈钢表带
参考价格： 19500元

Malton160 枕形系列

型号： M119.13.94.67
机芯： Sellita SW200自动上弦机芯，38小时动力储存
功能： 时针，分针，秒针，日期
表壳： 不锈钢，直径42毫米，50米防水
表带： 真皮皮带
参考价格： 8900元

Malton 160枕形系列

型号： M022.13.84.88
机芯： Ronda715
功能： 时针，分针，秒针，日期显示
表壳： 不锈钢表壳，直径42毫米，防水50米
表带： 玫红色真皮皮带
参考价格： 5050元

M

创立时间:
1876年

员工数量:
不详

年产量:
50000枚

电话:
0757 8591 1105

传真:
0757 8596 1603

网址:
www.manjaz.cn

销售方式:
专营店，直销店铺，百货商场

经典款式:
非凡系列，瑞龙系列，工程师系列，陀飞轮系列

价格区间:
3000元～19800元

名爵
Manjaz

1876 年，卡斯伯特 • 恩斯 (Cuthbert Keynes）在自己的家乡——拉绍德封 (La Chaux-de-Fends）创建了钟表手动上弦机芯的生产工场，也就是名爵 (Manjaz) 表厂的前身。

1882 年，为了进一步扩大规模，拓展钟表领域的市场，他与好友——珠宝设计师，麦克弗森 (Macpherson) 合伙成立了一个具有一定规模的制表厂，取名名爵 (Manjaz）制表厂，其产品都获得了纳沙泰尔天文台的认可。

1884 年是名爵表迈向世界的重要开端，名爵表所属机芯厂生产的表芯获得了当时瑞士计时产品最高权威机构纳沙泰尔天文台表芯精准计时测试大赛第一名。这一奖项的获得象征着拿到一张钟表产品的全球销售的通行证。与此同时，凡是公司生产的钟表产品顺理成章的被誉名表徽章，奠定了名爵表 (Manjaz）在瑞士钟表界的坚实地位。

1888 年，卡思伯特 · 凯恩斯 (Cuthbert Keynes）历时 18 个月的精工细作，终于生产出第一只鳞片精雕外壳，手动上弦，开盖式怀表。这款珍贵与古典相结合的鳞雕怀表 La ēcaille 正式问世，并一度成为西班牙海军高级军官的专用计时工具。

1931 年，名爵第一枚配有恒动机芯 “La Auto Ma” 的腕表面世。

1940 至 1959 年期间，名爵分别获得了英国权威检测部门基尤 · 特丁顿 (Kew Teddington) 和瑞士纳沙泰尔天文台签发的证书。

1967 年，凯恩斯的孙子埃斯蒙德·凯恩斯 (Esmond Keyes) 毕业于巴黎钟表学校后毅然投身于名爵 (Manjaz) 表公司，很快就成为了一名出色的钟表技术人员。

1978 年，埃斯蒙德 · 凯恩斯 (Esmond Keyes) 经过十多年来的经验积累后，正式接管了久负盛名的家族事业。随后，埃斯蒙德 · 凯恩斯心中的理想和抱负终于得以施展，首先将厂房从拉绍德封乔迁至人力资源充裕、交通发达的索洛图恩省 (Solothurn)。采用现代化公司管理制度和机械化生产方式，引进尖端的专业制表科技和仪器，采用新分工系统进行装配工作，提升效率、技巧和品质，制作出精密准确、品质优良且价格合理的手表。

埃斯蒙德 · 凯恩斯 (Esmond Keyes) 是个对古董表非常精通的制表大师，特别在古董怀表上面更是灵感颇多，并能将创意灵活贯彻到自己的作品当中，很快就打造出刻有自己名号的钟表，并用拉丁文 “Invenit Fecit” (发明与创造) 来烙印标记；另一方面，埃斯蒙德 · 凯恩斯 (Esmond Keyes) 又是一个成功的企业家，他秉承了家族富于远见卓识的战略传统，在巩固欧洲和美洲市场的同时大力开拓远东销售市场。在一次 Balsthal 地区行业聚会当中埃斯蒙德 · 凯恩斯 (Esmond Keyes) 认识了福路里·希尔伯先生 (Fluri Hubert)，两人很快就在远东市场上展开密切的合作关系，先后在中国香港、日本、印度以及东南亚等地区建立了办事处。

1992 年，Artax Watch Ltd 正式与凯恩斯家族 (Keyes Family) 达成合作关系，受凯恩斯家族的委托 Fluri Hubert 正式执掌名爵表，凭借多年积累的丰富经验，Fluri Hubert 带领名爵表成功克服挑战，并大力开创国际市场，特别是关注远东地区市场，取得了瞩目的成绩。

非凡系列

型号： 7073M/SR-A01
机芯： ETA2824自动上弦机芯
功能： 时针，分针，秒针，日期
表壳： 直径40毫米，18K玫瑰金，50米防水
表带： 间18K玫瑰金表带
参考价格： 12100元

非凡系列

型号： 7088M/SR-A01
机芯： ETA2836自动上弦机芯，动力储存40小时
功能： 时针，分针，秒针，星期，日历
表壳： 不锈钢，直径39毫米，18K玫瑰金表圈，50米防水
表带： 间18K玫瑰金表带
参考价格： 8300元

非凡系列

型号： 7088E/SR
机芯： SW260自动上弦机芯，动力储存40小时
功能： 时针，分针，秒针，日历
表壳： 不锈钢表壳，直径39毫米，18K玫瑰金表圈，50米防水
表带： 18K玫瑰金
参考价格： 8480元

工程师系列

型号： 7218M/SW
机芯： ETA2893自动上弦机芯，动力储存40小时
功能： 时针，分针，秒针，日历
表壳： 不锈钢，直径42毫米，50米防水
表带： 真皮
参考价格： 12800元

陀飞轮系列-阳版

型号： MAZ-002
机芯： MAZ-002手动上弦机芯
功能： 时针，分针，陀飞轮
表壳： 18K玫瑰金，直径41毫米，50米防水
表带： 棕色鳄鱼皮
参考价格： 未定价

陀飞轮系列-阴版

型号： MAZ-001
机芯： MAZ-001手动上弦机芯
功能： 时针，分针，陀飞轮
表壳： 18K玫瑰金，直径41毫米，150米防水
表带： 棕色鳄鱼皮
参考价格： 未定价

M

非凡系列限量版

型号：7073M/SR
机芯：ETA2824全镂空机芯，动力储存约40小时
功能：时针，分针，秒针
表壳：18K玫瑰包金，直径40毫米，50米防水
表带：18K玫瑰金表带
参考价格：19800元，限量133枚

阿波罗系列

型号：7216/SK-A01
机芯：ETA2824自动机械机芯，动力储存40小时
功能：时针，分针，秒针，日历
表壳：18K黄金，直径42毫米，50米防水
表带：真皮皮带
参考价格：5280元

阿波罗系列

型号：7106M/SR-A01
机芯：ETA2834自动机械机芯
功能：时针，分针，秒针，日历，星期
表壳：18K玫瑰金表圈，直径40毫米，50米防水
表带：间18K玫瑰金表带
参考价格：8680元

爵士系列

型号：8818M
机芯：ETA2892自动上弦机芯，动力储存40小时
功能：时针，分针，秒针，日历
表壳：18K黄金表壳，18K黄金表扣，30米防水
表带：鳄鱼皮皮带
参考价格：24800元

爱琴海系列

型号：6137M/SR-A03
机芯：Ronda6004.B石英机芯
功能：时针，分针，秒针，日历
表壳：直径38毫米，PVD玫瑰金表圈，30米防水
表带：间18K玫瑰金表带
参考价格：2480元

爱琴海系列

型号：6138M/SK-A01
机芯：Ronda785石英机芯
功能：时针，分针，秒针，日历
表壳：直径37毫米，PVD玫瑰金表圈，30米防水
表带：间PVD黄金表带
参考价格：2080元

美利时
Milus

创立时间：
1919年

员工数量：
不详

年产量:
不详

电话:
021 6352 5665

传真:
021 6323 0526

网址:
www.milus.com.cn

销售方式:
直销，经销，代销

经典款式：
Tirion三问逆跳手表/1672000元起
Merea逆跳秒针镂空手表/51000元起
Tirion逆跳秒针镂空手表/63400元起

价格区间:
10000元~2000000元

美利时源于始创人保罗·威廉·尊奥（Paul William Junod），他的理想是创造出一枚世人都想拥有，既典雅又准确的珍贵手表。为了实现这个理想，尊奥先生于1919年在比尔 (Bienne) Route de Reuchenette 设立公司。他实事求是，在培训工匠、设计概念上努力不懈，旨在把理想变成事实。

1951年，保罗·威廉·尊奥去世，他的儿子保罗赫伯特·尊奥接管家族生意，并于1961年在柏恩市成立新公司。美利时的珠宝手表连续三年荣获“贝登金玫瑰大奖”(Golden Rose of Baden Baden) 内的奖项。1982年，保罗赫伯特·尊奥把公司业务转给两位儿子保罗·尊奥及皮尔·尊奥负责，二人同时辅助公司的行政管理及业务发展。皮尔·尊奥专注于业务的财政管理；而毕业于柏恩钟表制作学院的高才生保罗·尊奥则专注于美利时品牌的崭新设计理念。直至2002年，公司都由尊奥家族所拥有。

Tirion TriRetrograde

型号: TIRI021
机芯: ETA2892-A2自动上弦机芯，40小时动力储存
功能: 时针，分针，逆跳小秒针，日期
表壳: 不锈钢，直径45毫米，防水30米
表带: 黑色鳄鱼皮表带，折叠式表扣
参考价格: 店洽

Merea TriRetrograde

型号: MER027
机芯: ETA2892-A2自动上弦机芯，40小时动力储存
功能: 时针，分针，逆跳小秒针
表壳: 不锈钢，直径35.8毫米，防水30米
表带: 白色鳄鱼皮
参考价格: 店洽

Snow Star Heritage

型号: HKIT001
机芯: Sellita SW200自动上弦机芯，38小时动力储存
功能: 时针，分针，秒针，日期
表壳: 不锈钢，直径40毫米，防水30米
表带: 黑色小牛皮
参考价格: 店洽

M

MB&F

MB&F 是一个群体创作的品牌，以创办人为名的钟表品牌不少，有些还加入了合伙人的名字。MB&F 的含意与此类似，但涵盖面更广，其全名应该是 Maximilian Büsser & Friends。

MB&F 的创始人 Maximilian Büsser 先生毕业于瑞士洛桑的瑞士联邦技术学院，拥有微型科技工程学的硕士学位。他曾在积家和海瑞温斯顿任职。与才华横溢的独立制表师合作，打造创新使他不但获得了最大的满足感，还因此埋下了更进一步发展自己事业的种子。2005 年，Büsser 先生离开了海瑞温斯顿，为了实现自己的理想成立了 MB&F 公司。MB&F 每年集合才华横溢的钟表匠、艺术家和专业人士（全部是好友），专门设计及打造先进、原创的钟表杰作。培养有才华的个人所组成的团队，运用团队成员的热情和创造力，相信每一个体皆不可或缺，从而发挥团队成员的功效，以超越个体的总和。

创立时间：
2005年

员工数量：
不详

年产量:
不详

电话:
021 5213 2455

传真:
无

网址:
http://www.mbandf.com

销售方式:
上海，澳门，台湾零售商

经典款式：
LM1, HM1, HM2, HM3, HM3 FROG, HM4

价格区间:
不详

Horological Machine N° 3 Frog手表

型号: 32.TL.B
机芯: HM3 Frog自动上弦机芯
功能: 时针，分针，日期
表壳: 钛金属
表带: 手工缝制黑色鳄鱼皮，折叠钛金属表扣
参考价格: 店洽，限量10枚

Horological Machine N° 4 Thunderbolt手表

型号: 40.TSL.B
机芯: MB&F手动上弦机芯，动力储存72小时
功能: 时针，分针，动力储存显示
表壳: 钛金属
表带: 手工缝制小牛皮，钛制折叠表扣
参考价格: 1725000元，限量18枚

Horological Machine 5

型号: HM5
机芯: 自动上弦机芯，动力储存42小时
功能: 分钟，双向跳时
表壳: 锆金属外层，不锈钢内层
表带: 镂空橡胶
参考价格: 新品未定价

Horological Machine N° 2手表

型号： 20.DWWTL.R
机芯： HM2自动上弦机芯
功能： 时针，分针，逆跳，月相
表壳： 18K白金，防水30米
表带： 手工缝制黑色鳄鱼，18K金质折叠表扣
参考价格： 902000元，限量125枚

Horological Machine N° 3手表

型号： 30.RTL.B
机芯： HM3自动上弦机芯
功能： 时针，分针，日历，昼夜
表壳： 18K玫瑰金
表带： 手工缝制黑色鳄鱼
参考价格： 766000元

LEGACY MACHINE N° 1手表

型号： 01.RL.W
机芯： MB&F手动上弦机芯，动力储存45小时
功能： 时针，分针，双时区
表壳： 18K玫瑰金
表带： 手工缝制黑色鳄鱼皮，同色金质表扣
参考价格： 店洽

Horological Machine N° 3 sidewinder手表

型号： 31.WTL.B
机芯： HM3自动上弦机芯
功能： 时针，分针，日历，昼夜
表壳： 18K白金
表带： 手工缝制黑色鳄鱼表带
参考价格： 店洽

HM3 Poison Dart Frog手表

型号： 32.TCL.B
机芯： HM3 Frog自动上弦机芯
功能： 时针，分针，日期
表壳： 钛金属
表带： 手工缝制黑色鳄鱼表带，折叠钛金属表扣
参考价格： 店洽，限量10枚

Horological Machine N° 2.2手表

型号： Black Box
机芯： 自动上弦机芯
功能： 时针，分针，日期，月相
表壳： 钛金属材质，防水30米
表带： 手工缝制黑色小牛皮表带，钛金属表扣
参考价格： 店洽

M

赫柏林
Michel Herbelin

1947年，赫柏林创立于法国和瑞士边境 Haut Doubs 地区的 Charquemont，一个拥有悠久的钟表制作传统的小城镇，这里曾有至少三十家全球知名的造表厂家。不仅如此，一所世界顶级造表学院就坐落在邻近的 Morteau。1969 年，Michel Herbelin 赫柏林企业转为股份公司，随后逐步得以完善。由于采用了更为简洁的针销式擒纵装置加之人员配备合理，所以品牌价格适中。20 世纪 70 年代初期，Jean-Claude 和 Pierre-Michel Herbelin 从毕业后直接进入公司，积极协助安排、拓展生产及产品出口业务，使小规模的家族企业发展成为该地区最大的雇主。

在手表业界，赫柏林被称为机械表领域的法国专家，它的名字已经是精湛手艺、高品质及高精准度的同义词。始终保持着手表传统家族企业的独立和手工制造的执著，是钟表界独树一帜的艳丽奇葩。处于名表行业的地理中心的赫柏林表厂，自主控制生产链的每个环节。不论制造还是维修，都一手包办，始终保持卓越的产品及服务质量。

创立时间：
1947年

员工数量：
不详

年产量:
约10万枚

电话:
+49 6104 95 47 50

传真:
+49 6104 95 47 90

网址:
www.michel-herbelin.com

销售方式:
专营店

经典款式：
Newport、Classic、Dress

价格区间:
3000元~20000元

Classic Gents手表

型号: 414/BT01
机芯: ETA 255-441石英机芯
功能: 时针，分针，日历
表壳: 不锈钢表壳，直径36毫米，防水30米
表带: 不锈钢，双折式折叠扣
参考价格: 7500元

Classic Automatic手表

型号: 1669/P11GO
机芯: ETA 2824-2自动上弦机芯
功能: 时针，分针，秒针，日历
表壳: 玫瑰金，直径41毫米，防水30米
表带: 小牛皮
参考价格: 6900元

Newport Trophy 运动计时表

机芯: ETA 7750自动上弦机芯
功能: 时针，分针，秒针，计时，日历
表壳: 不锈钢，直径43.5毫米，防水100米
表带: 小牛皮，折叠按扣
参考价格: 17900元

Newport Trophy运动计时表

型号： 12390/AO04C
机芯： ETA 955.112石英机芯
功能： 时针，分针，秒针，日历
表壳： 不锈钢，直径43毫米，防水200米
表带： 橡胶，双折式折叠扣
参考价格： 4900元

Pearls女装表

型号： 16873/BP08
机芯： ETA F03.111石英机芯
功能： 时针，分针，日历
表壳： 黄金，直径24毫米，防水30米
表带： 黄金，珠宝式折叠扣
参考价格： 5950元

Cables女装表

型号： 17114/BNA01
机芯： Ronda751石英机芯
功能： 时针，分针
表壳： 不锈钢，尺寸22毫米 × 18.5毫米，防水50米
表带： 不锈钢表带
参考价格： 4500元

Newport Trophy运动计时表

型号： 1690/B24
机芯： ETA 2824-2自动上弦机芯
功能： 时针，分针，秒针，日历
表壳： 不锈钢，直径45毫米，防水200米
表带： 不锈钢
参考价格： 11900元

Classic Gents手表

型号： 18480/14
机芯： RONDA 6203-B石英机芯
功能： 时针，分针，秒针，日历，两地时
表壳： 不锈钢，直径41毫米，防水100米
表带： 小牛皮表带
参考价格： 5900元

Chronograph Gents运动计时表

型号： 36657/45
机芯： Ronda 5040石英机芯
功能： 时针，分针，秒针，计时，日历
表壳： 不锈钢，直径40毫米，防水100米
表带： 小牛皮，折叠扣
参考价格： 6250元

美度
Mido

1918 年，经验丰富的制表大师乔治·沙龙先生在瑞士苏黎世创立了瑞士美度表。其名字源于西班牙语“Yo mido”，意为“我衡量”，旨在制造一款结合实用功能和价值的手表。1938 年，美度（MIDO）首次进入中国市场，时称“米度”表，以走时精准的全自动机械计时和优良的防水品质著称。2000 年，加入斯沃琪集团后，以“美度”之名再次进军中国。回归中国市场 11 年的美度，时刻充满着非凡的创新能力，将经典之作永恒留驻。

在美度手表的众多产品中，布加迪（Bugatti）系列是一代杰出的标志。在 1930 年，它是第一个体现如此另类风格的手表。它原创灵感来源于法国著名汽车品牌布加迪的冷却器，如今它的造型依旧如美度创作之初，已演变成品牌的真正标志。今天，布加迪（Bugatti）汽车仍然沿用着这一独特的造型作为其象征，同样它也见证着美度表的历史。1934 年，舵手系列的诞生成就了美度历史上的一个里程碑。正如它的名字，这一计时器具有强大的性能，它的性能在高压力测试下得到了印证并得到了高度的赞赏和认同。他的创作者，瓦特·沙龙——美度表创始人的儿子，第二次世界大战时曾是瑞士空军军官，在当时，他便对舵手进行苛刻条件下的测试，印证了舵手系列是适合日常佩戴的军用手表。美度的贝伦赛丽系列是有着三十年生命力的产品。2006 年，美度推出新款贝伦赛丽，它传承了原作经典的造型及风格，表款中清晰且巧妙地透露着优雅、高贵的特质，正如经典弦乐器小提琴一样历经时间的考验。对细节的注重可以通过它饰以美度 Logo 的精雕细琢的机芯和自动摆陀，钻石切割的表针得以表现。完美系列是美度表第三次标志性的革命创新。完美系列灵感来源于世界标志性建筑——罗马竞技场。从 2002 年，美度表便开始就这一概念进行钻研。完美系列的表圈狭窄使表盘可以最大可能地展示其空间。2008 年，美度推出布鲁纳系列腕表。布鲁纳系列灵感来自于充满现代艺术的建筑外观装饰，运用了最流行的技术品质来吸引当今见闻广博的客户。 美度表贝伦赛丽系列是特别为女士推出的手表，从新古典主义建筑的杰作——法国雷恩歌剧院中汲取灵感，表盘巧妙将象牙色和巧克力色融为一体，更加柔和典雅；十二颗钻石精致点缀日期显示圈，与其他日期数字一起描绘出微笑造型，进一步凸显此款腕表的女性气质，在腕间绽放迷人“Smile”。美度长城系列腕表的设计灵感正是设计师在长城之巅、亲手触及砖石时感受到的强烈震撼。表盘正中的浮雕设计，仿若城楼关隘上的石雕砖刻，表盘上内陷分钟，表圈如长城上的甬道铭刻时间，镀镍金属点缀小时刻度，仿佛烽火台传递岁月。

美度表也是瑞士官方天文台认证手表的品牌之一。诞生近百年来，美度运用高品质的材料、精准的机芯制造了具有较高防水性能的瑞士手表，其高度的耐用性使其不仅仅是机械产品，也象征着品位和永恒。

创立时间：
1918年

员工人数：
不详

年产量：
不详

电话：
021 2412 5306

传真：
021 6426 7522

网址：
http://www.midowatch.com/zh/

销售方式：
专营店，百货商场

经典款式：
贝伦赛丽III系列，舵手系列，完美系列，布鲁纳系列，长城系列，指挥官系列

价格区间：
5000元~45000元

长城系列男士手表

型号： M015.631.11.037.00
机芯： ETA 2836-2机芯，超过38小时动力储存
功能： 时针，分针，秒针，日期，星期
表壳： 直径42毫米，316L不锈钢，50米防水
表带： 316L不锈钢表带配以不锈钢折叠表扣
参考价格： 10400 元

贝伦赛丽系列“微笑”女士手表

型号： M007.207.36.291.00
机芯： ETA 2824-2，超过38小时动力储存
功能： 时针，分针，秒针，日期
表壳： 直径33毫米 316L不锈钢，PVD玫瑰金，50米防水
表带： 棕色小牛皮
参考价格： 7300 元

贝伦赛丽系列动力存储手表

型号： M8605.3.13.4
机芯： ETA2897机芯，超过42小时的动力储存
功能： 时针，分针，秒针，日期，动力储存显示
表壳： 直径42毫米，316L不锈钢PVD玫瑰金，50米防水
表带： 小牛皮
参考价格： 11600元

贝伦赛丽系列女士手表

型号： M007.207.36.036.00
机芯： ETA 2824-2机芯，超过38小时动力储存
功能： 时针，分针，秒针，日期
表壳： 直径33毫米，316L不锈钢PVD电镀玫瑰金，50米防水
表带： 小牛皮
参考价格： 7300 元

贝伦赛丽系列PVD玫瑰金月相手表

型号： M8607.3.M1.4
机芯： 1321自动上弦机芯，48小时动力储存
功能： 时针，分针，秒针，计时，日期，星期，月份，月相
表壳： 直径42毫米，不锈钢镀玫瑰金，50米防水
表带： 小牛皮
参考价格： 19600元

贝伦赛丽III系列男士手表

型号： M010.408.16.053.29
机芯： ETA 2836-2机芯，38小时动力储存
功能： 时针，分针，秒针，日期
表壳： 直径39毫米，316L不锈钢，50米防水
表带： 小牛皮
参考价格： 8700 元

贝伦赛丽III系列男士手表

型号： M010.408.11.033.09
机芯： ETA 2836-2机芯，超过38小时动力储存
功能： 时针，分针，秒针，日期
表壳： 直径33毫米，316L不锈钢，50米防水
表带： 不锈钢表带配折叠表扣
参考价格： 9200 元

贝伦赛丽III系列钻石女士手表

型号： M010.208.11.116.00
机芯： ETA 2836-2，超过38小时动力储存
功能： 时针，分针，秒针，日期
表壳： 直径33毫米，316L不锈钢，50米防水
表带： 不锈钢表带配折叠表扣
参考价格： 11300 元

贝伦赛丽III系列PVD玫瑰间金男士手表

型号： M010.408.46.033.20
机芯： ETA 2836-2，超过38小时动力储存
功能： 时针，分针，秒针，日期
表壳： 直径39毫米，玫瑰金间金表壳，50米防水
表带： 牛皮
参考价格： 15800 元

贝伦赛丽III系列钻石女士手表

型号： M010.007.16.033.20
机芯： ETA2671自动上弦机芯，38小时动力储存
功能： 时针，分针，秒针，日期
表壳： 直径25毫米，316L不锈钢，50米防水
表带： 小牛皮
参考价格： 17300 元

贝伦赛丽III系列天文台间金女士手表

型号： M010.208.46.033.20
机芯： ETA 2836-2机芯，超过38小时动力储存
功能： 时针，分针，秒针，日期
表壳： 直径33毫米，不锈钢，玫瑰金，50米防水
表带： 小牛皮
参考价格： 13400元

舵手系列PVD玫瑰金多功能手表

型号： M005.614.36.291.19
机芯： Mido 1320自动上弦计时机芯，48小时动力储存
功能： 时针，分针，秒针，计时，星期，日期
表壳： 直径44毫米，316L不锈钢镀PVD玫瑰金，100米防水
表带： 棕色小牛皮
参考价格： 14100 元

舵手系列多功能手表

型号： M005.614.37.057.09
机芯： 1320自动计时机芯，48小时动力储存
功能： 时针，分针，秒针，计时，星期，日期
表壳： 直径44毫米，316L不锈钢镀PVD玫瑰金，100米防水
表带： 橡胶表带
参考价格： 14300 元

舵手系列动力存储手表

型号： M005.424.11.052.02
机芯： ETA 2897自动机芯，42小时的动力储存
功能： 时针，分针，秒针，日期，动力储存
表壳： 直径42毫米，不锈钢表壳，100米防水
表带： 不锈钢
参考价格： 11600元

舵手系列男士手表

型号： M005.430.37.057.09
机芯： ETA 2836-2机芯，38小时动力储存
功能： 时针，分针，秒针，日期，星期
表壳： 直径42毫米，不锈钢经黑色和玫瑰金PVD处理，100米防水
表带： 橡胶表带配两片式不锈钢黑色PVD表扣
参考价格： 7200元

舵手系列男士手表

型号： M005.430.16.292.12
机芯： ETA 2836-2机芯，超过38小时动力储存
功能： 时针，分针，秒针，日期，星期
表壳： 直径42毫米，316L不锈钢，100米防水
表带： 棕色小牛皮
参考价格： 6100 元

舵手系列PVD玫瑰金男士手表

型号： M005.430.36.031.00
机芯： ETA 2836-2机芯，38小时动力储存
功能： 时针，分针，秒针，日期，星期
表壳： 直径42毫米，316L不锈钢PVD镀玫瑰金，100米防水
表带： 小牛皮表带
参考价格： 6700元

舵手系列多功能特别款手表

型号： M005.614.37.051.01
机芯： ETA 7750机芯，48小时动力储存
功能： 时针，分针，秒针，计时，星期，日期
表壳： 直径42毫米，316L不锈钢经黑色PVD处理，100米防水
表带： 橡胶表带
参考价格： 14500元

All Dial完美系列十周年限量版手表

型号： M8340.4.23.1
机芯： ETA 2836-2机芯，38小时动力储存
功能： 时针，分针，秒针，日期，星期
表壳： 直径42毫米，316L不锈钢，100米防水
表带： 不锈钢表带
参考价格： 9800元

布鲁纳系列女士手表

型号： M001.230.11.066.91
机芯： ETA2678自动上弦机芯，38小时动力储存
功能： 时针，分针，秒针，日期，星期
表壳： 直径33毫米，316L不锈钢，100米防水
表带： 不锈钢表带配以折叠表扣
参考价格： 7800元

布鲁纳系列女士手表

型号： M001.230.36.291.12
机芯： ETA2678自动上弦机芯，38小时动力储存
功能： 时针，分针，秒针，日期，星期
表壳： 直径33毫米，316L不锈钢，PVD镀玫瑰金，100米防水
表带： 棕色真皮小牛皮轧鳄鱼花纹配PVD表扣
参考价格： 7000元

布鲁纳系列男士手表

型号： M001.431.11.066.92
机芯： ETA 2836-2机芯，超过38小时动力储存
功能： 时针，分针，秒针，日期，星期
表壳： 直径40毫米，316L不锈钢，100米防水
表带： 不锈钢表带配以折叠表扣
参考价格： 10000元

布鲁纳系列男士手表

型号： M001.431.11.031.02
机芯： ETA 2836-2机芯，超过38小时动力储存
功能： 时针，分针，秒针，日期，星期
表壳： 直径40毫米，316L不锈钢，100米防水
表带： 不锈钢表带配以折叠表扣
参考价格： 8900元

指挥官系列手表

型号： M014.430.11.031.00
机芯： ETA2836-2自动上弦机芯，38小时动力储存
功能： 时针，分针，秒针，日期，星期
表壳： 直径40毫米，316L不锈钢，50米防水
表带： 316L不锈钢表带配以不锈钢折叠表扣
参考价格： 7300元

穆勒格拉苏蒂
Müehle-Glashüette

创立时间：
1869年

员工数量：
49人

年产量:
8000枚以上

电话:
+49 35053 3203-0

传真:
+49 35053 3203-136

网址:
www.muehle-glashuette.de

销售方式:
专卖店

经典款式：
经典系列，航海系列，运动系列

价格区间:
930欧元~3500欧元

经历了五代人传承的制表公司Müehle-Glashüette穆勒格拉苏蒂始创于1869年。700年前有资料记载Müehle家族，有段时期家族是当地的贵族伯爵，这样荣耀的历史也一直伴随着Müehle Glashütte穆勒格拉苏蒂公司。

Müehle家族一直信奉一个箴言，既不盲目希望，也不过分畏惧。这是家族在成立Müehle-Glashüette穆勒格拉苏蒂公司之初遇到世界战争、国有化、被征收等诸多问题时仍不放弃的原因。

目前，第五代继承人Thilo Müehle继续管理着这个庞大的家族企业，并收购了一家瑞士机芯生产厂商。在此基础上，公司也自行研发了鹅颈微调装置和穆勒转片，并在生产的手表中额外增加了4／3夹板。

Teutonia二代计时手表

型号： M11-30-95-LB
机芯： MU9408自动上弦机芯
功能： 时针，分针，秒针，计时，日期，星期
表壳： 不锈钢
表带： 鳄鱼皮表带
参考价格： 2700欧元

S.A.R. Rescue-Timer手表

型号： M1-41-03-KB
机芯： SW200-1自动上弦机芯
功能： 时针，分针，秒针，日期
表壳： 不锈钢表壳，防水1000米
表带： 橡胶表带
参考价格： 1530欧元

Terranaut I Trail手表

型号： M1-40-63-LB
机芯： MU9408自动上弦机芯
功能： 时针，分针，秒针，计时，日期，星期
表壳： 黑色PVD不锈钢
表带： 皮表带
参考价格： 店洽

万宝龙
Montblanc

1906 年，3 位创业者尼西米兹（Alfred Nehemias）、爱伯斯坦（August Eberstein）和沃斯（Claus Johannes Voss）聚到一起，于德国汉堡创立了万宝龙品牌。100 多年来，与欧洲最高峰勃朗峰同名的万宝龙（Montblanc），最明确识别标志为白色风格的圆角六角星形商标，代表勃朗峰山顶上的积雪。

历经一个世纪，万宝龙现在演变成一个包括高级珠宝、手表、优质皮具、书写工具、经典配饰在内的多元化奢侈品牌。其手表传递的理念与勃朗峰的地位相暗合，重视工艺所展现的传统价值，关注品牌自身对艺术、思想、情感表达。万宝龙的产品覆盖品牌多元化的各个领域，其中书写工具于汉堡厂房制造，皮具工厂设于 Offenbach，位于瑞士里诺（Le Locle）和维尔莱（Villeret）的万宝龙制表工厂负责制造品牌的手表。

万宝龙 2012 年的手表产品跨度足够大，种类和亮点也足够多。首先是入门级的明星系列自动表，经过“少即是多”的设计理念重新包装，气质相比过去更为出众，即便不考虑该价位表的参观者也会忍不住

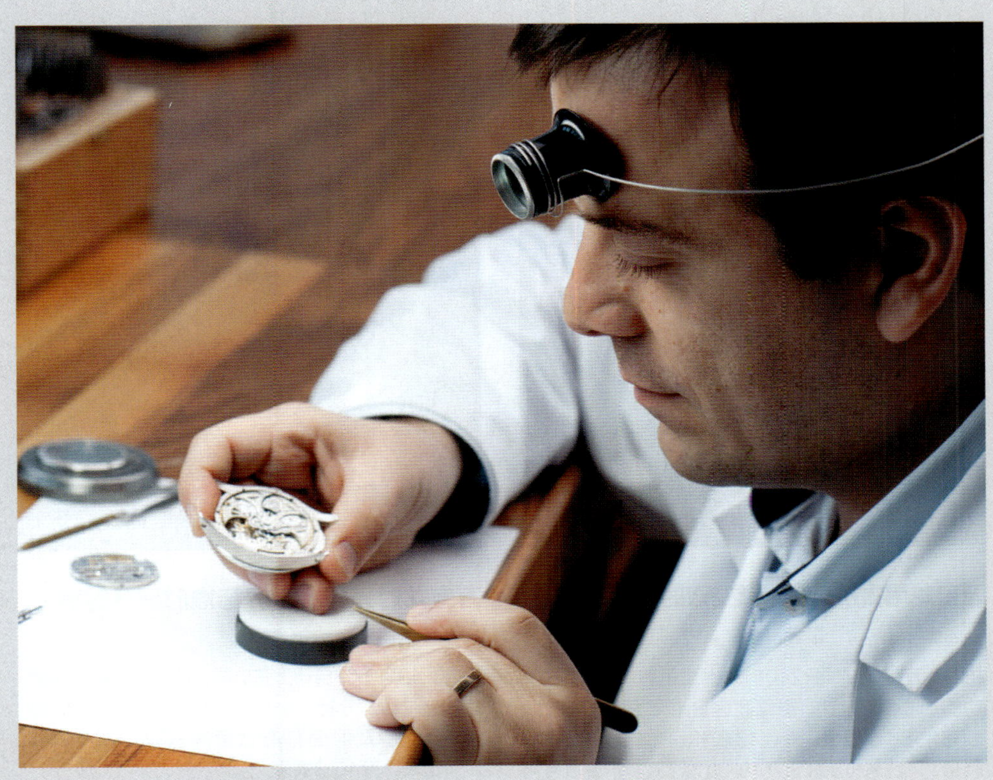

创立时间:
1906年

员工数量:
不详

年产量:
不详

电话:
010 8515 1696(北京东方广场精品店)

传真:
010 8518 6705

网址:
www.montblanc.com

销售方式:
专卖店

经典款式:
Star系列，尼古拉斯凯世单按钮系列，Star4810系列，Time Walker系列，Villeret系列

价格区间:
不详

多看两眼；尼古拉斯凯世系列已经走过了5年，之前已开发3款手动上弦机芯和一款自动上弦机芯，并配套相应表款，今年又推出了MB R210自动上弦机芯，新增加了两地时显示功能，手表表盘镂空，价格突破了20万元；时光行者系列今年主打的是材质牌，一款世界时间，一款双飞返计时，功能和尺寸与去年相同，但材质的改变使得手表给人的整体印象发生了翻天覆地的变化，是今年新材质表中的新星；维莱尔1858系列亦有两款作品问世，一款为带日历指示和测速圈的复刻版单按钮计时表，一款为与船钟配套出售的规范指针航海计时表；而今年的压轴大戏，当属摆频为360万次/小时，精确度可达1/1000秒的时间书写者II双摆轮1000计时表，它是美耐华历时10年开发，技术原理与豪雅的千分之一秒大相径庭。除了以上亮点之外，万宝龙近两年主推的格蕾丝王妃系列女表也有精彩的表现，起码从外观上比之世界顶级女表毫不逊色。

万宝龙明星经典自动表

型号：107076
机芯：4810/408自动上弦机芯,动力储备约42小时
功能：时针，分针，小秒针
表壳：18k玫瑰金，直径39毫米，厚度8.9毫米
表带：棕黑色鳄鱼皮表带配18k玫瑰金针扣
参考价格：75880元

万宝龙尼古拉斯凯世镂空双时区计时表

型号：107067
机芯：万宝龙MB R210自动上弦机芯
功能：时针，分针，第二时区日/夜，日期，计时
表壳：18K玫瑰金，直径43毫米，厚度15毫米
表带：黑色鳄鱼皮表带及18K玫瑰金双重折叠式表扣
参考价格：252250元

万宝龙时光行者世界标准时间计时表

型号：107339
机芯：4810/503自动上弦机芯，动力储备约46小时
功能：时针，分针，小秒针，日期，计时，两地时
表壳：喷砂及锻面打磨钛金属表壳，直径43毫米，厚15.3毫米
表带：炭灰色鳄鱼皮表带
参考价格：111360元，限量888枚

万宝龙维莱尔1858系列
珐琅单按钮计时表

型号：103849
机芯：美耐华13.21机芯，动力储备60小时
功能：时针，分针，小秒针，计时
表壳：直径41毫米，厚度13.56毫米，防水30米
表带：手缝鳄鱼皮表带
参考价格：525760元

万宝龙时间书写者II双摆轮计时表

型号：107343
机芯：Calibre MB TW 02手动上弦机芯
功能：时针，分针，小秒针，计时，动力显示
表壳：18K 白金，直径47毫米，厚度15.1毫米
表带：手缝黑色鳄鱼皮表带
参考价格：230000欧元，限量36枚

万宝龙维莱尔1858系列
复刻版测速日历计时表

型号：107342
机芯：MB M16.30手动上弦机芯
功能：时针，分针，计时，日期
表壳：18K白金或18K玫瑰金表壳
表带：手缝鳄鱼皮表带
参考价格：43000欧元，限量8枚

万宝龙维莱尔1858系列
规范指针航海计时表

型号:107582
机芯:MB M16.30手动上弦机芯
功能:时针，分针，两地时，计时，动力储存显示，昼夜显示
表壳:18K 白金或18K玫瑰金表壳
表带:手缝鳄鱼皮表带
参考价格：店洽，限量8枚

万宝龙维莱尔1858系列
规范指针航海钟

型号：107582
机芯：手动上弦机芯，动力储备约360小时
功能：本地时间，小秒针　世界时
表壳：抛光镀镍黄铜外壳
参考价格：与航海表套装出售
其他款式：镀镍及镀玫瑰金外壳设计各8座

摩纳哥格蕾丝王妃系列
Pétales de Rose白金珠宝表

型号：新款暂无型号
机芯：万宝龙4810/160机芯
功能：时针，分针
表壳：18K白金表壳，18K白金表圈，镶44颗长方钻(约2.04克拉)
表带：18K白金，镶605颗钻石(约6.09克拉)
参考价格：106340元

摩纳哥格蕾丝王妃系列Pétales Entrelacés玫瑰金珠宝表

型号：新款暂无型号
机芯：万宝龙4810/160机芯
功能：时针，分针
表壳：18K玫瑰金表圈，镶44颗长方钻(约2.04克拉)
表带：18K玫瑰金，镶567颗钻石(约6.842克拉)
参考价格：店洽，限量1枚

万宝龙时光行者双飞灰钛计时表

型号：107338
机芯：4810/503自动上弦机芯，动力储备约46小时
功能：时针，分针，小秒针，日期，两地时，计时
表壳：喷砂及缎面打磨钛金属表壳
表带：炭灰色鳄鱼皮表带
参考价格：111360元，限量888枚

万宝龙明星系列
魔幻之星女装钻石表

型号：105897 / 105898
机芯：MB 4810/103 Hz石英机芯
功能：时针，分针，秒针
表壳：18K白金，直径36 毫米，防水30米
表带：白色丝缎表带配18K白金针扣
参考价格：237605元

M

迈拿

Mira

创立时间:
1896年

员工数量:
不详

年产量:
1000枚以上

电话:
+41 043 268 46 15

传真:
+41 043 268 45 25

网址:
www.mirawatch.ch

销售方式:
零售店及网上商店

经典款式:
太空奇遇系列，宇宙探索系列，空中仙子系列

价格区间:
14000元起

1596 年，天文学家 David Fabricius 在距离地球 350 光年的鲸鱼座星系中发现了一颗巨大而火红、充满能量的双星。Johannes Hevelius 于 1662 年将其命名为迈拿（Mira）。在拉丁文中，“MIRA”意思为“美妙的”、“惊心动魄的”。

1896 年，迈拿在瑞士被注册成为钟表的品牌。为了不辜负这个名字的寓意，品牌制作了富有时代超越和充满想象力的手表。20 世纪四十年代，迈拿率先引入当年首创的 Felsa Bidynator 自动上弦机芯。该机芯具专利双向上弦摆陀，使用鹅颈式微调器。迈拿与 Felsa 这个组合被视为现代自动上弦手表中的优秀之作。

迈拿是一颗变星，随着时间的流逝而散发出不同的亮度。而作为钟表品牌，迈拿的历练也仿佛与同名的恒星暗合，经历过一段颇长的冬眠期。时间和宇宙有着分割不开的联系，日月星辰，东升西坠，天体的运行令人们萌发出最原始的时间观念，并凭借它来测量时间的流逝。

太空奇遇系列(男装手表)

型号： M102SBK
机芯： 瑞士自动机芯
功能： 飞返时针，分针，秒针，日相及月相显示
表壳： 不锈钢表壳，直径42毫米，厚防水50米
表带： 棕色鳄鱼皮带，折叠式表扣
参考价格： 24500元
其它款式： 不锈钢表壳及黑色鳄鱼皮带

太空奇遇系列(男装手表)

型号： M104SSV
机芯： 瑞士自动机芯
功能： 飞返时针，分针，秒针
表壳： 不锈钢表壳，直径42毫米，防水50米
表带： 黑色鳄鱼皮带，折叠式表扣
参考价格： 26500元
其它款式： 不锈钢表壳及蓝色鳄鱼皮带

空中仙子系列(女装手表)

型号： M109RBK
机芯： 瑞士自动机芯
功能： 飞返时针，分针，秒针
表壳： 不锈钢表壳，直径43毫米，防水50米
表带： 紫色鳄鱼皮带，折叠式表扣
参考价格： 78500元
其它款式： 不锈钢表壳及红色鳄鱼皮带

M

太空奇遇系列(男装手表)

型号：M101SBK
机芯：自动上弦机芯
功能：时针，飞返分针，秒针
表壳：不锈钢，直径42毫米，防水50米
表带：蓝色鳄鱼皮带，折叠式表扣
参考价格：26000元

太空奇遇系列(男装手表)

型号：M110BBK
机芯：自动上弦机芯
功能：红晶小时指示，分针
表壳：电镀蓝色表壳配电镀黑色表圈，直径42毫米，防水50米
表带：黑色鳄鱼皮带，折叠式表扣
参考价格：3600欧元

太空奇遇系列(男装手表)

型号：M110RGY
机芯：自动上弦机芯
功能：时针，分针，秒针，日历
表壳：不锈钢表壳配18K玫瑰金，直径42毫米，防水50米
表带：灰色鳄鱼皮带，折叠式表扣
参考价格：38000元

宇宙探索系列(男装手表)

型号：M106SSV
机芯：自动上弦机芯
功能：飞返时针，分针，秒针，24小时显示
表壳：不锈钢，直径45毫米，防水50米
表带：黑色鳄鱼皮带，折叠式表扣
参考价格：25440元

空中仙子系列(女装手表)

型号：M107RBK
机芯：自动上弦机芯
功能：时针，飞返分针
表壳：不锈钢配玫瑰金，直径43毫米，防水50米
表带：橙色鳄鱼皮带，折叠式表扣
参考价格：82000元

星幻奇缘系列(女装手表)

型号：M112SWW
机芯：自动上弦机芯
功能：时针，分针，秒针，日历
表壳：不锈钢，直径40毫米，防水50米
表带：白色鳄鱼皮带，折叠式表扣
参考价格：49000元

M

Morellato

创立时间：
1930年

员工数量：
不详

年产量:
不详

电话:
021 5289 0818

传真:
021 5289 0818-111

网址:
http://www.morellato.com/morellato_cn

销售方式:
8个国家共210个零售点

经典款式：
Heritage，Firenze, Panarea

价格区间:
1000 元~4000 元

1930 年，Morellato 在威尼斯建立。从 20 世纪 50 年代开始，Morellato 开始制造手表、手工制作皮质表带及一些银质、K 金饰品。饰品的设计师受意大利文艺复兴的美学与工艺启发，开始设计精品首饰。20 世纪 90 年代，两位掌舵人 Massimo 及 Macro Carraro 锐意创新，利用珍贵传统的天然珍珠、钻石与不锈钢、玫瑰金等不同元素结合。并请来多位著名模特儿担任代言人，风格新颖的饰品旋即大受欢迎。2000 年，品牌延续 Gioielli da Vivere（让首饰进入生活）的概念，完美呈现女人的感性与知性。2012 年，请来超模 Irina Shayk 担任代言人，演绎品牌形象。形象广告主题为：More Essential, More Sensual（更纯粹，更性感）。

Firenze手表

型号： R0151103502
机芯： 2035
功能： 时针，分针，秒针
表壳： 不锈钢，直径30毫米，陶瓷表圈
表带： 皮表带
参考价格： 1290元

Firenze手表

型号： R0153103503
机芯： 2035
功能： 时针，分针，秒针
表壳： 不锈钢，直径30毫米，陶瓷表圈
表带： 陶瓷与玫瑰金相结合
参考价格： 1590元

Heritage手表

型号： R0153106501
机芯： MiYota 5Y20石英机芯
功能： 时针，分针
表壳： 镀金不锈钢嵌镶钻石
表带： 镀金不锈钢
参考价格： 3490元

Heritage手表

型号： R0151106504
机芯： 石英机芯
功能： 时针，分针
表壳： 玫瑰金不锈钢镶嵌水晶，直径22毫米
表带： 褐色皮
参考价格： 1990元

Heritage Astrario手表

型号： SG4001
机芯： MiYota 2035
功能： 时针，分针，秒针
表壳： 不锈钢，直径42毫米
表带： 黑色真皮
参考价格： 1490元

Heritage Astrario手表

型号： SG4003
机芯： MiYota 2035
功能： 时针，分针，秒针
表壳： 不锈钢，直径42毫米
表带： 黑色真皮
参考价格： 1490元

Panarea手表

型号： R0153104504
机芯： MiYota 2039
功能： 时针，分针，秒针
表壳： 玫瑰金不锈钢镶嵌水晶
表带： 玫瑰金不锈钢表带
参考价格： 1790元

Panarea手表

型号： R0153104002
机芯： MiYota 2015
功能： 时针，分针，秒针，E期
表壳： 不锈钢，直径43毫米
表带： 不锈钢表带
参考价格： 1490元

Classy手表

型号： SZ6019
机芯： autoMatic Pts dg 2892
功能： 时针，分针，秒针
表壳： 不锈钢镂空，36毫米x46毫米
表带： 真皮表带
参考价格： 2490元

M

艾美 Maurice-Lacroix

艾美的历史始于1961年。当年，位于苏黎世的Desco von Schulthess AG公司收购了汝拉山区Saignelégier镇内一间钟表零件厂，生产手表供应国内和海外市场，因而诞生了艾美手表。1975年，首款艾美表于奥地利面世。1989年，艾美表收购设于Saignelégier的表壳制造厂，并不断投资于机械及设备，以确保艾美表走在时代尖端。1994年到1995年，艾美表投资数百万瑞士法郎更新及扩展其Saignelégier制表厂。1999年，艾美表扩充及更新其设于Saignelégier的表壳制造厂，提高质量及生产量，以切合全球市场日益增长的需求。2001年，Philippe C. Merk先生在3月出任艾美表董事会主席。同年10月1日，原属于Desco Von Schulthess AG公司旗下部门的Maurice Lacroix S.A.，正式注册成为独立公司。面对美好前景，艾美表投放大量资金扩建其装配厂房。2003年，艾美表推出精品杰作Double Rétrograde双回拨手表，工艺技术再创新里程。极其罕有的第二时区回拨24小时显示及手表机械性能，完全由表厂自行开发。品牌同时推出崭新的广告宣传攻势，更新零售店面貌。艾美表博物馆在Saignelégier开幕，展出多款匠心系列限量版手表。2005年，艾美品牌成立30周年，匠心系列面世15周年。

2006年，艾美表推出匠心系列Le Chronograph计时秒表，其内配置首具艾美表厂自行生产的机芯——ML 106机芯。艾美2012年表现相当不俗，其中，匠心系列和奔涛系列表现尤为出众，Masterpiece Tradition五针手表延续了艾美匠心系列一贯的和谐之美，将多种功能和元素巧妙和谐呈现于表盘之上。五根指针两套体系，三根黄色指针自成一体，显示常规的时、分、秒；两根蓝色指针对应指示表盘上的星期和日期刻度，取代了传统的星期日历窗口显示。此独具匠心的设计也成为2012年匠心系列的一大亮点。奔涛系列的两位新成员分别以自己独特的方式展现出艾美表的创意天赋。其中，奔涛系列S计时表在经典外形之上注入更多运动元素，其中最大的亮点莫过于已经申请专利的计时表圈内置设置。此计时表将表圈置于表壳内部，与表盘融为一体，由两点钟位置的提花按钮控制，一方面更加符合美学要求，另一方面，能够降低磨损、减小计时误差。计时圈部分有不同颜色可选。艾美的另一款奔涛系列作品——偏心两地时间手表也是不得不说的。此款表是艾美继2007年偏心两地时间手表荣膺红点设计奖最高殊荣后，推出的全新力作。设计将显示时、分、秒的主表盘以大圆设置于10点钟位置，将昼夜盘切于主表盘之上，以小圆设于4点钟位置，两个圆形巧妙地切割出月牙形夜显示窗。整个表盘在边缘刻度修饰下，大胆、巧妙，颇具现代感。

艾美的成功，始于最初系列的创新性手表，20世纪90年代初，艾美便开始机械手表附加功能的研发，力求制造出设计新颖别致、令人着迷且品质卓越的复杂功能机械手表。今天，艾美手表已经在计时、逆跳和月相三个领域中展现出精湛非凡的技艺，得到业内的一致肯定。

创立时间:
1961年

员工人数:
250人

年产量:
不详

电话:
021 5830 0518

传真:
021 5831 1571

网址:
www.mauricelacroix.com

销售方式:
专营店、百货商场

经典款式:
匠心系列、奔涛系列、典雅系列

价格区间:
10000元~250000元

匠心系列日历回拨月相手表

型号： MP6528-SS001-430
机芯： ML192自动上弦机芯，动力储存52小时
功能： 时针，分针，日历，周历小指针，月相，动力显示
表壳： 不锈钢，防水50 米
表带： 鳄鱼皮表带，不锈钢折叠式表扣
参考价格： 61000元

奔涛系列S计时表

型号： PT6008-SS002-330
机芯： ML112自动上弦机芯，动力储存46小时
功能： 时针，分针，小秒针，计时，日期
表壳： 不锈钢，防水200米
表带： 不锈钢
参考价格： 30000元

奔涛系列偏心两地时间手表

型号： PT6118-SS001-331
机芯： ML121自动上弦机芯
功能： 时针，分针，秒针，两地时，昼夜，日历
表壳： 不锈钢，直径43毫米，防水50米
表带： 鳄鱼皮表带
参考价格： 41000元

典雅传统系列玫瑰金男款及女款手表

型号： LC6007-PG101-110（男），LC6013-PG101-110（女）
机芯： ML 155/ML 132自动机芯
功能： 时针，分针，秒针，日期
表壳： 18 K玫瑰金，直径38毫米/28毫米(男/女)
表带： 棕色鳄鱼皮表带
参考价格： 男表价格45000元，女表价格43800元

经典系列计时月相手表

型号： LC1148-SS001-331
机芯： 石英机芯
功能： 时针，分针，小秒针，计时，日期，月相
表壳： 不锈钢，直径40毫米，防水30米
表带： 小牛皮表带
参考价格： 10300元

经典系列月相手表

型号： LC6068-SS001-331
机芯： ML37 自动上弦机芯，动力储存38 小时
功能： 时针，分针，秒针，日期，月相
表壳： 不锈钢，直径40毫米，防水30米
表带： 小牛皮表带
参考价格： 25000元

Masterpiece Tradition 五针手表

型号：MP6507-SS001-110
机芯：ML159 自动上弦机芯，动力储存38小时
功能：时针，分针，秒针，星期，日期
表壳：不锈钢，直径40毫米
表带：黑色鳄鱼皮表带
参考价格： 30000元

Masterpiece Tradition 动力储存手表

型号：MP6807-SS001-110
机芯：ML 113 自动上弦机芯
功能：时针，分针，秒针，动力储存显示，日期
表壳：不锈钢表壳，直径40毫米，防水50米
表带：黑色鳄鱼皮表带
参考价格： 26500元

Masterpiece Tradition GMT 两地时间手表

型号：MP6707-SS001-110
机芯：ML129 自动上弦机芯
功能：时针，分针，秒针，第二时区时间，日期
表壳：不锈钢表壳，直径40毫米，防水50米
表带：黑色鳄鱼皮表带
参考价格：31400元

Masterpiece Tradition 小秒针手表

型号：MP6907-SS001-110
机芯：ML158 自动上弦机芯
功能：时针，分针，小秒针，日期
表壳：不锈钢表壳，直径40 毫米，防水50 米
表带：黑色鳄鱼皮表带
参考价格：21600元

匠心传统系列月相手表

型号：MP6607-SS001-110
机芯：ML37 自动上弦机芯
功能：时针，分针，秒针，星期，日期，月相
表壳：不锈钢表壳，直径40毫米，防水50 米
表带：黑色鳄鱼皮表带
参考价格：33300元

匠心系列秒针方轮玫瑰金手表

型号：MP7158-PG101-700
机芯：ML156手动上弦机芯 ，动力储存45小时
功能：时针，分针，小秒针，动力储存显示
表壳：玫瑰金，防水50米
表带：棕色哑光鳄鱼皮表带
参考价格：218000元，限量88枚

M

摩凡陀
Movado

1881年，摩凡陀（Movado）在瑞士拉绍德封（La Chaux-de-Fonds）创建以来，以其标志性的Museum（博物馆）珍藏表盘和富有现代气息的设计而闻名于世。摩凡陀众多手表产品中，最具代表性的是摩凡陀Museum（博物馆）珍藏手表。这款手表由包豪斯学派艺术家内森•乔治•霍威特（Nathan George Horwitt）于1947年设计，只在12时位置设有一个圆点，象征正午的太阳，无数字表盘在钟表史上成为简洁设计的典型。霍威特所设计的表盘于1960年入选纽约现代艺术博物馆永久典藏品，成为史上第一个获此殊荣的手表表盘。作为注册商标和获奖设计，这个满载赞誉的单一圆点表盘如今已演变出一系列风格别致的手表。

在2012年的巴塞尔钟表展上，摩凡陀新推出了带有月相显示的瑞红自动机械系列——PlanisphereTM和SkymapTM，彰显女性清雅柔美的CerenaTM赛蕾娜系列以及时尚前卫的LumaTM露玛系列，首次亮相的男士Concerto·协奏曲自动机械系列以及集现代制表美学与先进科技于一身的Museum SportTM博物馆运动系列。

创立时间:
1881年

员工数量:
不详

年产量:
不详

电话:
400 8210 639

传真:
021 5298 6355

网址:
www.movado.cn

销售方式:
经销商

经典款式:
博物馆经典系列

价格区间:
5000元~50000元

Cerena™赛蕾娜手表

型号：0606540
机芯：瑞士石英机芯
功能：时针，分针，秒针，日期
表壳：白色陶瓷，防水30米
表带：不锈钢表链配搭白色陶瓷链带，折叠式表扣
参考价格：9900元

迷你月熊手表

型号：0606251
机芯：瑞士石英机芯
功能：时针，分针
表壳：不锈钢镶钻，防水30米
表带：不锈钢，配首饰形表扣
参考价格：17500元

Concerto协奏曲手表

型号：0606421
机芯：瑞士石英机芯
功能：时针，分针
表壳：抛光不锈钢镶钻，防水30米
表带：抛光不锈钢，配蝴蝶式折叠表扣
参考价格：17800元

Concerto男士协奏曲自动机械手表

型号：0606542
机芯：瑞士自动机芯
功能：时针，分针，秒针，日期
表壳：不锈钢，防水30米
表带：不锈钢，搭配按钮式蝴蝶表扣
参考价格：11500元

瑞红博物馆Calendomatic钢带手表

型号：0606284
机芯：ETA 2824-2自动上弦机芯，39小时动力储存
功能：时针，分针，日期
表壳：不锈钢，防水30米
表带：不锈钢，按钮式折叠表扣
参考价格：17700元

瑞红博物馆经典手表

型号：0606112
机芯：ETA 2824.2自动上弦机芯
功能：时针，分针
表壳：不锈钢，防水30米
表带：黑色鳄鱼皮，搭配不锈钢可调节表扣
参考价格：11800元

摩凡陀传承家族Datron德隽计时表

型号：0606377
机芯：ETA自动计时机芯，42小时动力储存
功能：时针，分针，秒针，计时
表壳：18K玫瑰金，防水50米
表带：褐色鳄鱼皮，配18K玫瑰金表扣
参考价格：80888元

SE终极版Texalium款

型号：0606492
机芯：自动上弦机芯，38小时动力储存
功能：时针，分针
表壳：黑色PVD涂层不锈钢，防水30米
表带：黑色橡胶
参考价格：19000元

Museum Sport博物馆运动计时表

型号：0606545
机芯：石英机芯
功能：时针，分针，秒针，计时，日期
表壳：黑色PVD表面处理不锈钢，防水30米
表带：黑色橡胶，搭配不锈钢经典扣舌表扣
参考价格：7900元

瑞红Skymap星空手表

型号：0606563
机芯：SW300自动上弦机芯
功能：时针，分针，日期，月相
表壳：圆形黑色PVD不锈钢，防水30米
表带：黑色鳄鱼皮
参考价格：24800元

瑞红Planisphere手表

型号：0606565
机芯：Sellita自动上弦机芯
功能：时针，分针，日期，月相
表壳：不锈钢，防水30米
表带：黑色鳄鱼皮
参考价格：22900元

Red Label™瑞红Calendomatic®小秒针手表

型号：0606158
机芯：ETA 2895-2自动上弦机芯
功能：时针，分针，小秒针，日期
表壳：黑色PVD涂层不锈钢，防水30米
表带：黑色鳄鱼皮，配黑色PVD涂层不锈钢表扣
参考价格：15200元

N

诺莫斯
Nomos

创立时间:
1990年

员工数量:
约80人

年产量:
不详

电话:
+49 35053 4040

传真:
无

网址:
www.nomos-glashuette.com

销售方式:
经销

经典款式:
Club系列，Ludwig系列等等

价格区间:
12000元~40000元

来自德国百年制表重镇格拉苏蒂的诺莫斯，创立于1990年，品牌名称源自希腊文，代表法律与规范，如同其制表精神，讲求手表的准确功能，并传承了格拉苏蒂百年以来的钟表制造历史品牌以制作出优质的机械表为主，并在短短几十年的时间，以独特的行销策略，成功地发展其事业版图。

诺莫斯所制作的手表皆经过审慎严谨的过程，使用最好的材质，以高标准、零缺点的宗旨来生产，确保消费者可以长久使用；手表机芯早期以7001超薄手动机芯开始改制而后不断演进，原本手动上弦的机芯渐渐变化出不同功能与模块，从日期窗口，动力储存指示到诺莫斯自制自动机芯，每个机芯皆有诺莫斯Logo的烙印以示“Made in Glashütte”的保证，由于品牌源自希腊文，机芯也以希腊文来命名为Alpha(α)，Beta(β)，Gamma(γ)，Delta(δ)，Epsilon(ε)，Zeta(ς)。机芯功能实在耐用，不输价值不菲的高价机芯。手表的设计简洁洗练，以超薄的表壳，典雅却又坚毅不拔的德式风格著称。

Club 手表

型号：754
机芯：Epsilon自动上弦机芯
功能：时针，分针，小秒针
表壳：不锈钢，直径40毫米，防水100米
表带：科尔多瓦马皮表带，针扣
参考价格：23800元

Ludwig手表

型号：309
机芯：Alpha手动上弦机芯
功能：时针，分针，小秒针
表壳：不锈钢，直径35毫米，防水30米
表带：科尔多瓦马皮表带，针扣
参考价格：16500元

Orion手表

型号：309
机芯：Alpha手动上弦机芯
功能：时针，分针，小秒针
表壳：不锈钢，直径35毫米，防水30米
表带：科尔多瓦马皮表带，针扣
参考价格：18400元

Tangente手表

型号：139
机芯：Alpha手动上弦机芯
功能：时针，分针，小秒针
表壳：不锈钢，直径35毫米，防水30米
表带：科尔多瓦马皮表带，针扣
参考价格：16900元

Tangomat Datum手表

型号：604
机芯：Zeta自动上弦机芯
功能：时针，分针，小秒针，日历
表壳：不锈钢，直径38.3毫米，防水30米
表带：科尔多瓦马皮表带，针扣
参考价格：29500元

Zurich手表

型号：803
机芯：Epsilon自动上弦机芯, 乌金夹板
功能：时针，分针，小秒针
表壳：不锈钢，直径39.7毫米，防水30米
表带：科尔多瓦马皮表带，针扣
参考价格：33600元

Zurich Blaugold手表

型号：822
机芯：Epsilon自动上弦机芯, 乌金夹板
功能：时针，分针，小秒针
表壳：不锈钢，直径39.7毫米，防水30米
表带：科尔多瓦马皮表带，针扣
参考价格：36000元

Zurich Braungold手表

型号：823
机芯：Epsilon自动上弦机芯, 乌金夹板
功能：时针，分针，小秒针
表壳：不锈钢，直径39.7毫米，防水30米
表带：科尔多瓦马皮表带，针扣
参考价格：36000元

Zurich手表

型号：802
机芯：Zeta自动上弦机芯, 乌金夹板
功能：时针，分针，小秒针，日历
表壳：不锈钢，直径39.7毫米，防水30米
表带：科尔多瓦马皮表带，针扣
参考价格：38800元

O

爱其华
Ogival

瑞士爱其华表拥有百年历史，是瑞士钟表知名品牌之一。其创始人 Rene Brandt 是一位对钟表工艺有着狂热爱好的理想者，对传统工艺的制作与作品要求一向严格。1903 年，Rene 以一只跳跃的鱼为象征开创了“Ogival”这一钟表品牌，并以精密的航海定时器在当时的航海界受到欢迎。直至今日，这条象征幸运与爱情的鱼依然活跃于瑞士钟表业界。

爱其华的一个特别之处在于它的 Logo，让它成为一个以鱼作为象征的手表品牌。鱼既象征爱其华早期以制作精密航海定时器为主要业务，又包含传递幸运和吉祥的寓意。

创立时间:
1903年

员工数量:
大于2000人

年产量:
20万枚

电话:
400 600 9303

传真:
021 6384 9040

网址:
www.ogival.com.cn

销售方式:
专营店，直销，百货商场

经典款式:
山茶花系列，珠宝系列，夜鹰系列

价格区间:
3000元~520000元

Ogival 龙跃百年纪念表

型号： 388.65AGR-GL
机芯： ETA 2824自动上弦机芯
功能： 时针，分针，秒针，日期
表壳： 不锈钢镀玫瑰金，防水50米
表带： 真皮表带
参考价格： 店洽

Ogival 龙跃百年纪念表

型号： 388.63AGR-GL
机芯： ETA 2824自动上弦机芯
功能： 时针，分针，秒针，日期
表壳： 不锈钢镀玫瑰金，防水50米
表带： 真皮表带
参考价格： 店洽

Ogival 琉金系列

型号： 358-18AGSK-GL
机芯： ETA 2824自动上弦机芯
功能： 时针，分针，秒针，日期
表壳： 18K金与不锈钢，直径40毫米，防水50米
表带： 真皮表带
参考价格： 13800元

Ogival 1929复刻系列月相表

型号： 1929-90AGR-GL
机芯： Soprod 9000自动上弦机芯
功能： 时针，分针，秒针，日期，星期，月份，月相
表壳： 不锈钢镀玫瑰金，直径40毫米，防水50米
表带： 真皮表带
参考价格： 18000元

Ogival城堡系列

型号： 3360AJMSK
机芯： ETA 2834自动上弦机芯
功能： 时针，分针，秒针 星期，日期
表壳： 不锈钢镀玫瑰金，直径42毫米
表带： 316L不锈钢表带
参考价格： 8500元

Ogival山茶花系列

型号： 305.11DLR
机芯： ETA石英机芯
功能： 时针，分针
表壳： 不锈钢镀玫瑰金，直径40毫米，防水50米
表带： 316L不锈钢表带
参考价格： 6000元

Ogival 雅典系列

型号： 3832ACMSK
机芯： 瑞士ETA 2824机芯
功能： 时针，分针，秒针，日期
表壳： 不锈钢，直径40毫米，防水50米
表带： 不锈钢表带
参考价格： 6800元

Ogival 18K金陀飞轮表

型号： OG01
机芯： HAN 3809自动上弦机芯
功能： 时针，分针，秒针，陀飞轮
表壳： 18K金
表带： 真皮表带
参考价格： 650000元

Ogival 1929复刻系列

型号： 1929AGSR
机芯： ETA 2824自动上弦机芯
功能： 时针，分针，秒针，日期
表壳： 316L不锈钢，直径40毫米，防水30米
表带： 不锈钢表带
参考价格： 6200元

O

豪利时
Oris

创立时间：
1904年

员工数量：
110人

年产量:
不详

电话:
021 6486 3680

传真:
021 3356 1008

网址:
www.oris.ch

销售方式:
专营店，百货商场

经典款式：
Artix 艺术大师系列，Artelier 艺术家系列，BigCrown大表冠飞行系列

价格区间:
10000元~30000元

Oris，是欧洲凯尔特语“小河”的意思，同时也是靠近瑞士西北部赫斯坦的一个村庄。1904 年，Paul Cattin 和 Georges Christian 两人在 Holstein 建立了豪利时表厂，在这个众多名表汇集的侏罗山区，豪利时就靠着 24 名员工开始了日后影响深远的制表工业，其后的 6 年，员工陆续增加到 300 名，表厂也多扩充了十个分厂，终于在 1925 年有了自己的电镀厂，从此豪利时就专精于制造价格不高、但品质良好的手表。后来创办人之一 Georges Christian 去世，由其姐夫 Oscar Herzog 接手，在接下来的 43 年间将豪利时制表厂的传统精神继续传承发扬。根据当时瑞士钟表相关法令，为了保护少数制表厂，豪利时最初还不能制造配有杠杆式擒纵装置的手表，后来借由不断的创新研究，豪利时克服了这个障碍，并陆续获得了 242 个检验证明。凭借着优良技术，豪利时近十年来不断创造出许多具有创时代意义的发明，包括具有动力储存功能的自动机芯以及每八天才需上发条的闹钟等。

艺术家多功能月相表

型号： 581 7592 6351 LS
机芯： 自动上弦机芯，动力储存38小时
功能： 时针，分针，秒针，日期，星期，第二时区，月相，停秒
表壳： 不锈钢，直径40毫米，防水30米
表带： 深咖啡色皮质表带，不锈钢折叠带扣
参考价格： 27400元

艺术家系列多功能月相表 – 18k玫瑰金圈

型号： 581 7592 6351 LS
机芯： Oris 581机芯，38小时动力储存
功能： 时针，分针，秒针，日期，星期，第二时区，月相显示
表壳： 不锈钢表壳，直径40毫米，防水30米
表带： 深咖啡色皮质表带，不锈钢折叠带扣
参考价格： 27400元

Oris Aquis 日历表

型号： 733 7653 4153 R
机芯： Oris 733机芯，38小时动力储存
功能： 时针，分针，秒针，日历，星期
表壳： 不锈钢表壳，直径43毫米，防水300米
表带： 黑色橡胶表带，不锈钢折叠带扣
参考价格： 13200元

Oris 艺术大师GT计时表

型号: 674 7661 4434 R
机芯: Oris 674机芯，42小时动力储存
功能: 时针，分针，秒针，计时，日期，停秒
表壳: 不锈钢，直径44毫米，防水100米
表带: 黑色橡胶表带，不锈钢折叠扣
参考价格: 26200元

Oris 艺术大师天文台日历表

型号: 737 7642 4071 M
机芯: 自动上弦机芯，38小时动力储存
功能: 时针，分针，秒针，日期，停秒
表壳: 不锈钢，直径42毫米，防水100米
表带: 多款不锈钢表带
参考价格: 17400元

Oris 艺术大师多功能月相表

型号: 915 7643 4051 LS
机芯: 自动上弦机芯，45小时动力储存
功能: 时针，分针，秒针，日历，星期，月份，月相，计时
表壳: 不锈钢，直径42毫米，防水100米
表带: 黑色皮质
参考价格: 24800元

艺术家校准表

型号: 749 7667 4051 LS
机芯: 自动上弦机芯， 38小时动力储存
功能: 时针，分针，秒针，日期，停秒
表壳: 不锈钢，直径40.5毫米，防水50米
表带: 深咖啡鳄鱼皮，不锈钢折叠带扣
参考价格: 15800元

Oris Chet Baker限量表

型号: 733 7591 4084 LS
机芯: 自动上弦机芯，38小时动力储存
功能: 时针，分针，秒针，日期，停秒
表壳: 不锈钢，直径40毫米
表带: 黑色皮质表带，不锈钢折叠带扣
参考价格: 14200元

Oris艺术家小秒针指针日历表

型号: 744 7665 4051 LS
机芯: 自动上弦机芯，38小时动力储存
功能: 时针，分针，秒针，日期，停秒
表壳: 不锈钢，直径42毫米，防水50米
表带: 深咖啡色皮质，不锈钢折叠带扣
参考价格: 14200元

O

Oris 方形计时表

型号：581 7658 4071 LS
机芯：自动上弦机芯，38小时动力储存
功能：时针，分针，秒针，日期，星期，第二时区，月相，停秒
表壳：不锈钢，33毫米x 46毫米，防水50米
表带：深咖啡色皮质，不锈钢折叠带扣
参考价格:16800元

Oris 方形日历表

型号：583 7657 4074 M
机芯：自动上弦机芯，38小时动力储存
功能：时针，分针，秒针，日期
表壳：不锈钢，30毫米x 44 毫米，防水50米
表带：不锈钢，蝴蝶带扣
参考价格：14000元

Oris经典日历表

型号：733 7594 4891 LS
机芯：自动上弦机芯，38小时动力储存
功能：时针，分针，秒针，日期，停秒
表壳：不锈钢，玫瑰金PVD涂层，直径42毫米，防水50米
表带：深咖啡色皮质，镀玫瑰金不锈钢带扣
参考价格：9200元

Oris经典日历表

型号：733 7594 4091 LS
机芯：自动上弦机芯，38小时动力储存
功能：时针，分针，秒针，日期，停秒
表壳：不锈钢，防水50米
表带：深咖啡色皮质，不锈钢带扣
参考价格：8450元

BC4小秒针日历表

型号：643 7617 4764 LS
机芯：自动上弦机芯，38小时动力储存
功能：时针，分针，秒针，日期，停秒
表壳：黑色DLC涂层不锈钢 直径42.7毫米，防水100米
表带：黑色皮质表带
参考价格:17800元

BC4退格日历表

型号：735 7617 4164 LS
机芯：自动上弦机芯，38小时动力储存
功能：时针，分针，秒针，日期，星期，停秒
表壳：不锈钢，直径42.7毫米，防水100米
表带： 黑色皮质，不锈钢折叠带扣
参考价格：16800元

Oris Big Crown Timer

型号：735 7660 4264 LS
机芯：Oris 735机芯，38小时动力储存
功能：时针，分针，秒针，日历，星期，停秒
表壳：灰色PVD不锈钢，直径44毫米，防水30米
表带：深咖啡色皮质
参考价格：13800元

Oris 大表冠日历表

型号：73 3 7629 4263
机芯：自动上弦机芯，38小时动力储存
功能：时针，分针，秒针，日期，停秒
表壳：不锈钢表壳，直径44毫米，防水100米
表带：深棕色表带，不锈钢表扣，灰色PVD涂层
参考价格：13500元

Oris BC3 Advanced 日历星期表

型号：735 7641 4164 LS
机芯：Oris 735机芯，38小时动力储存
功能：时针，分针，秒针，日历，星期，停秒
表壳：不锈钢，直径42 毫米，防水100米
表带：深咖啡色皮质，不锈钢带扣
参考价格： 9550元

BC3 Air Racing限量表

型号：01 668 7647 7184-Set
机芯：自动上弦机芯，42小时动力储存
功能：时针，分针，秒针，日期，停秒
表壳：钛合金表壳，直径42毫米，防水100米
表带：钛合金表带搭配折叠带扣
参考价格：17200元

Oris TT1计时表

型号：01 674 7659 4163-07 8 25 10
机芯：自动上弦机芯，42小时动力储存
功能：时针，分针，秒针，计时，日期，停秒
表壳：不锈钢，直径45毫米，防水100米
表带：不锈钢表带搭配折叠带扣
参考价格：25200元

Oris TT1日历星期表

型号：01 735 7651 4166-07 4 25 07
机芯：自动上弦机芯，38小时动力储存
功能：时针，分针，秒针，日期，星期，停秒
表壳：不锈钢，直径43毫米，防水100米
表带：白色橡胶表带，不锈钢折叠表扣
参考价格：12000元

O

欧米茄
Omega

1848 年，23 岁的路易士·勃兰特在瑞士西北部的拉绍德封办起了一家装嵌怀表的小工坊。每到冬季大雪封山，他便在工坊里精心生产怀表，开春后，再去意大利、英国、北欧等地推销自己的产品。1879 年，路易士·勃兰特去世，他的两个儿子路易士·保罗和塞萨尔接手了父亲的产业。由于当地其他作坊提供的零配件质量不稳定，两兄弟决定自己生产全部零配件，同时放弃传统制表方法，改用机械化生产。1880 年，他们在人力资源、交通和能源供应条件较为理想的比尔地区建立了新厂，这里至今仍是欧米茄总部所在地。

1892 年，勃兰特兄弟生产出了一枚能够报时、报刻、报分的三问报时表 (Minute-repeater)。1894 年，他们制造出了精密准确的 19 令机芯表，并以希腊字母“Ω”作标志，欧米茄品牌自此诞生。Ω 是希腊文最后一个字母，象征完美、成就与卓越。两年后，其 19 令机芯获得欧洲几家著名天文台颁发的精准计时证书。1903 年，勃兰特兄弟先后辞世，当时欧米茄已经是瑞士重要的制表商，有 800 多名雇工，年产 24 万枚表。

两次世界大战期间，欧米茄都是英国皇家空军的专用表。1932 年，洛杉矶奥运会组委会选定欧米茄为赛事担任指定计时。从那时起，欧米茄开始在各类国际体育赛事中大显身手。

1932 年，欧米茄率先推出潜水表海洋 (Marine) 手表。

此后，欧米茄又生产出海马系列 (Seamaster) 专业潜水表。1993 年，欧米茄推出的 18K 金自动上弦海马潜水表装配有排氦气阀门。

欧米茄最具传奇色彩的是超霸系列 (Speedmaster) 专业计时表。20 世纪 60 年代，美国宇航局用两年时间，对一批名表进行严格的失重、磁场、振荡、撞击及温差测试，结果欧米茄超霸表技压群雄，于 1965 年被确定为美国宇航局指定计时器 (10 年后超霸表还成为苏联宇航员的指定计时器)。1969 年 7 月 21 日，欧米茄表跟随美国宇航员阿姆斯特朗登上了月球。1970 年，超霸表又以 1/10 秒的精确计时功能，协助燃料仓发生爆炸的阿波罗 13 宇宙飞船激活引擎，成功脱离月球轨道返回地球。为表彰超霸系列在这次拯救行动中的出色表现，美国宇航局特别将其最高荣誉“史努比奖”颁发给了欧米茄。

如今，欧米茄手表已经发展为四大系列，包括诞生于 1948 年深受潜水爱好者与探险家喜爱的海马系列；遨游太空的计时表款超霸系列；时尚表款星座系列；经典优雅的碟飞系列。另有博物馆等特别系列、华贵珠宝及华贵皮具系列。

2012 年，欧米茄通过众多全新表款，向世人展示了欧米茄在制表技术以及创新材料上的不断突破。

第一，多款新型同轴机芯纷纷亮相。小尺寸 8521 同轴机芯首次应用在 27 毫米的星座系列女表之上。星座系列 38 毫米星期日历手表首次使用了带有星期日历显示和瞬跳功能的欧米茄 8602/8612 同轴机芯。位于欧米茄海马系列 Aqua Terra GMT 双时区手表心脏部分的欧米茄 8605/8615 同轴机芯是首个具备 GMT 复杂功能的欧米茄自产同轴机芯。而欧米茄海马系列海洋宇宙 45·50 毫米 Ceragold 计时表采用的欧米茄 9301 同轴机芯是欧米茄自产同轴机芯中第一款计时机芯。欧米茄同轴机芯的羽翼日渐丰满，功能日趋完善，表现出极佳的技术潜质和应用前景。而在众多同轴机芯表款大放异彩的同时，使用全新多功能 5666 型石英机芯的欧米茄 Spacemaster Z-33 手表则向人们展示了欧米茄不拘一格的制表理念。

第二，欧米茄的创新精神不仅贯穿于前卫的制表技术之中，也体现在创新材料的应用之上。应用于欧米茄海马系列海洋宇宙 Ceragold 表款表圈上的全新材质，以特殊工艺突破性地将 18K 红金与锆基陶瓷完美融合。Si 14 硅材质游丝被广泛应用于欧米茄各个表款之上。欧米茄对创新材料的探索和应用，给予了人们众多的灵感与启示。

第三，作为与奥运会有着 80 年深厚渊源的钟表品牌，今年欧米茄继续为伦敦奥运会推出特别限量版手表，以示纪念。

创立时间：
1848年

员工数量：
不详

年产量:
不详

电话:
010 8518 7188

传真:
010 8518 7288

网址:
http://www.omegawatches.cn

销售方式:
多样

经典款式：
星座系列，海马系列，超霸系列，碟飞系列

价格区间:
不详

欧米茄 8500 机芯同轴擒纵机构

星座系列星期日历表

型号: 123.55.38.22.02.001
机芯: 8612同轴擒纵自动上弦机芯
功能: 时针，分针，秒针，星期，日历
表壳: 玫瑰金表壳，直径38毫米，防水100米
表带: 玫瑰金表链，蝴蝶式折叠扣
参考价格: 327800元

星座系列星期日历表

型号: 123.25.38.22.02.001
机芯: 8602同轴擒纵自动上弦机芯
功能: 时针，分针，秒针，星期，日历
表壳: 玫瑰金配不锈钢，直径38毫米，防水100米
表带: 玫瑰金配不锈钢表链，蝴蝶式折叠扣
参考价格: 145000元

星座系列同轴男表

型号: 123.55.38.21.52.007
机芯: 8501同轴擒纵自动上弦机芯
功能: 时针，分针，秒针，日历
表壳: 18K玫瑰金表壳，直径38毫米，防水100米
表带: 玫瑰金表链，蝴蝶式折叠扣
参考价格: 282100元

星座同轴27毫米女表

型号: 123.55.27.20.05.004
机芯: 8521同轴擒纵自动上弦机芯
功能: 时针，分针，秒针，日历
表壳: 玫瑰金表壳，直径27毫米，防水100米
表带: 玫瑰金，蝴蝶式折叠扣
参考价格: 250100元

星座同轴27毫米女表

型号: 123.15.27.20.01.001
机芯: 8520同轴擒纵自动上弦机芯
功能: 时针，分针，秒针，日历
表壳: 不锈钢，直径27毫米，防水100米
表带: 不锈钢表链，蝴蝶式折叠扣
参考价格: 63900元

星座同轴27毫米女表

型号: 123.50.27.20.57.001
机芯: 8521同轴擒纵自动上弦机芯
功能: 时针，分针，秒针，日历
表壳: 玫瑰金表壳，直径27毫米，防水100米
表带: 玫瑰金表链，蝴蝶式折叠扣
参考价格: 175600元

海马系列海洋宇宙“Skyfall”限量版600米潜水表

型号： 232.30.42.21.01.004
机芯： 8507同轴擒纵自动上弦机芯
功能： 时针，分针，秒针，日历
表壳： 不锈钢，直径42毫米，防水600米
表带： 不锈钢
参考价格： 47900元，限量5007枚

海马系列“007五十周年收藏家”限量版300米潜水表41毫米表款

型号： 212.30.41.20.01.005
机芯： 2507同轴擒纵自动上弦机芯
功能： 时针，分针，秒针，日历
表壳： 不锈钢，直径41毫米，防水300米
表带： 不锈钢
参考价格： 36800元，限量11007枚

海马系列“007五十周年收藏家”限量版300米潜水表36.25毫米表款

型号： 212.30.36.20.51.001
机芯： 2507同轴擒纵自动上弦机芯
功能： 时针，分针，秒针，日历
表壳： 不锈钢，直径36.25毫米，防水300米
表带： 不锈钢
参考价格： 38100元，限量3007枚

海马系列海洋宇宙Ceragold45.5毫米计时表

型号： 232.63.46.51.01.001
机芯： 9301同轴擒纵自动上弦机芯
功能： 时针，分针，小秒针，计时，日历
表壳： 18K玫瑰金，直径45.5毫米，防水600米
表带： 黑色皮表带，折叠表扣
参考价格： 244800元

海马海洋宇宙之白色宇宙“圣·莫里茨”Ceragold42毫米表款

型号： 232.63.42.21.04.001
机芯： 8501同轴擒纵自动上弦机芯
功能： 时针，分针，秒针，日历
表壳： 18K玫瑰金，直径42毫米，防水600米
表带： 黑色皮表带，折叠表扣
参考价格： 184900元

海马系列Aqua Terra GMT双时区手表

型号： 231.50.43.22.02.001
机芯： 8615同轴擒纵自动上弦机芯
功能： 时针，分针，秒针，两地时，日历
表壳： 18K玫瑰金，直径43毫米，防水150米
表带： 玫瑰金，蝴蝶式折叠表扣
参考价格： 265700元

海马系列Aqua Terra GMT双时区手表

型号：231.13.43.22.01.001
机芯：8605同轴擒纵自动上弦机芯
功能：时针，分针，秒针，两地时，日历
表壳：不锈钢，直径43毫米，防水150米
表带：黑色皮，蝴蝶式折叠表扣
参考价格：57700元

海马系列Aqua Terra “高尔夫”手表

型号：231.10.42.21.01.001
机芯：8500同轴擒纵自动上弦机芯
功能：时针，分针，秒针，日历
表壳：不锈钢，直径41.5毫米，防水150米
表带：不锈钢，蝴蝶式折叠表扣
参考价格：40800元

海马系列Aqua Terra “队长之选”手表

型号：231.10.42.21.02.002
机芯：8500同轴擒纵自动上弦机芯
功能：时针，分针，秒针，日历
表壳：不锈钢，直径41.5毫米，防水150米
表带：不锈钢表链，蝴蝶式折叠表扣
参考价格：40800元

海马系列Aqua Terra同轴计时表

型号：231.13.44.50.02.001
机芯：3313同轴擒纵自动上弦机芯
功能：时针，分针，小秒针，计时，日历
表壳：不锈钢，直径44毫米，防水150米
表带：棕色皮表带，折叠表扣
参考价格：53200元

海马系列Aqua Terra年历表

型号：231.13.43.22.02.002
机芯：8601同轴擒纵自动上弦机芯
功能：时针，分针，秒针，月份，日期
表壳：不锈钢，直径43毫米，防水150米
表带：棕色皮表带，折叠表扣
参考价格：70100元

海马系列Aqua Terra手表

型号：231.13.42.21.02.002
机芯：8500同轴擒纵自动上弦机芯
功能：时针，分针，秒针，日历
表壳：不锈钢，直径41.5毫米，防水150米
表带：棕色皮表带，折叠表扣
参考价格：39900元

超霸系列“首款进入太空的欧米茄”编号版计时表

型号： 311.32.40.30.01.001
机芯： 1861手动上弦机芯
功能： 时针，分针，小秒针，计时
表壳： 不锈钢，直径39.7毫米测速计，防水50米
表带： 棕色皮表带
参考价格： 39000元

超霸专业月球表“阿波罗17号”40周年限量版手表

型号： 311.30.42.30.99.002
机芯： 1861手动上弦机芯
功能： 时针，分针，小秒针，计时
表壳： 不锈钢，直径42毫米，防水50米
表带： 不锈钢表链，安全表扣
参考价格： 53200元，限量1972枚

超霸专业月相表

型号： 311.30.44.32.01.001
机芯： 1866手动上弦机芯
功能： 时针，分针，小秒针，计时，月相，日历
表壳： 不锈钢，直径44.25毫米，防水100米
表带： 不锈钢表链，安全表扣
参考价格： 86000元

超霸系列赛车计时手表

型号： 326.32.40.50.06.001
机芯： 3330同轴擒纵自动上弦机芯
功能： 时针，分针，小秒针，计时，日历
表壳： 不锈钢，直径40毫米，防水100米
表带： 黑色橡胶表带，带有折叠表扣
参考价格： 34600元

超霸系列Spacemaster Z-33手表

型号： 325.92.43.79.01.001
机芯： 5666石英机芯
功能： 时针，分针，秒针，万年历，闹钟，计时，倒计时，编程，记录10次航行时间
表壳： 钛金属，直径43毫米，防水30米
表带： 黑色橡胶表带，折叠式表扣
参考价格： 43500元

碟飞典雅动力储存显示手表

型号： 424.53.40.21.04.001
机芯： 2627同轴擒纵自动上弦机芯
功能： 时针，分针，秒针，动力储存显示，日历
表壳： 18K白金，直径39.5毫米，防水30米
表带： 黑色皮表带
参考价格： 97600元

碟飞系列典雅手表

型号： 424.55.37.20.52.001
机芯： 2500同轴擒纵自动上弦机芯
功能： 时针，分针，秒针，日历
表壳： 18K玫瑰金，直径36.8毫米，防水30米
表带： 玫瑰金
参考价格： 250100元

碟飞典雅动力储存显示手表

型号： 424.58.40.21.52 002
机芯： 2627同轴擒纵自动上弦机芯
功能： 时针，分针，秒针，动力储存显示，日历
表壳： 18K玫瑰金，直径39.5毫米，防水30米
表带： 棕色皮表带
参考价格： 162300元

碟飞系列计时表

型号： 431.53.42.51.03.001
机芯： 9301同轴擒纵自动上弦机芯
功能： 时针，分针，小秒针，计时，日历
表壳： 18K玫瑰金，直径42毫米，防水100米
表带： 深蓝色皮表带，蝴蝶式折叠表扣
参考价格： 214700元

碟飞系列年历表

型号： 431.53.41.22.02.001
机芯： 8611同轴擒纵自动上弦机芯
功能： 时针，分针，秒针，年历
表壳： 18K玫瑰金，直径41毫米，防水100米
表带： 棕色皮表带，蝴蝶式折叠表扣
参考价格： 165900元

碟飞系列Ladymatic女表表链镶钻款

型号： 425.65.34.20.55.005
机芯： 欧米茄8521自动上弦同轴机芯
功能： 时针，分针，秒针，日历
表壳： 18K玫瑰金，直径34毫米，防水100米
表带： 18K玫瑰金，蝴蝶表扣
参考价格： 612100元

碟飞系列Ladymatic女表表链镶钻款

型号： 425.65.34.20.63.003
机芯： 欧米茄8521自动上弦同轴机芯
功能： 时针，分针，秒针，日历
表壳： 18K玫瑰金，直径34毫米，防水100米
表带： 18K玫瑰金，蝴蝶表扣
参考价格： 608500元

P

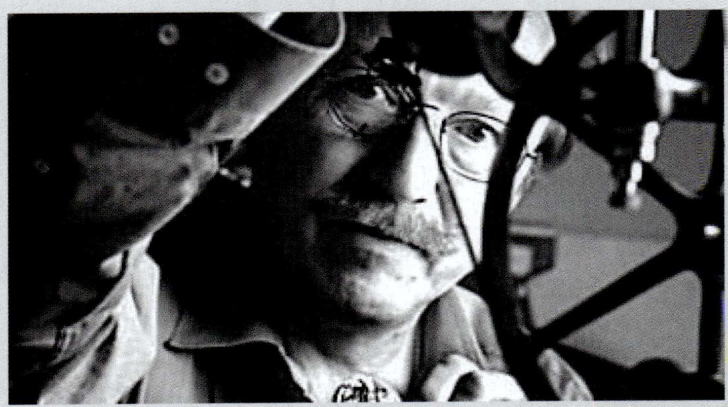

Paul Gerber

1950 年，Paul Gerber 出生在瑞士伯尔尼，通过钟表学徒的资格认证后，Paul Gerber 开了一家零售和钟表修理店，开始了他的制表生涯。1976 年，他建立了自己的独立车间，专注于修改机芯和自行研发独特机芯，以追求技术上的突破。1989 年，Paul Gerber 加入了 AHCI（独立制表师协会），成为成员之一。随后他继续发展他的技术实力，创造了许多独特的钟表系列。Paul Gerber 谦虚谨慎但极富创作热情的性格，使他成为高级手工艺的坚定拥护者。

作为欧洲著名的独立制表师之一，他有许多引以为傲的成就，例如，在 1989 年制作世界上最小的时钟与一个木制的机芯，因而入选了吉尼斯世界纪录。在 2007 年，他荣获了 Gaia Prize 大奖，以表彰他个人的制表成就及对制表业的贡献。

创立时间：
1976年

员工数量：
不详

年产量:
不详

电话:
00852 253 60 812

传真:
无

网址:
http://www.gerber-uhren.com

销售方式:
香港直销店

经典款式：
Model 42, Model 41, Model 33, Retro twin, Retrograd

价格区间:
不详

Model 41手表

型号： 416.3
机芯： Paul Gerber.41自动上弦机芯，动力储存100小时
功能： 时针，分针，秒针，日期
表壳： 不锈钢
表带： 手工缝制皮带
参考价格： 店洽

Model 33手表

型号： 335
机芯： Paul Gerber.33手动上弦机芯，动力储存36小时
功能： 时针，分针，秒针，月相
表壳： 玫瑰金
表带： 手工皮，18K金表扣
参考价格： 店洽

Retrograd手表

型号： 151
机芯： Peseux 7001手动上弦机芯，动力储存42小时
功能： 时针，分针，逆跳小秒针
表壳： 18K金
表带： 皮表带，18K金表扣
参考价格： 店洽

创立时间:
1996年

员工数量:
550

年产量:
5000枚

电话:
00852 2735 6612

传真:
00852 2730 9308

网址:
http://www.parmigiani.cn/

销售方式:
专营店

经典款式:
不详

价格区间:
15万元起

帕玛强尼
Parmigiani

帕玛强尼于 1996 年诞生于瓦尔德特拉韦尔的中心城区。在山度士家族基金会的支持及其对保护高质量瑞士工艺的承诺下，帕玛强尼公司发展成了当今为数不多的几家拥有自己的生产车间网络，并在其中进行手表制造和修饰的品牌。

帕玛强尼近年来的表现，正应了奢侈品界的一句老话——“不怕你贵，就怕你不够好。”目前，帕玛强尼手表的价格已经和江诗丹顿等老牌瑞士名表达到了同一个水平，品牌方对此是这样解释的：“因为我们已经实现了除表带（爱马仕提供）和表镜之外的全部零件自产，包括擒纵轮、擒纵叉、主夹板、平衡摆轮以及游丝，我们不但独立研制机芯，还为爱马仕、Richard Mille、昆仑等厂家提供机芯方面的服务，解决它们遇到的问题……’言下之意，帕玛强尼手表从内到外都已经是瑞士最顶级的品牌，也理应享有最顶级的价格。

帕玛强尼今年最抢眼的作品当属全世界仅一台的“游龙戏珠”座钟，这件独特的钟表艺术品内含近 1000 个组件，所费工时在 5800 小时以上，由最富名望的工艺大师亲手制作。手表方面有 3 款作品，以创始人出生的年份命名的 Tonda 1950 系列发布了一款特别版，装配去年研制的 PF701 超薄珍珠陀机芯，表盘制作极为别致；一款 Tonda 年历表，具逆跳年历和月相显示；一款 Kalparisma 不锈钢女表，看似也并不简单。

Bugattivitsesse

型号： Bugattivitsesse
机芯： PF372手动上弦机芯，10天动力储存
功能： 时针，分针，动力储存显示
表壳： 钛金属，36毫米x50.7毫米，防水10米
表带： 鳄鱼皮表带
参考价格： 新品未定价

Kalpa XL Tourbillon手表

型号： PFH159-2002800
机芯： PF500手动上弦陀飞轮机芯
功能： 时针，分针，计时，动力储备显示，陀飞轮
表壳： 铂金，尺寸44.7毫米x37.2毫米，防水30米
表带： 鳄鱼皮表带，折叠扣
参考价格： 2357000元

Kalparisma Quranos玫瑰金手表

型号： pfc125-1043300
机芯： PF332自动上弦机芯
功能： 时针，分针，小秒针
表壳： 18K玫瑰金
表带： 18K玫瑰金
参考价格： 365000元

Tonda 1950钻石手表

型号： PFC267-1062400
机芯： PF701自动上弦机芯，动力储存42小时
功能： 时针，分针，小秒针
表壳： 玫瑰金镶钻，直径39毫米，防水30米
表带： 鳄鱼皮表带
参考价格： 新品未定价

Tonda 42手表

型号： PFC227-120030042
机芯： PF333手动上弦机芯
功能： 时针，分针，秒针，逆跳日期，星期，月相，闰年指示，万年历
表壳： 18K白金，直径42毫米，防水30米
表带： 皮质表带
参考价格： 619000元

Tonda 1950 特别版 全球限量60枚

型号： PFC267-3007000
机芯： PF701自动上弦机芯，42小时动力存储
功能： 时针，分针，小秒针
表壳： 不锈钢，直径39毫米，防水30米
表带： 鳄鱼皮表带，钛金属插针式表扣
参考价格： 248000元

P

Bugatti Super Sport手表特别限量版

型号： PFH365-1201403
机芯： PF372手动上弦机芯，10日动力存储
功能： 时针，分针，动力储备显示
表壳： 36.0 毫米x 50.7毫米，18K白金
表带： 短吻鳄鱼皮
参考价格： 2360000元

Kalparisma手表

型号： PFC124-0020700
机芯： PF331机芯
功能： 时针，分针，小秒针，日期
表壳： 37.5毫米 x 31.2毫米，不锈钢，防水30米
表带： 不锈钢
参考价格： 106000元

Kalpagraph手表

型号： PFC128-1200600
机芯： PF334自动上弦机芯，动力存储55小时
功能： 时针，分针，小秒针，计时，日期
表壳： 不锈钢材质
表带： 小牛皮
参考价格： 269000元

博星计时表005 CBF纪念版（男款）

型号： PFC528-3102500
机芯： PF334机芯
功能： 时针，分针，小秒针，日期，计时
表壳： 钛金属，直径45毫米，防水30米
表带： 鳄鱼皮表带，不锈钢折叠式表扣
参考价格： 207500元

博星计时表005 CBF纪念版（女款）

型号： PFC528-0233300
机芯： PF334机芯
功能： 时针，分针，小秒针，日期，计时
表壳： 钛金属，直径42毫米，防水30米
表带： 白色鳄鱼皮表带，搭配一个折叠式表扣
参考价格： 店洽

Toric Minute Repeater 手表

型号： PFH276-1203300
机芯： PF321手动上弦机芯，45小时动力存储
功能： 时针，分针，三问
表壳： 18K白金材质，直径45毫米，防水10米
表带： 鳄鱼皮表带
参考价格： 7528000元

Tonda Hémisphères 双时区手表

型号： PFC231-0001800
机芯： PF331自动上弦机芯，50小时动力存储
功能： 时针，分针，小秒针，昼夜，大日历
表壳： 不锈钢
表带： 短吻鳄鱼皮
参考价格： 195000元

Tonda 1950 手表

型号： PFC267-1000300
机芯： PF701自动上弦机芯，42小时动力存储
功能： 时针，分针，小秒针
表壳： 18K玫瑰金，39毫米，防水深度30米
表带： 鳄鱼皮，搭配抛光玫瑰金针扣
参考价格： 168000元

Tonda逆跳年历手表

型号： PFH272-1200200
机芯： PF339机芯
功能： 时针，分针，秒针，月相，年历，月份，星期
表壳： 白金，直径40毫米，防水深度30米
表带： 鳄鱼皮，配18K金抛光式扣针
参考价格： 285000元

PERSHING Ajouré 30秒陀飞轮手表

型号： PFH552-2510100
机芯： PF511手动上弦镂空机芯
功能： 时针，分针，秒针，动力储存显示，陀飞轮
表壳： 钯金属，防水200米
表带： 天然橡胶，抛光缎面处理安全折叠表扣
参考价格： 3446000元

Tondagraph 42 Tourbillon 陀飞轮手表

型号： PFH251-1000100
机芯： PF510机芯，45小时动力存储
功能： 时针，分针，秒针，动力显示，陀飞轮
表壳： 18K玫瑰金，直径42毫米，防水30米
表带： 鳄鱼皮，搭配折叠扣
参考价格： 1936000元

Tondagraph 43 Tourbillon Chronographe陀飞轮计时表

型号： PFH236-1200100
机芯： PF354陀飞轮计时机芯
功能： 时针，分针，小秒针，计时
表壳： 钯白金，直径43毫米，防水30米
表带： 短吻鳄鱼皮，搭配抛光处理的折叠扣
参考价格： 2050000元

P

柏高
Paul Picot

创立时间:
1976年

员工人数:
250人

年产量:
8000枚

电话:
010 8256 5588

传真:
010 8844 4482

网址:
www.paulpicot.ch; www.paulpicot.net

销售方式:
全球经销商网路，门店直销

经典款式:
Technograph

价格区间:
76000 元~320000 元

柏高（Paul Picot）始建于 1976 年，由 Mario Boiocchi 先生创立。他出于保护手工机械制表工业，丰富瑞士钟表制造艺术，促进手表指标工业技术的前进的初衷而创办柏高，公司总部和工厂设在瑞士钟表产业的核心地汝拉地区 Le Noirmont。

在 20 世纪 70 年代，机械钟表工业正面临着大萧条，日本新的石英电子表技术改变了市场。这是一场发生在悠久的机械制表传统和精美的制表艺术间的真正的革命。Mario Boiocch 相信机械手表一定会有再次崛起的机会，便开始思考制作经典的金表壳，如何实现轻薄优雅的外观和平坦的机械构造，并用石材做经典的表盘。其细节工艺在前工业时代独具一格。

除了质量和手工制作工艺以外，柏高（Paul Picot）的特色还在于表盘显示及复杂装置。Eric Oppliger 曾如是评价柏高：作为一个“半成制造商”，柏高（Paul Picot）的目标是在使用 ETA 或历史机芯的基础上，自我研制出属于柏高自己的独特制表工艺。“我们拥有一笔巨大的财富”，Oppliger 略带神秘地说道，“这个特殊的情况下，就是可以调动大量的历史机芯库存，我们就运用这一基础来开发新的精密手表。”

在 18 世纪，很多的工匠和制表师制作手表在这些表上签名，Mario Boiocch 也收藏了很多款，这与 Picot 的名字暗合。他正是从这个灵感中创造了品牌名称柏高（Paul Picot），便于世界各地的记忆和发音。

C-Type

型号: P4030.TNRG.5010.3304
机芯: 自动上弦机芯
功能: 时针，分针，小秒针，日期，计时
表壳: 玫瑰钛金，直径48毫米
表带: 橡胶表带，豪华蝴蝶扣
参考价格: 195000元

C-Type

型号: P4030.TNRG.5010.4301
机芯: 自动上弦机芯
功能: 时针，分针，小秒针，日期
表壳: 不锈钢，直径48毫米
表带: 橡胶表带，豪华蝴蝶扣
参考价格: 89000元

Technicum 1872

型号: P3813.SG.8604
机芯: 手动上弦机芯
功能: 时针，分针，秒针，计时
表壳: 不锈钢，直径41毫米
表带: 真皮表带，蝴蝶扣
参考价格: 49000元

Technograph Hide & Seek

型号： P3434Q.SG.3401
机芯： 自动上弦计时机芯
功能： 时针，分针，秒针，计时
表壳： 不锈钢，直径44毫米
表带： 真皮表带，蝴蝶扣
参考价格： 79500元

Gentleman

型号： 6520.13.41.2070 HN/HS
机芯： 自动上弦机芯，42小时动力储备
功能： 时针，分针，秒针，指南针，日历
表壳： 黑色PVD钛金属，直径42毫米，防水50米
表带： 黑色PVD钛金属，折叠扣
参考价格： 59000元

Yachtman 3

型号： P1127NBS.SG.3608
机芯： 自动上弦机芯
功能： 计时，时针，分针，小秒针，日期，星期
表壳： 不锈钢，直径43毫米
表带： 蓝色橡胶表带，配不锈钢表带豪华蝴蝶扣
参考价格： 39000元

Atelier

型号： P3058.SG.8202
机芯： 自动上弦机芯
功能： 时针，分针，秒针，日期，动力储备显示
表壳： 不锈钢，直径42毫米
表带： 真皮表带，豪华蝴蝶扣
参考价格： 88000元

Méditerranée手表

型号： P4108.20D12SEA80.741CM051
机芯： 石英机芯
功能： 时针，分针，秒针，日期
表壳： 不锈钢，直径32毫米，防水30米
表带： 橡胶
参考价格： 新品未定价

Méditerranée手表

型号： P4108.20D12SJ36.741CM051
机芯： 石英机芯
功能： 时针，分针，秒针，日期
表壳： 不锈钢，直径32毫米，防水30米
表带： 橡胶
参考价格： 新品未定价

P

伯特莱
Perrelet

创立时间：
1777年

员工数量：
不详

年产量:
不详

电话:
00852 8109 7020

传真:
无

网址:
http://www.perrelet.com/

销售方式:
香港专卖店

经典款式：
Double Roto, Chronograph, Titanium, Diver, Specialties, Classic

价格区间:
不详

亚伯拉罕－路易斯·伯特莱诞生在瑞士纳沙泰尔汝拉山区。作为一位制表大师，他的才华和技艺影响了好几个世纪。出于对制表业的浓厚兴趣，他在少年时代就制作出了大量的精密仪器。

1770 年之后，他开始集中精力研制一种一经启动就可以永久运转的系统。在 1777 年，他终于完成了自动上弦机芯这项革命性的发明。直到今天，人类还未能发明出比它更先进的自动上弦机芯。1780 年，他制作了第一只步程计，进而成为制作圆柱形双面表、擒纵装置、日历表和时差表的第一人。他还微调了传动机构，进一步提升了齿轮、擒纵装置和上弦机构的性能。

出生于 1781 年的路易斯－弗雷德里克·伯特莱继承了祖父的制表天赋。在祖父的教导之下，他对力学和数学产生了浓厚的兴趣。后来，他前往巴黎的宝玑工作室学习。由于具备过人的天赋，他很快成为一名优秀的制表师。他对天文、物理和数学的兴趣也日渐浓厚。在兴趣的驱使下，他发明了所谓的“智能表”。在 1815 年，他设计了天文摆钟，并于 1823 年展览于巴黎举行的世界博览会，从此声名大噪。此后，他先后被三位法国国王任命为宫廷制表师。

Turbine手表

型号： A1047/1 红色表盘
机芯： P-181自动上弦机芯，动力储存42小时
功能： 时针，分针，秒针，夜光
表壳： 不锈钢，直径44毫米
表带： 黑色天然橡胶，不锈钢表扣
参考价格： 店洽

Turbine XL

型号： A1050/1
机芯： P-1818自动上弦机芯，动力储存42小时
功能： 时针，分针，秒针，夜光
表壳： 钛金属，不锈钢表圈和表背
表带： 黑色天然橡胶，钛金属表扣
参考价格： 店洽

Double Rotor Classic手表

型号： A1006/1
机芯： P-181自动上弦机芯，动力储存40小时
功能： 时针，分针，秒针，日期
表壳： 不锈钢，直径40毫米，防水50米
表带： 不锈钢
参考价格： 店洽

P

Big Date Chronograph手表

型号： A1008/9
机芯： P-091自动上弦机芯，动力储存40小时
功能： 时针，分针，秒针，日期，计时
表壳： 不锈钢，直径42毫米
表带： 黑色鳄鱼皮
参考价格： 店洽

Skeleton Dual Time手表

型号： A1010/7
机芯： P-051/Aroia 7750自动上弦机芯
功能： 时针，分针，秒针，日期，计时
表壳： 不锈钢，直径42毫米，镂空
表带： 棕色鳄鱼皮
参考价格： 店洽

Moonphase手表

型号： A500/2
机芯： P-211自动上弦机芯，动力储存40小时
功能： 时针，分针，秒针，月相，日期
表壳： 钛金属，直径43.5毫米，防水100米
表带： 黑色天然橡胶
参考价格： 店洽

Seacraft 3 Hands

型号： A1053/A
机芯： P-261自动上弦机芯，动力储存42小时
功能： 时针，分针，秒针，日期
表壳： 不锈钢，直径42毫米，防水800米
表带： 不锈钢，可调节式表扣
参考价格： 店洽

Jumping Hour手表

型号： A1037/7
机芯： P-191自动上弦机芯，动力储存40小时
功能： 时针，分针，秒针，日期
表壳： 不锈钢，直径40毫米，防水50米
表带： 黑色鳄鱼皮
参考价格： 店洽

First Class Lady手表

型号： A2050/1
机芯： P-261自动上弦机芯，动力储存42小时
功能： 时针，分针，秒针，日期
表壳： 不锈钢镶钻，直径38毫米，防水50米
表带： 白色鳄鱼皮
参考价格： 店洽

P

保时捷设计
Porsche Design

创立时间:
1972年

员工人数:
不详

年产量:
不详

电话:
0755 82371080

传真:
0755 25715590

网址:
http://www.porsche-design.com/international/en/

销售方式:
专营店，钟表珠宝精品店

经典款式:
Flat six系列、Dashboard系列、Heritage系列

价格区间:
27000元~ 60000元

1972 年，F. A. Porsche 教授（现代经典跑车保时捷 911 的创始人）设计了全世界第一款全黑涂层的手表。灵感正是来自保时捷 911 跑车的全黑仪表盘以及其出色的可读性，即使在微弱的光线下也清晰易读。保时捷设计（Porsche Design）第一款手表由此诞生。数十年创下许多制表里程碑：全世界首款钛金属计时手表，首款整合指南针手表，首款秒表数字显示的机械手表。自 1998 年起，保时捷设计手表由 Eterna 绮年华于瑞士格伦兴生产。绮年华（Eterna）成功制造了 Indicator 及 Worldtimier 的机芯，令保时捷设计成为少数拥有自家机芯的手表品牌（制表工坊）之一。

融合传统工艺与尖端科技的制表艺术（外形跟随功能）是保时捷设计的设计理念。保时捷设计所有产品都是于奥地利湖畔采尔的保时捷设计工作室设计，具有简洁及流线型的外形、应用创新及高质素物料，糅合传统工艺及最新科技工程，令每一处细节都尽善尽美。

制表如制车，保时捷设计将保时捷跑车代表的高效性能、超然灵感以及造型艺术完美地融入到手表设计当中。

Flat Six 自动系列手表

型号: 6310.41.63.0249
机芯: ETA 2892-A2自动上弦机芯
功能: 时针，分针，秒针，日历
表壳: 不锈钢材料，直径44毫米，防水120米
表带: 不锈钢表带，折叠扣
参考价格: 29000元

Flat Six 自动计时系列手表

型号: 6340.43.73.1169
机芯: ETA 7750自动上弦机芯
功能: 时针，分针，秒针，计时，星期，日历
表壳: 黑色PVD处理不锈钢，防水120米
表带: 天然橡胶表带，折叠扣
参考价格: 43000元

Dashboard系列手表

型号: 6620.13.47.0269
机芯: ETA 7753自动上弦机芯
功能: 时针，分针，秒针，计时，日历显示
表壳: 黑色PVD处理钛金属，直径44毫米
表带: 黑色PVD处理钛金属，折叠扣
参考价格: 54000元

Dashboard Le mans 1970 限量版手表

型号：6612.11.48.1234
机芯：ETA 2894–2自动上弦机芯
功能：时针，分针，秒针，计时，日历显示
表壳：缎面处理钛金属，直径42毫米
表带：黑色穿孔小牛皮表带，搭配红色车线
参考价格：60000元

Heritage系列手表

型号：6530.11.41.1219
机芯：ETA 7750自动上弦机芯
功能：时针，分针，秒针，计时，星期，日历
表壳：喷砂处理钛金属，直径44毫米，防水60米
表带：喷砂处理钛金属，折叠扣
参考价格：53000元

Heritage系列手表

型号：6520.13.41.2070 HN/HS
机芯：SW 300自动上弦机芯，42小时动力储存
功能：时针，分针，秒针，指南针，日历
表壳：黑色PVD处理钛金属，直径42毫米
表带：黑色PVD处理钛金属，折叠扣
参考价格：59000元

Performance系列手表

型号：6750.10.24.1180
机芯：Eterna 6037自动上弦机芯
功能：时针，分针，秒针，显示第二时区的时间和地点
表壳：亚面钛金属，直径45毫米，防水100米
表带：黑色天然橡胶表带，折叠扣
参考价格：119000元

Performance系列手表

型号：6780.45.43.1218
机芯：ETA 2892–A2自动上弦机芯
功能：时针，分针，秒针，潜水时间指示，日历
表壳：黑色PVD处理，不锈钢圆管状容器固定于附PVD喷砂处理钛金属桥板内，直径46.8毫米，防水1000米
表带：黑色天然橡胶表带，潜水专用延长扣
参考价格：98000元

Indicator系列手表

型号：6910.12.41.1149
机芯：Eterna 6036自动上弦机芯，46小时动力储备
功能：时针，分针，秒针，数字显示计时功能
表壳：黑色PVD处理钛金属，防水50米
表带：黑色天然橡胶表带，穿孔扣
参考价格：1500000元

P

沛纳海
Panerai

早年，沛纳海曾为意大利皇家海军制作武器等专业仪器，后来转产手表之后将品牌定位为运动、休闲领域中的高档手表。在长期制作鱼雷发射器专用的自动发光机械计算器、瞄准装置、深度测量仪、指南针或水底引爆装置的定时器等精密仪器的经验累积下，沛纳海于 1936 年正式推出第一只手表。1938 年，沛纳海所生产的 Radiomir Panerai 手表正式成为意大利皇家海军的永久专用产品，这款手表的特色的防水性能优异、龙头锁与表盘设计清晰易读。1950 年初，沛纳海推出 Panerai Luminor，补足了 Radiomir Panerai 功能不足之处，在防水功能上，沛纳海采用可使上弦龙头紧靠表壳的特殊杠杆装置，能大幅减少水汽渗入表壳，并已注册为专利商标；在荧光功能上也改用氚来提供，不再需要镭漆。1997 年，沛纳海被历峰集团收购。

沛纳海 2012 年的亮点不少，首先是推出了以 Radiomir 1940 命名的新壳形，它和 Luminor 1950 系列一样，都属于“R”和“L”之间的过渡形，它的表壳与 Radiomir 如出一辙，而一体成型的表耳则更像 Luminor。Radiomir 1940 系列的两款处女座 PAM 398 和 399，分别采用不锈钢和 18K 红金打造，直径 47 毫米，装配以美耐华（Minerva）16-17 为基础改制的大号手上弦机芯（35 毫米左右）；另外两款复刻作品为 Radiomir California 3 Days 47 毫米和 Radiomir S.L.C. 3 Days 47 毫米，都是复刻自 20 世纪 30 年代意大利海军的专用款式，采用相同的表壳和机芯（P.3000 手上弦机芯），差别只在表盘和指针上，固有加州盘面（California）和 S.L.C.（一种慢速鱼雷）之分，两款表的非限量版为 PAM 424 和 425，限量版为 PAM 448 和 449，区别只在表镜和指针的材质；复杂功能方面，有一只 8 天长动力的两地时陶瓷陀飞轮表（PAM 396），陀飞轮位于机芯背面；另外，品牌对新材质的应用力度也更大，共有三款高科技陶瓷表，其中一款的表壳、表带全部以黑色高科技陶瓷打造。

创立时间:
1860年

员工数量:
不详

年产量:
不详

电话:
010 8517 1263

传真:
021 3389 0901

网址:
www.panerai.com

销售方式:
经销商，专营店

经典款式:
Radiomir系列，Luminor系列

价格区间:
不详

Luminor 1950 10Days GMT手表

型号： PAM00270
机芯： P.2003自动上弦机芯，动力储备10天
功能： 时针，分针，第二时区昼夜显示，日历，秒针归零装置
表壳： 磨砂不锈钢表壳，防水深度100米
表带： 棕色鳄鱼皮表带
参考价格： 118700元

Luminor 1950 Tourbillon GMT Ceramica手表

型号： PAM00396
机芯： P.2005手动上弦机芯，6日动力储存
功能： 时针，分针，小秒针，陀飞轮，第二时区，24小时显示
表壳： 黑色陶瓷，直径48毫米，防水100米
表带： 皮革表带，搭配可调节不锈钢表扣
参考价格： 866000元

Luminor Marina 1950 3 Days Automatic手表

型号： PAM00392
机芯： P.9000自动上弦机芯，3日动力储存
功能： 时针，分针，日期，小秒针
表壳： 磨砂不锈钢，直径42毫米，防水深度100米
表带： 鳄鱼皮表带
参考价格： 57300元

Luminor Marina 1950 3 Days Automatic Oro Rosso手表

型号： PAM00393
机芯： P.9000自动上弦机芯，3日动力储存
功能： 时针，分针，日期，小秒针
表壳： 磨砂红金表壳，直径42毫米，防水50米
表带： 鳄鱼皮表带
参考价格： 178100元

Luminor Marina 1950 3 Days手表

型号： PAM00422
机芯： P.3001自动上弦机芯，3日动力储存
功能： 时针，分针，小秒针，归零秒针
表壳： 抛光不锈钢，直径47毫米，防水100米
表带： 皮表带
参考价格： 77000元

Luminor Marina 1950 3 Days手表

型号： PAM00423
机芯： P.3002手动上弦机芯，3日动力储存
功能： 时针，分针，小秒针，动力指示，秒针归零
表壳： 抛光不锈钢，直径47毫米，防水100米
表带： 皮表带
参考价格： 78000元

Radiomir S.L.C. 3 Days手表

型号：PAM00449
机芯：P.3000手动上弦机芯，3日动力储存
功能：时针，分针
表壳：抛光不锈钢，直径47毫米，防水100米
表带：皮表带，配大号磨砂不锈钢表扣
参考价格：64500元

Radiomir S.L.C. 3 Days手表

型号：PAM00425
机芯：P.3000手动上弦机芯
功能：时针，分针
表壳：抛光不锈钢，直径47毫米，防水100米
表带：皮表带
参考价格：61200元

Tuttonero Luminor 3 Days GMT Automatic Ceramica手表

型号：PAM00438
机芯：P.9001/B自动上弦机芯，3日动力储存
功能：时针，分针，小秒针，日期，第二时区，秒针归零
表壳：黑色陶瓷，直径44毫米，防水100米
表带：陶瓷
参考价格：115100元

Radiomir 8 Days GMT Rosso手表

型号：PAM00395
机芯：P.2002/10手动上弦机芯，8日动力储存
功能：时针，分针，小秒针，日期，动力储存
表壳：抛光红金，直径45毫米，防水50米
表带：鳄鱼皮表带
参考价格：277900元

Radiomir California 3 Days手表

型号：PAM00424
机芯：P.3000手动上弦机芯
功能：时针，分针，日期
表壳：抛光不锈钢，防水深度100米
表带：皮表带，配大号抛光不锈钢表扣
参考价格：61200元

Luminor 1950 Days GMT Automatic Ceamica手表

型号：PAM00
机芯：P.3000手动上弦机芯，21600次/小时
功能：时针，分针，小秒针，日期，第二时区，小秒针，表背动力储存指示，秒针归零
表壳：黑色陶瓷，直径44毫米，防水100米
表带：皮表带
参考价格：88300元

Luminor 1950 3Days手表

型号： PAM00372
机芯： P.3000手动上弦机芯，3日动力储存
功能： 时针，分针
表壳： 抛光不锈钢，防水30米
表带： 皮表带，配大号磨砂不锈钢表扣
参考价格： 71800元

Radiomir Black Seal 3 Days Automatic手表

型号： PAM00388
机芯： P.9000自动上弦机芯，3日动力储存
功能： 时针，分针，日期，小秒针
表壳： 抛光不锈钢，直径45毫米
表带： 鳄鱼皮表带，大号抛光不锈钢表扣
参考价格： 56300元

Radiomir California 3 Days手表

型号： PAM00448
机芯： P.3000机芯手动上弦机芯，3日动力储存
功能： 时针，分针
表壳： 抛光不锈钢，直径47毫米，防水100米
表带： 皮表带，配大号磨砂不锈钢表扣
参考价格： 64500元

P.3002手动上弦机械机芯

功能： 时针，分针，小秒针，日期，两地时，秒针归零，表盘动力存储显示
直径： 37.2毫米
厚度： 6.3毫米
红宝石： 21石
摆频： 3赫兹
防振： Incabloc防振装置
备注： 双发条盒，3日动力存储

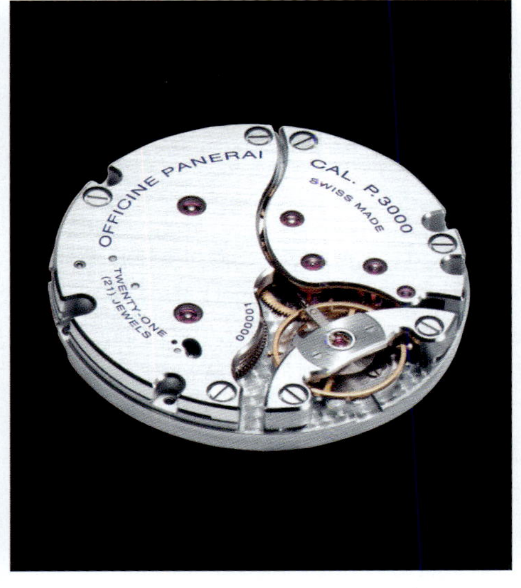

P.3000手动上弦机械机芯

功能： 时针，分针，小秒针，日期
直径： 37.2毫米
厚度： 5.3毫米
红宝石： 21石
摆频： 3赫兹
防振： Incabloc防振装置
备注： 双发条盒，3日动力存储

P.9001自动上弦机械机芯

功能： 时针，分针，小秒针，日期，两地时，秒针归零
直径： 31.02毫米
厚度： 7.9毫米
红宝石： 29石
摆频： 4赫兹
防振： Incabloc防振装置
备注： 双发条盒

伯爵玫瑰 30 周年发布会现场

伯爵
Piaget

1874 年伯爵（Piaget）由年仅 19 岁的 Georges-Edouard Piaget 创立。伯爵（Piaget）创始人第十四个孩子 Timothée Piaget 于 1911 年接管事业。1920 年，伯爵（Piaget）开始提供机械机芯给著名的钟表品牌，如欧米茄、江诗丹顿、卡地亚等。1943 年，伯爵家族将伯爵（Piaget）登记注册商标。从这一刻起，伯爵（Piaget）开始制造手表并将品牌名号刻印在作品上进行销售。1957 年，伯爵（Piaget）在 La Côte-aux-Fées 表厂发表了由 Valentin Piaget 研发的著名超薄 9P 手动上弦机械机芯。一年之后，他更以全新的机械机制发明获得了两项专利。1979 年，伯爵从马球运动中取得灵感，并创造出伯爵（Piaget）Polo 手表系列。1986 年，伯爵（Piaget）成功创作出 Dancer 手表系列，精致的手表设计搭配金质链带，比 Polo 系列更轻薄。1988 年伯爵（Piaget）加入了历峰集团。为承袭制表工艺传统，伯爵（Piaget）在 La Côte-aux-Fées 与日内瓦的表厂于 2001 年扩建。

伯爵今年的新品主要分为三个主题。首先是与品牌联系最为紧密 Piaget Altiplano 系列推出了全镂空款 Altiplano Skeleton，装配业界有史以来最薄的 1200S 自动上弦镂空机芯。产品本身的突破性再加上提前曝光，使得这款表在 SIHH 开幕之前便已成为了各方关注的焦点。一年一度的 Limelight 珠宝盛宴，今年轮到以傲人的伯爵玫瑰作为主菜（伯爵玫瑰得名于 1982 年的国际花卉博览会），全系产品包括 4 款珠宝表和 10 余款高级珠宝。最后一个主题是 Black Tie 的新成员——Gouverneur 系列，它是由在伯爵表厂工作多年的一对父子所设计，在外观上融合了圆与椭圆（外表圈为圆形，内表圈为椭圆形），首批作品包括自动上弦、计时和陀飞轮，各具有玫瑰金、白金及镶嵌钻石的款式。

伯爵 Gouverneur 系列发布会现场

创立时间:
1874年

员工数量:
不详

年产量:
不详

电话:
010 6533 1486

传真:
010 6533 1476

网址:
www.Piaget.com.cn

销售方式:
专卖店

经典款式:
Altiplano系列，Polo系列，Emperador系列，Gouverneur系列

价格区间:
店洽

伯爵玫瑰 30 周年发布会现场

PIAGET

伯爵 Gouverneur 系列发布会现场

Gouverneur玫瑰金陀飞轮手表

型号： Ref. G0A37114
机芯： 642P手动上弦机芯，动力储存40小时
功能： 时针，分针，陀飞轮，月相
表壳： 18K玫瑰金，直径43毫米
表带： 鳄鱼皮，三重折叠式表扣
参考价格： 1184400元

Gouverneur玫瑰金手表

型号： Ref. G0A37110
机芯： 800P自动上弦机芯，动力储存85小时
功能： 时针，分针，秒针，日期
表壳： 18K玫瑰金，直径43毫米
表带： 鳄鱼皮，针式表扣
参考价格： 190100元

Gouverneur玫瑰金计时表

型号： Ref. G0A37112
机芯： 882P自动上弦机芯，动力储存50小时
功能： 时针，分针，秒针，日期，第二时区，计时
表壳： 18K玫瑰金，直径43毫米
表带： 鳄鱼皮，折叠式表扣
参考价格： 269100元

Gouverneur白金镶钻自动手表

型号： Ref. G0A37111
机芯： 伯爵自制800P自动上弦机械机芯(双发条盒)，动力储存85小时
功能： 时针，分针，秒针，6点钟位置日期窗口
表壳： 18K白金镶钻表壳，直径43毫米
表带： 黑色鳄鱼皮表带， 18K白金针式表扣
参考价格： 320800元

Gouverneur白金镶钻自动计时秒表

型号： Ref. G0A37113
机芯： 伯爵自制882P超薄飞返自动上弦计时秒表机械机芯 (双发条盒)，动力储存50小时
功能： 时针，分针，秒针，日期，第二时区副表盘，30分钟计时积算盘
表壳： 18K白金镶钻表壳，直径43毫米
表带： 黑色鳄鱼皮表带， 18K白金折叠式表扣
参考价格： 400800元

Gouverneur白金镶钻陀飞轮手表

型号： Ref. G0A37115
机芯： 伯爵自制642P超薄手动上弦月相陀飞轮机械机芯，动力储存40小时
功能： 时针，分针，12点钟位置秒针指式(陀飞轮)，6点钟位置天文月相指示盘
表壳： 18K白金镶钻表壳，直径43毫米，陀飞轮框架透视窗外缘以白金饰边
表带： 黑色鳄鱼皮表带， 白金三重折叠式表扣
参考价格： 1370100元

Piaget Altiplano 38毫米手表

型号： Ref. G0A36548
机芯： 伯爵430P超薄手动上弦机械机芯，动力储存40小时
功能： 时针，分针
表壳： 18K白金材质镶钻表壳，直径38毫米，银色表盘，缀饰灰色龙型装饰
表带： 灰色鳄鱼皮表带，18K白金针式表扣
参考价格： 208100元

Piaget Altiplano 34毫米手表

型号： Ref. G0A36547
机芯： 伯爵430P超薄手动上弦机械机芯，动力储存40小时
功能：时针，分针
表壳： 18K玫瑰金材质镶钻，直径34毫米，银色表盘，缀饰玫瑰色凤凰装饰
表带： 白色鳄鱼皮表带，18K玫瑰金针式表扣
参考价格： 190000元

Altiplano镂空超薄手表

型号： Ref.GOA37132
机芯： 1200S自动上弦机芯，动力储存44小时
功能： 时针，分针
表壳： 白金，直径38毫米
表带： 黑色鳄鱼皮，18K白金折叠式表扣
参考价格： 435800元

Piaget Altiplano 38 毫米 手表

型号： Ref. G0A36541
机芯： 伯爵430P超薄手动上弦机械机芯，动力储存约40小时
功能： 时针，分针
表壳： 18K玫瑰金材质镶钻表壳，直径38毫米，大明火烧制龙型雕刻珐琅工艺表盘，表背镌刻中国“龙”文字
表带： 灰色鳄鱼皮表带，18K玫瑰金材质针式表扣
参考价格： 488600元，限量38枚

Piaget Altiplano 38 毫米 手表

型号： Ref. G0A36543
机芯： 伯爵430P超薄手动上弦机械机芯，动力储存约40小时
功能： 时针，分针
表壳： 18K玫瑰金材质镶钻表壳，直径38毫米，大明火烧制凤凰雕刻珐琅工艺表盘，表背镌刻中国“凤”文字
表带： 白色鳄鱼皮表带，18K白金材质针式表扣
参考价格： 428100元，限量38枚

四季手表——春

型号： Ref. G0A36159
机芯： 伯爵56P石英机芯
功能： 时针，分针
表壳： 18K白金，直径39毫米，镶钻
表带： 表扣镶钻
参考价格： 540700元

四季手表——夏

型号：Ref. G0A36160
机芯：伯爵56P石英机芯
功能：时针，分针
表壳：18K白金，直径39毫米，镶钻
表带：表扣镶钻
参考价格：540700元

四季手表——秋

型号：Ref. G0A36161
机芯：伯爵56P石英机芯
功能：时针，分针
表壳：18K白金，直径39毫米，镶钻
表带：表扣镶钻
参考价格：540700元

四季手表——冬

型号：Ref G0A36162
机芯：伯爵56P石英机芯
功能：时针，分针
表壳：18K白金，直径39毫米，镶钻
表带：表扣镶钻
参考价格：540700元

Limelight神秘手表

型号：Ref. G0A37170
机芯：伯爵56P石英机芯
功能：时针，分针
表壳：18K玫瑰金及珍珠母贝镶钻表壳及表盘，18K玫瑰金镶钻表盖上有可旋转玫瑰花图案
表带：白色绢带，18K玫瑰金镶钻折叠式表扣
参考价格：513900元

Limelight Dancing Light珠宝手表

型号：Ref. G0A37172
机芯：伯爵56P石英机芯
功能：时针，分针
表壳：18K玫瑰金，镶钻
表带：绢质，表扣镶钻
参考价格：419300元

Limelight Dancing Light珠宝表

型号：Ref. G0A37171
机芯：伯爵56P石英机芯
功能：时针，分针
表壳：18K白金镶钻表壳，表盘有18K白金镶钻可旋转玫瑰花图案
表带：黑色绢带，18K白金镶钻折叠式表扣
参考价格：428100元

1200P自动上弦铂金机芯

功能：时针，分针，动力储存44小时
直径：29.9毫米
厚度：2.35毫米
宝石数目：25颗
摆频：21600次/小时

430P超薄手动上弦机芯

功能：时针，分针，动力储存43小时
直径：20.5毫米
厚度：2.1毫米
红宝石：18颗
摆频：21600次/小时

自制1200S超薄镂空自动上弦机械机芯

功能：时针，分针，动力储存44小时
直径：31.9毫米
厚度：2.4毫米
宝石数目：26 颗
摆频：21600 次/小时

608p手动上弦圆形机芯

功能：时针，分针，动力储存80小时
直径：25.6毫米
厚度：3.3毫米
宝石数目：27 颗
摆频：21600 次/小时

自制1270P超薄自动上弦陀飞轮机芯

功能：时针，分针，小秒针及动力储存指示
直径：34.9毫米
厚度：5.35毫米
宝石数目：35 颗
摆频：21600 次/小时

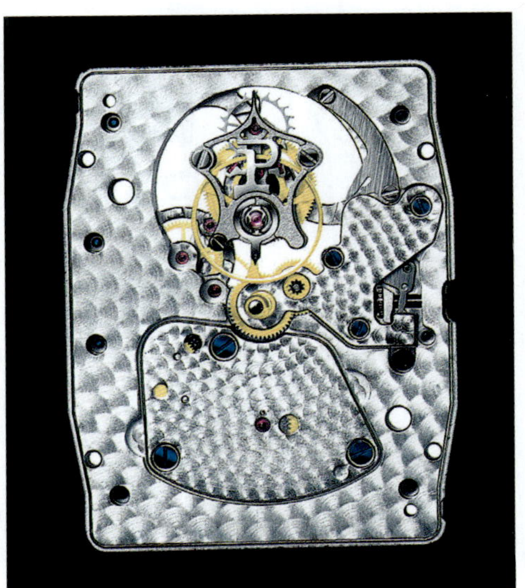

600p 手动上弦长方形机芯

功能：时针，分针，秒针，动力储存44小时
直径：28.6毫米x22.4毫米
厚度：3.5毫米
宝石数目：24颗
摆频：21600 次/小时

百达翡丽
Patek Philippe

1812 年，百达先生出生波兰，未满 16 岁就加入波兰军队。1835 年由于波兰局势动荡，百达先生逃亡瑞士日内瓦，在学画求生的同时，他洞悉钟表业的无限前途，决定建立一个自己的钟表企业。百达先生力邀同样来自波兰的钟表匠沙柏加入创业联盟——他主管经营，沙柏负责生产，并聘有 6 名员工，每年手工制作近 200 余枚工艺考究的怀表。时值 1839 年，初始的名字为 Patek，Cazpek & Co。

1844 年，法国工业展览会，百达先生遇到法国制表工匠翡丽先生。在此次展会中，翡丽先生展示了自己的创新发明：转柄上弦设置——此项跨时代的发明简便了上弦的操作程序，让时计得以大量生产，同时也让百达先生大为赞赏，并力邀他加盟自己的公司。1845 年 5 月 15 日，百达先生与翡丽先生正式携手，并承诺将共同致力于生产世界上最精致、优良的计时工具。1851 年，公司名字更改为"Patek, Philippe & Cie"。

随着工业时代的发展，翡丽先生将机械化引入生产，强化生产流程，加之创新突破的制表技艺，百达翡丽随即推出了众多技术专利、代表产品，并拥有许多极具荣耀的历史性时刻。1851 年，百达翡丽参加了具有世界博览会先驱之称的伦敦水晶宫博览会，推出当时全球最小的计时工具，引起了世界名流们的极大关注——就连维多利亚女王也为自己和丈夫阿尔伯特亲王选购了一枚百达翡丽。百达先生有着极度敏锐的市场洞察力，而翡丽先生拥有创新的卓越技术。在他们的共同领导下，1868 年，公司迎来了一个新的里程碑：百达翡丽（Patek Philippe）为匈牙利 Kocewicz 伯爵夫人制作了世上首枚瑞士手表。公司从而因卓越的创造力而树立起显赫的声誉，也自此令全世界的女性为其产品而痴迷。

1929 年，全球经济大萧条爆发，严重影响了整个日内瓦制表业。"那是个艰难的时代！我特别记得父亲曾告诉我当时环境极其艰苦，每个星期他们都得决定融掉哪一枚金表壳来支付钟表工匠的工资。"斯登家族第四代传人泰瑞·斯登回忆道。此时，作为闻名于世的钟表表盘公司持有者以及百达翡丽表盘的唯一供应商，斯登兄弟查尔斯·斯登（Charles Stern）和约翰·斯登（John Stern）开始出资运营百达翡丽公司。1932 年，斯登家族正式入主。

在斯登兄弟的策略调整下，百达翡丽开始严格统一其制表工艺标准，以确保每一枚烙印着百达翡丽标志的钟表均经过最严格考究的工艺认证。同时，他们也积极开拓海外市场。20 世纪 30 至 40 年代，装饰艺术蓬勃发展，同时在制表业，手表开始盛行，并逐渐取代怀表。1932 年，百达翡丽适时推出了 Calatrava 系列手表——它独特简约、设计前卫，并拥有极强的佩戴功能性。1989 年，公司 150 年华诞，百达翡丽推出了 Caliber 89。这款世界上最复杂的便携式机械时计，历经九年开发，在公司发展史上立下新里程碑。

P

创立时间:
1839年

员工数量:
1600多名

年产量:
不详

电话:
021 6329 6846 百达翡丽上海源邸
010 6525 5868 北京专卖店

传真:
021-63296106，010-65255898

网址:
www.patek.com

销售方式:
专营店

经典款式:
Calatrava系列，鹦鹉螺系列，Gondolo系列

价格区间:
不详

百达翡丽 Ref. 5130R-017“世界时间”手表，价格 45 万元

1996 年，菲力·斯登将百达翡丽从日内瓦的历史驻地搬到 Plan-les-Ouates 这现代化的制表总部;同年，那条广为流传的经典广告语“没人能拥有百达翡丽，只不过为下一代保管而已”（“You never actually own a Patek Philippe。 You merely look after it for the next generation。”）应运而生。90 年代，百达翡丽推出新系列超级复杂功能系列——万年历计时手表，三问报时、陀飞轮万年历手表。公司更是开创了定制中心，并将年产量定为 20,000 只。20 世纪的最后十年，品牌见证了两款卓越的手表系列诞生：受装饰艺术时期启发而生的矩形或酒桶形的 Gondolo 系列和专为女性打造的 Twenty~4 系列。为纪念千禧年，百达翡丽推出拥有 6 项专利、21 项复杂功能的 Star Caliber 2000，重新演绎了钟表制造的至臻艺术并将它推上新的水平。

在今年的巴塞尔表展中，百达翡丽用 30 款新表完成了一次出色的演出，无论是闪耀全场的双秒追针计时表，还是超薄万年历都令人过目欣赏后久久难忘，更别说那 4 款专为女性设计的精美机械女表。

也只有当你零距离接触到百达翡丽的手表，感受到那种机械与美和谐共生的钟表精神时，才能从心理解那“无法拥有，只能代为保存”的品牌哲学。

上海“百达翡丽源邸”揭幕

P

Calatrava 系列5153J黄金款

型号： Ref.5153J
机芯： 324 S C
功能： 视窗式日期，时针，分针，秒针
表壳： 黄金，直径38毫米，防水30米
表带： 方形鳞纹鳄鱼皮，折叠式表扣
参考价格： 店洽

Calatrava 系列5123R玫瑰金款

型号： Ref.5123R
机芯： 215 PS，手动上弦机芯
功能： 时针，分针，小秒针
表壳： 直径38 毫米，玫瑰金，防水30米
表带： 方形鳞纹鳄鱼皮，亚光深棕色针扣
参考价格： 店洽

复杂功能计时系列5170J男士手表

型号： Ref.5170J
机芯： CH 29-535 PS 手动上弦机芯
功能： 计时，时针，分针，秒针
表壳： 直径39毫米，黄金，防水30米
表带： 矩形鳞纹鳄鱼皮，折叠式表扣
参考价格： 703900元

7008不锈钢女士手表

型号： Ref.7008
机芯： 324 S C，自动上弦机芯
功能： 日期，大秒针，时针，分针
表壳： 直径33.6毫米，不锈钢镶钻石，防水60米
表带： 不锈钢，Nautilus 折叠式表扣
参考价格： 297100元

Nautilus系列5712G白金款

型号： Ref.5712G
机芯： 240 PS IRM C LU，自动上弦机芯
功能： 月相，时针，分针，小秒针，日期，动力储存显示
表壳： 白金，直径40毫米，防水60米
表带： 折叠式表扣
参考价格： 350500元

Nautilus系列 5726/1A不锈钢款

型号： Ref.5726/1A
机芯： 324 S QA LU 24H自动上弦机芯
功能： 年历，月相，24小时显示，时针，分针，大秒针
表壳： 不锈钢，直径40.5毫米，防水120米
表带： 不锈钢
参考价格： 店洽

Aquanaut系列5164A不锈钢款

型号： Ref.5164A
机芯： 324 S C FUS自动上弦机芯
功能： 昼夜显示，日期，时针，分针，秒针
表壳： 直径40.8毫米，不锈钢，防水120米
表带： “热带”复合材质，Aquanaut 折叠式表扣
参考价格： 302100元

复杂功能计时系列 7071G白金款女士手表

型号： Ref.7071G
机芯： CH 29-535 PS，手动上弦机芯
功能： 时针，分针，秒针，计时
表壳： 35毫米×39毫米，防水30米
表带： 方形亮鳞纹鳄鱼皮，灰褐色针扣
参考价格： 812700元

Golen Ellipse系列5738P铂金款式

型号： Ref.5738P
机芯： 240超薄自动上弦机芯
功能： 时针，分针
表壳： 铂金，34.5毫米×39.5毫米，防水30米
表带： 鳄鱼皮
参考价格： 店洽

Twenty~4® 系列 4910/54R玫瑰金款女士手表

型号： Ref.4910/54R
机芯： E15石英机芯
功能： 时针，分针
表壳： 25毫米x30毫米，玫瑰金，防水30米
表带： 玫瑰金
参考价格： 店洽

Gondolo系列5124G白金款式

型号： Ref.5124G
机芯： 25-21 REC PS，手动上弦机芯
功能： 时针，分针，小秒针
表壳： 33.4毫米 x 43 毫米，白金，防水30米
表带： 鳄鱼皮表带
参考价格： 店洽

Gondolo系列5098P铂金款

型号： Ref.5098P
机芯： 25-21 REC，手动上弦机芯
功能： 时针，分针
表壳： 铂金，32毫米 x 42毫米，防水30米
表带： 方形鳞纹鳄鱼皮
参考价格： 店洽

超级复杂功能计时系列 5139G白金款男士手表

型号： Ref.5139G
机芯： 240 Q自动上弦机芯
功能： 万年历，星期，日期，月份，闰年，月相，24小时显示，时针，分针
表壳： 直径38毫米，白金，防水30米
表带： 方形鳞纹鳄鱼皮，折叠式表扣
参考价格： 754300元

超级复杂功能计时系列 5159J黄金款男士手表

型号： Ref.5159G
机芯： 324 S QR自动上弦机芯
功能： 万年历，星期，月份，闰年，月相，时针，分针，秒针
表壳： 直径38毫米，黄金，防水30米
表带： 折叠式表扣
参考价格： 821700元

超级复杂功能计时系列 5270G白金款男士手表

型号： Ref.5270G
机芯： CH 29-535 PS Q手动上弦机芯
功能： 万年历，计时，星期，月份，闰年，昼夜，日期，月相，时针，分针，小秒针
表壳： 直径41毫米，防水30米，白金
表带： 方形鳞纹鳄鱼皮，折叠式表扣
参考价格： 店洽

超级复杂功能计时系列 5496P白金款男士手表

型号： Ref.5496P
机芯： 324 S QR，自动上弦机芯
功能： 万年历，日期，星期，月份，闰年，月相，大秒针，时针，分针
表壳： 直径39.5毫米，铂金，防水30米
表带： 方形鳞纹鳄鱼皮，折叠式表扣
参考价格： 956600元

复杂功能计时系列4968R玫瑰金款女士手表

型号： Ref.4968R
机芯： 240 PS IRM C LU手动上弦机芯
功能： 月相，小秒针，时针，分针
表壳： 直径33.3毫米，玫瑰金，防水30米
表带： 方形鳞纹鳄鱼皮
参考价格： 483500元

超级复杂功能计时系列 5140P铂金款男士手表

型号： Ref.5140P
机芯： 240 Q，超薄自动上弦机芯
功能： 星期，时针，分针，日期，月份，闰年显示，月相，24 小时显示
表壳： 直径37毫米，铂金，防水30米
表带： 矩形鳞纹鳄鱼皮，折叠式表扣
参考价格： 940500元

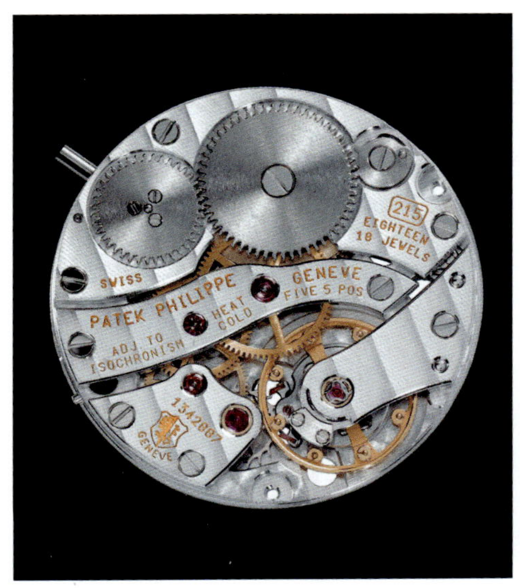

25-21REC

功能：时针，分针
尺寸：24.6毫米x21.5毫米
厚度：2.57毫米
红宝石：18颗
摆轮：带调节砝码的摆轮
摆频：28800次/小时
游丝：平面式游丝

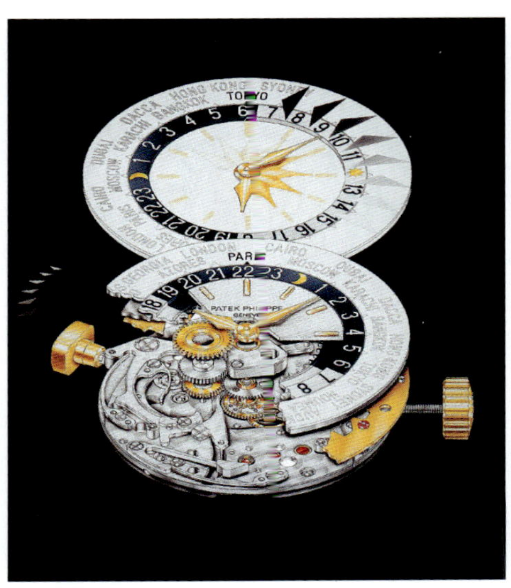

240HU

功能：时针，分针，世界时（显示24个时区）
直径：27.5毫米
厚度：3.88毫米
红宝石：33颗
摆轮：带调节砝码的摆轮
摆频：21600次/小时
备注：239个零件

315SQALU

功能：时针，分针，中央秒针，带有日期，工作日，月历，月相的日历
直径：30毫米
厚度：5.22毫米
红宝石：34颗
摆轮：带调节砝码的摆轮
摆频：21600次/小时
备注：328个零件

215

功能：时针，分针，小秒针
直径：21.9毫米
厚度：2.55毫米
红宝石：18颗
摆轮：带调节砝码的摆轮，八大平衡摆轮调节砝码
摆频：28800次/小时
游丝：平面式游丝
防振：kif
备注：珠光主夹板，合并桥式结构以及日内瓦条纹打磨，130个零件

324SQALU24H/303

功能：时针，分针，中央秒针，日期，工作日，月份，月相，24小时显示
直径：32.6毫米
厚度：5.78毫米
红宝石：34颗
摆轮：带调节砝码的摆轮
摆频：28800次/小时
备注：硅材质的擒纵轮，347个零件

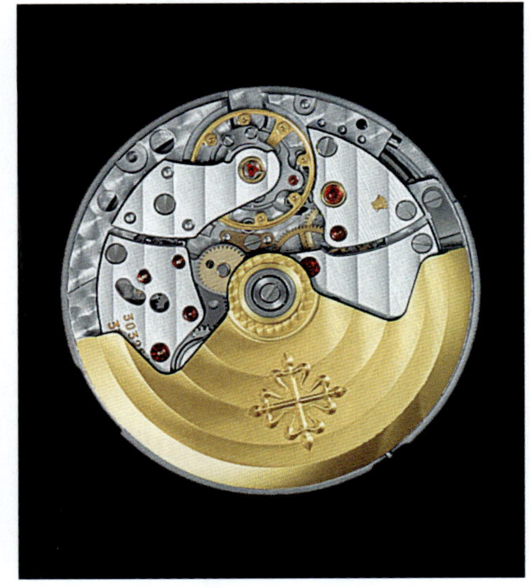

330SC

功能：时针，分针，中央秒针，日历
直径：27毫米
厚度：3.5毫米
红宝石：29颗
摆轮：带调节砝码的摆轮
摆频：21600次/小时
游丝：宝玑游丝
备注：217零件

CH28-520C

功能： 时针，分针，中央秒针，带有合并小时和分钟计数器的计时功能，日历
直径： 30毫米
厚度： 6.63毫米
红宝石： 35颗
摆轮： 带调节砝码的摆轮
摆频： 28800次/小时
游丝： 宝玑游丝
备注： 327个零件

RT027QRSIDLUCL

功能： 时针，分针，带有日历，工作日，月份，月相，万年历，星光闪烁的天幕，带有月相和月时的星图
直径： 38毫米
厚度： 12.61毫米
红宝石： 55颗
摆轮： 带调节砝码的摆轮
摆频： 21600次/小时
备注： 686个零件

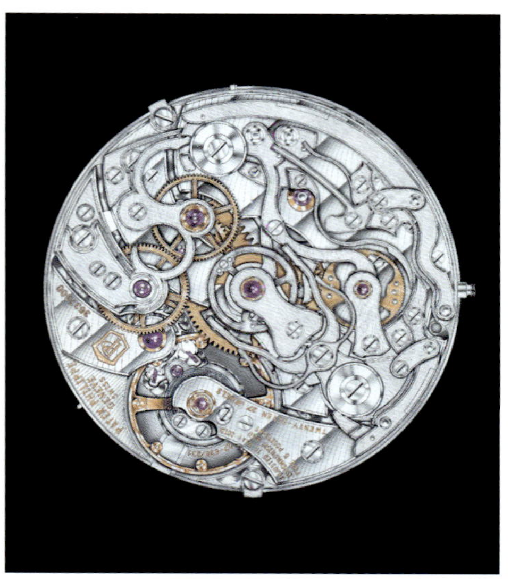

CHR27-525PS

功能： 小时，分钟，小秒针，指针计时功能
直径： 27.3毫米
厚度： 5.25毫米
红宝石： 27颗
摆轮： 带调节砝码的摆轮，有两只臂状物，8个调节挡位
摆频： 21600次/小时
游丝： 宝玑游丝
备注： 252个零件，特殊品质的加工

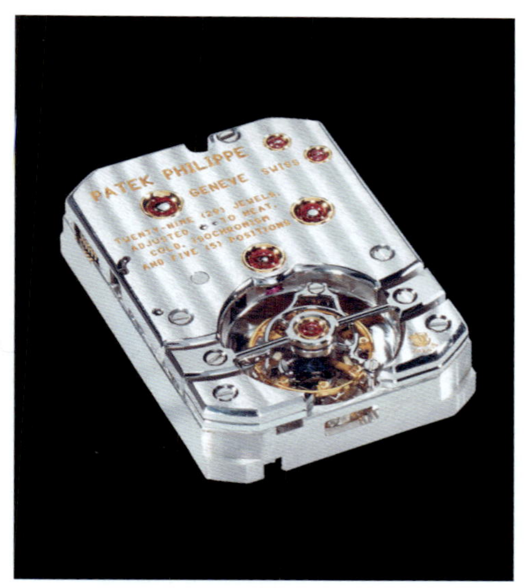

T028-20REC10JPSIRM

功能： 时针，分针，小秒针，动力储存显示器
直径： 28毫米x20毫米
厚度： 6.3毫米
红宝石： 29颗
摆轮： 带调节砝码的摆轮
摆频： 21600次/小时
备注： 231个零件

CH28-520IRMQA24H

直径： 33毫米
厚度： 7.68毫米
红宝石： 40颗
摆轮： 带调节砝码的摆轮
摆频： 28800次/小时
游丝： 宝玑游丝
备注： 456个零件

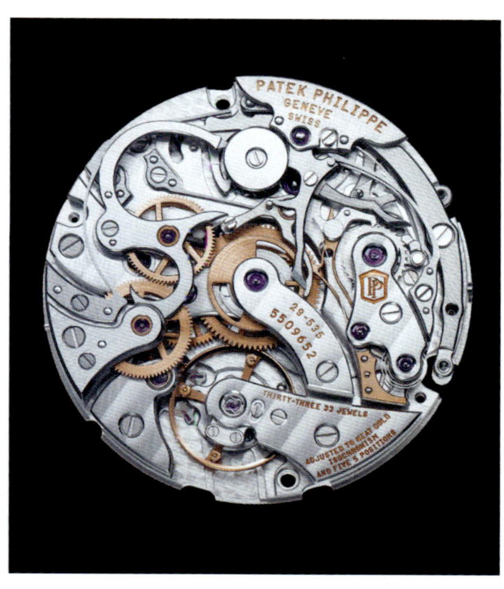

CH29—535PS型机芯

功能： 柱状轮，计时指针，小秒针盘，30分钟瞬跳计时器
直径： 29.6毫米
厚度： 5.35毫米
红宝石： 33颗
摆轮： GYROMAX四辐摆轮，带4枚配重砝码
摆频： 28800次/小时
游丝： 宝玑游丝

Q

Quinting

Quinting 诞生于 1993 年瑞士日内瓦，所有的手表都是在位于 Neuchate 附近的一个名为圣布雷斯的 Quinting 工作室内完成。Quinting 有项十分独特的设计，即手表表盘完全透明，犹如一块玻璃，让人们可以透过表盘看到其后面的事物。这个设计始于 1993 年，由当时的 5 位工程师（3 位制表师，1 位机械工程师，1 位电子工程师）花了 7 年的时间，投资 1500 万美元，并在 1999 年研制而成的。Quinting 也在 2000 年推出了自己的首款表。

Quinting 的这个独特设计，采用的是传统的制表工艺，用透明的蓝宝石水晶玻璃打造厚度仅为 0.8 毫米的防反射圆盘，多个圆盘相互叠加，有些固定，有些可以旋转，其中可旋转的表盘边缘装有橡胶圈以及金属齿轮，这就构成了玻璃齿轮，隐藏在表圈和表盘外的狭窄圆环下方。同样的地方，也隐藏着机芯。为了保证每一块手表完美的透明度，工作室内的每一位制表师都必须在无尘的环境中进行工作，因此每一款 Quinting 的成本相对其他手表的制作就高很多，这也是 Quinting 产量小的一个重要原因。

创立时间:
1993年

员工数量:
10人

年产量:
不详

电话:
+41 22 718 78 00

传真:
+41 22 718 78 08

网址:
www.quinting-watches.com

销售方式:
不详

经典款式:
神秘计时系列，旋风系列，和平鸽系列等

价格区间:
不详

Quinting MoonLight手表

型号: Tech Moonlight
机芯: 专利透明机芯
功能: 时针，分针，月相
表壳: 不锈钢表壳，直径43.8毫米，防水深度50米
表带: 鳄鱼皮表带
参考价格: 未定价

和平鸽计时手表

型号: QSL51P
机芯: 专利透明机芯
功能: 时针，分针，小秒针，计时，日期显示
表壳: 不锈钢表壳，直径43.8毫米，防水50米
表带: 鳄鱼皮表带
参考价格: 未定价，限量192枚

Quinting艺术系列手表

型号: Koifish
机芯: 专利透明机芯
功能: 时针，分针
表壳: 不锈钢表壳，直径43.8毫米，防水50米
表带: 鳄鱼皮表带
参考价格: 未定价

R

雷达
Rado

RADO 瑞士雷达表于 1957 年诞生，瑞士雷达表的设计主要表现在高科技材质与科技上不断地突破革新。

1962 年，瑞士雷达表率先推出不易磨损手表——DiaStar 钻星系列，以钨钛合金材质震惊业界。1986 年瑞士雷达表推出 Integrtal 精密陶瓷系列手表，将高科技陶瓷引入制表业。1990 年，通体高科技陶瓷手表 Ceramica 整体陶瓷系列诞生。此后，瑞士雷达表不断从美学和技术上摆脱传统制表局限。2004 年，瑞士雷达表创造出以坚硬著称的手表“V10K”系列，拥有可与天然钻石媲美的10000 维氏硬度。

2011 年，D-Star 帝星系列手表采用融合高科技陶瓷与碳化钛，金属合金的 Ceramos· 炭化钛金属陶瓷，开启高科技材质新页；True Thinline 真薄系列以最薄不到 5 毫米的厚度成为世界超薄的高科技陶瓷手表，展现了高科技陶瓷的轻盈，与第二层肌肤一般的触感。

2012 年，雷达在自己所擅长的领域——包括手表的结构、材质以及设计方面又带给消费者很多创新。

结构方面，HyperChrome 系列手表的表壳采用一体成型的高科技陶瓷制作，从侧面嵌入金属材质作为装饰，一反传统的以金属作为结构主体以陶瓷作为装饰的旧套路。

材质方面，推出了新型的以氮化硅为基础的高科技陶瓷，取代传统的以氧化锆为基础的高科技陶瓷，前者比后者更轻也更硬。个别款式还对高科技陶瓷进行了特殊的镀层处理，使之具有靓丽的色

创立时间:
1957 年

员工人数:
不详

年产量:
不详

电话:
021 2412 5313(上海)
010 65239125 (北京)

传真:
北京:010-5763 3050
上海:021-24125015

网址:
www.rado.com

销售方式:
专营店

经典款式:
Sintra银钻系列， True Thinline真薄系列，D-STAR帝星系列

价格区间:
平均售价约25000元

彩以及贵金属般的效果，且不易磨损和褪色。不同颜色、不同材质的混搭也是雷达表今年的一大特色。

在设计方面，简约仍旧是雷达的主题，但也补充了一些“相对经典”的表款。例如 HyperChrome 系列的设计取材自雷达表早期的 Horse 系列和 DiaStar 系列，它带有长剑形指针和精确到秒的刻度。

雷达今年的全新款是一款来自于未来的概念表，即融合了创新的结构、材质和设计于一身的 R-ONE。它的表壳是由整块高科技陶瓷打磨而成，不规则形状的蓝宝石表镜也是整体切割而成，两种粉末结合在一起经过特殊工艺处理形成了表镜上的蓝色线条，在夜晚呈现出蓝色夜光效果，充满了科幻的感觉。手表侧面的设计灵感来自于超级跑车，所以表耳部分带有中空的构造，在市面上绝无仅有。

RADO 瑞士雷达表在设计上的成就有目共睹。凭借前瞻设计和创新材质赢得 30 余项国际设计奖项，包括世界四大设计大奖“Reddot 红点设计大奖”，“iF 设计大奖”，“G-Mark 设计大奖”和“IDEA 设计大奖”。2009 年，瑞士雷达表与知名英国工业设计大师 Jasper Morrison 合作推出全新 r5·5 系列手表。

继 2010 年 8 月，亚洲著名艺人刘若英正式成为 RADO 瑞士雷达表首位全球形象代言人，2012 年 6 月，瑞士表宣布 2012 年伦敦奥运网球男单金牌得主、2012 年美国网球公开赛冠军，英国网球选手安迪 · 穆雷（Andy Murray）加入全球形象代言人阵容。

RADO 瑞士雷达表新品 HyperChrome 系列迪拜全球首发现场

R

HyperChrome 自动机械款手表

型号：580.0257.3.001
机芯：ETA 2681自动机芯，38小时动力储存
功能：时针，分针，秒针，3点钟日历显示
表壳：白色抛光高科技陶瓷表壳，36 毫米x 42.4毫米x 10.4毫米
表带：3排白色抛光高科技陶瓷，钛金属三折安全表扣与白色陶瓷按钮
参考价格：24100元

R-One自动机械计时手表 - 黑色高科技陶瓷 特大号 - Dial 015 (Version 115)

型号：652.0251.3.115
机芯：ETA 2094计时机芯
功能：时针，分针，小秒针，计时功能，日历
表壳：黑色高科技陶瓷表壳，34.6毫米 x 48.5毫米x 12.4毫米
表带：钛金属三重安全表扣
参考价格：120700元

CERAMICA整体陶瓷系列手表

型号：193.0854.3.015
机芯：多功能机芯
功能：时针，分针
表壳：高科技陶瓷表壳，黑哑光色
表带：高科技陶瓷表带
参考价格：18200元

CERAMICA整体陶瓷系列手表

型号：538.0714.3.017
机芯：石英机芯
功能：时针，分针，秒针，计时功能
表壳：高科技陶瓷表壳，蓝宝石水晶表镜
表带：高科技陶瓷黑色表带
参考价格：24800元

INTEGRAL精密陶瓷系列手表

型号：160.0785.3.175
机芯：石英机芯
功能：时针，分针
表壳：不锈钢表壳，蓝宝石水晶表镜
表带：高科技陶瓷，不锈钢表带
参考价格：21500元

INTEGRAL精密陶瓷系列手表

型号：160.0791.3.190
机芯：石英机芯
功能：时针，分针
表壳：黄色PVD不锈钢表壳，蓝宝石水晶表镜
表带：高科技陶瓷，不锈钢表带
参考价格：18900元

D-STAR 200帝星 200系列 自动机械款手表

型号：658.0959.3.010
机芯：ETA 2824-2 自动上弦机芯
功能： 时针，分针，秒针，日期显示
表壳：抛光不锈钢，42毫米 x 46 毫米x 12.5毫米
表带：3 排实心不锈钢，抛光拉丝钛金属，三折安全表扣
参考价格：15000元

D-STAR 200帝星 200系列 自动机械计时款手表

型号：604.0965.3.215
机芯：ETA A05.H31自动计时机芯
功能：时针，分针，小秒针，30分钟计时，日历显示
表壳：抛光不锈钢表壳，44 毫米x 48.2 毫米x 15.7 毫米
表带：3 排实心不锈钢，中间以黑色高科技陶瓷扣接钛金属三折安全表扣
参考价格：26200元

HyperChrome 自动机械计时款手表

型号：650.0275.3.015
机芯：ETA 2894-2计时机芯
功能：时针，分针，小秒针，计时，日历
表壳：黑色抛光高科技陶瓷表壳，45 毫米x 51 毫米x 13毫米
表带：3排黑色抛光高科技陶瓷，钛金属三折安全表扣与黑色陶瓷按钮
参考价格：34300元

D-STAR 帝星系列 黑色高科技陶瓷自动手表

型号：658.0609.3.017
机芯：ETA 2824-2 自动机芯
功能：时针，分针，秒针，6点钟日历显示
表壳：黑色高科技陶瓷表壳
表带：3 排式黑色高科技陶瓷表节，钛金属3折叠式表扣带黑色高科技陶瓷扣钮
参考价格： 19000元

D-STAR 系列 白色高科技陶瓷自动手表

型号：658.0964.3.001
机芯：ETA 2824-2 自动机芯
功能：时针，分针，秒针，6点钟日历显示
表壳：白色高科技陶瓷表壳
表带：3 排式白色高科技陶瓷表节，钛金属3折叠式表扣带白色高科技陶瓷扣钮
参考价格：20500元

HperChrome自动机械手表 玫瑰金色Ceramos碳化钛金属陶瓷

型号：658.0980.3.010
机芯：自动机械机芯
功能：时针，分针，秒针，日历
表壳：镀膜不锈钢 ，Ceramos·炭化钛金属陶瓷表圈
表带：镀膜不锈钢
参考价格：19700 元

R

HperChrome自动机械手表
金色Ceramos炭化钛金属陶瓷

型号：658.0979.3.010
机芯：自动机械机芯
功能：时针，分针，秒针，日历
表壳：镀膜不锈钢 ，Ceramos·炭化钛金属陶瓷表圈
表带：镀膜不锈钢
参考价格：19700 元

Sintra银钻系列手表
黑色高科技陶瓷款

型号：538.0477.3.019
机芯：计时机芯
功能：时针，分针，小秒针，计时
表壳：高科技陶瓷
表带：高科技陶瓷
参考价格：28100 元

Sintra银钻系列手表
白色高科技陶瓷款

型号：318.0730.3.001
机芯：石英机芯
功能：时针，分针，秒针
表壳：高科技陶瓷
表带：高科技陶瓷
参考价格：19100元

True Thinline真薄系列手表
陶瓷表带款 黑色

型号：629.0969.3.015
机芯：自动机械机芯
功能：时针，分针
表壳：高科技陶瓷
表带：高科技陶瓷
参考价格：18100 元

True Thinline真薄系列
手表陶瓷表带款 白色

型号：629.0970.3.010
机芯：自动机械机芯
功能：时针，分针
表壳：高科技陶瓷
表带：高科技陶瓷
参考价格：18100元

True Thinline真薄系列
真钻手表陶瓷表带款 镶钻

型号：140.0957.3.070
机芯：超薄石英机芯
功能：时针，分针
表壳：高科技陶瓷
表带：高科技陶瓷
参考价格：27300元

Richard Mille

Richard Mille 于 2001 年推出第一款手表，并在高科技航空学和赛车工业研发领域中汲取灵感，诸多新材料如碳纳米纤维、Alusic（铝 AS7G 硅炭）、铝-锂合金、Anticorodal（铝基硅镁合金）和 Phynox（钴铬镍合金），均是凭借 Richard Mille 手表成功引入钟表制造领域。这些新材料的选择，并不是出于某些短暂流行的视觉概念噱头，而是因为它们确实为钟表制造带来切实清晰、改进的功效。

与传统钟表业内部精创专业技艺的制作方法不同，Richard Mille 秉承定制式哲学，向瑞士精英的钟表作坊定制其专属配件。Richard Mille 有三大哲学：勇闯前沿，创新技术；强大的艺术和结构层面；便于使用且坚固耐用的手表设计，同时不失精巧。每一枚手表均是纯手工修饰，每一种机件均是依照特定的工程和设计标准来制作，充分兼合，彼此兼顾。这样一来，Richard Mille 的手表中就没有标准零部件。这体现在仅制作一枚机芯所需要的数百枚机件的生产所历经的 20000 多道机械工序。即便是特制的微型钛合金螺丝，在经过 Richard Mille 认可之前，也须历经二十道工序。

Richard Mille 的工坊里所采用的研发过程均是为生产高科技手表而设。机芯的要素，即擒纵机构、运转轮系和发条盒均已经过特别研制和测试，以确保最佳的抗振和抗热性能。由 Richard Mille 研发的一种快速旋转游丝发条盒，可以保证机芯电源的平稳德耳塔曲线响应。

如果非要用一句话形容 Richard Mille 今年的产品的话，我只能说"看了晚上做噩梦"。世界上没有一个制表品牌能够像 Richard Mille 这样年年给人带来惊喜，一个高潮之后，紧接着又是一个高潮，你永远不知道前面还有什么刺激在等着你。

创立时间：
2001年

员工数量：
不详

年产量:
2500枚

电话:
00852 2528 1669

传真:
00852 2528 6199

网址:
www.richardmille.com

销售方式:
零售,批发

经典款式：
RM007, RM008, RM010, RM011

价格区间:
30万元 ~1000万元

R

Richard Mille RM 057 成龙盘龙陀飞轮手表

型号：RM057
机芯：手动上弦陀飞轮机芯,动力储存约48小时
功能：时针，分针
表壳：尺寸50毫米 x 42.7毫米 x 14.55 毫米
表带：皮革或鳄鱼皮
参考价格：估价400万元起

Richard Mille RM037 手表

型号：RM037
机芯：CRMA1 机芯，动力储存约50小时
功能：时针，分针，日期
表壳：钛合金，红金或白金表壳，尺寸 52.2毫米x 34.4 毫米x 12.5毫米
表带：皮革, 鳄鱼皮或橡胶
参考价格：估价60万元起

RM051凤凰–杨紫琼陀飞轮手表

型号：RM051
机芯：RM051手动上弦机芯
功能：时针，分针，陀飞轮
表壳：不锈钢，尺寸48毫米x39.7毫米x12.8毫米
表带：皮质
参考价格：400万元起（限量18枚）

Richard Mille RM 056 Felipe Massa陀飞轮双秒追针竞赛计时表

型号：RM056
机芯：RMCC1 手动上弦陀飞轮机芯
功能：时针，分针，双秒追针计时
表壳：表圈，表环和表壳底盖采用切割成块的蓝宝石直接打造而成
表带：特别合成橡胶物料
参考价格：估价1200万元起

Richard Mille RM 055 巴巴沃森手表

型号：RM055
机芯：RMUL2手动上弦机芯, 动力储存约55小时
功能：时针，分针，秒针
表壳：白色钛金属表壳，49 9毫米x42.7毫米x 13.05毫米
表带：特别合成橡胶物料
参考价格：估计70万元起

Richard Mille RM 010 Sparkle Roll特别版

型号：RM010
机芯：RMAS7自动上弦机芯, 动力储存约55小时
功能：时针，分针，秒针，日期
表壳：钛合金
表带：鳄鱼皮
参考价格：50万元起，限量15枚

Richard Mille RM031 高性能手表

型号： RM031
机芯： 手动上弦机芯，动力储存约50小时
功能： 时针，分针，秒针
表壳： 铂金表壳，直径 50毫米x13.9 毫米，50 米防水
表带： 特别合成橡胶物料
参考价格： 估价700万元起
其他款式： 限量发行铂金款10枚

Richard Mille RM039 航空E6-B 陀飞轮手表

型号： RM039
机芯： 手动上弦陀飞轮机芯，动力储存约70小时
功能： 时针，分针，秒针，协调世界时，日期，飞返计时，倒计时
表壳： 钛合金表壳，直径50毫米x17.8毫米，带E6-B计算尺的双向表圈
表带： 橡胶
参考价格： 待定，限量发行钛合金款30枚

超平自动上弦手表

型号： RM033
机芯： 镂空自动上弦机芯
功能： 时针，分针
表壳： 钛合金表壳，尺寸45.7毫米x6.3毫米
表带： 合成橡胶
参考价格： 70万元起

Richard Mille RM 050 Felipe Massa 陀飞轮双秒追针竞赛计时表

型号： RM050
机芯： 手动上弦陀飞轮机芯，动力储存约 70 小时
功能： 时针，分针，双秒追针计时
表壳： 碳纳米管表壳，尺寸 50毫米x42.7 毫米x 16.30毫米
表带： 皮革或鳄鱼皮
参考价格： 估价600万元起

Richard Mille RM 052 颅骨陀飞轮手表

型号： RM052
机芯： 手动上弦陀飞轮机芯，动力储存约48小时
功能： 时针，分针
表壳： 钛合金，红金，白金表壳
表带： 皮革或鳄鱼皮
参考价格： 估价400万元起

Richard Mille RM 053 Pablo Mac Donough马球陀飞轮手表

型号： RM053
机芯： 手动上弦陀飞轮机芯，动力储存约48小时
功能： 时针，分针
表壳： 钛合金表壳，尺寸42.7毫米x50毫米x 15.95 毫米
表带： 合成橡胶物料
参考价格： 估价400万元起

R

拉夫劳伦
Ralph Lauren

拉夫劳伦（Ralph Lauren）和历峰集团于2008年宣布拉夫劳伦（Ralph Lauren）钟表和珠宝公司于瑞士日内瓦正式成立。拉夫劳伦（Ralph Lauren）手表系列都以白金、玫瑰金、铂金或不锈钢金制成，每一款手表均采用由伯爵、积家以及万国专为 Ralph Lauren 手表而订制的机械机芯，代表了瑞士制造的精湛技艺和品质。

从踏入高级制表界的第一天起，Ralph Lauren 就表现出了足够的诚意，其3大手表系列——Stirrup、Slim Classique 和 Sporting Collection，无论从表的设计，制作的工艺，还是机芯的选取上，都达到了相当高的水平，和品牌本身的文化气质有机结合。今年，Ralph Lauren 又在表款的装饰细节上进行了深化，新推出的 slim classique 867 系列手表是以品牌位于麦迪逊大道 867 号历史悠久的纽约旗舰店命名的，设计上改变了表圈的风格，重现了 20 世纪 20 年代纽约上流社会的高雅风范和气派。

创立时间：
2008年

员工数量：
40

年产量：
不详

电话：
021 6329 3623

传真：
021 6329 9339

网址：
www.ralphlaurenwatches.com

销售方式：
精选的Ralph Lauren 专卖店和高档独立钟表零售店

经典款式：
Ralph Lauren Slim Classique 系列，Ralph Lauren Stirrup 系列，Ralph Lauren Sporting 系列

价格区间：
19300元~1597000元

Slim Classique 系列型号867白金款

型号：RLR0132703
机芯：RL430手动上弦机芯
功能：时针，分针
表壳：18K白金抛光单排钻石黑色树脂表框，尺寸27.5毫米 x 27.5 毫米
表带：黑色鳄鱼皮表带，18K白金抛光针式表扣
参考价格：145000元

Slim Classique 系列型号867白金款

型号：RLR0132702
机芯：RL430机芯，动力储存约40 小时
功能：时针，分针
表壳：18K白金抛光双行钻石，尺寸27.5毫米 x 27.5毫米
表带：黑色鳄鱼皮表带，18K白金抛光针式表扣
参考价格：157000元

Slim Classique 系列型号867

型号：RLR0141700
机芯：RL430机芯，动力储存约40 小时
功能：时针，分针
表壳：18K玫瑰金抛光，尺寸32毫米 x 32毫米
表带：黑色鳄鱼皮表带，黑色皮革衬里，18K玫瑰金抛光针式表扣
参考价格：136000元

Sporting系列Automotive 款式

型号: RLR0220000
机芯: RL98295机芯，动力储存约45小时
功能: 时针，分针，小秒盘
表壳: 不锈钢，抛光，磨砂，直径44.8毫米
表带: 三行不锈钢表链，三层折叠式不锈钢磨砂表扣
参考价格: 113000元

Sporting系列计时表，黑色哑光陶瓷

型号: RLR0236800
机芯: RL750机芯，动力储存约48小时
功能: 时针，分针，小秒盘，计时，日期
表壳: 黑色哑光陶瓷，直径44.8毫米
表带: 黑色哑光陶瓷和红色橡胶表链，三层折叠式表扣
参考价格: 56800元

Sporting系列计时表Safari RL 67

型号: RLR0230900
机芯: RL751/1机芯，动力储存约65小时
功能: 时针，分针，小秒盘，计时，日期
表壳: 磨砂不锈钢，青铜修饰，直径44.8毫米
表带: 橄榄绿色风化帆布表带，不锈钢，磨砂针式表扣
参考价格: 61000元

Stirrup 系列中型，钢 ，黑色表盘

型号: RLR0020701
机芯: RL514机芯，动力储存约40小时
功能: 时针，分针，秒针
表壳: 不锈钢，抛光，尺寸32.4毫米 x 34.3毫米
表带: 黑色小牛皮表带，不锈钢抛光针式表扣
参考价格: 41300元

Stirrup 系列小链节型号，玫瑰金款

型号: RLR0011100
机芯: RL430机芯，动力储存约40小时
功能: 时针，分针
表壳: 18K 玫瑰金，抛光，尺寸27.7毫米 x 29.3毫米
表带: 18K玫瑰金表链，抛光，搭配18K 玫瑰金传统珠宝按扣和安全装置
参考价格: 213000元

Stirrup系列大型钢表

型号: RLR0030701
机芯: RL750机芯，动力储存约48小时
功能: 时针，分针，小秒盘，计时
表壳: 不锈钢，抛光，尺寸36.6毫米 x 38.5毫米
表带: 白色小牛皮表带，不锈钢抛光针式表扣
参考价格: 51400元
其他款式: RLR0030700

R

浪驰
Ranceas

瑞士浪驰表(Ranceas)拥有超过150年的制表历史，为瑞士钟表知名品牌之一。品牌由制表大师Ashtyn Ranceas于1861年在德国格拉苏蒂(Glashütte)创立，并在1945年迁入瑞士巴塞尔(Basel)生产。品牌用盾牌作为品牌Logo，是品牌长期为德国军方服务的象征，以耐用的品质和朴实的军用风格而闻名于钟表界，并坚持以家族形式经营，是德国严谨的制表精神和瑞士传统的制表工艺相结合的结晶。瑞士浪驰表一直以家族形式运营，家族传承保证了品牌发展的连贯性和产品的高品质。目前总部设立在瑞士巴塞尔，公司总裁Alessandro Ranceas是创立人Ashtyn Ranceas的玄孙。

第一次世界大战令欧洲各国军方意识到“免手提”计时工具的重要性，浪驰根据德国军方要求开始发展手表业务。1945年，由于受到第二次世界大战的影响，公司搬迁至瑞士巴塞尔(Basel)。2006年，浪驰设立亚洲分公司，开始拓展亚洲市场。

创立时间：
1885年

员工数量：
大于50人

年产量:
15万

电话:
021 63230695

传真:
021 63230695

网址:
www.ranceas.ch

销售方式:
百货商场

经典款式：
潜水系列，蔚蓝系列

价格区间:
请与代理商洽谈

Ranceas 瑞士浪驰表 潜水系列

型号： GJ801C
机芯： ETA2836机芯
功能： 时针，分针，秒针，日历
表壳： 316L不锈钢，100米生活防水
表带： PVD真空离子电镀IPG 2N18，316L不锈钢单按龟贝扣
参考价格： 6800元

Ranceas 瑞士浪驰表 星空系列

型号： GS802D
机芯： ETA2836 机芯
功能： 时针，分针，秒针，日历
表壳： 316L不锈钢，50米生活防水
表带： 间IP玫瑰金，316L不锈钢双按蝴蝶扣，表带长188毫米
参考价格： 7200元

Ranceas 瑞士浪驰表 蔚蓝系列

型号： GS803T
机芯： ETA2836 机芯
功能： 时针，分针，秒针，日历
表壳： 316L不锈钢，50米生活防水
表带： 原钢色，316L不锈钢双按蝴蝶扣，表带长190毫米
参考价格： 7600元

Ranceas 瑞士浪驰表 蔚蓝系列

型号：GR803T
机芯：ETA2836 机芯
功能：时针，分针，秒针，日历
表壳：316L不锈钢，50米生活防水
表带：间电IP玫瑰金色表带，316L不锈钢双按蝴蝶扣，表带长190毫米
参考价格：7600元

Ranceas 瑞士浪驰表 蔚蓝系列

型号：LS703T
机芯：瑞士石英机芯
功能：时针，分针，秒针，日历
表壳：316L不锈钢，50米生活防水
表带：原钢色，316L不锈钢双按蝴蝶扣，表带长167毫米
参考价格：5600元

Ranceas 瑞士浪驰表 蔚蓝系列

型号：LR703T
机芯：瑞士石英机芯
功能：时针，分针，秒针，日历
表壳：316L不锈钢，50米生活防水
表带：间电IP玫瑰金色表带，316L不锈钢双按蝴蝶扣，表带长167毫米
参考价格：5600元

Ranceas 瑞士浪驰表 典雅系列

型号：GS804
机芯：ETA2824 机芯
功能：时针，分针，秒针，日历
表壳：优质316L不锈钢，50米生活防水
表带：原钢色，316L不锈钢双按蝴蝶扣，表带长195毫米
参考价格：6600元

Ranceas 瑞士浪驰表 典雅系列

型号：GJ804
机芯：ETA2824 机芯
功能：时针，分针，秒针，日历
表壳：316L不锈钢，50米生活防水
表带：间IPG金色表带，316L不锈钢双按蝴蝶扣，表带长195毫米
参考价格：6600元

Ranceas 瑞士浪驰表 银河系列

型号：GS705
机芯：ISA1198 机芯
功能：时针，分针，秒针，星期，日历
表壳：316L不锈钢，50米生活防水
表带：原钢色，316L不锈钢双按蝴蝶扣，表带长197毫米
参考价格：3800元

R

蕾蒙威
Raymond Weil

1976 年年初，蕾蒙威先生在制表行业危机中创立了自己的品牌。1982 年，蕾蒙威之婿 Olivier Bernheim 加盟公司，并于 1996 年出任董事长和首席执行官。在他的带领下，蕾蒙威这家瑞士制表公司走向了国际市场，同时又保留了家族企业的特性。1999 年，公司设立研发部门，开始书写蕾蒙威自我创新的篇章。

2006 年，公司迎来 30 周年庆典，第三代传人 ElieBernheim 和 Pierre Bernheim 也正式加入领导团队。

音乐和艺术向来是蕾蒙威的核心价值。这位瑞士制表商化身交响乐团指挥，推出以最著名歌剧命名的产品系列，举办大型摄影比赛，设立“蕾蒙威国际摄影奖”，并经常资助艺术家的各种活动。2011 年与 2012 年度的广告宣传片，拍摄于具有传奇色彩的“日内瓦维多利亚音乐大厅”，传达了品牌对音乐与艺术的热爱，全新广告宣传语“精度是灵感之源”也巧妙地将音乐同奢华制表紧密相连。

传承了三代的瑞士独立制表家族企业雷蒙威以特有的人文色彩、家族传统和出色的业绩在竞争激烈的制表业独树一帜，以其精湛的工艺、创新的态度，对每一款作品倾心倾力。2012 年，巴塞尔钟表展上，雷蒙威发布 40 余款全新手表，其经典大师、自由骑士、帕西弗、香槟城以及佳茗等系列均有新款推出。

创立时间：
1976年

员工人数：
不详

年产量：
不详

电话：
+41 22 884 0055

传真：
+41 22 884 0050

网址：
www.raymond-weil.com

销售方式：
经销

经典款式：
经典大师系列，佳茗系列，自由骑士系列，娜美亚系列，帕西弗系列

价格区间：
12000元~50000元

自由骑士阳光俪人手表

型号： 2410-STS-97981
机芯： RW 2000 自动上弦机芯
功能： 时针，分针，秒针
表壳： 不锈钢表壳，直径29毫米，防水100米
表带： 不锈钢表带，折叠扣
参考价格： 25100元

经典大师玫瑰金小三针手表

型号： 2838-PC5-00209
机芯： RW 4250 自动上弦机芯
功能： 时针，分针，秒针，日历
表壳： 镀玫瑰金不锈钢表壳，直径39.5毫米，防水50米
表带： 棕色鳄鱼压纹牛皮表带，针扣
参考价格： 15500元

经典大师女士手表

型号： 2827-LS6-00966
机芯： RW 4200 自动上弦机芯，26颗红宝石
功能： 时针，分针，秒针，可视摆轮
表壳： 不锈钢表壳，直径39.5毫米，镶钻74颗，珍珠母贝表盘，镶钻6颗，防水50米
表带： 鳄鱼皮表带，针扣
参考价格： 店洽

经典大师大三针手表

型号： 2837-STC-00308
机芯： SW200自动机芯
功能： 时针，分针，秒针，日历显示
表壳： 不锈钢，39.5毫米，防水50米
表带： 鳄鱼压纹牛皮表带
参考价格： 12300元

经典大师大三针手表

型号： 2837-STC-05659
机芯： SW200自动机芯
功能： 时针，分针，秒针，日历显示
表壳： 不锈钢，39.5毫米，防水50米
表带： 鳄鱼压纹牛皮表带
参考价格： 12300元

经典大师大三针手表

型号： 2838-STC-00659
机芯： SW200自动机芯
功能： 时针，分针，秒针，日历显示
表壳： 不锈钢，39.5毫米，防水50米
表带： 鳄鱼压纹牛皮表带
参考价格： 13900元

R

经典大师月相手表

型号：2839－STC－00209
机芯：RW 4500 自动上弦机芯
功能：时针，分针，秒针，月相，日历
表壳：不锈钢表壳，直径39.5毫米，防水50米
表带：黑色鳄鱼压纹牛皮表带，针扣
参考价格：23000元

经典大师Quantieme A Aiguille手表

型号：2846－STC－00659
机芯：RW 4800 自动上弦机芯
功能：时针，分针，秒针，日历
表壳：不锈钢表壳，41.5毫米，防水50米
表带：棕色鳄鱼压纹牛皮表带，针扣
参考价格：21480元

香槟城43毫米 Intenso手表

型号：7700－TIR－00207
机芯：RW 5010 自动上弦机芯
功能：时针，分针，秒针，日历，计时
表壳：不锈钢钛金属表壳，直径43毫米，防水200米
表带：黑色鳄鱼压纹橡胶表带，折叠扣
参考价格：44380元

自由骑士都会炫黑手表

型号：7730－BK－05207
机芯：RW 5000 自动上弦机芯
功能：时针，分针，秒针，星期日历，计时
表壳：不锈钢黑色PVD电镀表壳，直径42毫米，防水100米
表带：牛皮表带，折叠扣
参考价格：28800元

自由骑士玫瑰时光计时表

型号：7730-STC-65025
机芯：RW 5000 自动上弦机芯
功能：时针，分针，秒针，计时，星期日历显示
表壳：不锈钢表壳，直径42毫米，防水100米
表带：棕色牛皮表带，折叠扣
参考价格：27700元

香槟城Cuore Vivo手表

型号：7830-TIR-05207
机芯：RW 5400 自动上弦机芯
功能：时针，分针，秒针，计时
表壳：不锈钢钛金属表壳，直径46毫米，防水200米
表带：黑色鳄鱼压纹橡胶表带，折叠扣
参考价格：52450元

经典大师Semainier月相表

型号： 2859-STC-00659
机芯： RW 3600自动机芯
功能： 时针，分针，秒针，日历，星期，周历，月份，月相显示
表壳： 不锈钢，直径41毫米，防水100米
表带： 鳄鱼压纹牛皮表带
参考价格： 37700元

帕西弗系列手表

型号： 2965-SG5-00658
机芯： RW4010自动机芯
功能： 时针，分针，秒针，星期，日历显示
表壳： 18K玫瑰金，不锈钢，直径39毫米，防水100米
表带： 18K玫瑰金，不锈钢
参考价格： 33200元

帕西弗系列手表

型号： 2970-SG5-00208
机芯： RW4200自动机芯
功能： 时针，分针，秒针，日历显示
表壳： 18K玫瑰金，不锈钢，直径39毫米，防水100米
表带： 18K玫瑰金，不锈钢
参考价格： 28800元

经典大师计时表

型号： 7737-PC5-00659
机芯： RW5000自动机芯
功能： 时针，分针，秒针，日历显示，计时
表壳： 镀玫瑰金不锈钢，直径41.5毫米，防水50米
表带： 鳄鱼皮表带
参考价格： 26800元

香槟城Inverso手表

型号： 7800-TIR-00207
机芯： RW5010自动机芯
功能： 时针，分针，秒针，日历显示，计时
表壳： 钛，不锈钢，直径46毫米，防水200米
表带： 鳄鱼压纹橡胶表带
参考价格： 45900元

帕西弗系列手表

型号： 9460-SG5-00208
机芯： 石英机芯
功能： 时针，分针，日历显示
表壳： 18K玫瑰金，不锈钢，直径28毫米，防水100米
表带： 18K玫瑰金，不锈钢
参考价格： 21200元

R

罗杰杜彼芳草地店

罗杰杜彼
Roger Dubuis

罗杰杜彼创立于1995年，以卓越工艺及创意技术为重，拥有自制机芯的技术背景，品牌创立者钟表大师罗杰杜彼（Roger Dubuis）先生擅长研发复杂机芯，曾效力于百达翡丽达14年之久。1980年，自立门户创立制表工作坊，受不少著名品牌委托研发复杂手表机芯，1995年，他与Carlos Dias合作创办罗杰杜彼（Roger Dubuis）品牌。2003年，罗杰杜彼（Roger Dubuis）成功自制摆轮及游丝，正式晋身独立经营制表厂之列。2007年，SIHH表展中罗杰杜彼（Roger Dubuis）一次展出28款自制机芯，展现了品牌的技术成就。2008年8月加入历峰集团后，继续以罗杰杜彼（Roger Dubuis）品牌名义独立运作，全力拓展手表制作分销业务；而RICHEMONT集团也通过资源及推广服务网络共享策略，全力支持罗杰杜彼（Roger Dubuis）表厂的发展。

罗杰杜彼今年产品主推4个系列："冒险家（Pulsion）"、"勇士（Excalibur）"、"玩家（La Monegasque）"和"绝世名伶（Velvet）"。

四个系列中，"勇士"问世的时间最长，经过重新定位后，显得比昔日更加锋利，尤其是下方的这款黑色钛合金的镂空双陀飞轮。"玩家"继续扮演其摩纳哥赌场赌神的角色，增加一款大日历陀飞轮表。另外两个系列是今年新推出的，风格跨度超过了品牌以往的任何一款作品。"冒险家"全部为钛合金表壳的运动款表，配黑色橡胶表带。"绝世名伶（Velvet）"走的是行业内鲜有人尝试的妖艳路线，表圈、表耳、表盘和时标的设计都颠覆了传统，令人想起了"龙文身的女孩"。另外值得一提的是，罗杰杜彼也在新机芯中采用了日内瓦印记新标准。

R

创立时间:
1995年

员工数量:
不详

年产量:
5000枚

电话:
021 33950818

传真:
021 33950838

网址:
www.rogerdubuis.com

销售方式:
直销，经销商

经典款式:
Excalibur王者系列，La Monégasque蒙特卡罗系列，Pulsion冒险家系列，Velvet名伶系列

价格区间:
94000元~4797000元

罗杰杜彼四大系列主题图片

R

La Monégasque玫瑰金计时表

型号： DBMG0003
机芯： RD680自动上弦机芯，摆频28800次/小时，动力储存48小时
功能： 时针，分针，30分钟计时
表壳： 玫瑰金表壳，防水50米
表带： 黑色鳄鱼皮表带配玫瑰金针扣
参考价格： 289000元，限量128枚

Excalibur女装自动表

型号： DBEX0275
机芯： 自动上弦机芯，动力储存48小时
功能： 时针，分针，小秒针
表壳： 玫瑰金表壳，直径36毫米，三段式表耳，坑纹表圈，防水30米
表带： 灰色缎质表带 玫瑰金折叠扣
参考价格： 195000元

Excalibur女士手表 玫瑰金镶紫水晶款

型号： DBEX0276
机芯： RD821自动上弦机芯，动力储存48小时
功能： 时针，分针，小秒针
表壳： 玫瑰金表圈镶嵌48枚长方形紫水晶，直径36毫米，防水30米
表带： 紫色缎质表带配玫瑰金折叠式表扣
参考价格： 312000元

Excalibur 42 手表

型号： DBEX0348
机芯： RD622自动上弦机芯，动力储存52小时
功能： 时针，分针
表壳： 玫瑰金表壳，珍珠母贝表盘，直径42毫米，防水30米
表带： 黑色鳄鱼皮表带配玫瑰金折叠式表扣
参考价格： 206000元，限量188枚

Excalibur 42 自动上弦白金手表 缟玛瑙表盘

型号： DBEX0350
机芯： RD622自动上弦机芯，动力储存52小时
功能： 时针，分针
表壳： 不锈钢表壳，直径42毫米
表带： 黑色鳄鱼皮表带配白金可调节折叠式表扣
参考价格： 206000元，限量188枚

Excalibur 45 手动上弦双陀飞轮手表

型号： DBEX0249
机芯： RD01机芯
功能： 时针，逆跳分针，双飞行陀飞轮
表壳： 玫瑰金表壳，直径45毫米
表带： 棕色鳄鱼皮表带
参考价格： 1867000元，限量28枚

R

Excalibur 45 手动上弦镂空双陀飞轮手表

型号： DBEX0298
机芯： RD01SQ镂空双飞行陀飞轮机芯
功能： 时针，分针，双陀飞轮
表壳： 玫瑰金表壳 ，直径45毫米，镶嵌408颗方形切割钻石（19.99克拉）
表带： 黑色鳄鱼皮表带配玫瑰金可调节折叠式镶钻表扣
参考价格： 4288000元，限量8枚

Velvet 36毫米白金镶钻手表

型号： DBVE0007
机芯： 自动上弦 RD821机芯
功能： 时针，分针
表壳： 白金表壳镶嵌100颗圆形切割钻石，防水深度30米
表带： 黑色缎质表带配白金可调节折叠式镶钻表扣
参考价格： 262000元

Velvet 36毫米玫瑰金镶钻手表

型号： DBVE0006
机芯： 自动上弦 RD821机械机芯
功能： 时针，分针
表壳： 玫瑰金表壳, 镶嵌100颗圆型切割钻石，防水深度30米
表带： 米色缎质表带配玫瑰金可调节折叠式镶钻表扣
参考价格： 262000元

Pulsion玫瑰金计时表

型号： DBPU0003
机芯： RD680自动上弦机芯
功能： 时针，分针，小秒针，30分钟计时
表壳： 玫瑰金表壳，直径44毫米，防水深度100米
表带： 橡胶表带配玫瑰金可调节折叠式表扣
参考价格： 350000元

La Monégasque玩家系列手表

型号： DBMG0007
机芯： RD680自动上弦机芯 ，动力储存48小时
功能： 时针，分针，小秒针，30分钟计时
表壳： 玫瑰金表壳，有机贝壳表盘，防水50米
表带： 棕色切斯特菲尔德式鳄鱼皮表带配玫瑰金针扣
参考价格： 304000元，限量88枚

Excalibur王者系列自动上弦手表

型号： DBEX0354
机芯： RD620自动上弦机芯，动力储存52小时
功能： 时针，分针，小秒针
表壳： 不锈钢表壳，直径42毫米
表带： 黑色鳄鱼皮表带配不锈钢可调节折叠式表扣
参考价格： 101000元

Excalibur王者钛金属镂空双飞行陀飞轮手表

型号： RDDBEX0364
机芯： RD01SQ手动上弦机芯
功能： 时针，分针，双陀飞轮
表壳： 钛金属，直径45毫米
表带： 黑色鳄鱼皮表带
参考价格： 1750000元

Pulsion钛金属镂空陀飞轮手表

型号： RDDBPU0002
机芯： RD505SQ手动上弦机芯，动力储存60小时
功能： 时针，分针，陀飞轮
表壳： 钛金属，直径44毫米
表带： 黑色橡胶表带，搭钛金属或不锈钢折叠式表扣
参考价格： 894000元

绝世名伶钻石手表

型号： RDDBVE0002
机芯： RD821自动上弦机芯
功能： 时针，分针
表壳： 白金，全铺镶钻石，直径36毫米
表带： 白金，全铺镶钻石
参考价格： 855000元

绝世名伶系列高级珠宝玫瑰金手表

型号： RDDBVE0004
机芯： RD821自动上弦机芯
功能： 时针，分针
表壳： 玫瑰金，镶钻表圈，直径36毫米
表带： 玫瑰金镶钻
参考价格： 389000元

罗杰杜彼EX42 青金石手表

型号： RDDBEX0349
机芯： RD622自动上弦机芯
功能： 时针，分针
表壳： 白金，直径42毫米，青金石表盘，防水30米
表带： 黑色鳄鱼皮
参考价格： 206000元

EX42自动上弦珠宝手表

型号： RDDBEX0360
机芯： RD620自动上弦机芯
功能： 时针，分针，小秒针
表壳： 42毫米玫瑰金，表圈镶36颗钻石
表带： 紫色鳄鱼皮
参考价格： 295000元

罗马
Roamer

创立时间:
1888年

员工数量:
不详

年产量:
不详

电话:
+41 32 625 5111

传真:
+41 32 622 0903

网址:
www.roamer.ch

销售方式:
专营店，百货商场专柜

经典款式:
信心系列，黄貂鱼系列，五行太阳家族系列，R-Line系列

价格区间:
不详

2012 年，是罗马表的 125 年。从产品设计及工艺，到供应商及材料的选择，乃至生产和为客户服务等各个方面，瑞士罗马表的独特设计风格、经典创意以及精致选材和精细生产工艺等，无一不彰显出瑞士罗马表的尊崇和价值理念所在。每一只优质材料制成的瑞士罗马表在出厂时要经过多重程序的测试和检查，以确保其可靠的性能和无可挑剔的质量。125 年的不懈努力使瑞士罗马表追求的从容优雅，高贵奢华的生活态度一步步落实在每一个细节里。经过多年的努力，瑞士罗马表公司的市场策略、产品设计、系列及价格定位，以致分销政策及配套资源，目标全是为了客户的信赖及日后在世界中档表中奠定稳固的基础而发展，最终实现把瑞士罗马表带进一个新里程。

信心多功能自动系列

型号： 101359 41 45 01
机芯： 瑞士自动机械机芯
功能： 时针，分针，计时秒针，小秒盘，12小时累计盘，30分钟累计盘，日历
表壳： 不锈钢，直径44毫米，厚度19毫米，防水50米
表带： 不锈钢，蝴蝶状表扣
参考价格： 18900元

信心原创自动系列

型号： 101550 49 50 01
机芯： 瑞士自动机械机芯
功能： 时针，分针，秒针，日历显示
表壳： PVD真空离子电镀，直径39毫米，厚度12毫米，防水30米
表带： 优质真皮表带，蝴蝶状表扣
参考价格： 12830元

信心原创自动系列

型号： 101561 41 64 10
机芯： 瑞士自动机械机芯
功能： 时针，分针，秒针，日历显示
表壳： 不锈钢，直径39毫米，厚度11毫米，防水30米
表带： 不锈钢，蝴蝶状表扣
参考价格： 11280元

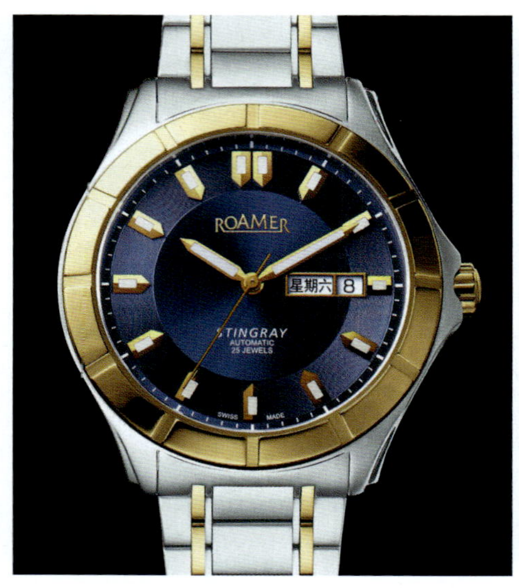

黄貂鱼自动系列

型号： 408637 47 45 40
机芯： 瑞士自动机械机芯
功能： 时针，分针，秒针，星期、日历显示
表壳： PVD真空离子电镀，直径42毫米，厚度11毫米，防水100米
表带： 不锈钢，PVD真空离子电镀，蝴蝶状表扣
参考价格： 7980元

黄貂鱼运动系列

型号： 409851 49 55 40
机芯： 瑞士优质石英机芯
功能： 时针，分针，日历，小秒盘，计时
表壳： PVD真空离子电镀，直径42毫米，厚度12毫米，防水100米
表带： PVD真空离子电镀，蝴蝶状表扣
参考价格： 6730元

黄貂鱼Ⅲ自动系列

型号： 413637 41 04 40
机芯： 瑞士自动机械机芯
功能： 时针，分针，秒针 日历显示
表壳： 不锈钢，直径42毫米，厚度12毫米，防水100米
表带： 不锈钢，蝴蝶状表扣
参考价格： 8550元

五行太阳家族系列之金星

型号： 932637 41 29 91
机芯： 瑞士自动机械机芯
功能： 时针，分针，秒针，星期、日历显示
表壳： 不锈钢，直径37毫米，厚度12毫米，防水100米
表带： 不锈钢，蝴蝶状表扣
参考价格： 8660元

五行太阳家族系列之木星

型号： 931637 47 54 90
机芯： 瑞士自动机械机芯
功能： 时针，分针，秒针，日历显示
表壳： PVD真空离子电镀，直径43毫米，厚度12毫米，防水100米
表带： 不锈钢，PVD真空离子电镀，蝴蝶状表扣
参考价格： 7680元

五行太阳家族系列之水星

型号： 933637 47 23 90
机芯： 瑞士自动机械机芯
功能： 时针，分针，秒针，星期、日历显示
表壳： PVD真空离子电镀，直径40毫米，厚度14毫米，防水100米
表带： 不锈钢，PVD真空离子电镀，蝴蝶状表扣
参考价格： 7880元

五行太阳家族系列之火星

型号： 943637 47 34 90
机芯： 瑞士自动机械机芯
功能： 时针，分针，秒针，星期、日历显示
表壳： PVD真空离子电镀，直径41毫米，厚度12毫米，防水100米
表带： 不锈钢，PVD真空离子电镀，蝴蝶状表扣
参考价格： 8630元

五行太阳家族系列之土星

型号： 941637 49 13 90
机芯： 瑞士自动机械机芯
功能： 时针，分针，秒针，星期、日历显示
表壳： 不锈钢，直径39毫米，厚度12毫米，防水100米
表带： 不锈钢，PVD真空离子电镀，蝴蝶状表扣
参考价格： 8380元

R-Line 石英系列

型号： 716849 47 24 70
机芯： 瑞士石英机芯
功能： 时针，分针，小秒盘，日历
表壳： 不锈钢，直径38毫米，厚度8毫米，防水50米
表带： 不锈钢, PVD真空离子电镀, 蝴蝶状表扣
参考价格： 4650元

R-Line 自动系列

型号： 717637 47 54 70
机芯： 瑞士自动机械机芯
功能： 时针，分针，秒针, 星期、日历显示
表壳： PVD真空离子电镀，直径39毫米，厚度12毫米，防水100米
表带： 不锈钢，PVD真空离子电镀，蝴蝶状表扣
参考价格： 8380元

R-Line 石英系列

型号： 716860 49 25 70
机芯： 瑞士石英机芯
功能： 时针，分针，秒针, 星期、日万显示
表壳： PVD真空离子电镀，直径40毫米，厚度10毫米，防水50米
表带： 不锈钢，PVD真空离子电镀，蝴蝶状表扣
参考价格： 3630元

蓝爵系列

型号： 507859 41 13 50
机芯： 瑞士石英机芯
功能： 时针，分针，秒针, 日历
表壳： 不锈钢，直径31毫米，厚度8毫米，防水50米
表带： 不锈钢，钨钢中珠，蝴蝶状表扣
参考价格： 3680元

R

Romain Jerome

创立时间:
2004年

员工数量:
20人

年产量:
3000枚以上

电话:
00852 3521 0990

传真:
00852 3521 0992

网址:
http://www.romainjerome.ch

销售方式:
品牌直营，经销

经典款式:
Moon Dust系列， Moon Invader系列，Steampunk系列，Space Invaders太空入侵者系列， Pac Man吃豆人系列，Liberty系列

价格区间:
98910港元~3069000港元

Romain Jerome 创立于 2004 年，创立之时因产品概念“传奇故事的 DNA”而很快在手表行业内获得声望。之所以称之为“传奇故事的 DNA”，是因为 Romain Jerome 的每块手表都融合了当今时代有影响力的传奇事件，采用独特且珍贵的材质，结合制表科技，让每一位顾客在戴表的同时感受到强烈共鸣，想象自己是事件的主角，随着时间的流逝感受传奇的发展。

Romain Jerome 在 2006 年推出 Titanic DNA 系列，泰坦尼克号是世界上的第一艘海洋巨轮，曾带领无数的英国人去追寻美国梦。 Titanic DNA 系列今年推出 Steampunk 100 周年纪念款，从深埋 3840 米海底的泰坦尼克残骸上取得锈化钢，经过防氧化处理，制成表圈，表面的镀钌桥梁经串珠喷砂或环形纹理处理，小秒针计时盘于 9 点钟方向呈现了当年泰坦尼克号的螺旋桨。每一款手表附上一份由 Harlan & Wolff 船厂颁发的证书证明其锈化钢来源的真实性。

品牌于 2008 年推出 Moon DNA 系列，纪念 1969 年阿波罗 11 号成功登陆月球，跨越人类航天历史的一大进步。 Moon DNA 系列的 Moon Dust 手表，表盘的矿物结构包含月球尘埃，模仿月亮表面星体碰撞的痕迹。表圈当中的碳纤维及钢包含阿波罗 11 号太空船的配件，每一块手表都附上太空探索者协会的证书，证明表盘的确是盛载着由阿波罗 11 号带回地球的月球尘埃。

Moon DNA 系列的另一款手表 -Moon Invader，除了表圈同样包含阿波罗 11 号的配件，表背壳嵌入包含月球尘埃的合金 Moon Silver RJ，还可以调节表带至 60 度倾斜的表耳，模仿登月机舱的降落器，同样附有太空探索者协会的证书。

STEAMPUNK 100周年纪念手表

型号: RJ.T.AU.SP.002.02
机芯: RJ001-AS-自动上弦机芯，动力储存42小时
功能: 时针，分针，小秒针，计时
表壳: 直径50毫米，部分泰坦尼克号锈化钢，防水30米
表带: 黑色橡胶或鳄鱼皮表带，不锈钢折叠表扣
参考价格: 143500港元

Space invaders SLN 太空入侵者手表

型号: RJ.M.AU.IN.006.01
机芯: RJ001-A自动上弦机芯，动力储存42小时
功能: 时针，分针
表壳: 直径46毫米，黑色PVD钢质，防水30米
表带: 黑色橡胶表带
参考价格: 154000港元

PAC-MAN 吃豆人手表

机芯: RJ001-A 自动上弦机芯，动力储存42小时
功能: 时针，分针
表壳: 直径46毫米，黑色PVD涂层钢，防水30米
表带: 黑色橡胶表带，黑色PVD涂层钢表扣
参考价格: 149000港元

Moon Dust金色心情手表

型号： MG.F 2.22bb.00
机芯： C22RJ51-自动上弦机芯，动力储存42小时
功能： 时针，分针，小秒针，计时
表壳： 直径46毫米，表圈为黑色煅砂钢，含阿波罗11号钢碳纤维，防水30米
表带： 黑色橡胶或黑色鳄鱼皮配部分从国际太空航天服上的碳纤维，配黑色涂层不锈钢折叠表扣
参考价格： 246510港元

Moon Dust 黑色心情手表

型号： RJ.M.CH.001.01
机芯： RJ001-CH1-手动上弦机芯，动力储存42小时
功能： 时针，分针，小秒针　计时
表壳： 直径46毫米，表圈为黑色煅砂钢，含有阿波罗11号钢碳纤维，防水深度为30米
表带： 黑色橡胶或黑色鳄鱼皮配部分从国际太空航天服上的碳纤维
参考价格： 135000港元

Liberty DNA手表

机芯： RJ001-A 自动上弦机芯，动力储存42小时
功能： 时针，分针
表壳： 直径46毫米，黑色PVD涂层，防水30米
表带： 复古鳄鱼皮表带
参考价格： 135000港元

Moon Invader计时手表

机芯： RJ001-CH-自动上弦机芯，动力储存42小时
功能： 时针，分针，小秒针，计时
表壳： 直径46毫米，PVD涂层不锈钢和玫瑰金，防水30米
表带： 橡胶或鳄鱼皮配部分从国际太空航天服上的碳纤维，配黑色涂层不锈钢折叠表扣
参考价格： 187610港元

Steampunk玫瑰金手表

型号： RJ.T.AU.SP.003.01
机芯： RJ001-AS-自动上弦机芯，动力储存42小时
功能： 时针，分针，9点位小秒针
表壳： 直径50毫米，泰坦尼克号锈化钢，防水30米
表带： 黑色橡胶或鳄鱼皮表带，玫瑰金折叠表扣
参考价格： 247010港元

Steampunk章鱼手表

型号： RJ.T.AU.DI.003.01
机芯： RJ002-A2-自动上弦机芯
功能： 时针，分针，秒针
表壳： 直径46毫米，表圈是泰坦尼克号锈化钢，防水约270米
表带： 黑色硫化橡胶表带，附带章鱼形吸盘式钢质表扣
参考价格： 116550港元

R

劳力士
Rolex

劳力士的发展史与它的创始人汉斯·威尔斯多夫（Hans Wilsdorf）的名字紧密相联，1881年他出生在巴伐利亚一座城市里，年轻时就涉足国际商业。开始时作养殖珍珠的生意，19岁居瑞士拉绍德封（La Chaux-de-Fonds），为一家专门出口的钟表制造厂作代理。

1905年，他创办了自己的企业，名为"威尔斯多夫及戴维公司"（Wilsdorf and Davis），是一家主要负责销售手表的公司，但他也研发自制手表。

1908年7月2日上午8时，劳力士（Rolex）商标正式注册。第一批劳力士表因出色的技术质量而立即受到重视。一只小型劳力士表于1914年得到矫天文台（Kew Observatory）的A级证书，这是英国这一知名天文台从未颁发过的最高荣誉。品牌的精确度得到了承认，使手表在欧洲和美国顿时身价倍增。

第一次世界大战后，劳力士迁回日内瓦，在创始人的推动下，劳力士公司不断创新、创造，完善自己。它的研究方向有两个：防水与自动。

1926年，第一只防水、防尘表终于问世，这就是著名的"蚝"（Oyster）式表。1929年的经济危机打击了瑞士，但劳力士却没受影响。它在这一时期发明了一种自动上弦机制，造出了后来风靡一时的"恒动"（Perpetual）型表。这种自动表拥有一种摆陀，之前在手表上从未用过，可谓是目前所有自动表的先驱。1945年，劳力士又出产了带有日期的手表DateJust，1956年推出带有日期和星期的DayDate手表。

安德烈·海尼格将劳力士发扬光大，并使之在世界表坛享有盛名，这与他的灵感和热情分不开。海尼格1921年出生于拉夏德芬，汉斯·威尔斯多夫第一次见到他时，就对他产生了充分信任和真诚的尊敬。他们俩人都爱与人接触，追求完善。威尔斯多夫在1948年邀请海尼格加入劳力士工作。他在布宜诺斯艾利斯工作了六年，负责开发市场。1955年返回日内瓦，晋升为劳力士董事会成员，1964年起取代威尔斯多夫成为劳力士公司总经理。他忠实地继承劳力士创始人的事业，不断提高质量和技术革新，为企业带来了国际化的新气息。他把企业的总部从市中心搬到了郊区一所漂亮的新楼里。然后，海尼格开始了他的远征，跑遍世界各个角落，开拓新市场。 海尼格在任内也设立了劳力士企业精神奖，这奖项每三年颁发一次，奖励那些在应用科学、创造发明、探索研究、科学发现和环境保护方面作出杰出贡献的人士。

劳力士世界总部从 20 世纪 60 年代开始策划的扩建工程在 1995 年竣工，这是 80 多年创造、革新、进步的标志，是与它的领导人重视的企业精神相匹配的标志。在品牌创立的一个多世纪中，始终支持体育、探险、文化艺术等领域内天赋过人的人才，并为与他们建立紧密联系而感到自豪。蚝式手表就此凭借其精准可靠的特性而成为杰出和成就的见证者。秉承这一悠久传统，品牌在世界范围内广泛参与赞助活动和慈善事业，树立了积极的先驱形象。

从今年推出的这几款新作来看，足见劳力士的创新与诚意，像两地时年历表——蚝式恒动 SKY-DWELLER，算是劳力士当前最复杂的款型，通过转动三角坑纹外圈来设定功能的快速调校，实用而且有新意。虽然很多“劳粉”对那款“彩虹迪通拿”颇有微词，说它丢了迪通拿的运动范，也不容易被驾驭，可劳力士并没说它是 Made for China，要知道迪拜和沙特的大佬们可是爱极了这种风格的手表，而且此款限量，有钱也难收入私囊。

创立时间:
1908年

员工数量:
不详

年产量:
不详

电话:
010 8518 8608

传真:
不详

网址:
http://www.rolex.com/

销售方式:
专营店

经典款式:
日志型，星期日历型，宇宙计型迪通拿，潜航者型/潜航者日历型

价格区间:
5万元起

R

蚝式恒动游艇名仕型II

型号： 116689
机芯： 劳力士4160自动上弦机芯，动力储备约72小时
功能： 时针，分针，小秒针，倒计时
表壳： 白金，蚝式表壳，直径44毫米，防水100米
表带： 蚝式表带配蚝式保险扣和易调节链
参考价格： 359900元

蚝式恒动游艇名仕型II

型号： 116688
机芯： 劳力士4160型机芯，动力储备约72小时
功能： 时针，分针，小秒针，倒计时
表壳： 黄金，蚝式表壳，直径44毫米，防水100米
表带： 蚝式表带配蚝式保险扣和易调节链
参考价格： 320000元

蚝式恒动探险家型

型号： 214270
机芯： 劳力士3132型机芯，动力储备约48小时
功能： 时针，分针，秒针
表壳： 904L不锈钢，蚝式表壳，直径39毫米，磨光外圈，防水100米
表带： 蚝式表带，蚝式保险扣
参考价格： 51100元

蚝式恒动格林尼治型II

型号： 116759SARV
机芯： 劳力士3186型机芯，动力储备约48小时
功能： 时针，分针，秒针，24小时指针，日历
表壳： 蚝式表壳，直径40毫米，24小时渐进刻度双向旋转外圈，防水100米
表带： 蚝式表带，蚝式保险扣
参考价格： 652200元

劳力士蚝式恒动MILGAUSS

型号： 16400GV
机芯： 劳力士3131自动上弦机芯，动力储备48小时
功能： 时针，分针，秒针
表壳： 904L不锈钢，直径40毫米，防水100米
表带： 蚝式表带，配有蚝式表扣及Easylink延长扣
参考价格： 63200元

劳力士蚝式恒动星期日历型II

型号： 218398BR
机芯： 劳力士3156机芯，动力储备约48小时
功能： 时针，分针，秒针，星期，日历
表壳： 黄金，蚝式表壳，表圈镶钻，直径41毫米，防水100米
表带： 元首型表带，隐藏式皇冠带扣
参考价格： 646100元

蚝式恒动女装日志型31

型号： 178288－73168
机芯： 劳力士2235自动上弦机芯，动力储备约48小时
功能： 时针，分针，秒针，日历
表壳： 黄金，蚝式表壳，直径31毫米，旋入式双扣锁防水表冠，防水100米
表带： 纪念型，隐藏式皇冠带扣，蚝式表带
参考价格： 店洽
其他款式： 铂金，永恒玫瑰金

蚝式恒动日志型

型号： 116285BBR-73605
机芯： 劳力士3135自动上弦机芯，动力储备约48小时
功能： 时针，分针，秒针，日历
表壳： 永恒玫瑰金，蚝式表壳，直径36毫米，旋入式双扣锁防水表冠，防水100米
表带： 纪念型，皇冠隐形带扣，蚝式表带
参考价格： 622800元
其他款式： 904L不锈钢，铂金，永恒玫瑰金

蚝式恒动日志型

型号： 116138
机芯： 劳力士3135自动上弦机芯，动力储备约48小时
功能： 时针，分针，秒针，日历
表壳： 黄金，蚝式表壳，直径36毫米，旋入式双扣锁防水表冠，防水100米
表带： 纪念型，皇冠隐形带扣，蚝式表带
参考价格： 154100元
其他款式： 904L不锈钢，铂金，永恒玫瑰金

蚝式恒动日志型II

型号： 116334
机芯： 劳力士3136机芯，动力储备约48小时
功能： 时针，分针，秒针，日历
表壳： 904L不锈钢，蚝式表壳直径41毫米，904L不锈钢外圈
表带： 蚝式表带，蚝式带扣
参考价格： 58800元
其他款式： 黄金钢款，白金钢款

蚝式恒动日志型特别版

型号： 81339
机芯： 劳力士2235型机芯，动力储备约48小时
功能： 时针，分针，秒针，日历
表壳： 白金，蚝式表壳，直径34毫米，防水100米
表带： 珍珠淑女型，隐藏式皇冠带扣
参考价格： 373700元
其他款式： 黄金，永恒玫瑰金

蚝式恒动星期日历型 II

型号： 218239
机芯： 劳力士3156机芯，动力储备约48小时
功能： 时针，分针，秒针，日历
表壳： 白金，蚝式表壳，直径41毫米，三角坑纹，防水100米
表带： 元首型表带，隐藏式皇冠带扣
参考价格： 308000元
其他款式： 黄金，白金或永恒玫瑰金款；铂金款

蚝式恒动潜航者型

型号： 114060-97200
机芯： 劳力士3130自动上弦机芯，动力储备约48小时
功能： 时针，分针，秒针
表壳： 904L不锈钢，蚝式表壳，直径40毫米，单向旋转外圈，防水300米
表带： 蚝式表带，折叠式蚝式保险扣
参考价格： 61500元

蚝式恒动潜航者日历型

型号： 116619LB
机芯： 劳力士3135自动上弦机芯，动力储备约48小时
功能： 时针，分针，秒针，日历
表壳： 白金，蚝式表壳，直径40毫米，防水300米
表带： 蚝式表带
参考价格： 279500元
其他款式： 黄金钢款，黄金款或白金款

蚝式恒动潜航者日历型-绿金款

型号： 116610LV
机芯： 劳力士3135自动上弦机芯，动力储备约48小时
功能： 时针，分针，秒针，日历
表壳： 904L不锈钢，蚝式表壳，直径40毫米，防水300米
表带： 蚝式表带，折叠式蚝式保险扣
参考价格： 70000元

蚝式恒动探险家型II

型号： 216570
机芯： 劳力士3187自动上弦机芯，动力储备约48小时
功能： 时针，分针，秒针，24小时指针，日历
表壳： 904L不锈钢，蚝式表壳，直径42毫米，防水100米
表带： 蚝式表带，蚝式保险扣
参考价格： 64200元

蚝式恒动探险家型II

型号： 216570
机芯： 劳力士3187自动上弦机芯，动力储备约48小时
功能： 时针，分针，秒针，24小时指针，日历
表壳： 904L不锈钢，蚝式表壳，直径42毫米，24小时固定刻度外圈，防水100米
表带： 蚝式表带，蚝式保险扣
参考价格： 64200元

蚝式恒动游艇名仕型

型号： 116622
机芯： 劳力士2235型和3135型机芯，动力储备约48小时
功能： 时针，分针，秒针，日历
表壳： 蚝式表壳，60分钟立体式标记双向旋转外圈，金或铂金两种型号，防水100米
表带： 蚝式表带，蚝式保险扣
参考价格： 92800元

R

蚝式恒动Sky-dweller

型号： 326939－42419
机芯： 劳力士9001机芯，能量储存约72小时
功能： 时针，分针，秒针，第二时区显示，月份，日历
表壳： 白金，蚝式表壳，直径42毫米，防水100米
表带： 蚝式表带，蚝式带扣，易调节链
参考价格： 402800元

蚝式恒动Sky-dweller

型号： 326938－72418
机芯： 劳力士9001机芯，能量储存约72小时
功能： 时针，分针，秒针，第二时区显示，日历，月份
表壳： 黄金，蚝式表壳，直径42毫米，RING COMMAND三角坑纹双向旋转外圈，防水100米
表带： 蚝式表带，蚝式带扣
参考价格： 380600元

蚝式恒动Sky-dweller

型号： 326935
机芯： 劳力士9001机芯，能量储存约72小时
功能： 时针，分针，秒针，第二时区显示，日历，月份
表壳： 永恒玫瑰金，蚝式表壳，直径42毫米，防水100米
表带： 鳄鱼皮表带，蚝式带扣
参考价格： 326100元

劳力士王子型

型号： 5443/9
机芯： 劳力士7040型机芯，动力储备约72小时
功能： 时针，分针，小秒针
表壳： 长方形白金表壳，45毫米x29毫米
表带： 鳄鱼皮表带，黄金，白金或永恒玫瑰金蝴蝶带扣
参考价格： 145200元

劳力士王子型

型号： 5441/9
机芯： 劳力士7040型机芯，动力储备约72小时
功能： 时针，分针，小秒针
表壳： 长方形白金表壳，45毫米x29毫米
表带： 鳄鱼皮表带，黄金，白金或永恒玫瑰金蝴蝶带扣
参考价格： 145200元

劳力士王子型

型号： 5440/8
机芯： 劳力士7040型机芯，动力储备约72小时
功能： 时针，分针，小秒针
表壳： 长方形黄金表壳，45毫米x29毫米，表壳底盖透明
表带： 鳄鱼皮表带，黄金，白金或永恒玫瑰金蝴蝶带扣
参考价格： 132700元

劳力士王子型

型号： 5442/5
机芯： 劳力士7040手动上弦机芯，动力储备约72小时
功能： 时针，分针，小秒针
表壳： 长方形永恒玫瑰金表壳，45毫米x29毫米，表壳底盖透明
表带： 鳄鱼皮表带，黄金，白金或永恒玫瑰金蝴蝶带扣
参考价格： 145200元

蚝式恒动ROLEX DEEPSEA

型号： 116660
机芯： 劳力士3135型机芯，动力储备约48小时
功能： 时针，分针，秒针，日历
表壳： 904L不锈钢，蚝式表壳，表壳后盖用5级钛合金制成，直径44毫米，旋入式三扣锁防水表冠，防水3900米
表带： 蚝式表带，蚝式保险扣
参考价格： 85700元

蚝式恒动格林尼治型II

型号： 1167102N
机芯： 劳力士3186自动上弦机芯，动力储备约48小时
功能： 时针，分针，秒针，24小时指针，日历
表壳： 904L不锈钢，蚝式表壳，直径40毫米，防水100米
表带： 蚝式表带，蚝式保险扣
其他表款： 黄金钢款，黄金或白金款
参考价格： 65900元

蚝式恒动宇宙计型迪通拿

型号： 116505
机芯： 劳力士4130型机芯，动力储备约72小时
功能： 时针，分针，小秒针，计时
表壳： 永恒玫瑰金，蚝式表壳，直径40毫米，固定时速计刻度外圈，防水100 米
表带： 蚝式表带配蚝式保险扣
参考价格： 285500元
其他款式： 904L不锈钢款，黄金钢款，黄金和白金款

蚝式恒动宇宙计型迪通拿

型号： 116598 RBOW – 78608
机芯： 劳力士4130型机芯，动力储备约72小时
功能： 时针，分针，小秒针，计时
表壳： 黄金蚝式表壳，直径40毫米，防水100米
表带： 蚝式表带配蚝式保险扣
参考价格： 735200元

蚝式恒动宇宙计型迪通拿

型号： 116509
机芯： 劳力士4130型机芯，动力储备约72小时
功能： 时针，分针，小秒针，计时
表壳： 白金，蚝式表壳，直径40毫米，固定时速计刻度外圈，防水100 米
表带： 蚝式表带配蚝式保险扣
参考价格： 735200元

3131自动上弦机芯

功能： 时针，分针，秒针，动力储存48小时
摆轮： 4颗微调螺丝摆轮
摆频： 28800次/小时
游丝： 顺磁性蓝色PARACHROM游丝
备注： 官方天文台认证

2235自动上弦机芯

功能： 时针，分针，秒针，日历，秒针暂停，动力储存48小时
摆轮： 4颗微调螺丝摆轮
摆频： 28800次/小时
游丝： 宝玑式游丝
备注： 官方天文台认证

3135自动上弦机芯

功能： 时针，分针，秒针，日历，秒针暂停，动力储存48小时
摆轮： 金MICROSTELLA微调螺丝摆轮
摆频： 28800次/小时
游丝： 顺磁性蓝色PARACHROM游丝
备注： 官方天文台认证

3130自动上弦机芯

功能： 时针，分针，秒针，秒针暂停，动力储存48小时
摆轮： 金MICROSTELLA微调螺丝摆轮
摆频： 28800次/小时
游丝： 顺磁性蓝色PARACHROM游丝
备注： 官方天文台认证

4130自动上弦机芯

功能： 时针，分针，小秒针，12小时计时，秒针暂停，动力储存约72小时
摆轮： 金微调螺丝摆轮
摆频： 28800次/小时
游丝： 顺磁性蓝色PARACHROM游丝
备注： 官方天文台认证，柱状轮，垂直离合

3132自动上弦机芯

功能： 时针，分针，秒针，秒针暂停，动力储存48小时
摆轮： 金微调螺丝摆轮
摆频： 28800次/小时
游丝： 顺磁性蓝色PARACHROM游丝
防震： PARAFLEX缓振装置
备注： 官方天文台认证

R

4160自动上弦机芯

功能： 时针，分针，小秒针，秒针暂停，倒数计时功能，动力储存72小时
摆轮： 金微调螺丝摆轮
摆频： 28800次/小时
游丝： 顺磁性蓝色PARACHROM游丝
备注： 官方天文台认证

3136自动上弦机芯

功能： 时针，分针，秒针，秒针暂停，动力储存48小时
摆轮： 4颗金微调螺丝摆轮
摆频： 28800次/小时
游丝： 顺磁性蓝色PARACHROM游丝
防震： PARAFLEX缓振装置
备注： 官方天文台认证

3155自动上弦机芯

功能： 时针，分针，秒针，秒针暂停，动力储存48小时
摆轮： 金微调螺丝摆轮
摆频： 28800次/小时
游丝： 顺磁性蓝色PARACHROM游丝
备注： 官方天文台认证

3186自动上弦机芯

功能： 时针，分针，秒针，秒针暂停，日历，24小时指针，第二时区显示，动力储存48小时
摆轮： 金微调螺丝摆轮
摆频： 28800次/小时
游丝： 顺磁性蓝色PARACHROM游丝
备注： 官方天文台认证

3187自动上弦机芯

功能： 时针，分针，秒针，秒针暂停，日历，24小时指针，第二时区显示，动力储存48小时
摆轮： 金微调螺丝摆轮
摆频： 28800次/小时
游丝： 顺磁性蓝色PARACHROM游丝
防震： PARAFLEX缓振装置
备注： 官方天文台认证

9001自动上弦机芯

功能： 时针，分针，秒针，秒针暂停，偏心24小时盘，第二时区显示，沙罗系统年历，月份显示，动力储存72小时
摆轮： 金微调螺丝摆轮
摆频： 28800次/小时
游丝： 顺磁性蓝色PARACHROM游丝
防震： PARAFLEX缓振装置
备注： 官方天文台认证

S

菲拉格慕
Salvatore Ferragamo

创立时间：
1928年，Salvatore Ferragamo品牌创立；2003年，推出手表系列

员工数量：
不详

年产量：
不详

电话：
021 58300518

传真：
021 58300519

网址：
www.ferragamotimepieces.ch

销售方式：
专营店

经典款式：
Gancino系列，Salvatore 系列，F-80系列

价格区间：
6000元~161100元

2003 年，时尚品牌菲拉格慕 (Salvatore Ferragamo) 首次推出手表系列，迄今为止已经推出了多个手表系列。这些手表系列设计独特大胆，创新，显示气质和优雅，秉承一贯融合奢侈品位与创新理念的意大利风格。无论自动上弦机芯、GMT 计时表机芯，还是陀飞轮机芯，各款手表系列的机械机芯均出自瑞士制表行业。历时不衰的手表设计完全融入到时代的潮流之中。菲拉格慕全释了经典的意大利设计理念。

F-80

型号： F55LCA78910 S789
机芯： Valijoux自动上弦机芯或ETA石英机芯
功能： 时针，分针，秒针，双时区，计时
表壳： 直径44毫米/38毫米，钛金属磨砂表壳，IP镀金处理
表带： 钛金属，碳纤维表带，橡胶表带
参考价格： 15000元~47600元

Salvatore

型号： F51SBQ3091I S009
机芯： EAT/Ronda机芯
功能： 时针，分针
表壳： 弧形镀金不锈钢表壳带花形珍珠母贝嵌饰，钻石时标
表带： 鳄鱼皮表带，漆皮表带
参考价格： 76000元

Gancino

型号： F56SBQ3191I S001
机芯： ETA/Ronda石英机芯
功能： 时针，分针
表壳： 30毫米 IP镀金处理弧形表壳
表带： 水波纹皮表带
参考价格： 9600元 ~ 10600元

S

豪门世家澳门中心首家专卖店

豪门世家
Sarcar

豪门世家创始于1948年，创始人是卡罗·萨尔扎诺（Carlo Sarzano），他提出的“大至无敌，小至无拘”的理念至今仍是豪门世家恪守的准则。为确保所有的手表作品能完美体现豪门世家的品牌特质，所有制表工序，包括在寸镜放大下进行宝石镶嵌、手工抛光、雕刻、切割和装配，均由制表师一丝不苟地操作完成。除了使用最珍贵的材料（黄金、宝石、天然珍珠母贝、黄金或镶饰表盘）之外，豪门世家通过独特的设计创意（特别是Solitaire尊显系列及其旋转钻石设计）也是赢得众多忠实客户青睐的关键所在。

今年，豪门世家继续延续其独特的“旋转”制表工艺，配以珍稀的材质打造出独一无二的手表系列。为配合古老的东方文明中国龙年，豪门世家推出了4款全新“龙年”手表系列，表盘设计以东方龙为创作元素，黄金与天然珍珠母贝材质相结合，其中一款神采奕奕的“五爪”金龙盘绕于表壳之上，霸气十足。此外，不得不提及的还有北极星（North Star）系列，以璀璨钻石呈现满天繁星，巧妙地将时间和音乐的元素绝美融合的里拉琴音手表系列，也十分耀眼。

创立时间:
1948年

员工数量:
45人

年产量:
4000枚～5000枚

电话:
+41 22 737 2150

传真:
+41 22 737 2151

网址:
http://www.sarcar.cn/

销售方式:
专营店

经典款式:
闪烁舞动系列，尊显系列， 时光闪耀系列

价格区间:
10万元以上

里拉琴音系列手表

型号： A63018.001G or R
机芯： FP机芯
功能： 时针，分针
表壳： 40毫米，镶满钻石的红金里拉琴旋转于40毫米表盘之上，18K红金表盘环形镶嵌约361颗钻石，总重达6.54克拉,里拉琴两翼各镶嵌一颗0.35克拉钻石
表带： 鳄鱼皮表带，折叠式黄金表扣镶嵌钻石
参考价格： 961500元

时光闪耀之猎豹系列手表

型号： A63009.R
机芯： FP机芯
功能： 时针，分针
表壳： 40毫米，采用古代的镶嵌细工技艺,18K玫瑰金或白金镶钻表圈和表耳，表盘上镶有三颗0.5克拉的旋转单钻
表带： 鳄鱼皮表带
参考价格： 2013000元

豪门世家泊雅系列

型号： A63009.001G or R
机芯： Piguet 自动机芯
功能： 时针，分针
表壳： 40毫米，在表盘11、12 及1点位置上镶嵌三颗0.5克拉独立钻石，代表黎明、中午及傍晚，表圈上镶嵌约重7.66克拉，近205颗钻石，18K 白金及玫瑰金两款
表带： 鳄鱼皮表带，折叠式镶钻表扣
参考价格： 1639000元

豪门世家碧海龙腾系列

型号： A63009.001G or R
机芯： FP机芯
功能： 时针，分针
表壳： 40毫米，18K红金表圈上镶嵌约203颗钻石，重达6.66克拉，纯手工绿母贝表盘上雕刻黄金龙腾，1颗0.5克拉旋转钻石龙珠
表带： 鳄鱼皮表带，折叠式镶钻表扣
参考价格： 1929000元

豪门世家魔幻世界系列

型号： A63007.001 R or G
机芯： Piguet 自动机芯
功能： 时针，分针
表壳： 40毫米，采用同心圆设计，中心特别以小指针搭配可旋转八卦造型，表盘外圈缀有四个可旋转方形装饰，分别由钻石、蓝宝石、祖母绿和红宝石四种宝石镶嵌而成
表带： 鳄鱼皮表带，折叠式镶钻表扣
参考价格： 1285000元

豪门世家梦幻月色-日转龙腾系列

型号： A63006.001
机芯： Piguet 自动机芯
功能： 时针，分针
表壳： 38毫米，18K白金巨龙在表盘下方，钻石镶嵌龙身，蓝宝石点缀龙眼，雕龙和底盘可以旋转。约569颗珍贵圆钻精密镶嵌，重达4.93克拉
表带： 鳄鱼皮表带，折叠式镶钻表扣
参考价格： 639500元

金爪盘龙系列手表

型号： A63015.001J
机芯： FP机芯
功能： 时针，分针
表壳： 40毫米，18K黄金3D雕龙表圈，金龙五爪在表耳处各抓一颗钻石，龙眼上镶嵌着2颗红宝石，钻石表盘上一颗1克拉钻石龙珠围绕表盘旋转
表带： 鳄鱼皮表带，折叠式黄金表扣镶嵌钻石
参考价格： 3038000元，限量9枚

北极星系列手表

型号： A63011.001G
机芯： FP机芯
功能： 时针，分针
表壳： 40毫米，18K白金表盘隐形镶嵌约577颗迷人公主切割方钻，重23.88克拉，表盘上一颗2.15克拉旋转方钻
表带： 鳄鱼皮表带，折叠式白金表扣镶嵌方钻
参考价格： 17228000元

豪门世家时光闪耀系列–幻想时刻

型号： A63009.R
机芯： FP机芯
功能： 时针，分针
表壳： 40毫米，18K玫瑰金，采用小钻装饰罗马数字显示小时标记，同时会随着手腕摆动而摆动，12点处1颗0.5克拉明亮旋转钻石装饰
表带： 鳄鱼皮表带，折叠式镶钻表扣
参考价格： 979000元

女王系列手表

型号： M75005.000G or R
机芯： 机械机芯
功能： 时针，分针
表壳： 表盘外圈以18K玫瑰金搭配顶级钻石，表盘及表耳约镶嵌了158颗小钻，重1.06克拉
表带： 鳄鱼皮表带，18K玫瑰金表扣
参考价格： 270500元

闪烁舞动系列手表

型号： A63012.001G
机芯： FP机芯
功能： 时针，分针
表壳： 40毫米，18K白金表圈上全部镶嵌了明亮切割的钻石
表带： 鳄鱼皮表带
参考价格： 3939500元

皇家尊显系列手表

型号： Q47006.H02G
机芯： FP机芯
功能： 时针，分针
表壳： 40毫米，一颗1克拉明亮钻石上附有一个圆环，置于镶嵌宝石的装饰圆环上，在镶满钻石的表盘转动
表带： 18K白金表带镶嵌方形钻石
参考价格： 15200000元，限量8枚

豪门世家时光闪耀系列之巴黎

型号： A63009.L73G or R
机芯： FP机芯
功能： 时针，分针
表壳： 40毫米，珐琅表盘衬托手工金雕，黄金描绘窗棂，三颗0.5克拉的标志性旋转单钻在珍珠母贝的映衬下光彩夺目，约89颗钻石镶嵌表圈，重达6.95克拉
表带： 鳄鱼皮表带，折叠式镶钻表扣
参考价格： 2158000元

豪门世家时光闪耀系列之威尼斯

型号： A63009.L73G or R
机芯： FP机芯
功能： 时针，分针
表壳： 40毫米，以珐琅表盘衬托手工金雕，三颗0.5克拉的旋转单钻在珍珠母贝的映衬下光彩夺目，约89颗钻石镶嵌表圈，重达6.95克拉
表带： 鳄鱼皮表带，折叠式镶钻表扣
参考价格： 2158000元

豪门世家时光闪耀系列之熊猫

型号： A63009.001G or R
机芯： FP机芯
功能： 时针，分针
表壳： 40毫米，18K玫瑰金，采用微型彩画手法创作于珍珠母贝，创造出细腻生动的熊猫，再以黄金线条勾画。三颗0.5克拉的可旋转单钻镶嵌其中
表带： 鳄鱼皮表带，折叠式镶钻表扣
参考价格： 未定价

豪门世家时光闪耀系列之马

型号： A63009.001G or R
机芯： FP机芯
功能： 时针，分针
表壳： 40毫米，18K玫瑰金表壳，在双层珍珠母贝表盘上细腻雕刻，单颗0.5克拉的旋转单钻镶嵌表圈
表带： 鳄鱼皮表带，折叠式镶钻表扣
参考价格： 1322500元

奥德赛系列手表

型号： Q47019.000G or R
机芯： 石英机芯
功能： 时针，分针
表壳： 椭圆形玫瑰金表壳，尺寸35.2毫米x25毫米，表盘中一颗0.5克拉单钻，四颗显示时间的小钻，表盘周围约镶嵌了52颗钻石
表带： 鳄鱼皮表带，白金表扣
参考价格： 382500元

豪门世家 Octavia系列

型号： Q47018.001G or R
机芯： ETA机芯
功能： 时针，分针
表壳： 18K白金，独特的“8”造型，12点处一颗0.4克拉单钻在一圈小钻中旋转，三颗显示时间的小钻镶嵌在珍珠母贝表盘上，约109颗钻石镶嵌表圈，重达1.67克拉
表带： 鳄鱼皮表带，18K白金镶钻折叠式表扣
参考价格： 301000元

S

精工
Seiko

精工（Seiko）的传奇，是一个勇于梦想的公司，以坚定意志和实力去完成貌似不可能的传奇。经过 130 多年的历程，精工一直勇于挑战和实现那些曾经看起来遥不可及的梦想，那些在技术上、商业上的和环境保护上的梦想。

在制表技术领域内，公司实现梦想的决心是显而易见的。特别是，精工始终为了成为制表业界的科技先锋而奋斗，并致力于扩大制表技术领域。这种对新目标不懈地追求使精工至少掌握了不少于四种专业的制表技术，分别是融入了高精密度和传统工艺的机械表制造技术，由精工发明和改革的石英表制造技术，由佩戴者手臂摆动产生并储存电能，为手表提供动力的人动电能（Kinetic）技术以及奢华制表工艺“宁静的革命”Spring Drive 技术，其中人动电能（Kinetic）和 Spring Drive 是精工独一无二的技术。

精工今年推出的 Hi-Beat Special 款式，也曾在 20 世纪 60 年代出现过，是当时叫做 VFA（very fine adjustment）的 61 型号机芯。如今搭配在 Special 中的机芯，虽同是 2009 年问世的 9S85 自动机芯，但却是在通过测试后再放进经过严格挑选的 Spron610 游丝，达到每日误差在 -2 秒和 +4 秒之内，比一般的 -3 秒和 +5 秒更精确，是在经典基础上的再次升级。

创立时间：
1881年

员工数量：
不详

年产量:
不详

电话:
021 62720688

传真:
021 62720677

网址:
www.seiko.com.cn

销售方式:
专卖店，直销，百货商场等

价格区间:
5000元~199000元

Ananta系列“Kumadori（彩绘脸谱）”自动上弦机械计时手表

型号：SRQ015J1
机芯：8R28自动上弦机芯，45小时动力储存
功能：时针，分针，秒针，日期，两地时区，计时
表壳：直径42.8毫米，黑碳素不锈钢，100米防水
表带：黑色抗磨碳素处理不锈钢表链
参考价格：31000元，限量800枚，中国3枚

Ananta系列多功能机械计时手表

型号：SSD001J1
机芯：6S28自动上弦机芯，50小时动力储存
功能：时针，分针，秒针，日期，计时
表壳：黑色抗磨碳素膜处理不锈钢，直径43毫米，防水100米
表带：黑色抗磨碳素处理不锈钢表链
参考价格：35000元，限量700枚，中国3枚

Premier系列双飞返显示式计时手表

型号：SPC064J1
机芯：7T85双飞返显示式计时机芯
功能：时针，分针，秒针，日期，计时，万年历，日期，月份，闰年
表壳：不锈钢，直径40.5毫米，100米防水
表带：不锈钢，三折式按钮开关表扣
参考价格：4600元

Premier系列双飞返显示式计时手表

型号：SPC067J1
机芯：7T85双飞返显示式计时机芯
功能：时针，分针，秒针，日期，可计时
表壳：不锈钢，直径40.5毫米，100米防水
表带：不锈钢表链，三折式按钮开关表扣
参考价格：4600元

Sportura系列FC Barcelona特别款响闹计时手表

型号：SNAE93J1
机芯：7T62石英机芯
功能：时针，分针，秒针，日期，计时，闹铃
表壳：直径42毫米，不锈钢，100米防水
表带：橡胶皮带
参考价格：4300元

Sportura系列FC Barcelona响闹计时手表

型号：SNAE87J1
机芯：7T62石英机芯
功能：时针，分针，秒针，日期，计时，闹铃
表壳：直径42毫米，不锈钢，100米防水
表带：橡胶皮带
参考价格：4200元

Grand Seiko系列 特优Hi-Beat高振频自动上弦机械手表

型号: SBGH020J
机芯: 9S85 Hi-Beat自动上弦机芯，55小时动力储存
功能: 时针，分针，秒针，日期，抗磁
表壳: 18K黄金表圈，直径38毫米，防水100米
表带: 鳄鱼皮，18K黄金表扣
参考价格: 188000元

Grand Seiko系列 特优Hi-Beat高振频自动上弦机械手表

型号: SBGH022J
机芯: 9S85 Hi-Beat自动上弦机芯，55小时动力储存
功能: 时针，分针，秒针，日期，抗磁
表壳: 18K玫瑰金表圈，直径38毫米，防水100米
表带: 鳄鱼皮，18K玫瑰金表扣
参考价格: 188000元

Grand Seiko系列特优Hi-Beat高振频自动上弦机械手表

型号: SBGH019J
机芯: 9S85 Hi-Beat自动上弦机芯，55小时动力储存
功能: 时针，分针，秒针，日期
表壳: 18K白金，直径38毫米，防水100米
表带: 鳄鱼皮，18K白金表扣
参考价格: 199000元

Grand Seiko系列 GMT两地时间10周年纪念限量手表

型号: SBGM031G
机芯: 9S66 GMT自动上弦机芯，72小时动力储存
功能: 时针，分针，秒针，日期，两地时区
表壳: 不锈钢，直径39.5毫米，30米防水
表带: 鳄鱼皮表带
参考价格: 51000元，限量1000枚，中国2枚

Grand Seiko系列 GMT两地时间10周纪念限量手表

型号: SBGM029G
机芯: 9S66自动上弦机芯，72小时动力储存
功能: 时针，分针，秒针，日期，两地时区
表壳: 不锈钢，直径39.2毫米，防水100米，抗磁
表带: 不锈钢，三折式按钮开关表扣
参考价格: 53000元，限量700枚，中国5枚

Astron全球GPS卫星定位太阳电能手表

型号: SAST001G
机芯: 7X52 GPS太阳电能机芯
功能: 时针，分针，秒针，日期，万年历，日光节约时间功能
表壳: 黑碳素膜处理钛金属，直径47毫米，100米防水
表带: 黑碳素膜处理钛金属，三折式按钮开关表扣
参考价格: 22000元，限量2500枚

Astron全球GPS卫星定位太阳电能手表

型号: SAST003G
机芯: 7X52 GPS太阳电能机芯
功能: 时针，分针，秒针，日期，万年历，日光节约时间
表壳: 高强度钛金属，直径47毫米，防水100米
表带: 高强度钛金属，三折式按钮开关表扣
参考价格: 18000元

Astron全球GPS卫星定位太阳电能手表

型号: SAST009G
机芯: 7X52 GPS太阳电能机芯
功能: 时针，分针，秒针，日期，万年历，日光节约时间
表壳: 不锈钢，直径47毫米，100米防水
表带: 三折式按钮开关表扣
参考价格: 13000元

Astron系列GPS卫星定位太阳电能手表

型号: SAST005G
机芯: 7X52太阳电能机芯
功能: 时针，分针，秒针，万年历，两地时，全球时间
表壳: 高强度钛金属，防水100米
表带: 高强度钛金属
参考价格: 18000元

Astron系列GPS卫星定位太阳电能手表

型号: SAST013G
机芯: 7X52太阳电能机芯
功能: 时针，分针，秒针，万年历，两地时，全球时间
表壳: 高强度钛金属，防水100米
表带: 高强度钛金属
参考价格: 19000元，亚洲限量款

Lukia系列石英表

型号: SKY730J1
机芯: 5Y89石英机芯
功能: 时针，分针，秒针，星期，日历，24小时显示
表壳: 不锈钢，防水100米
表带: 不锈钢电镀玫瑰金间金表带
参考价格: 3000元

Lukia系列石英表

型号: SXDE97J1
机芯: 7N82石英机芯
功能: 时针，分针，秒针，日历
表壳: 不锈钢，防水100米
表带: 不锈钢
参考价格: 3000元

S

Premier系列Kinetic Perpetual人动电能万年历手表

型号： SNP053J1
机芯： 7D48人动电能万年历机芯
功能： 时针，分针，秒针，日历，24小时，万年历，智能时控功能
表壳： 不锈钢，直径40.5毫米，100米防水
表带： 不锈钢，三折式按钮开关表扣
参考价格： 6350元

Premier系列大日历显示计时手表

机芯： 7T04大日历显示机芯
功能： 时针，分针，秒针，计时，24小时，日期
表壳： 不锈钢，直径40毫米，100米防水
表带： 不锈钢，三折式按钮开关表扣
参考价格： 4500元

Premier系列人动电能可手动充电月相表

型号： SRX005J1
机芯： 5D88 Kinetic Direct Drive月相机芯
功能： 时针，分针，秒针，星期，日历，月相，24小时显示，动力显示
表壳： 不锈钢，防水100米
表带： 不锈钢
参考价格： 8500元

Premier系列
人动电能可手动充电月相表

型号： SRX007J1
机芯： 5D88电能月相机芯，动力储存1个月
功能： 时针，分针，秒针，日历，月相，星期，24小时，动力显示
表壳： 直径40毫米，不锈钢表壳，100米防水
表带： 真皮表带
参考价格： 8400元

Premier系列日期显示手表

型号： SXDE60J1
机芯： 7N82机芯
功能： 抗磁，日期，时针，分针，秒针
表壳： 直径27毫米，不锈钢镶钻，100米防水
表带： 不锈钢电镀玫瑰金间金表带，三折式按钮开关表扣
参考价格： 4900元

Premier人动电能万年历手表

型号： SNP039J1
机芯： 7D48 Kinetic机芯
功能： 时针，分针，秒针，24小时，日期，月份，闰年显示，万年历
表壳： 直径40毫米，不锈钢表壳，100米防水
表带： 不锈钢
参考价格： 6250元

Premier系列日期显示石英表

型号： SXDE58J1
机芯： 7N82石英机芯
功能： 时针，分针，秒针，日历
表壳： 不锈钢，防水100米
表带： 不锈钢间金
参考价格： 4600元

Premier系列日期显示石英表

型号： SXDE57J1
机芯： 7N82石英机芯
功能： 时针，分针，秒针，日历
表壳： 不锈钢，防水100米
表带： 不锈钢
参考价格： 4200元

Sportura系列女士计时手表

型号： SNDX95J1
机芯： 7T92计时机芯
功能： 时针，分针，秒针，日期，计时
表壳： 直径38.2毫米，不锈钢，100米防水
表带： 不锈钢与陶瓷，三折式按钮开关表扣
参考价格： 4900元

Sportura系列女士计时手表

型号： SNDX98J1
机芯： 7T92计时机芯
功能： 时针，分针，秒针，日期
表壳： 直径38.2毫米，钢镀玫瑰金，100米防水
表带： 真皮
参考价格： 4600元

Presage系列自动上弦可手动上弦手表

型号： SSA084J1
机芯： 4R38自动上弦机芯
功能： 时针，分针，秒针
表壳： 不锈钢电镀玫瑰金间金表壳，防水100米
表带： 不锈钢电镀玫瑰金间金
参考价格： 4400元

Presage系列自动上弦可手动上弦手表

型号： SSA112J1
机芯： 4R38自动上弦机芯
功能： 时针，分针，秒针
表壳： 不锈钢，防水100米
表带： 不锈钢
参考价格： 3400元

S

Sinn

创立时间:
1961年

员工数量:
100人

年产量:
12500枚

电话:
+49 69 9784 14200

传真:
+49 69 9784 14201

网址:
www.sinn.de

销售方式:
不详

经典款式:
U型系列，Diapal系列

价格区间:
4400元~176000元

Sinn 全名为“美因法兰克福辛恩专业手表”（Sinn Spezialuhren Zu Frankfurt am Main）。自1961年起，手表打上“Sinn”的印记至今，已有50余年。Sinn以其价值、质量以及合理的价格，获得了市场的认可，也使得品牌名称在飞行员之中很快传开。Sinn在1994年发生了戏剧性的变化：其创立者在78岁高龄之时，把以自己名字命名的这个具有工作成就的手表公司，卖给了现任的总裁Lothar Schmidt。Schmidt也始终坚信：必须用产品说话，才能获得成功。

镂空金计时表

型号： 2300
机芯： Valjoux 23手动上弦机芯
功能： 时针，分针，小秒针，计时
表壳： 18K金，直径38毫米
表带： 皮表带
参考价格： 店洽

103经典飞行员计时表

机芯： Valjoux 7750自动上弦机芯，27颗红宝石，摆频28800次/时
功能： 时针，分针，秒针，日期，计时
表壳： 不锈钢表壳，直径41毫米，防水200米
表带： 牛皮表带
参考价格： 店洽

潜水表203St

型号： Diving Watch 203St
机芯： Valjoux 7750自动上弦机芯
功能： 时针，分针，秒针，日期，星期，计时
表壳： 不锈钢表壳，直径41毫米，防水300米
表带： 橡胶
参考价格： 店洽

140A手表

机芯：SZ01自动上弦机芯
功能：时针，分针，秒针，日期，计时
表壳：不锈钢表壳，直径44毫米，防水100米
表带：牛皮表带
参考价格：店洽

140St手表

机芯：SZ01自动上弦机芯
功能：时针，分针，秒针，日期，计时
表壳：不锈钢表壳，直径44毫米，防水100米
表带：牛皮表带
参考价格：店洽

6090手表

机芯：ETA2892-A2自动上弦机芯
功能：时针，分针，秒针，日期，两地时
表壳：不锈钢表壳，直径41.5毫米，防水100米
表带：牛皮表带
参考价格：店洽

6110手表

机芯：Unltas6498-1手动上弦机芯
功能：时针，分针，秒针
表壳：不锈钢表壳，直径44毫米
表带：牛皮表带
参考价格：店洽

EZM10手表

机芯：SZ01自动上弦机芯
功能：时针，分针，秒针，日期，计时
表壳：钛金属表壳，防水200米
表带：牛皮表带
参考价格：店洽

901手表

机芯：Valjoux 7750自动上弦机芯
功能：时针，分针，秒针，日期，计时
表壳：不锈钢表壳，防水100米
表带：牛皮表带
参考价格：店洽

S

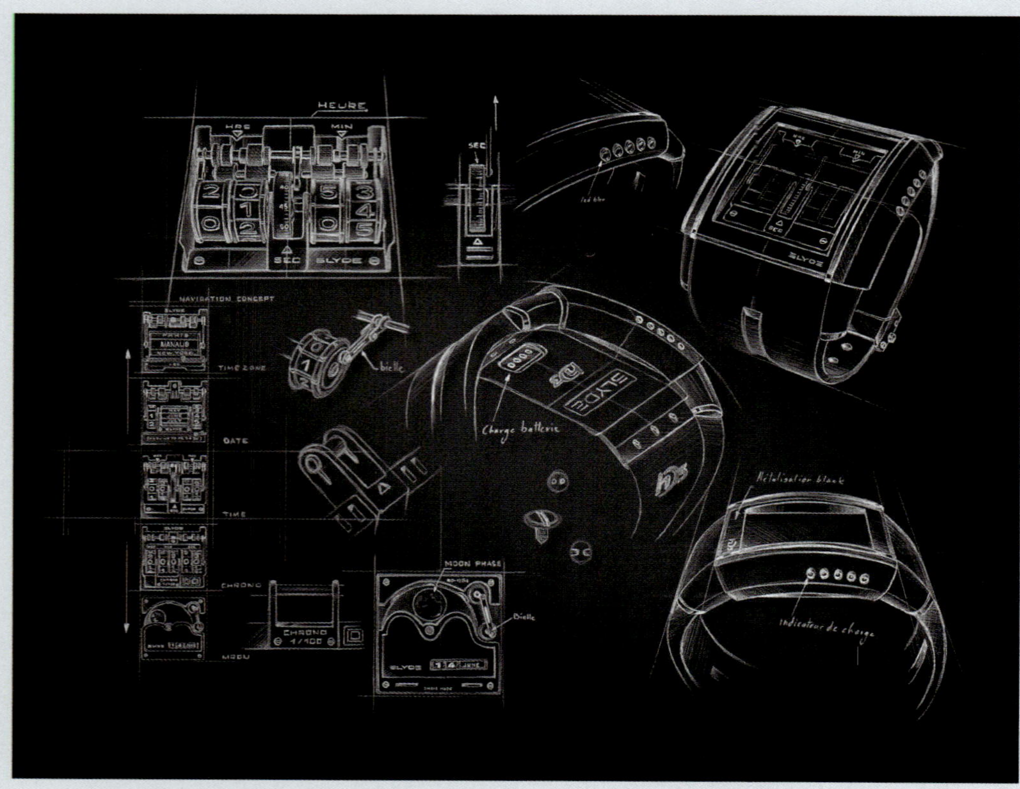

创立时间：
2004年

员工数量：
不详

年产量:
不详

电话:
+41 21 642 03 00

传真:
不详

网址:
www. Slyde.ch

销售方式:
经销

经典款式：
AC00 V1 CA01, PV00 V1 CA01, PVACS1 V1 ALF01, PV4N01 V1 ALF01

价格区间:
40000元~150000元

Slyde

2008 年，Jorg Hysek 和 Fabrice Gonet 两人希望能够颠覆传统的制表规则，将最先进的现代科技与制表技术结合，梦想着要创造出让整个钟表行业都为之惊叹的手表。经过 3 年的研究与实验，这款 Slyde 手表终于在 2011 年的巴塞尔钟表展上亮相。Slyde 的概念融合了高新技术与网络平台的连接，并让人通过电子机芯享受下载的乐趣。

通过 Slyde 革命性的表面，只需轻轻滑动手指，即可生成定制的各式功能和时间工具。其顶级虚拟模块只需要一块 Slyde，即拥有了各种独特功能的手表。凭借双轴导向系统，Slyde 精确把握了时间的方方面面。可自行定制各种功能，如向其传输照片，或从因特网下载定制的模块，这些模块中不乏知名表匠与设计师的作品。品牌为瑞士原产的奢华手表，其采用所有极致技术只为一个目的—传承宇宙永恒的时间。

Slyde全钢款

型号： AC00 V1 CA01
机芯： 黑色背景与蓝色数字的虚拟引擎
功能： 小时，日期，GMT时区，日历，月相，计时器，定时器以及其他个人定制化功能
表壳： 不锈钢表壳，拉丝表环及壳耳端，抛光壳耳，图案及LED屏幕边框
表带： 纯黑橡胶表带
参考价格： 49900元

Slyde全钛款

型号： AC00 V1 CA01
机芯： 黑色背景与蓝色数字的虚拟引擎
功能： 小时，日期，GMT时区，日历，月相，计时器，定时器以及其他个人定制化功能
表壳： 不锈钢表壳，拉丝表环及壳耳端，抛光壳耳，图案及LED屏幕边框
表带： 纯黑橡胶表带
参考价格： 52800元

Slyde黑钛款

型号： PV00 V1 CA01 – TIT PVD
机芯： 黑色背景与蓝色数字的虚拟引擎
功能： 小时，日期，GMT时区，日历，月相，计时器，定时器以及其他个人定制化功能
表壳： 钛金属表壳，喷丸及黑色PVD涂层处理表环及壳耳，抛光图案及LED屏幕边框
表带： 纯黑橡胶表带
参考价格： 55800元
其他款式： 黑钢款，52800元

Slyde黑色镶钻款

型号： PVACS1 V1 ALF01-STEEL DIAMOND
机芯： 黑色背景与蓝色数字的虚拟引擎
功能： 小时，日期，GMT时区，日历，月相，计时器，定时器以及其他个人定制化功能
表壳： 不锈钢表壳，喷丸及黑色PVD涂层处理表环及壳耳，抛光图案及LED屏幕边框；壳耳镶有192颗白钻（约1克拉）
表带： 黑色鳄鱼纹真皮表带
参考价格： 143000元

Slyde全黑玫瑰金款

型号： PV4N01 V1 ALF01-STEEL REG
机芯： 黑色背景与玫瑰金色表面处理的虚拟引擎
功能： 小时，日期，GMT时区，日历，月相，计时器，定时器以及其他个人定制化功能
表壳： 不锈钢表壳，喷丸及黑色PVD涂层处理表环及壳耳，抛光图案及LED屏幕边框
表带： 黑色鳄鱼纹真皮表带
参考价格： 79900元

Slyde玫瑰黑金款

型号： PV4N01 V1 ALF01-STEEL REG
机芯： 黑色背景与玫瑰金色表面处理的虚拟引擎
功能： 小时，日期，GMT时区，日历，月相，计时器，定时器以及其他个人定制化功能
表壳： 不锈钢表壳，喷丸及黑色PVD涂层处理表环及壳耳，抛光图案及LED屏幕边框
表带： 黑色鳄鱼纹真皮表带
参考价格： 115800元

S

Storm

Storm 手表于 1989 年正式成立于伦敦，凭借着时尚、个性的设计，成为国际型时尚知名品牌，它填补了市场上以能承受的价位购买高档次创意手表的空缺。与此同时，Storm 以其独有的设计风格与高品质产品引领潮流，大胆挑战传统约束的设计形态，与“打破规则，突破自我”的生活态度结合，象征着奇迹与力量。独特的视角以及不停的创新，确保了品牌生产的手表符合全球独特品牌的定位。

Storm 手表选取高品质材料制作，如涂瓷器、陶瓷、真皮、钻石、蓝宝石、缟玛瑙和施华洛世奇水晶等，并有着丰富的产品线，包括饰品、箱包、墨镜、香水等。品牌目前已覆盖世界 45 个国家，并共有 44 家旗舰店，包括英国、美国、德国、加拿大，是如今唯一被英国市场承认的时尚手表品牌。Storm 将不同的功能、颜色、材质、形状组合，打破传统塑造出了自身独有的规则。

创立时间:
1989年

员工人数:
不详

年产量:
不详

电话:
010 85780158

传真:
010 85790158

网址:
www.stormlondon.cn

销售方式:
专营店，直销，百货商场，代理

经典款式:
不详

价格区间:
2000元~20000元

Aquanaut海底观察员手表

型号： 47030/SL
机芯： 瑞士机芯
功能： 时针，分针，秒针，日期
表壳： 不锈钢，橡胶表壳
表带： 不锈钢，橡胶表带
参考价格： 3799元
其他款式： 黑色，银色，蓝色

Darth手表

型号： 47001/MR
机芯： 进口机芯
功能： 跳时小时，跳时分钟
表壳： 不锈钢表壳，47.5毫米x43.5毫米
表带： 不锈钢表带
参考价格： 1599元

Excalibur手表

型号： 47146/S
机芯： 进口机芯
功能： 时针，分针，秒针
表壳： 不锈钢表壳，3D表盘
表带： 不锈钢表带
参考价格： 6399元

Satellite人造卫星手表

型号： 4656/BK
机芯： 进口机芯，自动上弦
功能： 时针，分针，秒针，两地时
表壳： 不锈钢表壳
表带： 不锈钢表带
参考价格： 2350元
其他款式： 黑色，蓝色，玫瑰金

Cyro女士手表

型号： 47154/BK
机芯： 进口机芯
功能： 时针，分针
表壳： 不锈钢表壳
表带： 不锈钢表带
参考价格： 1450元
其他款式： 玫瑰金，黑色，银色

Tixi手表

型号： 4695/BK
机芯： 瑞士机芯
功能： 时针，分针
表壳： 不锈钢表壳，镶钻
表带： 不锈钢表带
参考价格： 5599元
其他款式： 白色，黑色，金色

S

施华洛世奇
Swarovski

创立时间:
1895年

员工数量:
26100人（截止到2011年数据）

年产量:
不详

电话:
01065829688

传真:
01065829699

网址:
WWW.SWAROVSKI.COM

销售方式:
专卖店

经典款式:
Octea系列

价格区间:
万元左右

1895 年，来自波希米亚的发明家丹尼尔·施华洛世奇（Daniel Swarovski）携带他最新发明的仿水晶首饰石切割打磨机器，移居到奥地利泰利莱郡的华登斯市。自此，施华洛世奇开始进军时尚界，更发展成为精确切割仿水晶制造商，为时尚服饰、首饰、灯饰、建筑及室内设计提供仿水晶元素。时至今日，企业仍由家族的第五代成员经营。

施华洛世奇企业的两个主要业务，分别是制造及销售水晶元素、设计制造成品。施华洛世奇仿水晶已成为国际设计作品必备的元素。自 1965 年起，公司便为高级首饰业提供精确切割的天然及人造宝石。施华洛世奇水晶会全球约有 300000 名会员，凝聚了一群热爱仿水晶搜集品的收藏家；而于 1995 年开幕、位于华登斯市的多媒体仿水晶博物馆“施华洛世奇水晶世界”，则印证了施华洛世奇丰富的灵感和创意。

施华洛世奇做的多为女表水晶的材质会更多的得到女人的垂爱。但是在今年 3 月的巴塞尔表展上，施华洛世奇却发布了首个男士手表系列（去年只向媒体公布了样品）。以上两点均说明了，只要够强大、够自信，谁还走寻常路?

在手表的设计上，我们采访了施华洛世奇集团水晶精品部的创作总监娜塔妮·歌莲，她表示，在男士手表系列的背后有着一大群专业设计、眼光独特、足够潮流的男士设计师在把关。关于手表的技术，我们采访了施华洛世奇水晶精品部负责人罗伯特·布克包尔，他向我们介绍了配备自动上弦机械机芯的 Piazza Grande 系列手表，并且表示，施华洛世奇男表在复杂功能的道路上还要走很远。以上两点，均说明了施华洛世奇抢占男表市场指日可待。

女表形势依然稳健，Lovely Crystals 和 Crystalline 两大全新系列，连同旗舰型号 Octea 的两个全面升级系列——融入最新色彩的 Octea Sport 和 Octea Chrono 一起登场，而 Elis Mini、Elis Lady、Piazza 系列以及今秋推出的 Elis Bangle，则利用了施华洛世奇独有的仿水晶网布素材。

Lovely Crystals女士手表

型号： LOVELY_CRYSTALS_Framboise
机芯： 瑞士制造机芯
功能： 时针，分针
表壳： 35 毫米直径的不锈钢圆形表壳，50米防水
表带： 搭配不锈钢扣针式表扣的白色、黑色或洋红色柔滑真皮表带或不锈钢表带
参考价格： 5100元

Piazza Grande手表

型号： Piazza_Grande_Rose
机芯： 瑞士制造的石英机芯
功能： 时针，分针，秒针，日历
表壳： 42毫米直径的圆形玫瑰金色 PVD 表壳，50米防水
表带： 黑色鳄鱼纹小牛皮表带
参考价格： 8400元

Octea Abyssal Silver男士手表

型号： Octea_Abyssal_Silver
机芯： 瑞士自动上弦机芯
功能： 时针，分针，秒针，日历
表壳： 44 毫米直径的圆形不锈钢，黑色 PVD 或磨砂橘色铝质表壳
表带： 黑色橡胶表带
参考价格： 12400元

Octea Chrono Fuchsia

型号： 1124157
机芯： ETA 计时机芯
功能： 时针，分针，秒针，计时，日历
表壳： 40毫米不锈钢圆形表壳，单向旋转表圈，防水50米
表带： 紫红色橡胶表带，饰有紫红色仿水晶
参考价格： 9300元

Crystalline

型号： 1135988
机芯： 瑞士石英机芯
功能： 时针，分针
表壳： 40毫米不锈钢表壳，缀有近800颗仿水晶，防水30米
表带： 黑色小牛皮表带，不锈钢扣针式表扣
参考价格： 3500元

Elis Lady

型号： 1124135
机芯： 瑞士石英机芯
功能： 时针，分针
表壳： 斜面切割正方形不锈钢表壳，防水30米
表带： 闪钻丝绸色仿水晶网布表带
参考价格： 7600元

Piazza

型号： 1124138
机芯： 瑞士石英机芯
功能： 时针，分针
表壳： 36 毫米不锈钢圆形表壳，防水30米
表带： 黑矿仿水晶网布表带
参考价格： 7000元

Elis Bangle Mini

型号： 1124139
机芯： 瑞士石英机芯
功能： 时针，分针
表壳： 斜面切割正方形玫瑰金色PVD表壳，防水30米
表带： 手镯形仿水晶网布表带
参考价格： 8800元

Octea Abyssal Black

型号： 1124147
机芯： 瑞士自动上弦机芯
功能： 时针，分针，秒针，日历
表壳： 黑色PVD不锈钢表壳，直径44毫米，防水200米
表带： 黑色橡胶表带
参考价格： 13000元

Octea Abyssal Orange

型号： 1124149
机芯： 瑞士自动上弦机芯
功能： 时针，分针，秒针，日历
表壳： 磨砂橘色铝质表壳，直径44毫米，防水200米
表带： 黑色橡胶表带
参考价格： 13000元

Piazza Grande Black

型号： 1124141
机芯： 瑞士石英机芯
功能： 时针，分针，秒针，日历
表壳： 42毫米黑色PVD表壳，防水50米
表带： 黑色PVD表带
参考价格： 9300元

Piazza Grande Black Crystal

型号： 1094355
机芯： 瑞士石英机芯
功能： 时针，分针，秒针，日历
表壳： 不锈钢表壳，直径42毫米，防水50米
表带： 黑色鳄鱼纹小牛皮表带
参考价格： 9900元

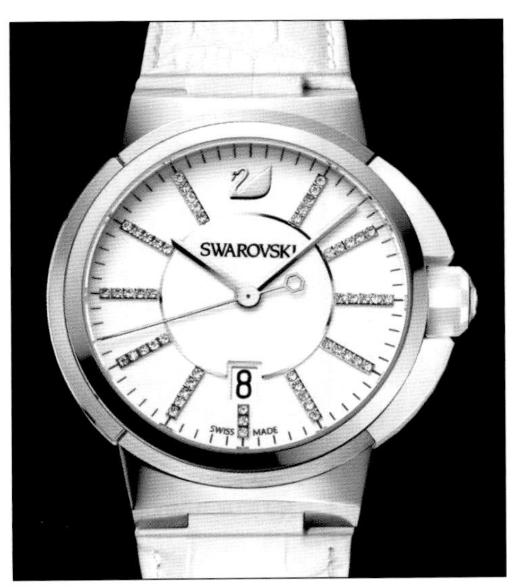

Piazza Grande White

型号： 1124140
机芯： 瑞士石英机芯
功能： 时针，分针，秒针，日历
表壳： 不锈钢表壳，直径42毫米，防水50米
表带： 白色鳄鱼纹小牛皮表带
参考价格： 7800元

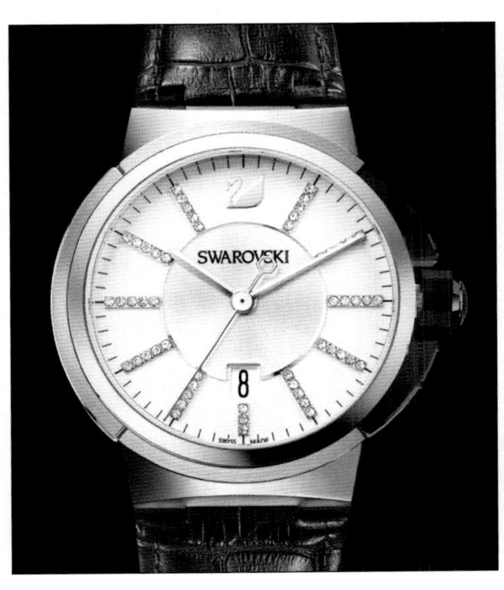

Piazza Grande Silver Crystal

型号： 1094348
机芯： 瑞士石英机芯
功能： 时针，分针，秒针，日历
表壳： 不锈钢表壳，直径42毫米，防水50米
表带： 鳄鱼纹小牛皮表带
参考价格: 7800元

Piazza Grande Blue Crystal

型号： 1094349
机芯： 瑞士石英机芯
功能： 时针，分针，秒针，日历
表壳： 不锈钢表壳，直径42毫米，防水50米
表带： 蓝色鳄鱼纹小牛皮表带
参考价格： 7800元

Piazza Grande Black

型号： 1094355
机芯： 瑞士自动上弦机芯
功能： 时针，分针，秒针，日历
表壳： 不锈钢表壳，直径43毫米，防水100米
表带： 鳄鱼纹小牛皮表带
参考价格： 9900元

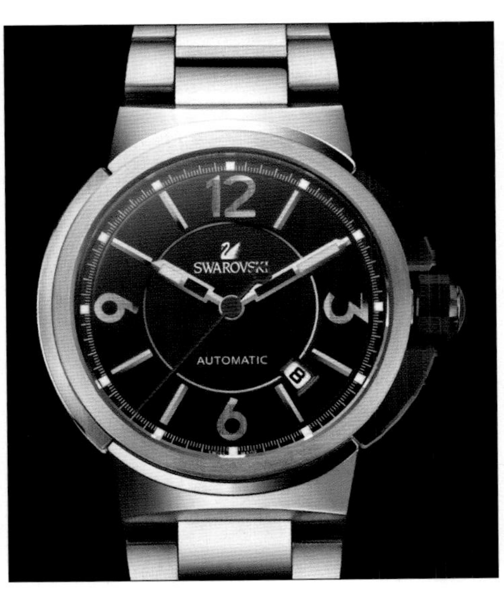

Piazza Grande Black STS

型号： 1094359
机芯： 瑞士自动上弦机芯
功能： 时针，分针，秒针，日历
表壳： 不锈钢表壳，直径43毫米，防水100米
表带： 抛光不锈钢表带
参考价格： 8400元

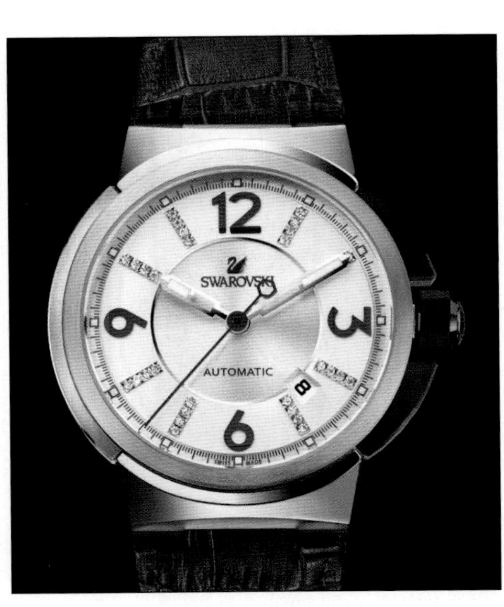

Piazza Grande blue

型号： 1094356
机芯： 瑞士自动上弦机芯
功能： 时针，分针，秒针，日历
表壳： 不锈钢表壳，直径43毫米，防水100米
表带： 蓝色鳄鱼纹小牛皮表带
参考价格： 9900元

S

Speake-Marin

2000 年，Speake-Marin 先生在日内瓦 (Genève) 与洛桑 (Lausanne) 之间的 Rolle 小镇成立自己的制表工作坊，建立以自己姓氏命名的品牌 Speake-Marin。Speake-Marin 的表壳设计素以 The Piccadilly 著称，原因是他认为在伦敦皮卡底里大道上度过的岁月，始终是其工作生涯中最能影响他的一部分，这让他吸取很多不同的前人制表方法，把其中最好的应用到自己的手表设计上。

时至今日，Speake-Marin 先生在国际表坛上的地位日趋成熟，获得不少制表大师及多个国际品牌的青睐，曾与他合作过的品牌包括：海瑞温斯顿 (2006 年作品：Excenter Toubillon)，MB&F (2008 年作品：HM1) 及 Maîtres du Temps (2008 年作品：Chapter One 及 2009 年作品：Chapter 2)，等等。

创立时间：
2000年

员工数量：
不详

年产量:
不详

电话:
+41 21 695 26 55

传真:
无

网址:
www.speake-marin.com

销售方式:
经销商

价格区间:
万元

Marin 2 MK 1 “Thalassa”手表

机芯: SM2m手动上弦机芯
功能: 时针，分针，小秒针，日历
表壳: 18K白金，尺寸42毫米x12毫米
表带: 鳄鱼皮表带
参考价格: 店洽

Renaissance 陀飞轮三问表

机芯: 三问陀飞轮机芯
功能: 时针，分针，小秒针，三问，陀飞轮
表壳: 18K红金表壳，尺寸44毫米x11毫米，防水30米
表带: 天然短吻鳄鱼皮表带搭配金唐扣
参考价格: 店洽

Immortality Dragon手表

机芯: SM2m机芯
功能: 时针，分针，小秒针
表壳: 18K白金表壳，直径42毫米，厚12毫米
表带: 天然短吻鳄鱼皮表带
参考价格: 店洽

梅花
Titoni

瑞士梅花表于 1919 年由 Fritz Schluep（弗瑞茨·史洛普）创立，至今仍保持其独立性，一直由史洛普家族所拥有。现由家族第三代——丹尼尔·史洛普先生延续手表制作传统。公司总部自成立至今一直坐落于侏罗山脉下的瑞士制表名城格林肯镇，专注于制造高质量的机械手表。每一只梅花表的零件储存、机芯组装、上油装嵌，最终检测以及包装出厂等所有工序流程，均由其经验丰富的工匠，配以厂房内先进的制表器材在瑞士总部生产。因此，所有手表均符合瑞士制造的高标准。

梅花表销售网络遍布欧洲、俄罗斯、印度、中东、东南亚和中国，在中国设立了多家专卖店及旗舰店，分别位于北京（前门大街）、上海（和平饭店）、重庆（日月光广场）及香港（旺角）。

创立时间:
1919年

员工人数:
60人

年产量:
180000枚

电话:
010 67092115

传真:
010 67092835

网址:
www.titoni.cn

销售方式:
专卖店，旗舰店

经典款式:
大师系列，空中霸王系列，天星系列

价格区间:
5000元~50000元

T

Master Series 大师系列天文台女装手表

型号：23588 S-DB-ST-331
机芯：ETA 2824-2 机芯
功能：时针，分针，秒针，日历
表壳：不锈钢，表圈镶有50颗钻石，直径33.5毫米，防水100米
表带：皮带
参考价格：41700元

Master Series 大师系列天文台月相手表

型号：94788 S-368
机芯：Soprod 9000机芯
功能：时针，分针，秒针，星期，日历，月相
表壳：不锈钢，直径40毫米，防水100米
表带：不锈钢
参考价格：6500元

Master Series 大师系列女装表

型号：23588 S-ST-357
机芯：自动机芯ETA 2824-2，瑞士天文台COSC认证
功能：三指针，单日历
表壳：不锈钢，直径33.5毫米，珍珠母贝表盘，镶嵌钻石刻度，防水100米
表带：皮带
参考价格：18800元

Master Series大师系列天文台手表

型号：83588 S-358
机芯：ETA 2824-2, 瑞士天文台COSC认证
功能：三指针，单日历显示
表壳：不锈钢，表径40毫米，白色表盘，钻石刻度，防水100米
表带：不锈钢
参考价格：18200元

Space Star天星系列手表

型号：83738 SB-342
机芯：自动机芯ETA2824-2
功能：时针，分针，秒针，3时位置日历显示
表壳：不锈钢，直径39毫米，黑色PVD电镀，暗纹表盘，防水50米
表带：不锈钢
参考价格：10900元

Mademoiselle by TITONI 优雅伊人系列手表

型号：TQ 42921 RG-DB-364
机芯：石英机芯ETA 280.002
功能：时针，分针
表壳：不锈钢镀玫瑰金，珍珠母贝表盘，条形/罗马数字刻度，防水30米
表带：PVD镀玫瑰金表带
参考价格：7800元

Master Series 大师系列天文台手表

型号：83688 SR-ST-296
机芯：ETA 2895-1机芯
功能：时针，分针，小秒针，日历
表壳：18K玫瑰金，不锈钢，直径40毫米，防水100米
表带：皮带
参考价格：36500元

Master Series大师系列“腾龙”限量版天文台手表

型号：83588 S-Dragon-G
机芯：ETA 2824-2机芯
功能：时针，分针，秒针，日历
表壳：不锈钢，直径40毫米，防水100米
表带：不锈钢，另配真皮带一条
参考价格：18800元

Airmaster 空中霸王系列

型号：93709 SY-385
机芯：ETA 2836-2机芯
功能：时针，分针，秒针，日期，星期
表壳：不锈钢，5微米镀金，直径40毫米，防水50米
表带：不锈钢
参考价格：9500元

Space Star天星系列

型号：94738 S-378
机芯：ETA 2893-2机芯
功能：两地时，时针，分针，秒针，日历
表壳：不锈钢，直径41毫米，防水50米
表带：不锈钢
参考价格：待定

Slenderline纤薄系列

型号：TQ 52917 S-375
机芯：ETA 980.163石英机芯
功能：时针，分针，小秒针
表壳：不锈钢，直径38毫米，防水30米
表带：不锈钢
参考价格：5400元

优雅伊人系列

型号：TQ 42915 SY-DB-382
机芯：ETA 956.112石英机芯
功能：时针，分针，秒针，日历
表壳：不锈钢PVD镀金，直径25.5毫米，镶嵌锆石，防水30米
表带：不锈钢，PVD镀金表带
参考价格：8000元

豪雅
TAG Heuer

豪雅 (TAG Heuer) 自 1860 年创立以来，是全球最大的奢侈品集团路威酩轩集团 (LVMH) 旗下的世界第四大奢侈手表品牌。100 多年以来，豪雅坚持创造最精确的计时工具和精美绝伦的手表——它是第一个实现计时精确度达 1 /10 秒、1/100 秒、1/1000 秒乃至 1/10000 秒的奢侈手表品牌。豪雅同时是瑞士制表业最顶级俱乐部－高级钟表基金会 (Fondation de la Haute Horlogerie–FHH) 的专属会员。秉承对创新、卓越、成就和尊贵的不懈追求，豪雅无论在制表领域还是在设计领域都获得了极大认可，赢得了日内瓦钟表大赛大奖、iF 设计大奖、红点设计大奖等无数个至高荣誉，更邀得众多好莱坞巨星以及体坛名将为品牌代言，其中包括好莱坞标志性人物莱昂纳多·迪卡普里奥 (Leonardo Di Caprio)、史上最成功的高尔夫球手老虎·伍兹 (Tiger Woods)、女子职业网球协会网球冠军玛丽亚·莎拉波娃 (Maria Sharapova) 以及 2010 年最新加入这个梦之队的中国表演艺术家陈道明先生等。豪雅在制表领域推出了多款佳作：豪雅自主研发的 Calibre 1887 柱轮计时机芯堪称是对豪雅 1887 年原创的振动齿轮的最高敬意，此款振动齿轮亦是豪雅（TAG Heuer）首批专利成果之一，也是现代制表领域的一大里程碑；豪雅 CARRERA 1887 计时表更荣膺 2010 年日内瓦高级钟表大赏的年度最佳手表。同时，为了纪念 1916 年的豪雅 Mikrograph 秒表，世界首款集成柱轮机械计时表 豪雅 Carrera

杰克 • 豪雅先生

Mikrograph1/100 计时表横空出世，这亦是首款由中央指针直接显示 1/100 秒的机械手表。2011 年巴塞尔期间，豪雅 Mikrotimer Flying 1000 概念手表——世界首款能够显示 1/1000 秒的机械计时表惊艳亮相，极高的技术含量使其一举问鼎 2011 年日内瓦高级钟表大赏的年度最佳运动手表大奖以及 SIAR 的年度最佳概念手表大奖。2012 年，豪雅再次重磅推出精确至 5/10000 秒的 Mikrogirder，将精准制表推向另一高峰。

豪雅今年还与好莱坞接轨，请来国际影星卡梅隆·迪亚兹女士作为其 LINK 系列女表代言人，手表的艺术气场就不由分说了，特别是 Diamond Star 手表，用群星装饰前置摆铊，360 度的旋转真正做到"宛如无物"。另外，今年是杰克·豪雅先生 80 周岁，推出了 80 周岁纪念版计时表，它以 1964 年的卡莱拉手表为原形进行创作，设计上大吹复古之风。超高频振也是豪雅的标记，豪雅超高振频概念手表，在设计上把造型做活了，在技术上把高频振超了。豪雅，把人们概念中的"好看"变成了现实。

创立时间:
1860年

员工数量:
不详

年产量:
不详

电话:
010 6133 2688

传真:
010 6288 1459

网址:
www.tagheuerworld.com

销售方式:
经销，专卖店

经典款式:
卡莱拉1887，卡莱拉传承，林肯手表

价格区间:
20000元~790000元

豪雅 Mikrogirder 获 2012 日内瓦高级钟表大赏金指针大奖

卡莱拉Calibre 1887玫瑰金色计时表

型号： CAR2012.FC6235
机芯： 豪雅1887自动计时机芯
功能： 时针，分针，小秒针，日历
表壳： 不锈钢抛光表壳，抛光表圈，抛光表冠和计时按钮，防水100米
表带： 黑色鳄鱼皮表带，不锈钢折叠表扣，带有安全按钮
参考价格： 46800元

卡莱拉Calibre 1887计时表

型号： CAR2012.BA0796
机芯： 豪雅1887自动计时机芯
功能： 时针，分针，小秒针，日历
表壳： 不锈钢抛光表壳，抛光表圈，抛光表冠和计时按钮，防水100米
表带： 不锈钢抛光表链，不锈钢折叠表扣，带有安全按钮
参考价格： 46800元

卡莱拉Calibre 1887 SpaceX计时表2012枚限量版

型号： CAR2015.FC6321
机芯： 豪雅1887自动计时机芯
功能： 时针，分针，秒针，计时，日历
表壳： 不锈钢抛光表壳，抛光表圈，防水100米
表带： 不锈钢表链，不锈钢折叠表扣
参考价格： 46800元

卡莱拉Calibre 17 杰克·豪雅80周岁纪念限量版计时表

型号： CV2119.BA0722
机芯： 豪雅Calibre 1自动计时机芯
功能： 时针，分针，秒针，计时，日历
表壳： 不锈钢抛光表壳，抛光表圈，防水100米
表带： 黑色穿孔小牛皮表带配红色内衬或5排交替式精细打磨不锈钢抛光表链
参考价格： 64500元

摩纳哥HEUER Steve McQueen计时表特别定制款

型号： CAW211D.FC6300
机芯： 豪雅Calibre 11自动机芯
功能： 时针，分针，秒针，计时，年历
表壳： 不锈钢抛光表壳，防水100米
表带： 蓝色小牛皮打孔表带
参考价格： 60800元

摩纳哥Cal12计时表(39毫米)

型号： CAW211K.FC6311
机芯： 豪雅Calibre 12自动机芯
功能： 时针，分针，秒针，计时，年历
表壳： 不锈钢抛光表壳，防水100米
表带： 黑色鳄鱼皮表带，带橙色缝线
参考价格： 50400元

卡莱拉Calibre 1887不锈钢黄金计时表特别定制款

型号： CAR2150.FC6266
机芯： 豪雅1887计时机芯
功能： 时针，分针，秒针，计时，日期
表壳： 不锈钢抛光表壳，纯金抛光表圈，镀金计时按钮和表冠，防水100米
表带： 黑色鳄鱼皮表带，不锈钢折叠表扣，带有安全按钮
参考价格： 49500元

卡莱拉Calibre 1887玫瑰金计时表

型号： CAR2140.FC8145
机芯： 豪雅1887自动计时机芯
功能： 时针，分针，秒针，计时
表壳： 玫瑰金抛光表壳，防水100米
表带： 黑色鳄鱼皮表带，玫瑰金针孔式表扣
参考价格： 135000元
其他款式： 灰黑色表盘配灰黑色鳄鱼皮表带

卡莱拉玫瑰金女士手表

型号： WV1440.FC8179
机芯： ETA F03.111石英机芯
功能： 时针，分针，秒针，日期
表壳： 玫瑰金抛光表壳和表圈，玫瑰金抛光表冠，防水50米
表带： 白色高光鳄鱼皮表带，玫瑰金针孔式表扣
参考价格： 66500元
其他款式： 白色珍珠母贝表盘配黑色鳄鱼皮表带

Grand Carrera Calibre 36 RS2 Ti2计时表 特别定制款

型号： CAV5186.FC6304
机芯： 豪雅Calibre 36 RS自动上弦机芯
功能： 时针，分针，秒针，计时，日历
表壳： 黑色2级钛合金表壳，防水100米
表带： 黑色鳄鱼皮表带，2级钛合金折叠表扣
参考价格： 89300元

卡莱拉摩纳哥大奖赛限量版星期日历计时表

型号： CV2A1F.BA0796
机芯： 豪雅Calibre 16自动计时机芯
功能： 时针，分针，秒针，计时，日历
表壳： 不锈钢抛光表壳，防水100米
表带： 橡胶表带
参考价格： 39000元
其他款式： 钢表带款

豪雅F1不锈钢陶瓷女士手表特别定制款

型号： WAH121D.BA0861
机芯： ETA F05.111 石英机芯
功能： 时针，分针，秒针，日历
表壳： 不锈钢抛光表壳，镶嵌钻石，防水200米
表带： 不锈钢和陶瓷表链，不锈钢折叠表扣
参考价格： 37900元

T

竞潜500米Calibre手表蓝色陶瓷表圈款

型号： WAK2111.BA0830
机芯： 豪雅Calibre5自动机芯
功能： 时针，分针，秒针，日历
表壳： 不锈钢抛光表壳，单向旋转蓝色陶瓷表圈，10点位置的不锈钢自动氦阀，防水500米
表带： 不锈钢表链
参考价格： 19900元

竞潜500米Calibre 5玫瑰金手表特别定制款

型号： WAJ2182.FT6015
机芯： 豪雅Calibre5自动机芯
功能： 时针，分针，秒针，日历
表壳： 钛金属表壳，玫瑰金单向旋转表圈，不锈钢自动氦阀，防水500米
表带： 黑色橡胶表带配钛金属表扣和安全按钮
参考价格： 39800元

竞潜500米Calibre 5手表黑色陶瓷表圈特别定制款

型号： WAK2121.BB0835
机芯： 豪雅Calibre5自动机械机芯
功能： 时针，分针，秒针，日历
表壳： 交替式不锈钢抛光表壳，单向旋转黑色陶瓷表圈，10点位置自动氦阀，防水500米
表带： 不锈钢和镀金抛光表链，不锈钢折叠表扣
参考价格： 25800元

卡莱拉传承Calibre 6 玫瑰金手表特别定制款

型号： WAS2140.FC8176
机芯： 豪雅Calibre 6自动机械机芯
功能： 时针，分针，小秒针，日历
表壳： 玫瑰金抛光表壳，玫瑰金抛光固定表圈，防水100米
表带： 棕色鳄鱼皮表带，玫瑰金针孔式表扣
参考价格： 83000元

卡莱拉传承Calibre 6 手表

型号： WAS2111.FC6293
机芯： 豪雅Calibre 6自动机械机芯
功能： 时针，分针，小秒针，日历
表壳： 不锈钢抛光表壳，防水100米
表带： 棕色鳄鱼皮表带，玫瑰金针孔式表扣
参考价格： 21000元

林肯女士手表(29毫米)罗马数字表盘款

型号： WAT1416.BA0954
机芯： RONDA 775石英机芯
功能： 时针，分针，秒针，日期
表壳： 不锈钢抛光表壳，不锈钢抛光固定表圈，防水100米
表带： 坚固的不锈钢“蝴蝶式”折叠表扣，带安全按钮，圆形外缘的抛光不锈钢表链
参考价格： 18700元

林肯女士手表表圈镶钻款

型号： WAT1416.BA0954
机芯： RONDA 775石英机芯
功能： 时针，分针，秒针，日历
表壳： 不锈钢抛光表壳，不锈钢抛光固定表圈，防水100米
表带： 坚固的不锈钢“蝴蝶式”折叠表扣，带安全按钮，圆形外缘的抛光不锈钢表链
参考价格： 44900元

林肯女士手表罗马数字表盘不锈钢黄金款

型号： WAT1452.BB0955
机芯： RONDA 775石英机芯
功能： 时针，分针，秒针，日历
表壳： 不锈钢抛光表壳，防水100米
表带： 不锈钢“蝴蝶式”折叠表扣，抛光不锈钢和黄金镀金交替式链节
参考价格： 32300元

林肯女士手表罗马数字表圈珍珠母贝表盘款

型号： WAT1417.BA0954
机芯： RONDA 775石英机芯
功能： 时针，分针，秒针，日历
表壳： 不锈钢抛光表壳，防水100米
表带： 不锈钢“蝴蝶式”折叠表扣，带安全按钮，圆形外缘的抛光不锈钢表链
参考价格： 23900元

林肯女士手表玫瑰金材质

型号： WAT1441.BG0959
机芯： RONDA 775石英机芯
功能： 时针，分针，秒针，日历
表壳： 玫瑰金表壳和固定表圈，防水100米
表带： 圆形外缘的玫瑰金表链和蝴蝶式表扣
参考价格： 178700元

TAG Heuer 1887自动计时机芯

功能： 日期显示，计时功能
直径： 29.3毫米
厚度： 7.13毫米
摆频： 28800次/时
备注： 动力储存时间约为50小时

TAG Heuer Monaco V4机械机芯

功能： 时针、分针、4点位小秒针
摆轮： 3条Glucydur合金支架的环状摆轮
摆频： 288000次/小时
游丝： 微闪处理摆轮游丝
备注： 52小时动能储备

T

天梭
Tissot

天梭创立于 1853 年。在过去的 159 年间，天梭从一家总部位于瑞士汝拉山区力洛克小镇的手表工厂，发展成了一个销售网点遍布世界的品牌。天梭的领先地位得益于创新能力，它在高科技产品、特殊材料和先进功能的研发上不遗余力。天梭推出的优质手表品种越来越多，但价格却比其他瑞士手表品牌更具吸引力，这也体现了它对“平民奢侈品”的承诺。天梭是全球重要的手表制造商和经销商斯沃琪集团的一员，同时也担任世界摩托车锦标赛 MotoGP，国际篮球联盟 FIBA，澳大利亚橄榄球联盟 AFL，中国篮球职业联赛 CBA 以及世界自行车、击剑和冰球锦标赛的官方指定计时。

今年，天梭推出众多新品，计时表、天文台手表以及多功能石英表全面开花，彰显了天梭不俗的制表功力。在推出全新款式的同时，天梭也在不断重塑历史经典。在创新材料大行其道，独特设计层出不穷的今天，天梭 1920 复刻版怀表尤其夺人眼目，怀旧的外形，匠心独运的镂空设计，使之成为众人瞩目的焦点。展会上，凭借多样的款式，全面的功能，天梭再次向世人展现了瑞士国民手表的风采。

黄晓[illegible]搭乘少女峰上山小火车 与天梭小火车不期而遇

T

天梭如星际版的仓储与全自动机器人

创立时间:
1853年

员工数量:
不详

年产量:
不详

电话:
+41 32 933 3111

传真:
+41 32 933 3311

网址:
www.tissot.cn

销售方式:
实体店销售（专卖店，综合店），暂无网络销售

经典款式:
腾智系列，力洛克系列，绅士系列，心媛系列等

价格区间:
5000元~ 100000元

仓储中心高效运能

天梭力洛克系列自动机械天文台认证款

型号：T0064083605700
机芯：ETA2824～2自动机芯，动力存储42小时
功能：时针，分针，秒针，日期
表壳：316L不锈钢表壳，防水30米
表带：皮质表带，带蝴蝶扣
参考价格：8800元

天梭艺塑系列月相表

型号：T9056387603200
机芯：ETA6498手动上弦机芯，动力存储38小时
功能：时针，分针，能量显示器，月相
表壳：18K玫瑰金表壳，银色表盘
表带：皮质表带，带蝴蝶扣
参考价格：52650元

天梭库图系列机械女表

型号：T0352101601100
机芯：自动机芯ETA2824～2
功能：时针，分针，秒针
表壳：316L不锈钢表壳，动力存储42小时
表带：皮质表带，带按钮式蝴蝶扣
参考价格：4800元

天梭乐爱系列

型号：T0580096111600
机芯：瑞士石英机芯
功能：时针，分针，秒针
表壳：316L不锈钢表壳，防水达30米/3个大气压
表带：316L不锈钢表带，蝴蝶扣
参考价格：7050元
其他款式：黄色款7050元

天梭腾智系列专业版

型号：T0134204420200
机芯：瑞士石英机芯
功能：时针，分针，秒针，天气预报，高度计，读秒计时，指南针，闹铃，温度计，现场气压和海平面气压测量
表壳：钛金属表壳，带旋转表圈，防水100米
表带：钛金属表带，皮表带，带按钮式折叠扣
参考价格：8550元

天梭卡森系列自动机械金表

型号：T90740771603800
机芯：ETA2824～2自动机芯，动力存储42小时
功能：时针，分针，秒针，日期显示
表壳：18K黄金/玫瑰金表壳，防水30米
表带：皮质表带，蝴蝶扣
参考价格：21950元～24200元

T

天梭天博系列自动机械天文台认证款

型号： T0604081103100
机芯： ETA2824~2自动机芯，动力存储42小时
功能： 时针，分针，秒针，日期显示
表壳： 316L不锈钢表壳，防水30米/3个大气压
表带： 316L不锈钢表带，带按钮式蝴蝶扣
参考价格： 7800元

天梭韵驰系列金表

型号： T9062177611201
机芯： 瑞士石英机芯
功能： 时针，分针，小秒针，计时，日期显示
表壳： 18K玫瑰金表壳，表圈镶钻，防水30米
表带： 皮质表带，带蝴蝶扣
参考价格： 14400元

天梭PR 516复刻版

型号： T0714301104100
机芯： 瑞士自动机械机芯
功能： 时针，分针，秒针，日期显示
表壳： 316L不锈钢表壳，蓝色表盘，防水100米
表带： 皮质表带，316L不锈钢表带
参考价格： 5400元

天梭PRX系列

型号： T0774171105101
机芯： 瑞士石英机芯
功能： 时针，分针，小秒针，计时功能，日期
表壳： 316L不锈钢表壳，间金镀层采用PVD工艺，防水100米
表带： 316L不锈钢表带，带按钮式蝴蝶扣
参考价格： 4050元~4800元
其他款式： 黑色，蓝色，白色表盘，间金款

天梭天朗系列

型号： T0617171603100
机芯： 瑞士石英机芯
功能： 时针，分针，秒针，日历，计时
表壳： 316L不锈钢表壳，防水100米
表带： 316L不锈钢表带，带按钮式蝴蝶扣/皮质表带，带蝴蝶扣
参考价格： 4600元~5000元

天梭潜智系列手表

型号： T0264201728102
机芯： 瑞士制造石英机芯
功能： 时针，分针，水下亮度，两地时，读秒计时，温度计，响闹，万年历，指南针和潜水日志功能
表壳： 316L不锈钢表壳，防水200米
表带： 黑色橡胶表带，配安全折叠扣
参考价格： 8350元~8800元

T

天梭腾智系列专业版龙年限量款

型号： T0134204620101
机芯： 瑞士制造石英机芯，带低电量指示器
功能： 时针，分针，高度计，登山速度，读秒计时，倒数计时器，指南针，双响闹，温度计，双时区，万年历，背景灯光
表壳： 防磁钛金属表壳，玫瑰金PVD和黑色PVD材质镀层，旋转表圈，防水100米
表带： 皮质表带，带按钮式蝴蝶扣
参考价格： 11700元，限量88枚

天梭四季音韵系列怀表

型号： T8524369903799
机芯： ETA2824～2机芯
功能： 时针，分针，秒针，手动上弦发音盒
表壳： 铜质镀钯表壳，透明表后盖
参考价格： 一套四枚40300元，单枚9850元

瓷艺系列

型号： T9083099605700
机芯： 瑞士制造石英机芯
功能： 时针，分针，秒针
表壳： 18K玫瑰金表壳，陶瓷表圈，防水30米
表带： 皮质表带，带按钮式蝴蝶扣
参考价格： 32250元
其他款式： 方形表盘白色皮带32250元，圆形表盘黑色/白色皮带30450元

天梭典藏1941复刻限量版

型号： T0404321605100
机芯： ETA7753自动计时机芯，动力储存46小时
功能： 时针，分针，秒针，计时
表壳： 18K玫瑰金或316L不锈钢表壳，防水30米
表带： 玫瑰金款采用鳄鱼皮表带，带折叠扣
参考价格： 13000元

天梭迈克·欧文2012计时表限量版

型号： T0674171105200
机芯： 瑞士制造石英机芯
功能： 时针，分针，秒针，计时
表壳： 316L不锈钢表壳，带旋入式表冠和表后盖，防水200米/20个大气压
表带： 316L不锈钢表带
参考价格： 4150元

天梭全新竞智系列

型号： T0025201705101
机芯： 瑞士制造石英机芯
功能： 时针，分针，计时，潮汐计算器，指南针
表壳： 316L不锈钢表壳，带旋转表圈，防水100米
表带： 橙色硅胶表带，带按钮式折叠扣
参考价格： 4550元

天梭心媛系列钻石至尊款

型号： BR01～96 ALTIMETER
机芯： ETA 2896自动上弦机芯
功能： 时针，分针，秒针
表壳： 直径46毫米，钢表壳经喷砂打磨黑色碳涂层处理，旋入式表冠
表带： 橡胶或强化尼龙
参考价格： 49500元，限量999枚

天梭T～12系列女表

型号： T0822106211600
机芯： 瑞士制造石英机芯
功能： 时针，分针，秒针，日期
表壳： 表壳上镶嵌79颗顶级威塞尔顿钻石，间金款镀层采用PVD工艺，防水30米
表带： 316L不锈钢表带，带按钮式蝴蝶扣
参考价格： 19600元

王子经典玫瑰金款

型号： T71810932
机芯： ETA 2660机芯
功能： 时针，分针
表壳： 18K玫瑰金表壳，表壳镶嵌165颗顶级威塞尔顿钻石，防水30米
表带： 巧克力色鳄鱼纹皮带，并配有别致的折叠扣
参考价格： 98450元

天梭竞速系列机械计时表

型号： T0484272705701
机芯： C01.211计时机芯
功能： 时针，分针，秒针，放大日历视窗，计时
表壳： 316L不锈钢表壳，防水100米
表带： 黑色橡胶表带，带按钮式折叠扣
参考价格： 9800元

天梭海星潜水1000系列自动计时表

型号： T0664271704700
机芯： C01.211机芯
功能： 时针，分针，秒针，日期，排氦气阀，计时
表壳： 直径48毫米，316L不锈钢表壳，具有黑色或蓝色PVD镀层，防水300米
表带： 316L不锈钢表带
参考价格： 8900元

天梭腾智精英版女士手表

型号： T0472204612600
机芯： 瑞士制造触屏石英机芯
功能： 时针，分针，天气预报，高度计，读秒计时，指南针，自动退磁，双响闹，温度计，双时区，万年历，背景灯光
表壳： 防磁抛光钛金属表壳，防水100米
表带： 皮质表带，带按钮式蝴蝶扣
参考价格： 9850元

T

Thomas Prescher

Thomas Prescher 的制表工厂坐落在风景如画的瑞士比尔湖畔。几个世纪以来，这个地方不仅被誉为最醇香葡萄酒的故乡之一，更孕育了一名名钟表名匠，Thomas Prescher 就是其中之一。美丽的自然环境，瀑布和森林，对他日后的创作风格起到了举足轻重的作用。

Thomas Prescher 制作钟表的想法是经过一次独立的瑞士手表研讨会被激发出来的。在德国海军服役了 6 年之后，1991 年，Thomas Prescher 认为是实现他对钟表热情和理想的时候了。他在一年的时间内购买了几十块破旧的手表和时钟，然后自己学习如何修复它们，接着努力地阅读书籍和文章，学会了钟表学徒的所有课程，仅仅用了三年就通过了原本四年钟表学徒的所有课程。2002 年，Thomas Prescher 开办了自己的工作室，他制作的单、双、三轴陀飞轮三部曲吸引了大量客户。并在 2003 年的展示中获得了成功。

Thomas Prescher Haute Horlogerie 品牌的 Tempusvivendi 系列手表拥有七个精致的基本模型，可以根据客户的要求定制产品。目前，Prescher 继续在他的工作室里创作更复杂的钟表设计和制作。

创立时间：
2002年

员工人数：
不详

年产量：
不详

电话：
+886 9369 21457

传真：
+886 2323 35051

网址：
www.prescher.cn

销售方式：
台湾销售商

经典款式：
Tourbillion, Tempusvivendi, Sculptura Una, Nemo, Perpetual Calendar

价格区间：
165430元~3308618元

Tourbillion手表

型号： Single Axis Billion
机芯： TP 3W6A.1机芯，动力储备40小时
功能： 时针，分针，单轴陀飞轮
表壳： 18K金材质，防水10米
表带： 手缝鳄鱼皮表带，18K金表扣
参考价格： 店洽
其他款式： 白金款

Tourbillion手表

型号： Double Axis Billion
机芯： TP 3W6A.2机芯，动力储备40小时
功能： 时针，分针，双轴陀飞轮
表壳： 18K金材质，防水10米
表带： 手缝鳄鱼皮表带，18K金表扣
参考价格： 店洽
其他款式： 白金款

Tourbillion手表

型号： Triple Axis B llion
机芯： TP 3W6A.3机芯，动力储备40小时
功能： 时针，分针，三轴陀飞轮
表壳： 18K金材质，防水10米
表带： 手缝鳄鱼皮表带，18K金表扣
参考价格： 店洽
其他款式： 白金款

Tourbillion手表

型号： Mysterious Automatic Double Axis
机芯： TP MADAT No.1机芯
功能： 时针，分针，月相，日历，双轴陀飞轮
表壳： 18K金材质，41.2毫米×36.75毫米
表带： 手缝鳄鱼皮表带，18K金表扣
参考价格： 店洽
其他款式： 白金款

Tempusvivendi系列手表

型号： Russian Eagle
机芯： 自动上弦机芯，动力储备40小时
功能： 逆跳时针，分针
表壳： 18K金材质，直径43毫米，厚13毫米，防水10米
表带： 手缝鳄鱼皮表带，18K金表扣
参考价格： 店洽

Tempusvivendi系列手表

型号： PHOENIX
机芯： 自动上弦机芯，动力储备40小时
功能： 逆跳时针，分针
表壳： 18K金材质，直径43毫米，厚13毫米，防水10米
表带： 手缝鳄鱼皮表带，18K金表扣
参考价格： 店洽

Tempusvivendi系列手表

型号： SCULPTURA UNA
机芯： 自动上弦机芯，动力储备40小时
功能： 逆跳时针，逆跳分针，秒针
表壳： 18K金材质，直径39毫米或43毫米，厚16.1毫米，防水10米
表带： 手缝鳄鱼皮表带，18K金表扣
参考价格： 店洽

Nemo手表

型号： Sailor
机芯： ETA2824-A2机芯或客户定制机芯
功能： 时针，分针，日历
表壳： 不锈钢材质，直径44毫米，厚12毫米
表带： 手缝鳄鱼皮表带
参考价格： 店洽

Perpetual Calendar

型号： QP1
机芯： 自动上弦机芯，动力储备36小时
功能： 日期，万年历，时针，分针
表壳： 18K金材质，直径39毫米或43毫米
表带： 手缝鳄鱼皮表带，18K金表扣
参考价格： 店洽
其他款式： 950白金款

T

帝舵
Tudor

德国人汉斯·威尔斯多夫 20 世纪初期创办了大名鼎鼎的劳力士钟表品牌帝舵。1930 年，劳力士全力实施以英国为中心的全欧洲产品推广计划，但由于价格昂贵，很难让普通老百姓拥有。于是，汉斯·威尔斯多夫决定生产劳力士产品的普及版，即产品品质要和劳力士一样优异，但售价要让一般人士能够接受的产品。帝舵 (Tudor) 表诞生了。“Tudor”这个名字来自英国的都铎王朝，每只帝舵表，出售时均附有原厂保真证书，证上有详细资料、出售日期，并盖上有效之商号印鉴。为巩固国际声誉，帝舵特别通过遍布全球五大洲的高级珠宝商建立起无与伦比的分销网络。

首款帝舵表标志于 20 世纪 20、30 年代，表面简洁地展示“Tudor”的名字，犹如出生证明一样。玫瑰图形于 1936 年前后首次出现在表面上，它是曾经长期统治英国的都铎王朝的象征，也是帝舵表品牌名字的来源。玫瑰图形呈现在盾牌上，象征着力量与美丽的完美结合。从 1969 年至今，帝舵表对古典美学的追求逐渐实现，于是开始力求技术上的提升，因此在盾牌上渐渐地不再出现玫瑰图形，表面上的重要位置只留下这个象征着坚毅与可靠的盾牌标志。而 2011 新款帝舵表 Clair de Rose 系列表款再一次复刻了经典的玫瑰图形标志。以镂空帝舵表玫瑰标志为造型的中央小秒针，表冠顶部的透明圆拱装饰内藏有的玫瑰及表面上的玫瑰标志都表达了对女性美态的赞颂。

帝舵表的复古元素是品牌的最大特征。近年来，帝舵表重新打造灵感源自二十世纪五、六十年代复古情怀的经典表款。帝舵在今年的巴塞尔表展中兴推出两款新表，一色的潜水复古风格。其中 Heritage Black Bay 是一款纪念 20 世纪 50 年代帝舵在潜水表领域所开辟的重要地位及影响力。而 Pelagos 则是一款高新材质防水表，表壳和表链都采用了钛金属材质，防水深度可以达到 500 米。既复古又时尚的两款运动型手表各具特色，其强大的功能满足了很多潜水爱好者的需求，属于走实力派路线的作品。

创立时间:
1946年

员工人数:
不详

年产量:
不详

电话:
010 8518 8611

传真:
不详

网址:
http://www.tudorwatch.com/

销售方式:
专卖店

经典款式:
Glamour系列，Heritage系列，Clair de Rose系列

价格区间:
店洽

T

Heritage Chrono

型号： 70330 N
机芯： 自动上弦机芯
功能： 时针，分针，秒针，计时，日历
表壳： 全不锈钢，锻面及抛光表壳，直径42毫米，防水150米
表带： 不锈钢表带或织纹表带
参考价格： 店洽

Glamour Double Date

型号： 53020 & 53023
机芯： 自动上弦机芯
功能： 时针，分针，秒针，日历
表壳： 全不锈钢，抛光表壳配备双表圈，直径31毫米，双表圈镶嵌60颗钻石
表带： 不锈钢表带
参考价格： 店洽

Grantour Chrono Fly-Back

型号： 20551N
机芯： 自动上弦计时机芯，动力储备约42小时
功能： 时针，分针，秒针，计时，日历
表壳： 粉红金，不锈钢磨光与磨砂表壳，防水150米，直径42毫米
表带： 不锈钢表带
参考价格： 店洽

Grantour Chrono

型号： 20530N
机芯： 自动上弦计时机芯，动力储备约46小时
功能： 时针，分针，秒针，计时功能，日历
表壳： 不锈钢磨光与磨砂表壳，防水150米，直径42毫米
表带： 不锈钢表带或配有新型安全扣的真皮表带
参考价格： 店洽

Grantour Chrono Fly-Back

型号： 20550N
机芯： 自动上弦计时机芯，动力储备约42小时
功能： 时针，分针，秒针，计时，日历
表壳： 不锈钢磨光与磨砂表壳，防水150米，直径42毫米
表带： 不锈钢表带或配有新型安全扣的真皮表带
参考价格： 店洽

Grantour Date

型号： 20500N
机芯： 自动上弦机芯，动力储备约38小时
功能： 日历，时针，分针，秒针
表壳： 不锈钢磨光与磨砂表壳，防水150米，直径42毫米
表带： 不锈钢表带或配有新型安全扣的真皮表带
参考价格： 店洽

Heritage Advisor

型号： 79620T
机芯： 自动上弦机芯，动力储备约42小时
功能： 时针，分针，秒针，响闹功能，响闹动力储备显示，日历
表壳： 钛金属及钢磨光与磨砂表壳，防水100米，直径42毫米
表带： 不锈钢表带
参考价格： 店洽

Glamour Double Date

型号： 55020 & 55023
机芯： 自动上弦机芯
功能： 时针，分针，秒针，日历
表壳： 黄金钢，防水100米，直径36毫米，双表圈镶嵌60颗钻石
表带： 间金表带
参考价格： 店洽

Fastrider

型号： 42000
机芯： 自动上弦计时机芯，动力储备约46小时
功能： 时针，分针，秒针，计时，日历
表壳： 不锈钢磨光与磨砂表壳，防水150米，直径42毫米
表带： 不锈钢表带，配有安全扣的真皮表带或织纹表带
参考价格： 店洽

Tudor Clair de Rose帝舵玫瑰系列

型号： 35700及35701
机芯： 自动上弦机芯，动力储存约38小时
功能： 时针，分针，帝舵表镂空玫瑰造型中央秒针，日历
表壳： 不锈钢磨光表壳，防水100米，直径34毫米
表带： 配安全扣不锈钢表带，缎质或织纹表带
参考价格： 店洽

Tudor Clair de Rose帝舵玫瑰系列

型号： 35400及35401
机芯： 自动上弦机械机芯，动力储存约38小时
功能： 镂空帝舵表玫瑰中央秒针，日历，时针，分针
表壳： 不锈钢磨光表壳，不锈钢或18ct粉红金磨光外圈，防水100米，直径30毫米
表带： 配安全扣不锈钢表带，缎质或织纹表带
参考价格： 店洽

红色纪念款Fastrider

型号： 42000
机芯： 自动上弦计时机芯，动力储存约46小时
功能： 时针，分针，秒针，计时，日历
表壳： 不锈钢磨光与磨砂表壳，防水150米，直径42毫米
表带： 配有安全扣的真皮表带及织纹表带
参考价格： 店洽

T

骏珏星期日历型

型号： 56008
机芯： 自动上弦机芯
功能： 时针，分针，秒针，星期，日历
表壳： 18CT黄金，18CT黄金外圈，防水100米
表带： 黑色鳄鱼皮表带
参考价格： 店洽

骏珏日历型

型号： 55008
机芯： 自动上弦机芯
功能： 时针，分针，秒针，日历
表壳： 18CT黄金，18CT黄金外圈，直径36毫米，防水100米
表带： 黑色鳄鱼皮表带
参考价格： 店洽

骏珏日历型

型号： 53008
机芯： 自动上弦机芯
功能： 时针，分针，秒针，日历
表壳： 黄金款式，黄金外圈，直径31毫米，防水深达100米
表带： 黑色鳄鱼皮表带
参考价格： 店洽

Heritage Black Bay

型号： 79220R
机芯： 自动上弦机芯，动力储存约 38 小时
功能： 时针，分针，秒针
表壳： 不锈钢磨光及磨砂表壳，防水200米
表带： 不锈钢表带或配折扣及安全扣的真皮表带，另配备针式带扣织纹表带
参考价格： 店洽

Pelagos

型号： 25500TN
机芯： 自动上弦机芯，动力储存约38小时
功能： 排氦阀门，时针，分针，秒针，日历
表壳： 钛金属及不锈钢磨砂表壳，钛金属单向旋转外圈，直径42毫米
表带： 钛金属表带，另配备针式带扣及可调节长度的橡胶表带
参考价格： 店洽

Tudor Clair de Rose帝舵玫瑰系列

型号： 35100及35101
机芯： 自动上弦机芯，动力储存约38小时
功能： 时针，分针，帝舵玫瑰秒针，日历
表壳： 不锈钢磨光表壳，防水深达100米
表带： 配安全扣不锈钢表带，缎质或织纹表带
参考价格： 店洽

U-Boat

创立时间:
2000年

员工数量:
不详

年产量:
20000枚

电话:
+39 0583 469288

传真:
+39 0583 462249

网址:
www.uboatwatch.it

销售方式:
经销

经典款式:
Classico AS, Flightdeck Bezel

价格区间:
20000元~350000元

1942 年，精密钟表工匠 Ilvo Fontana 接受了一项来自意大利海军的光荣任务：为军队设计并制造一款军表。这个挑战意味着要满足海军的高品质标准并且遵守非常具体的技术规范，但最重要的是要保证在任何光照条件下最大的可见度。然而出于某种政治原因，这个项目从未开始，也没有任何产品问世。

2000 年，Ilvo Fontana 的孙子 Italo Fontana 很偶然的看到了那个时期的设计，在他看来，经过岁月的变迁，设计图中的手表款式仍独具时尚感，这些设计将成为 U-Boat 表的设计原型。当 Italo Fontana 看到爷爷的设计时，脑中首先想到的是时间的新维度，这个直觉成为 U-Boat 表的灵感来源。

U-Boat 表采用意大利设计和瑞士机芯。其大尺寸在任何光照条件下具备高度的可见性，并具有独具一格的设计：被一个特殊设计的安全罩保护的左式表冠。

U-Boat 表有 4 个系列：经典 (Classico)、军行 (Thousands of Feet)、飞甲 (Flightdeck) 和夜视 (Night Vision) 系列。每个系列的每支手表，都是在意大利卢卡城 Italo Fontana 的工作室中手工制造而成。意大利的音乐之乡卢卡，不仅诞生了歌剧作家普契尼、盲人音乐家安德烈，同时也诞生了极具独特个性的 U-Boat 手表。卢卡小镇其优雅的气质，在 U-Boat 的手表中得以淋漓尽致的体现，也无疑会在 U-Boat 以后的系列中得以延续。

很多明星都对 U-Boat 这种充满创意的设计情有独钟。像贝克汉姆夫妇在伦敦“邂逅”U-Boat 的 Classico 系列，汤姆克鲁斯在维也纳与罗伯特雷德福合作影片的那段时间，也同样佩戴了 U-Boat 手表的飞甲系列。有了这些世界巨星的鼎力支持，U-Boat 反其道而行之的设计反倒成了展现个性、不随波逐流的体现。

U-42 Automatico

型号： 6471
机芯： U-28机芯，40小时动力储备
功能： 时针，分针
表壳： 钛合金表壳，300米防水，直径47毫米
表带： 棕色牛皮表带，折叠扣
参考价格： 50500元，限量999枚

Classico AS

型号： 5571
机芯： ETA2824机芯，40小时动力储备
功能： 时针，分针，秒针
表壳： 316L不锈钢，100米防水，直径53毫米
表带： 黑色牛皮表带，折叠扣
参考价格： 20500元

Classico 1001

型号： 2280
机芯： ETA2824机芯，40小时动力储备
功能： 时针，分针，秒针，日期显示
表壳： 不锈钢，直径47毫米，100米防水
表带： 黑色橡胶表带，折叠扣
参考价格： 62500元，限量1001枚

U-51 Chrono BK WH Green Line-52MM

型号： 6952
机芯： ETA7750机芯，44小时动力储备
功能： 时针，分针，独立秒针，计时，日期
表壳： AISI 316 Plus不锈钢制，直径51毫米
表带： 黑色橡胶表带，嵌入鳄鱼皮
参考价格： 61500元

Classico Titanium IPB Ceramic Bezel

型号： 6201
机芯： ETA机芯，44小时动力储备
功能： 时针，分针，秒针，计时，日期
表壳： 二级钛合金陶瓷，200米防水，直径53毫米
表带： 橡胶表带，折叠扣
参考价格： 53500元，限量300枚

Flightdeck CAB-White

型号： 1883
机芯： ETA7750机芯，44小时动力储备
功能： 时针，分针，秒针，计时，日期
表壳： 316L不锈钢表壳，后续磨砂IP涂层处理，100米防水，直径50毫米，厚度17毫米
表带： 白色鳄鱼皮表带，折叠扣
参考价格： 41000元

Flightdeck 43 Gold Bezel

型号： 1844
机芯： ETA7750机芯，44小时动力储备
功能： 时针，分针，秒针，日历，计时
表壳： 18K金，100米防水，直径43毫米
表带： 黑色牛皮表带，折叠扣
参考价格： 107000元

U-42 Chrono Gold

型号： 6473
机芯： ETA7750机芯，44小时动力储备
功能： 时针，分针，秒针，日历，计时
表壳： 钛合金表壳，300米防水，直径47毫米
表带： 手工黑色鳄鱼皮表带，折叠扣
参考价格： 173000元

Thousands of Feet Gold Screws

型号： 5388
机芯： UNITAS6497机芯，40小时动力储备
功能： 时针，分针
表壳： 316L不锈钢黑色PVD电镀表壳，100米防水，直径50毫米
表带： 黑色鳄鱼压纹橡胶表带，折叠扣
参考价格： 133500元

Classico 40 SS white diamonds

型号： 6950
机芯： 自动上弦机芯
功能： 时针，分针，秒针，日期
表壳： 不锈钢，直径40毫米，防水100米，镶钻
表带： 鳄鱼皮
参考价格： 48000元

Chimera Bronze

型号： 6945
机芯： 自动上弦计时机芯
功能： 时针，分针，秒针，计时，日期
表壳： 做旧铜制表壳，直径46毫米，防水100米
表带： 小牛皮表带
参考价格： 92000元，限量300枚

Classico 48 Chrono 925 Beige/Black

型号： 6918
机芯： 自动上弦计时机芯
功能： 时针，分针，秒针，计时，日期
表壳： 纯银，直径48毫米，防水50米
表带： 棕色小牛皮
参考价格： 51000元

U

雅典 UN-118 机芯

雅典
Ulysse Nardin

雅典表拥有悠久的品牌历史，从1846年创立至今已经走过了一个半世纪的时光。从创立之初起，雅典表就精于天文台及航海天文钟的制作。即使在石英危机的冲击下，依旧以品牌见长的天文台计时和航海计时闻名，并于1989年推出了首款具有活动人偶的三问报时表。

在天文台及航海表之后，雅典又以精心打造的快速调校两地时手表享誉表坛，1994年于巴塞尔钟表展中雅典首次推出为旅游人士设计的GMT± 手表，雅典的非凡创意，让旗下的两地时手表不再需要拉出表冠就能调校当地时间，这对于穿梭在各时区之间的商务人士来说，是一种实用而方便的优秀设计。1999年，为纪念千禧年的新纪元来临，雅典推出GMT± 万年历手表，将雅典两大独特而专有的功能集于一身，让风格独具的两地时手表成为品牌的身份标签。2001年推出崭新的Freak手表，一只没有时、分针、面盘、表冠的7日能量储存陀飞轮手表。2002年推出成吉思汗表——第一只西敏寺大鹏钟乐的陀飞轮四锤三问报时表。2003年推出第一只结合问表打簧、两地时间、倒数计时的SONATA响铃表，并获得国际创意及工艺大奖。

2012年，雅典表推出了Marine Chronometer航海天文台手表，此款手表搭配了雅典自主设计和开发的UN-118基础机芯。同时，Ochs und Junior公司也预计将在接下来与雅典表合作的项目中使用这些机芯。在此之后，除了自制机芯之外，雅典表更以多项前瞻性技术着力打造优秀手表，以此面向未来的崭新市场。其中“硅与钻石刻蚀”、“电子发泡”等技术已经应用于手表设计之中，这些全新的技术特性使雅典表始终位于业界发展前列，并为全世界的消费者带来更多更佳的优秀产品。

创立时间:
1846年

员工数量:
450人

年产量:
26000枚

电话:
021 62878700

传真:
021 62878722

网址:
www.ulysse-nardin.com

销售方式:
专营店，百货商场

经典款式:
不详

价格区间:
5万元起

潜水万年历限量手表(500枚)

型号：333-90-3
机芯：UN-33自动上弦机芯，动力储备42小时
功能：时针，分针，小秒针，万年历
表壳：不锈钢，直径42.7毫米，防水300米，单向逆转式表圈，旋入式表冠
表带：钛金属组件搭配强力橡胶表带或不锈钢表带
参考价格：267400元

经理人双时区手表

型号：246-00 18K玫瑰金和陶瓷材质
机芯：UN-24自动上弦机芯，动力储备42小时
功能：时针，分针，小秒针，两地时，大日期
表壳：不锈钢或18K玫瑰金，直径43毫米，防水100米，陶瓷表圈，旋入式表冠
表带：钛金属组件搭配强力橡胶表带或不锈钢表带，折叠表扣
参考价格：190000 元

Seahawk Pro 1000m潜水表

型号：8106－101E-3C/20
机芯：UN-810自动上弦机芯，动力储备42小时
功能：时针，分针，秒针，日历
表壳：18K玫瑰金材料，直径40毫米，防水100米
表带：强力橡胶表带
参考价格：247900元

Maxi航海潜水钛金属手表

型号：265-90-3_92
机芯：UN-26自动上弦机芯，动力储备42小时
功能：动力储存显示，时针，分针，秒针，日历
表壳：钛金属表壳，直径45毫米，防水200米，18K玫瑰金或不锈钢材质表圈
表带：海浪纹橡胶表带，搭配18K玫瑰金或钛金属组件连折叠带扣
参考价格：190000元

月之狂想月相手表

型号：1062-113
机芯：UN-106自动上弦机芯，动力储备50小时
功能：天文功能，分针，时针，指针指示出太阳及月亮对于地球的位置，月相盈亏
表壳：直径46毫米，防水100米，旋入式表冠
表带：鳄鱼皮皮表带，搭配折叠带扣
参考价格：865600元，限量500枚

狩猎三问报时表

型号：726-61
机芯：UN-72手动上弦机芯，动力储备48小时
功能：时针，分针，活动人偶三问报时表
表壳：18K玫瑰金材质，直径42毫米，防水30米
表带：鳄鱼皮皮表带，搭配折叠带扣
参考价格：3247000元，限量50枚
其他款式：铂金版（729-61）3533500元，限量50枚

马戏团砂金石三问报时手表

型号：740-88
机芯：UN-74手动上弦机芯，动力储备48小时
功能：时针，分针，活动人偶三问报时表
表壳：18K白金材质，直径42毫米，防水30米
表带：鳄鱼皮皮表带，搭配折叠带扣
参考价格：3855900元，限量30枚

经理人双时区手表

型号：243-00
机芯：UN-24自动上弦机芯
功能：时针，分针，秒针，专利时针快调按钮，两地时，大日期
表壳：18K玫瑰金或不锈钢表壳，直径43毫米，防水100米
表带：鳄鱼皮真皮表带或橡胶皮带配折叠带扣
参考价格：80200 元

美人鱼繁星夜潜水表

型号：8103-101E-3C
机芯：UN-810自动上弦机芯，动力储备42小时
功能：时针，分针，秒针，日历
表壳：不锈钢材质，直径40毫米，防水100米
表带：强力橡胶表带
参考价格：111200 元
其他款式：18K玫瑰金款式

萨丹进击号沙皇蛋雕限量纪念彩绘套装表

型号：136-11/SHT
机芯：UN-13机芯，动力储备42小时
功能：时针，分针，秒针
表壳：玫瑰金表壳
参考价格：1356100元

亚历山大大帝三问表

型号：780-90 18K白金
机芯：UN-78手动上弦机芯
功能：时针，分针，西敏寺大鹏钟乐报时，陀飞轮
表壳：18K玫瑰金或18K白金材质，直径44毫米，防水30米
表带：鳄鱼皮皮带搭配折叠带扣
参考价格：店洽，限量50枚

奇想黑魔王手表

型号：2080-115
机芯：手动上弦，借由转动表底盖带动上链机制，表底盖转动一圈相等于储存12小时的动力，超过8天动力存储
功能：时针，分针，陀飞轮
表壳：18K白金材质
参考价格：1357800元

绮想全钻石手表

型号：130-91FC-8C/FULL
机芯：UN-13自动上弦机芯，动力储存42小时
功能：时针，分针
表壳：18K白金材质，778颗钻石（5.241克拉），防水50米
表带：不锈钢链带
参考价格：687600元

Caprice Queen of Hearts手表

型号：133-91AC/HEART
机芯：UN-13自动上弦机芯，动力储存42小时
功能：时针，分针
表壳：不锈钢材质，214颗钻石（2.218克拉）
表带：魔鬼鱼皮带
参考价格：192900元，防水50米

经理人双时区手表

型号：243-10或243-10B
机芯：UN-24自动上弦机芯，动力储存42小时
功能：时针，分针，专利时针快调按钮，日期显示，小秒针，两地时
表壳：不锈钢，陶瓷表圈，直径40毫米
表带：鳄鱼皮表带或橡胶表带配折叠带扣
参考价格：243-10：94500元
243-10B：183100元

鎏金沁月玉弓手表

型号：8293-122-2/41
机芯：UN-82自动上弦机芯，动力储存42小时
功能：时针，分针，秒针，日历，月相
表壳：不锈钢，直径40毫米，防水50米
表带：鳄鱼皮真皮表带
参考价格：70000元

Black Sea航海潜水表

型号：263-92-3C
机芯：UN-26自动上弦机芯，动力储存42小时
功能：时针，分针，小秒针，动力显示
表壳：不锈钢表壳，黑色橡胶涂层，直径45.8毫米，防水200米
表带：橡胶表带搭配两粒搪瓷组件连折叠带扣
参考价格：85000 元

挑战者El Toro万年历手表

型号：322-00-3
机芯：UN-32自动上弦机芯
功能：时针，分针，两地时，大日历显示
表壳：18K玫瑰金和铂金材质连陶瓷表圈，直径43毫米，防水100米
表带：橡胶皮带搭配钛金属，搪瓷折叠带扣
参考价格：475600元

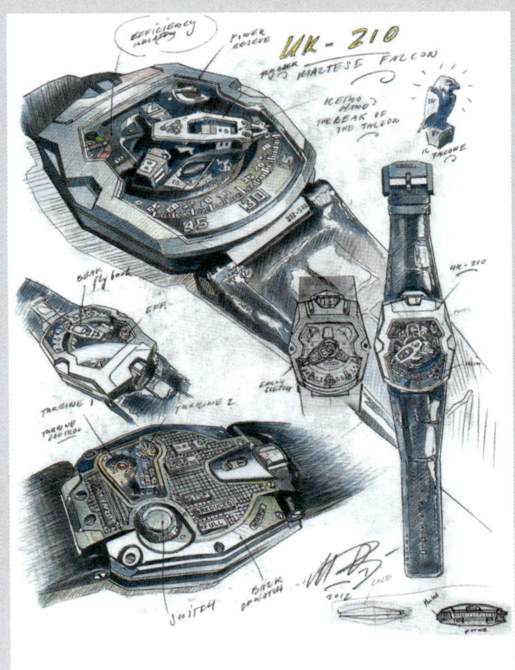

和域
Urwerk

创立时间：
1997年

员工数量：
20人

年产量:
150块

电话:
00852 2529 0206

传真:
00852 2559 3826

网址:
http://www.urwerk.com

销售方式:
经销商

经典款式：
UR-103, UR-103T, UR-202, CC1

价格区间:
595000港元~3280000港元

和域的创立可追溯到1997年，名称Urwerk是由“Ur”和德语“werk”组成。其中“Ur”是古代苏美尔人的一座城市，闻名于当地利用影子计算时间的一座方尖碑，而德语“werk”代表“工艺”，“机械”之意。短短15年的发展，这个造型独特的先锋派手表品牌在众多瑞士品牌中走出了自己的风格。

在有着数百年悠久历史的传统机械手表的制作原理的背景下，和域精灵古怪，标新立异的作品吸引了很多手表爱好者。夸张的风格，新的手表机械学如何运用于实践，成为该品牌一直追寻的梦想。

UR-1001

型号：UR-1001
机芯：UR-10.01，39小时动力储存
功能：卫星小时显示，逆跳分钟，日夜提示，日历功能，抹油显示器
表壳：不锈钢AlTiN（氮化铝钛）涂层处理表壳，防水深度30米
表带：无
参考价格：3280000港元，限量8枚

UR-110 TTH

型号：UR-110 TTH
机芯：UR9.01自动上弦机芯，39小时动力储存
功能：卫星小时转头显示小时及分钟，小秒针，日夜提示，抹油显示器
表壳：钛金表壳，钽金表圈，防水30米
表带：鳄鱼皮表带
参考价格：1050000港元，限量55枚

UR-210

型号：UR-210
机芯：UR-7.10 自动上弦机芯
功能：专利卫星小时转头及立体回拨分针，动力储存显示，上弦效率显示器，指针及卫星转头有SuperLumiNova夜光处理
表壳：钛金属及钢材，43.8毫米×53.6毫米，防水30米
表带：鳄鱼皮表带
参考价格：1280000港元，限量35枚

U

UR-202

型号： UR-202
机芯： UR 7.02自动上弦机芯
功能： 旋转式二维卫星复杂指示功能，整体可伸缩分针，月相显示，日夜指示
表壳： 玫瑰金表壳
表带： 鳄鱼皮表带
参考价格： 1380000 港元
其他款式： 白金，黑色铂金和不锈钢AlTiN（氮化铝钛）涂层处理表壳

UR-110 RG

型号： UR-110 RG
机芯： UR 9.01 自动上弦机芯
功能： 卫星小时转头安装于行星传动轮上，能显示小时及分钟，表盘控制台，日/夜显示，抹油指示器，小秒针
表壳： 五级钛金属表壳，5N红金表圈，尺寸47毫米x 51毫米，两段式表冠连保护装置，防水30米
表带： 鳄鱼皮表带
参考价格： 1020000港元，限量55枚

UR-110 ST

型号： UR-110 ST
机芯： UR 9.01 自动上弦机芯
功能： 卫星小时转头安装于行星传动轮上，能显示小时及分钟，表盘控制台，日/夜显示，抹油指示器，小秒针
表壳： 五级钛金属表壳，AlTiN(氮化铝钛)涂层钢表圈，两段式表冠连保护装置，防水30 米
表带： 鳄鱼皮表带
参考价格： 1000000港元

UR-202S

型号： UR-202S
机芯： UR 7.03自动上弦机芯
功能： 专利卫星小时转头连伸缩分针，日/夜显示，月相，小时及分钟刻度有 Super-LumiNova 夜光物料
表壳： 抛光不锈钢，钛金属表背，尺寸45.7毫米x 43.5毫米 x 15毫米，防水30米
表带： 鳄鱼皮表带
参考价格： 1380000港元

UR-CC1黑色眼镜

型号： UR-CC1 黑色眼镜蛇
机芯： UR-CC1自动上弦机芯
功能： 直线形小时及分钟显示，直线形及数字式秒钟显示，SuperLumiNova夜光小时及分钟刻度
表壳： AlTiN(氮化铝钛)涂层不锈钢壳配钛金属表背，尺寸45.7毫米x 43.5毫米x 15毫米
表带： 鳄鱼皮表带
参考价格： 2850000港元

UR103T

型号： UR103T
机芯： Caliber 3.03手动上弦机芯
功能： 卫星小时转盘由Geneva Cross十字架驱动，Grade 5钛金属表背控制器，配置动力储备显示，15分钟及秒钟微调显示器
表壳： AlTiN(氮化铝钛)涂层不锈钢壳，尺寸50毫米x 36毫米x 13.5毫米（连表耳计）
表带： 鳄鱼皮表带
参考价格： 650000港元

Valbray

自创办人 Côme de Valbray 与 Olga Corsini 于 2009 年在瑞士洛桑创立品牌的设计工坊后，Valbray 便以矢志不移的热诚，新鲜的创意给了世界表坛一个新的惊喜，旋转表圈机制设计成为了 Valbray 的标志。

2009 年，工程师 Côme de Valbray 和设计师 Olga Corsini 走到一起，这个瑞士制表新贵的传奇故事就此展开。Valbray 是瑞士制表行家，自幼便展现了卓越的机械技术。而设计师 Olga Corsini 曾任法国高级珠宝品牌设计师，两人的技术水平和艺术气质便毫无疑问地在 Valbray 品牌中交织融合。一天，当 Valbray 看到 Olga 曾有一款贝壳系列的珠宝设计作品，便萌生出一个大胆的想法。一年后，Valbray 设计的旋转表圈机制，便从设想变为现实。

Valbray 的计时表只有三针，2010 年，Valbray 申请了旋转表圈机制的专利。张开快门式面盘，便显露出计时功能的辅助盘。这如此暗藏玄机的快门式面盘是 Valbray 2010 年的专利项目。

创立时间：
2009年

员工数量：
6人

年产量:
250枚

电话:
+41 78 683 20 05

传真:
+41 78 683 20 05

网址:
www.valbray.cn

销售方式:
专营店，百货商场

经典款式：
Oculus V.01 Chrono

价格区间:
98000元~170000元

Oculus V.01 Chrono

型号: VR01A – Red Gold
机芯: 自动上弦机芯，44小时的动力储备
功能: 时针，分针，秒针，计时，日历
表壳: 47毫米 ，快门式面盘
表带: 鳄鱼皮表带
参考价格: 146800元，限量250枚

Oculus V.01 Chrono

型号: VR01B Race PVD
机芯: 自动上弦机芯，44小时的动力储备
功能: 时针，分针，秒针，计时，日历
表壳: 47毫米，快门式面盘
表带: 鳄鱼皮表带
参考价格: 82800元，限量500枚

Oculus V.01 Chrono

型号: VR01G Devil
机芯: 自动上弦机芯，44小时的动力储备
功能: 时针，分针，秒针，计时，日历
表壳: 47毫米 ，快门式面盘
表带: 鳄鱼皮表带
参考价格: 98000元，限量25枚

V

创立时间：
1755 年

员工数量：
700

年产量:
19000枚

电话:
021 33950800

传真:
021 33950802

网址:
www.vacheron-constantin.com

销售方式:
专卖店

经典款式：
大三针，万年历，陀飞轮，珐琅

价格区间:
11万元以上

江诗丹顿
Vacheron Constantin

1755 年，年轻钟表匠 Jean-Marc Vacheron 在日内瓦市中心创立自己的首间钟表工作室。1819 年，经验丰富的商人 Francis Constantin 与 Jean-Marc Vacheron 的后人合作，成立了江诗丹顿（Vacheron Constantin）。1839 年，江诗丹顿邀请 Georges-Auguste Leschot 担任公司技术总监，Georges-Auguste Leschot 设计出首个可以重复及大量生产多种钟表零件的仪器—— pantograph。Georges-Auguste Leschot 这项革命性的发明改变了整个制表工序，更大大缩短了制表时间，提高了制表效率。1880 年，江诗丹顿于正式将“马耳他十字”标志注册成为公司商标。“马耳他十字”原是机芯内的发条盒盖上方的小零件，它的作用是防止发条匣被过度上弦从而使钟表运作更加准确。

江诗丹顿在整个 20 世纪推出了多款令人难忘的钟表。从简约典雅的款式到精雕细琢的复杂款式，从日常佩戴的款式到名贵的钻石手表。江诗丹顿 2012 年的产品重点可以用“四个一”来概括，即一个印记、一种壳形，一款长动力陀飞轮表和一个艺术家系列。

一个印记指的自然是刚出台不久的新日内瓦印记标准，新标准对机芯的制造工艺和打磨并未提出更高的要求，只是增加了对表壳防水深度性、表壳与机芯连接部分零件、机芯走时精确性和动力储存的认证，并规范了认证的流程。

一种壳形——熟悉江诗丹顿的人都知道，发布于 1912 年的酒桶形表是江诗丹顿的“icon”，为庆祝该设计诞生 100 周年，江诗丹顿推出了4 款 Malte 马耳他系列酒桶形表的新作，分别是马耳他陀飞轮表、马耳他小三针表、马耳他小型款以及限量发行 100 枚的马耳他一百周年纪念版。

一款长动力陀飞轮表是江诗丹顿本年度最重要的单品，它获得了“新日内瓦印记”，配备两对共四个发条盒，采用并联，同时上弦和释放动力，为陀飞轮表提供 336 小时的稳定动力输出。

一个艺术系列是以荷兰抽象画家、雕塑家埃舍尔 (Maurits Cornelis Escher) 的艺术作品为蓝本创作的 Les Univers Infinis 无限的宇宙系列。埃舍尔称自己为图形艺术家，他的作品类似三维立体画，是通过将图案进行巧妙的重复排列，在有限的空间内营造出无限的画面效果，这种手法也被称为“平面密镶法”或者“棋盘式镶嵌法”。江诗丹顿的手工艺人运用金雕、机刻饰纹、珐琅和宝石镶嵌工完美地再现了埃舍尔的“飞鸽”、“鱼”和“海星”，每一款表都结合两种以上的手工工艺，是不可多得的艺术精品。

Patrimony Traditionnelle Calibre 2755手表

型号： 80172/000P－9505
机芯： 2755型手动上弦机芯
功能： 时针，分针，三问报时，陀飞轮，万年历
表壳： 950铂金，直径44毫米
表带： 黑色手工缝制鳄鱼皮表带
参考价格： 6972000 元
其他款式： 18K 5N粉红金（价格6636000元）

Patrimony Traditionnelle Calibre 2253手表限量铂金珍藏系列

型号： 88172/000P－9495
机芯： 2253型手动上弦机芯，动力储存约14天
功能： 时针，分针，陀飞轮，万年历，时间等式，日出日落时间显示
表壳： 950铂金，直径44毫米
表带： 蓝色手工缝制鳄鱼皮表带
参考价格： 4851000 元
其他款式： 18K 5N粉红金

克莱斯麦10077手表

型号： 47292/000P－9510
机芯： 1141OP型手动上弦机芯，动力储存48小时
功能： 时针，分针，秒针，计时，万年历，月相
表壳： 950铂金，直径43毫米，防水30米
表带： 黑色手工缝制鳄鱼皮表带
参考价格： 1376000元
其他款式： 18K 5N粉红金（1167000元）或18K白金（1376000元）

Patrimony Traditionnelle 计时手表

型号： 47192/000G－9504
机芯： 1141型手动上弦机芯，动力储存约48小时
功能： 时针，分针，秒针，计时
表壳： 18K白金，直径42毫米，防水30米
表带： 黑色手工缝制鳄鱼皮表带
参考价格： 508000 元
其他款式： 18K 5N粉红金（508000元）

Patrimony Traditionnelle世界时间手表

型号： 86060/000R－9640
机芯： 2460WT型自动上弦机芯，动力储存约40小时
功能： 时针，分针，秒针，昼/夜区域世界时间显示
表壳： 18K 5N粉红金，直径42.5毫米
表带： 棕色手工缝制鳄鱼皮表带
参考价格： 444000 元

Patrimony Traditionnelle14天动力储存陀飞轮手表

型号： 89000/000R－9655
机芯： 2260型手动上弦机芯，动力储存约14天
功能： 时针，分针，秒针，陀飞轮，动力显示
表壳： 18K 5N粉红金，直径42毫米，防水30米
表带： 棕色手工缝制鳄鱼皮表带
参考价格： 2530000 元

Patrimony Traditionnelle自动上弦日历手表

型号： 87172/000G－9301
机芯： 2455型自动上弦机芯，动力储存约40小时
功能： 时针，分针，秒针，日历
表壳： 18K 白金，直径38毫米，防水30米
表带： 黑色手工缝制鳄鱼皮表带
参考价格： 182000 元

Patrimony Contemporaine万年历手表

型号： 43175/000R－9687
机芯： 1120 QP型号超薄自动上弦机芯，动力储存约40小时
功能： 时针，分针，万年历，月相
表壳： 18K 5N粉红金，直径41毫米，防水30米
表带： 棕色手工缝制鳄鱼皮表带
参考价格： 719000 元

Patrimony Contemporaine双飞返星期日历手表

型号： 86020/000G－9508
机芯： 2460 R31 R7型自动上弦机芯，动力储存约40小时
功能： 时针，分针，飞返指针显示日期和星期
表壳： 18K 白金，直径42.5毫米，防水30米
表带： 黑色手工缝制鳄鱼皮表带
参考价格： 431000 元

Patrimony Contemporaine限量铂金珍藏手表

型号： 43150/000P－9684
机芯： 1120型超薄自动上弦机芯，动力储存约40小时
功能： 时针，分针
表壳： 950铂金，直径42毫米，防水30米
表带： 蓝色手工缝制鳄鱼皮表带
参考价格： 522000 元

Historique Aronde 1954手表

型号： 81018/000R－9657
机芯： 1400 AS型手动上弦机芯，动力储存约40小时
功能： 时针，分针，秒针
表壳： 18K 5N粉红金，31.20毫米x 44.50毫米，防水30米
表带： 棕色手工缝制鳄鱼皮表带
参考价格： 277000 元

Historique 1955超薄手表

型号： 33155/000R－9588
机芯： 18K金制1003型超薄手动上弦机芯，动力储存约31小时
功能： 时针，分针
表壳： 18K 4N粉红金，直径36毫米，防水30米
表带： 黑色手工缝制鳄鱼皮表带
参考价格： 278000 元

Historique 1968超薄手表

型号： 43043/000R－9592
机芯： 1120型超薄手动上弦机芯，动力储存约40小时
功能： 时针，分针
表壳： 18K 4N粉红金，35.2毫米x35.2毫米，防水30米
表带： 黑色手工缝制鳄鱼皮表带
参考价格： 341000 元

Historique American 1921手表

型号： 82035/000R－9359
机芯： 4400 AS型手动上弦机芯，动力储存约65小时
功能： 时针，分针，秒针
表壳： 18K 5N粉红金，40毫米x 40毫米 防水30米
表带： 黑色手工缝制鳄鱼皮表带
参考价格： 319000 元

Overseas纵横四海万年历计时手表

型号： 49020/000W－9656
机芯： 1136 QP型号自动上弦机芯
功能： 时针，分针，秒针，计时，万年历，月相
表壳： 不锈钢表壳配钛金属表圈，直径42毫米，防水150米
表带： 黑色橡胶表带，另附一条黑色手工缝制鳄鱼皮表带，三折式双重安全按钮表扣
参考价格： 609000 元

Malte马耳他陀飞轮手表

型号： 30130/000R－9754
机芯： 2795型手动上弦机芯，动力储存约45小时
功能： 时针，分针，陀飞轮
表壳： 18K 5N粉红金，38毫米× 48.24 毫米，防水30米
表带： 棕色方纹密西西比河鳄鱼皮表带
参考价格： 1668000元

Malte马耳他小秒针手表

型号： 82130/000R－9755
机芯： 4400型手动上弦机芯，动力储存约65小时
功能： 时针，分针，秒针
表壳： 18K 5N粉红金，36.70毫米×47.6毫米，防水30米
表带： 手工缝制棕色方纹密西西比河鳄鱼皮表带，针扣，半马耳他十字表扣
参考价格： 223000 元

Malte马耳他100周年纪念手表

型号： 82131/000P－9764
机芯： 4400型手动上弦机芯
功能： 时针，分针
表壳： 950铂金，36.70毫米× 47.61毫米，防水30米
表带： 深蓝色方纹人手钉制密西西比河鳄鱼皮表带，针扣，半马耳他十字表扣
参考价格： 464000元

Métiers d' Art Les Univers Infinis系列“鱼”手表

型号： 86222/000G-9689
机芯： 2460 SC型手动上弦机芯，动力储存约40小时
功能： 时针，分针，秒针
表壳： 18K白金，直径40毫米，防水30米
表带： 手工缝制黑色方纹密西西比河鳄鱼皮表带，针扣，半马耳他十字表扣
参考价格： 1018000元

Métiers d' Art Les Univers Infinis系列“贝壳”手表

型号： 86222/000G-9685
机芯： 2460 SC型手动上弦机芯，动力储存约40小时
功能： 时针，分针，秒针
表壳： 18K白金，直径40毫米，防水30米
表带： 手工缝制黑色方纹密西西比河鳄鱼皮表带，针扣，半马耳他十字表扣
参考价格： 1018000元

Métiers d' Art Les Univers Infinis系列“鸽”手表

型号： 86222/000G-9726
机芯： 2460 SC型手动上弦机芯，动力储存约40小时
功能： 时针，分针，秒针
表壳： 直径40毫米，表盘以雕刻，珐琅，机刻图纹，宝石镶嵌工艺呈现“平面密镶镶嵌法”
表带： 手工缝制黑色方纹密西西比河鳄鱼皮表带，针扣，半马耳他十字表扣
参考价格： 1086000 元

Quai de L' ile飞返年历手表

型号： 86040/000R－10P2R
机芯： 2460 QRA型自动上弦机芯
功能： 时针，分针，秒针，飞返年历指针，月相
表壳： 18K 5N粉红金，43毫米 x 53.8毫米，防水30米
表带： 咖啡色人手钉制方纹鳄鱼皮表带
参考价格： 617000 元
其他款式： 18K白金款

1972小型号手表

型号： 25515/000R-9254
机芯： 1202型石英机芯
功能： 时针，分针
表壳： 18K 5N粉红金不规则表壳款式，21毫米x 37.7毫米，镶有 232 颗圆形切割钻石
表带： 黑色丝缎表带，另附一条鳄鱼皮表带，针扣式表扣镶嵌25颗钻石
参考价格： 260000元
其他款式： 18K白金

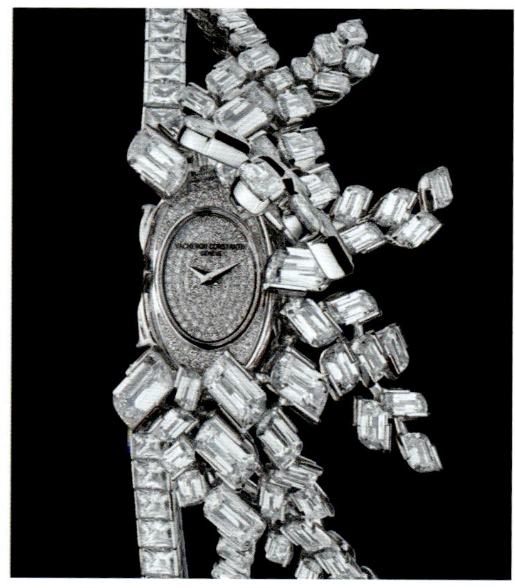

Métiers d' Art – Kalla Haute Couture à Pampilles高级珠宝手表

型号： 17626/S13G-9479
机芯： 1005型手动上弦机芯
功能： 时针，分针
表壳： 18K白金，40毫米 x 56毫米，镶嵌58颗火彩形钻石以及54颗圆形切割钻石，防水30米
表带： 18K白金，镶上29颗火彩形钻石
参考价格： 6721000元

2260 型手动上弦机芯

功能： 时针，分针及位于6时位置的陀飞轮框架小秒针，14天动力储存

直径： 29.10毫米

厚度： 6.80毫米

红宝石： 31颗

摆频： 18000次/小时

备注： 日内瓦印记认证

2795 型手动上弦机芯

功能： 时针，分针及位于6时位置的陀飞轮框架小秒针，动力储存约45小时

直径： 27.37毫米 × 29.30 毫米

厚度： 6.10 毫米

红宝石： 27颗

摆频： 18000次/小时

备注： 日内瓦印记认证

4400 型手动上弦机芯

功能： 时针，分针，小秒针，动力储存约65小时

直径： 28.5毫米

厚度： 2.8 毫米

红宝石： 21颗

摆频： 28800次/小时

备注： 日内瓦印记认证

1120 型超薄自动上弦机芯

功能： 时针，分针，动力储存约40小时

直径： 28.40毫米

厚度： 2.45毫米

红宝石： 36颗

摆频： 19800次/小时

备注： 日内瓦印记认证

2460 型自动上弦机芯

功能： 时针，分针，动力储存约40小时

直径： 26.20 毫米

厚度： 3.6毫米

红宝石： 27颗

摆频： 19800次/小时

备注： 日内瓦印记认证

1003 型手动上弦机芯

功能： 时针，分针，动力储存约30小时

直径： 21.10 毫米

厚度： 1.64毫米

红宝石： 18颗

摆频： 18000次/小时

备注： 日内瓦印记认证，镂空14K 金，镀钌处理

V

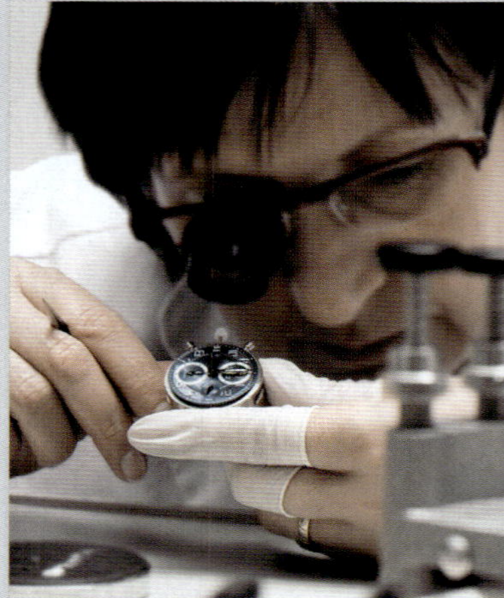

维氏
Victorinox

Victorinox Swiss Army 手表的设计灵感源自历史上最著名的产品之一，即正宗瑞士军刀，它也是瑞士专业工艺的标志。公司由卡尔·埃尔森纳于 1884 年在瑞士宜溪镇创立。创办人为纪念已故母亲 Victoria，特以母亲的名字为公司命名。不久之后，卡尔·埃尔森纳在刀具生产中引进不锈钢，并把备受国际认同的不锈钢名称“Inox”加到公司的名称中，就成为今天广为人知的“Victorinox”。

在经历了四代人后，公司如今由曾孙卡尔·埃尔森纳四世掌舵，维氏的瑞士军刀已成为全球十几支军队的标准装备。《纽约时报》称其为“20 世纪折叠工具”的首选，同时《Wallpaper》杂志则认为它是世界上最具标志性，多功能性的设计作品之一。

除了自 20 世纪 70 年代就成为纽约现代艺术博物馆陈列品的瑞士军刀外，品牌变得更多元化，维氏的产品线还拓展至厨刀，手表，旅行箱包，服装与香水等领域。

创立时间:
1884年

员工数量:
近2000人

年产量:
不详

电话:
400 820 2720

传真:
021 32500866

网址:
www.victorinoxswissarmy.com

销售方式:
专营店，直销，百货商场，会展等

经典款式:
先锋者系列（Pioneer），Primus系列，经典计时系列（Classic Timer）

价格区间:
4000元~20000元

Infantry经典步兵机械手表

型号: 241566
机芯: ETA2824机芯
功能: 时针，分针，秒针，日历
表壳: 不锈钢圆形表壳，防水100米等
表带: 真皮表带
参考价格: 5500元

Infantry经典步兵机械手表

型号: 241565
机芯: ETA2824机芯
功能: 时针，分针，秒针，日历
表壳: 不锈钢圆形表壳、防水100米
表带: 真皮表带
参考价格: 5500元

Night Vision夜视手表

型号: 241569
机芯: Ronda 705石英机芯
功能: 时针，分针，秒针，日历，3种照明模式
表壳: 不锈钢表壳，直径40毫米，防水50米
表带: 不锈钢表带
参考价格: 5400元

Night Vision夜视手表

型号： 241571
机芯： Ronda 705石英机芯
功能： 时针，分针，秒针，日历，3种照明模式等
表壳： 不锈钢表壳、直径40毫米、防水50米
表带： 不锈钢表带
参考价格： 5400元

Dive Master 500深水500手表

型号： 241561
机芯： ETA 2824-A2机芯
功能： 时针，分针，秒针，日历
表壳： 不锈钢表壳，直径43毫米，防水500米
表带： 天然橡胶表带
参考价格： 9780元

Dive Master 500手表

型号： 241562
机芯： ETA 2824-A2机芯
功能： 时针，分针，秒针，日历
表壳： 不锈钢表壳，直径43毫米，防水500米
表带： 小牛皮带铆钉
参考价格： 9780元

Alpnach空军时速系列计时表

型号： 241574
机芯： ETA 7750计时机芯
功能： 时针，分针，小秒针，日历，动力显示
表壳： 不锈钢表壳，黑色PVD涂层，直径44毫米，防水100米
表带： 弹道尼龙表带，配隐藏式折叠表扣
参考价格： 30900元

Alpnach空军时速系列计时表

型号： 241572
机芯： ETA 7750计时机芯
功能： 时针，分针，小秒针，星期，日历
表壳： 不锈钢表壳，黑色PVD涂层，直径44毫米，防水100米
表带： 不锈钢表带
参考价格： 19900元

Alpnach空军时速系列计时表

型号： 241573
机芯： ETA 7750计时机芯
功能： 时针，分针，小秒针，星期，日历
表壳： 不锈钢表壳，黑色PVD涂层，直径44毫米，防水100米
表带： 不锈钢表带
参考价格： 19900元

V

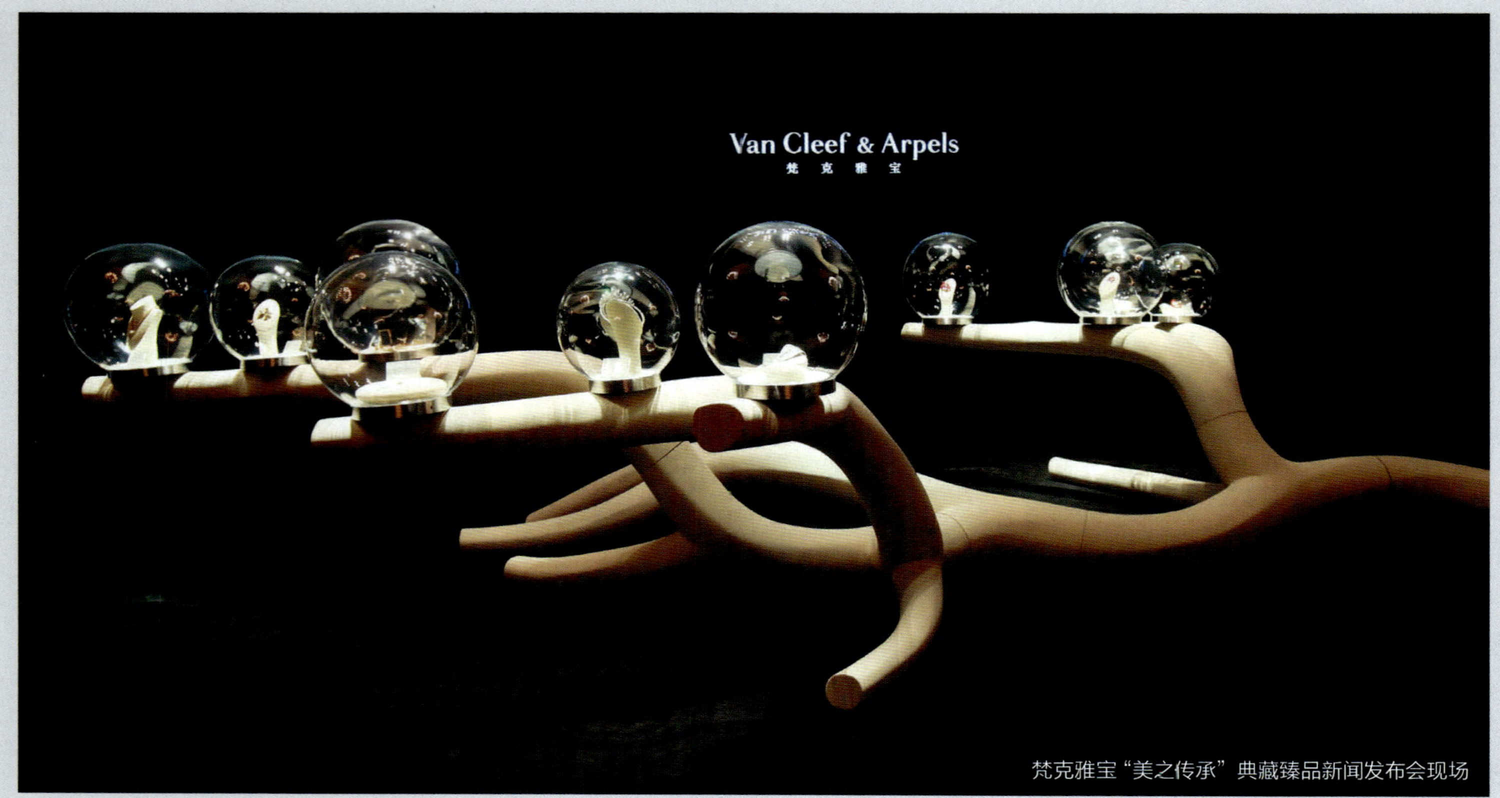

梵克雅宝"美之传承"典藏臻品新闻发布会现场

梵克雅宝
Van Cleef & Arpels

创立时间:
1906年

员工数量:
不详

年产量:
不详

电话:
400 1200 501

传真:
021 5404 9180

网址:
http://www.vancleefarpels.com

销售方式:
专卖店，经销

经典款式:
不详

价格区间:
54000元起

梵克雅宝(Van Cleef & Arpels)的故事开始于一段美好的姻缘。1896年，阿姆斯特丹钻石商的儿子阿尔弗莱德·梵克(Alfred Van Cleef)和来自宝石世家的艾斯特尔·雅宝(Estelle Arpels)喜结良缘,这段传奇的旷世姻缘奠定了一个伟大珠宝品牌的诞生。1906年,阿尔弗莱德·梵克与艾斯特尔·雅宝的兄弟查理斯和祖利安携手在巴黎芳登广场(Place Vandome)22号设立了第一家珠宝精品店，从此掀开梵克雅宝百年传奇的第一篇章。

长期以来，梵克雅宝的手表均是以温柔浪漫的女子形象示人，很少强调男表的部分。其实，梵克雅宝并不缺少男表，比如今年主推的皮埃尔·雅宝(Pierre Arpels)系列就是其中的代表。该系列的前身"PA 49"诞生于1949年，是由梵克雅宝品牌始创人的儿子皮埃尔·雅宝先生亲自设计的，新作秉承了其传统的简洁、凝练的风格，便于看时间。和前几年一样，梵克雅宝今年最吸引人的作品，也是出自诗意系列，诗歌的主题从最早的'小仙子(Lady Arpels)"到浪漫的"巴黎的一天(Une Journée à Paris)"和情窦初开的"恋人之桥(Pont des Amoureux)"，如今，美好的愿望终于要面临来自现实的考验，因此就有了这款2012年日内瓦表展的压轴之作——"诗意愿望(Poetic Wish)"对表。

Folie des Prés高级珠宝表

机芯： 瑞士石英机芯
功能： 时针，分针
表壳： 18K白金表壳，镶嵌圆形钻石及蓝宝石
表带： 18K白金镶嵌钻石及粉红、紫色蓝宝石表带，珠宝专用安全表扣
参考价格： 店洽

Timeless系列手表

机芯： 瑞士石英机芯
功能： 时针，分针
表壳： 18K金镶钻表壳
表带： 缎质表带或18K金镶钻表带
参考价格： 店洽

Atlantide高级珠宝表

机芯： 瑞士石英机芯
功能： 时针，分针
表壳： 18K白金钻石表壳
表带： 表带以DEF VVS圆形钻石，珠宝安全表扣
参考价格： 店洽

皮埃尔·雅宝手表

机芯： 伯爵 830P手动上弦机芯
功能： 时针，分针
表壳： 粉金表壳，直径42毫米或38毫米
表带： 鳄鱼皮表带
参考价格： 店洽
其他款式： 白金款

Le Pont des Amoureux手表

机芯： 机械机芯
功能： 逆跳时针，分针
表壳： 白金镶嵌圆形钻石表壳，直径38毫米
表带： 鳄鱼皮表带或格纹链条
参考价格： 店洽

Midnight Poetic Wish 手表

机芯： 瑞士机械机芯
功能： 时分显示、两问
表壳： 18K白金表壳镶钻，直径38毫米，表盘镶嵌D、E和F型号的钻石
表带： “月光”色调鳄鱼皮内衬小牛皮绒面革，白金表扣
参考价格： 店洽

Lady Arpels Jour et Nuit手表

机芯： 瑞士石英机芯
功能： 时针，分针，回转表盘
表壳： 18K白金镶嵌圆形钻石表壳，直径38毫米
表带： 缎面表带，18K白金表扣
参考价格： 店洽

Une journée à Paris巴黎的一天手表

机芯： Poetic Complication工艺镶嵌自动机芯
功能： 时针，分针，24小时回转表盘
表壳： 表壳镶有圆形切割钻石
表带： 鳄鱼皮表带
参考价格： 店洽

Lady Arpels Féerie 手表

机芯： 瑞士机械机芯
功能： 逆向弹跳时针及分针
表壳： 38毫米白金钻石表壳， 防水20米
表带： 深蓝色缎质表带，白金钻石表扣
参考价格： 店洽

Les Jardins Midnight 男士手表系列

机芯： 陀飞轮机芯
功能： 时针，分针，陀飞轮
表壳： 白金表壳镶嵌枕形或圆形切割钻石或纯白金表壳
表带： 鳄鱼皮带
参考价格： 店洽

Midnight Jardin romantique Anglais 手表

机芯： 自动上弦机芯
功能： 时针，分针
表壳： 白金镶嵌钻石表壳，珐琅表盘
表带： 双面鳄鱼皮带
参考价格： 店洽

Midnight Tourbillon Aventurine陀飞轮手表

机芯： 陀飞轮机芯
功能： 时针，分针，陀飞轮
表壳： 白金表壳镶嵌圆形切割钻石
表带： 鳄鱼皮带，白金折叠式表扣
参考价格： 店洽

Tourbillon Cardan Unique Caresse d'Eole手表

机芯： Van Cleef & Arpels陀飞轮机芯
功能： 时针，分针，陀飞轮
表壳： 铂金表壳，直径42毫米，18K白金表盘以彩色珐琅镶嵌仙子图案，铺镶圆形切割钻石
表带： 鳄鱼皮带，18K金折叠式表扣
参考价格： 店洽

Midnight in Paris手表

机芯： 瑞士机械表芯
功能： 时针，分针，星相，表背日历
表壳： 直径42毫米，深蓝色砂金玻璃旋转表盘
表带： 鳄鱼皮带
参考价格： 店洽

Jardin à la française 法式花园款式

机芯： 机械机芯
功能： 时针，分针，365天四季转表盘
表壳： 白金及钻石表壳
表带： 白色鳄鱼皮带
参考价格： 店洽

Jardin italien de la renaissance 意大利文艺复兴风格花园款式

机芯： 机械机芯
功能： 时针，分针，365天四季转表盘
表壳： 白金及钻石表壳
表带： 白色鳄鱼皮带
参考价格： 店洽

Jardin d'Extrême-Orient 东方花园款式

机芯： 机械机芯
功能： 时针，分针，365天四季转表盘
表壳： 白金及钻石表壳
表带： 白色鳄鱼皮带
参考价格： 店洽

Jardin romantique Anglais 英式浪漫风格款式

机芯： 机械机芯
功能： 时针，分针，365天四季转表盘
表壳： 白金及钻石表壳
表带： 白色鳄鱼皮带
参考价格： 店洽

Alhambra Vintage手表镶嵌钻石款

机芯： 瑞士石英机芯
功能： 时针，分针
表壳： 采用DEF VVS钻石
表带： 真皮表带或者黑色缎质表带，18K金表扣
参考价格： 店洽

Alhambra 系列手表

机芯： 瑞士石英机芯
功能： 时针，分针
表壳： 白金或黄金表壳，防水20米
表带： 真皮表带或者黑色缎质表带，18K金表扣
参考价格： 店洽

Alhambra Vintage手表手链款

机芯： 瑞士石英机芯
功能： 时针，分针
表壳： 白金或黄金表壳，29.3毫米X29.3毫米
表带： 保险式珠宝款式表扣
参考价格： 店洽

Charms手表

机芯： 瑞士石英机芯
功能： 时针，分针
表壳： 18K金镶钻表壳，防水20米
表带： 真皮表带或者黑色缎质表带，18K金表扣
参考价格： 店洽

Lady Arpels Papillon系列手表

机芯： 瑞士石英机芯
功能： 时针，分针
表壳： 圆形，方形，长方形及酒桶形表壳，人工镶嵌DEF VVS钻石
表带： 缎质表带
参考价格： 店洽

Lady Arpels Papillon系列手表

机芯： 瑞士石英机芯
功能： 时针，分针
表壳： 圆形，方形，长方形及酒桶形表壳，人工镶嵌DEF VVS钻石
表带： 白金表带
参考价格： 店洽

Lady Arpels Dentelle 系列手表

机芯：瑞士ETA石英机芯
功能：时针，分针
表壳：圆形明亮形切割钻石外圈，直径36毫米
表带：绢质表带
参考价格：店洽

Lady Arpels Dentelle 系列手表

机芯：瑞士ETA石英机芯
功能：时针，分针
表壳：长方形明亮形切割钻石外圈，27毫米x34 毫米
表带：绢质表带
参考价格：店洽

Lady Arpels Dentelle 系列手表

机芯：瑞士ETA石英机芯
功能：时针，分针
表壳：酒桶形明亮形切割钻石外圈，26毫米x33 毫米
表带：绢质表带
参考价格：店洽

Secret系列手表

机芯：瑞士石英机芯
功能：时针，分针
表壳：白金镶DEF/VVS钻石表壳
表带：缎面表带配铺以51颗明亮形切割DEF/VVS钻石k金带扣
参考价格：店洽

Fleurette系列手表

机芯：瑞士ETA石英机芯
功能：时针，分针
表壳：白金Fleurette正方形及Fleurette长方形表壳
表带：白金钻石手环或黑色缎质表带，钻石表扣
参考价格：店洽

Rosée de Diamants高级珠宝表

机芯：瑞士石英机芯
功能：时针，分针
表壳：天然灰色珍珠母贝表面
表带：黑色皮表带镶有98颗圆钻
参考价格：店洽

V

华斯度
Vasto

华斯度（Vasto）是国际知名服饰品牌，旗下拥有服装、鞋包、手表、书写工具等产品。其品牌名字灵感来源于意大利海滨小镇“VASTO”，它在古代被称为“伊斯托姆”。华斯度（Vasto）从2010年开始，参加瑞士巴塞尔国际钟表珠宝展。华斯度（Vasto）的精品系列产品用其专业化和国际化的特定，由先前单一的服饰品牌向综合品牌转变。目前，华斯度在中国、瑞士、印度、卡塔尔等国家开设专卖店近200家。

今年，华斯度（Vasto）产品的重心是盛世系列和天堡系列。盛世系列手表与天堡系列手表周正规整的外形设计，与我国天圆地方的古语不谋而合。盛世系列手表的方形表壳厚重沉稳，圆润优美的线条又为之平添了一份活力。华斯度（Vasto）天堡系列手表酒桶形的外观设计优雅稳重，个性独特的修长表壳时尚而不张扬。

创立时间:
不明

员工数量:
不详

年产量:
不详

电话:
020 37613988

传真:
020 37613978

网址:
www.vasto.cn

销售方式:
专营店，百货商场

经典款式:
Double Heart Beat双心跳系列，Manufacture自家机芯系列

价格区间:
3500元~1100000元

纵横系列陀飞轮手表

型号： Tourbillion No. 1
机芯： 瑞士“Technotime” TT791.00机芯
功能： 时针，分针，陀飞轮
表壳： “圆形”表壳，18K金，防水30米
表带： 咖啡色鳄鱼皮表带配18k金表扣
参考价格： 1080000元

纵横系列霸气版手表

型号： 1108011223
机芯： ETA2824机芯，动力储备42小时
功能： 时针，分针，秒针，日历
表壳： 316L不锈钢，表圈镶嵌8颗18K金装饰钉，直径40毫米，防水100米
表带： 316L不锈钢
参考价格： 14800元
其他款式： 全不锈钢款

纵横系列霸气版手表

型号： 1108011173
机芯： ETA2824机芯，动力储备42小时
功能： 时针，分针，秒针，日历
表壳： 316L不锈钢，直径40毫米，防水100米
表带： 316L不锈钢
参考价格： 12800元
其他款式： 18K金装饰钉配不锈钢表圈款

纵横系列霸气版手表

型号： 1108011183
机芯： ETA2824机芯
功能： 时针，分针，秒针，日历
表壳： 316L不锈钢，直径40毫米，防水100米
表带： 316L不锈钢
参考价格： 12800元
其他款式： 18K金装饰钉配不锈钢表圈款

纵横系列霸气版手表

型号： 1108011193
机芯： ETA2824机芯
功能： 时针，分针，秒针，日历
表壳： 316L不锈钢，直径40毫米，防水100米
表带： 316L不锈钢
参考价格： 12800元
其他款式： 18K金装饰钉配不锈钢表圈款

纵横系列手表

型号： VWM82112CE1
机芯： 瑞士Ronda 5040.F石英机芯
功能： 时针，分针，秒针，日历，星期，月份，计时
表壳： 316L不锈钢，直径42毫米，防水50米
表带： 黑色牛皮
参考价格： 7680元

盛世系列陀飞轮手表

型号： Tourbillion No. 2
机芯： 瑞士“Technotime” TT791.00机芯
功能： 时针，分针，陀飞轮
表壳： “酒桶形”，18K金，防水30米
表带： 啡色鳄鱼皮表带配18k金表扣
参考价格： 1080000元

盛世系列机械手表

型号： 1108010232
机芯： ETA2846机芯
功能： 时针，分针，秒针，日历和星期
表壳： 316L不锈钢，18K金表圈，42.5毫米x40.5毫米，防水50米
表带： 啡色牛皮
参考价格： 21880元
其他款式： 全不锈钢款

盛世系列石英手表

型号： 1108020102
机芯： ETA F06.111石英机芯，3颗宝石
功能： 时针，分针，秒针，日历
表壳： 316L不锈钢，42.5毫米x40.5毫米，防水50米
表带： 316L不锈钢
参考价格： 9980元
其他款式： 18K金电镀款

盛世系列石英手表

型号： 1108020472
机芯： 瑞士ETA F06.111石英机芯
功能： 时针，分针，秒针，日历
表壳： 316L不锈钢，18K金电镀表圈，42.5毫米x40.5毫米，防水50米
表带： 咖啡色牛皮
参考价格： 9680元
其他款式： 全不锈钢款

盛世系列石英手表

型号： 1208020133
机芯： 瑞士ETA F04.111石英机芯
功能： 时针，分针，秒针，日历
表壳： 316L不锈钢，18K金电镀表圈，32毫米x31.5毫米，防水50米
表带： 不锈钢配18K金电镀
参考价格： 7680元
其他款式： 皮带表链款

盛世系列石英手表

型号： 1208020203
机芯： 瑞士ETA F04.111石英机芯
功能： 时针，分针，秒针，日历
表壳： 316L不锈钢，18K金电镀表圈，32毫米x31.5毫米，防水50米
表带： 咖啡色牛皮
参考价格： 6280元
其他款式： 钢带表链款

天堡系列石英手表

型号： 1108021093
机芯： 瑞士ETA251.272石英机芯
功能： 时针，分针，秒针，日历，计时
表壳： 316L不锈钢配黑色电镀，51毫米x39毫米，防水50米
表带： 黑色橡胶表链
参考价格： 6680元
其他款式： 全不锈钢款，不锈钢款配皮带款

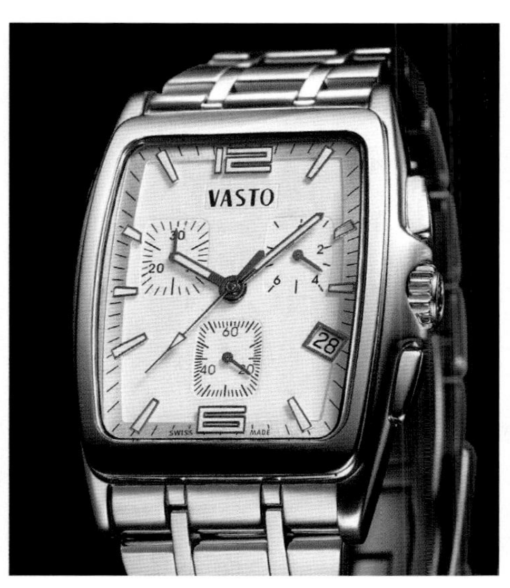

天堡系列石英手表

型号： 1108020773
机芯： 瑞士ETA251.272石英机芯
功能： 时针，分针，秒针，日历，计时
表壳： 316L不锈钢，51毫米x39毫米，防水50米
表带： 316L不锈钢
参考价格： 7980元
其他款式： 不锈钢款配皮带款

天堡系列石英手表

型号： 1108020603
机芯： 瑞士ETA251.272石英机芯，
功能： 时针，分针，秒针，日历，计时
表壳： 316L不锈钢，51毫米x39毫米，防水50米
表带： 咖啡色牛皮
参考价格： 6680元
其他款式： 全不锈钢款

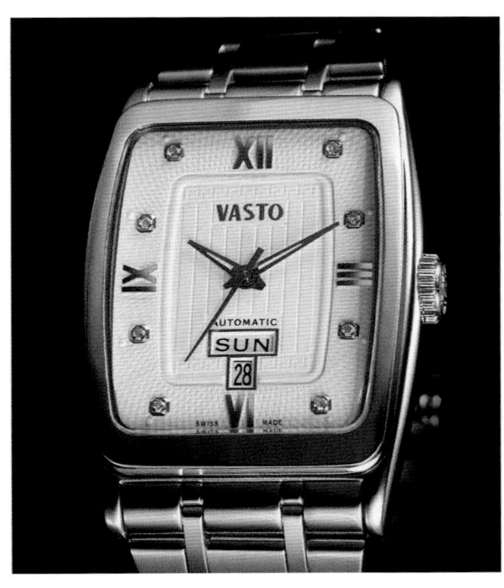

天堡系列机械手表

型号： 1108010532
机芯： ETA2846机芯
功能： 时针，分针，秒针，日历，星期
表壳： 316L不锈钢，51毫米x37毫米，防水50米
表带： 316L不锈钢配18K金
参考价格： 23280元
其他款式： 全不锈钢款，不锈钢配皮带款

天堡系列机械手表

型号： 1108010702
机芯： ETA2846机芯
功能： 时针，分针，秒针，日历，星期
表壳： 316L不锈钢，51毫米x37毫米，防水50米
表带： 316L不锈钢
参考价格： 15980元
其他款式： 18K金表圈款，不锈钢配皮带款

天堡系列机械手表

型号： 1108010892
机芯： ETA2846机芯
功能： 时针，分针，秒针，日历，星期
表壳： 316L不锈钢，51毫米x37毫米，防水50米
表带： 黑色牛皮
参考价格： 13680元
其他款式： 全不锈钢款，18K金表圈款

V

范思哲
Versace

创立时间:
1978 年

员工数量:
不详

年产量:
不详

电话:
021 5228 8833

传真:
021 5228 3622

网址:
www.versace.com

销售方式:
专卖店或经销商店铺

经典款式:
陶瓷表，珠宝表， 商务手表

价格区间:
7000元～ 41万元

设计师詹尼·范思哲（Gianni Versace）出生于意大利的雷焦卡拉布里亚。在学习了建筑、剪裁和设计之后，1978 年，他创立自己的公司“Gianni Versace”并在米兰推出他第一组系列“Gianni Versace Donna”。“超级巨星”的诞生,使范思哲迅速成为意大利的象征,全世界的奢侈品。1997 年在他逝世之后,该公司就交给他的妹妹唐娜泰拉管理。自那时以来唐娜泰拉·范思哲一直担任创意总监和董事会的副主席，并且逐步使范思哲专注于成为 21 世纪最具特色的品牌之一，感官享受的先驱，极尽奢华及魅力，使其成为品牌的标志。詹尼·范思哲设计、制造、分销和零售最高级别的时装及服饰产品，包括高级时装，配件，家居用品等都印有特色的 medusa 图案。

1989 年，詹尼·范思哲（Gianni Versace）开发了第一款手表“Atelier”，融合范思哲的本质风格和设计特点与最好的瑞士制表工艺。1996 年，范思哲以其 Tiara（1200 颗钻石结合成最为耀眼的系列元素）赢得了 De Beers 奖。 同年，范思哲与世界著名的手表设计师 Franck Muller 合作制作的高级珠宝手表在日内瓦问世。1998 年，一家独立设计和生产高级手表、珠宝的公司 Versace S.A. 成立了。

2004 年，范思哲与拥有 150 年高级钟表制作经验的 Timex 集团合作，成立 Vertime S.A.。Vertime S.A. 负责范思哲手表和珠宝的生产和分销。

2005 年,DV One 系列的推出,标志着范思哲的新纪元。以纯白色和全黑色陶瓷制作的手表风靡一时。一系列精致的珠宝紧随出产，以简单的形状，考究的用料和完美的工艺为最大特点。2007 年，COSC 系列以限量形式问世，每一只手表都附有瑞士天文台认证的官方证书。

Destiny Precious手表

型号： 86Q991MD497 S112
机芯： ISA K62/132 石英机芯
功能： 时针，分针
表壳： 直径39 毫米，不锈钢表盘
表带： 灰色珍珠鱼皮表带，蝴蝶扣
参考价格： 33200元

Eon Precious手表

型号： BBY1203
机芯： ISA K62/132石英机芯
功能： 时针，分针
表壳： 直径33.6毫米，不锈钢表壳
表带： 粉色鳄鱼皮表带，蝴蝶扣
参考价格： 33100元

Krios手表

型号： M6Q80SD498 S00
机芯： Ronda 762.3石英机芯
功能： 时针，分针
表壳： 直径38毫米，玫瑰金表壳 ，表圈60颗钻石（0.15克拉）
表带： 黑色鳄鱼纹牛皮表带，蝴蝶扣
参考价格： 22800元
其他款式： 不带钻表链款14800元

DV One 计时表

型号： 16CCS94D009SC09
机芯： ETA 2894-2 计时机芯
功能： 计时，时针，分针，小秒针
表壳： 黑色防刮陶瓷表壳，表径43.5毫米
表带： 黑色防刮陶瓷表链
参考价格： 222100元
其他款式： 白色陶瓷红宝石款，222100元

DV One 陶瓷手表

型号： 63ACS11D98F SC01
机芯： ETA 26.71 机芯
功能： 时针，分针，秒针
表壳： 白色陶瓷，表圈135颗钻石，防水 50米
表带： 白色闪亮陶瓷
参考价格： 83200元
其他款式： 黑色款83200元

Character限量龙表30枚手表

型号： 25A391D912 S009
机芯： ETA2824机芯
功能： 时针，分针，秒针
表壳： 不锈钢表壳，表壳镶有398颗白色钻石
表带： 黑色鳄鱼皮表带，蝴蝶扣
参考价格： 250800元

Eon 限量龙表 50枚手表

型号： 80Q871D12F S800
机芯： ISA K62/132 石英机芯
功能： 时针，分针
表壳： 玫瑰金包金表壳，表圈镶有白钻35颗
表带： 红色鳄鱼皮，蝴蝶扣
参考价格： 79900元

Mystique Hibiscus 手表

型号： I9Q81D9HI S702
机芯： Ronda 762.2石英机芯
功能： 时针，分针
表壳： 直径38毫米，IP玫瑰金，表圈56颗钻石
表带： 紫色鳄鱼纹牛皮表带配蝴蝶扣
参考价格： 43400元

Mystique Small手表

型号： M5Q81D008 S081
机芯： Ronda 762.2 石英机芯
功能： 时针，分针
表壳： 直径38毫米，玫瑰金包金表壳
表带： 不锈钢或包金表链配蝴蝶扣
参考价格： 92500元

Mystique Chrono手表

型号：I8C80D001 S009
机芯：Ronda 5030D石英机芯
功能：计时，时针，分针，小秒针
表壳：直径43.5毫米，玫瑰金包金
表带：黑色碳纤维花纹牛皮表带配蝴蝶扣
参考价格：15400元

Vanity手表

型号：P5Q81D702 S702
机芯：Ronda 762.3石英机芯
功能：时针，分针
表壳：35 毫米，玫瑰金表壳
表带：牛皮表带及两个美杜莎钉饰，蝴蝶扣
参考价格：28100元

DV One Cruise手表

型号：28CCS91D008S009
机芯：Ronda 5030D Chrono石英机芯
功能：计时，日历，时针，分针，小秒针
表壳：直径43.5 毫米，黑色防刮处理陶瓷表壳
表带：黑色鳄鱼纹牛皮表带，蝴蝶扣
参考价格：90300元

Business GMT手表

型号：30A80D002 S497
机芯：ETA 2893.1机芯
功能：时针，分针，秒针， GMT标准时间
表壳：直径43毫米，不锈钢或IP玫瑰金表壳
表带：棕色鳄鱼纹牛皮表带，蝴蝶扣
参考价格：27400元

Character 自动计时表

型号：M9A99D002 S497
机芯：ETA 2894-2计时机芯
功能：时针，分针，小秒针，计时，日历
表壳：直径42.5毫米，不锈钢表壳
表带：棕色鳄鱼纹牛皮表带，蝴蝶扣
参考价格：41100元

V-Race GMT Alarm手表

型号：29G70D009 S009
机芯：瑞士制石英机芯
功能：标准时间，闹铃，日历，时针，分针，秒针
表壳：直径46毫米，IP黄金表壳
表带：黑色鳄鱼纹牛皮表带，蝴蝶扣
参考价格：13100元

Vianney Halter

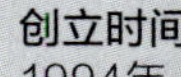

创立时间：
1994年

员工数量：
不详

年产量:
不详

电话:
+41 24 454 2948

传真:
+41 24 454 3944

网址:
www.vianney-halter.com

销售方式:
经销商

经典款式：
Antiqua, Classic, Trio, Classic Janvier, Contemporaine

价格区间:
不详

1981 年，Vianney 从巴黎制表学院中获得制表师文凭。1983 年，成立了自己的工作室，专门修复古董钟表。1990 年，Francois Paul Journe，另一个法国独立制表大师邀请 Vianney 到自己的 THA 公司，为很多大品牌，如宝玑、爱彼、雅克德罗、Frank Muller 设计手表。1994 年，Vianney 在圣科瓦镇成立属于自己的品牌，将自己的公司命名为 La Manufacture Janvier SA。Vianney 之所以选择这个名字，也是为了纪念曾经的一位制表大师 Antide Janvier (1751 ~ 1835)。

作为一个独立的制表大师，Vianney Halter 也同样拥有属于自己的手表制作团队，其中包括了传统的优秀制表师，设计师以及机械师。在自己和团队的整个创造中，Vianney 用严格的要求，将为数不多的手表定位在行业内的高级奢华类别，无论在细节处理以及打磨方面，都精益求精。他曾经说过"The Devil is in the details, so is the watchmaker"，简单的可以理解为：每一个制表师都是恶魔，他们会在意手表中的每一个细节。就是通过这样对手表生产的严苛要求，才有了之后 Vianney Halter 手表带给人们的经典印象。

从 1998 年至 2011 年，大多数 Vianney 的作品都不是以系列制作为目的，但 Vianney 将整个公司的创造性和热情倾注在每一块手表的制作上，即使只有不到 500 块的手表问世，他个人以及公司的影响力也可见一斑。尽管现在公司依旧在当初的那个小镇，但用 Vianney 自己的话来说，这个平静的小镇，真的可以带给他无限的灵感和工作热情。

Classic

机芯：VH100机芯，动力储存40小时
功能：时针，分针，秒针
表壳：黄金表壳，玫瑰金铆钉
表带：鳄鱼皮表带
参考价格：店洽

Contemporaine

机芯：VH300机芯，动力储存40小时
功能：时针，分针，星期，日期，月相
表壳：铂金表壳
表带：鳄鱼皮表带
参考价格：店洽

Trio

机芯：VH205机芯，动力储存60小时
功能：时针，分针，小秒针，大日期，日夜显示
表壳：玫瑰金表壳，白色铑金属表盘，白金铆钉
表带：鳄鱼皮表带
参考价格：店洽

Z

真力时
Zenith

真力时 (Zenith) 于 1865 年在乔治斯 · 法福尔 – 杰科特（Georges Favre-Jacot）的推动下于瑞士创立。迄今为止，真力时总共获得 1565 项设计大奖，其中包括 50 多枚优质机械机芯设计奖。

1969 年 1 月 10 日，新机芯 3019 PHC“El Primero”正式面世。由于采用中置摆陀在滚珠轴承上运行的设计，它是唯一实现双向自动上链功能的整合式计时机芯。此款独一无二的机芯每小时振频 36000 次，使其走时精度达到十分之一秒。在 Zenith Radio Corporation（1971 到 1978 年期间拥有真力时（Zenith）品牌的美国企业）决定停产前，每月出产的 El Primero 机芯仅为 2000 枚。1975–1984 年，是制表行业的“黑色年代”，石英机芯的风头盖过机械机芯，El Primero 的历史差一点在这时戛然而止。当时，Zenith Radio Corporation 下令销毁生产 El Primero 所必需的设备，停止制造机械表，转而专营石英表，同时公司所有者打算将所有的机器、机芯和工具当作废品卖掉。有一位制表匠查尔斯·维尔莫与美国总部据理力争，试图保留这些设备，但未能成功。总部的命令即将依时执行，而蕴含着百年传统的这些金属材料将按吨计算卖给出价最高者。查尔斯 · 维尔莫无法接受他的生产设备就这样被销毁，他冒着丧失工作的危险开始隐藏重要的工具和部件。查尔斯 · 维尔莫天性严谨，他将凸轮、切割工具、冲床和机器逐一贴上标签，并加以编目和分类，同时在笔记本中记录下整个生产流程。如果有一天，机械机芯再次获得人们的青睐，那么 El Primero 就会奇迹般重生。九年之后，奇迹真的发生了。在一个晴朗的清晨，失踪已久的整套设备重新就位。如果没有查尔斯勇敢行径，真力时也许早已不复存在。在 20 世纪 80 年代初，单台冲床成本已超过 40000 法郎，而制作一枚 El Primero 机芯需要 150 多台这样的冲床，总共需要 7 百万瑞士法郎。真力时的财政、技术和人力投资也许就这样一下子荡然无存。之后，多个知名品牌开始让真力时为他们供应机芯。源源不断的订单为制表厂带来新生。1999 年，LVMH 集团收购了真力时（Zenith）制表厂，集团决定保留 El Primero 机芯为真力时专用，此后，每年真力时都会为消费者带来优秀的手表作品。

真力时今年以三大系列作为主打，复刻经典的飞行员系列，在一些细节上做了改动；还有 El Primero 计时表和月相表，光从外形上看就让人爱不释手；此外，还有为了满足不同人士的需求而推出的 Espada 系列新款，Espada 系列完全颠覆了个性化定制的潮流，你根本无需定制，消费者总能找到一款心仪的 Espada，它的表盘分为黑色、白色、棕色、银色太阳纹，甚至还有白色珍珠母贝款，表壳有玫瑰金和不锈钢，表带有不锈钢、玫瑰金、不锈钢间玫瑰金和皮表带，表圈可以选择镶钻款或者不镶钻款，时标也可以选择镶钻不镶钻、镶圆形钻或者方形钻，只要你能想到的，El Primero Espada 几乎都为你想到了。

创立时间:
1865年

员工数量:
不详

年产量:
不详

电话:
021 5204 2886

传真:
021 6288 1459

网址:
www.zenith-watches.com

销售方式:
专营店

经典款式:
不详

价格区间:
37000元~ 1912000元

EL Primero Chronomaster Open

型号： 03.2080.4021/81.C714
机芯： EL Primero 4021机芯，动力储备50小时
功能： 时针，分针，秒针，动力储备，计时
表壳： 不锈钢，直径42毫米，防水50米
表带： 黑色鳄鱼皮表带
参考价格： 78000元
其他款式： 不锈钢，玫瑰金

EL Primero 1969

型号： 03.2040.4061/69.C496
机芯： EL Primero 4061机芯，动力储备50小时
功能： 时针，分针，秒针，计时
表壳： 不锈钢，直径42毫米，防水100米
表带： 黑色鳄鱼皮表带
参考价格： 66500元
其他款式： 不锈钢，玫瑰金

EL Primero Grande Date Moon&Sunphase

型号： 18.2160.4047/01.C713
机芯： EL Primero 4047机芯，动力储备50小时
功能： 时针，分针，秒针，计时，月相
表壳： 玫瑰金，直径45毫米，防水50米
表带： 棕色鳄鱼皮表带
参考价格： 227000元

EL Primero Espada

型号： 03.2170.4650/01.M2170
机芯： EL Primero 4650机芯，动力储备50小时
功能： 时针，分针，秒针，日历
表壳： 不锈钢，直径40毫米，防水100米
表带： 不锈钢表带
参考价格： 48000元
其他款式： 不锈钢，玫瑰金&不锈钢，玫瑰金

Pilot Montre D'Aéronef Type 20

型号： 03.2400.4046/21.C721
机芯： 5011K型手动上弦机芯，动力储备48小时
功能： 时针，分针，秒针，动力储备显示
表壳： 5级钛金，直径57.5毫米
表带： 棕色皮质表带
参考价格： 95000元
其他款式： 钛金限量250枚，玫瑰金限量75枚

Pilot Big Date Special

型号： 03.2410.4010/21.M2410
机芯： El Primero 4010型自动上弦机芯，动力储备50小时
功能： 时针，分针，秒针，计时
表壳： 不锈钢，直径42毫米，防水深度50米
表带： 不锈钢表带
参考价格： 56500元

Z

Pilot Doublematic

型号： 03.2400.4046/21.C721
机芯： El Primero 4046型自动上弦机芯，动力储备50小时
功能： 时针，分针，秒针，计时，大日期，闹铃，动力储存显示
表壳： 不锈钢，直径45毫米，防水50米
表带： 棕色鳄鱼皮表带
参考价格： 97000元

Heritage Star Open

型号： 22.1925.4062/80.C725
机芯： El Primero4062型自动机芯，动力储备50小时
功能： 时针，分针，计时功能
表壳： 玫瑰金镶钻，白色珍珠母贝表盘，直径32毫米，防水30米
表带： 棕色鳄鱼皮表带
参考价格： 194000元

Heritage Star Moonphase

型号： 22.1925.692/01.C725
机芯： ELITE 692 型自动机芯，动力储备50小时
功能： 时针，分针，秒针，月相
表壳： 玫瑰金镶钻，白色珍珠母贝表盘，直径32毫米，防水30米
表带： 棕色鳄鱼皮表带
参考价格： 161000元

Captain Winsor

型号： 18.2070.4054/02.C711
机芯： EL Primero 4054型自动机芯，动力储备50小时
功能： 时针，分针，秒针，月份，星期，日历，计时
表壳： 玫瑰金，直径42毫米，防水50米
表带： 棕色鳄鱼皮表带
参考价格： 159000元

El Primero Striking 10th

型号： 03.2041.4052/69.C496
机芯： El Primero 4052B型自动机芯，动力储备50小时
功能： 时针，分针，秒针，日历，计时
表壳： 不锈钢，直径42毫米，银色太阳纹带3色计时盘，防水100米
表带： 黑色鳄鱼皮表带
参考价格： 83000元

El Primero Stratos Flyback Striking 10th

型号： 03.2060.4057/69.C714
机芯： El Primero 4057B型自动机芯，动力储备50小时
功能： 时针，分针，秒针，日历，计时
表壳： 不锈钢，直径45.5毫米，银色太阳纹带3色计时盘，防水100米
表带： 黑色鳄鱼皮表带
参考价格： 69800元

El Primero Stratos Flyback

型号： 85.2060.405/23.C714
机芯： El Primero 405 B型自动机芯，动力储备50小时
功能： 时针，分针，秒针，计时
表壳： 玫瑰金和黑色铝合金，直径45.5毫米，防水100米
表带： 黑色鳄鱼皮表带
参考价格： 106000元

Captain Chronograph

型号： 03.2110.400/01.C498
机芯： El Primero 400 B型自动机芯，动力储备50小时
功能： 时针，分针，秒针，日历，计时
表壳： 不锈钢，直径42毫米，银色太阳纹表盘，防水50米
表带： 棕色鳄鱼皮表带
参考价格： 54900元

Heritage Ultra Thin

型号： 18.2010.681/11.C498
机芯： Elite 681型自动机芯，动力储备50小时
功能： 时针，分针，小秒针
表壳： 玫瑰金，直径40毫米，防水50米
表带： 棕色鳄鱼皮表带
参考价格： 97000元

Captain Grande Date Moonphase

型号： 18.2140.691/02.C498
机芯： Elite 691型自动机芯，动力储备50小时
功能： 时针，分针，秒针，日历，月相
表壳： 玫瑰金，直径40毫米，银色麦穗纹表盘，防水50米
表带： 棕色鳄鱼皮表带
参考价格： 117000元

Academy Christophe Colomb Equation of Time

型号： 18.2220.8808/01.C631
机芯： Academy 8808型手动机芯，动力储备50小时
功能： 时针，分针，秒针，动力储备显示，时间等式，配备自动调校式陀螺仪模块
表壳： 玫瑰金，直径45毫米，表背具有独特弧形
表带： 棕色鳄鱼皮表带
参考价格： 1680000元

El Primero Tourbillon

型号： 18.2050.4035/01.C713
机芯： El Primero 4035型自动机芯，动力储备50小时
功能： 时针，分针，秒针，日历，陀飞轮，计时
表壳： 玫瑰金，直径44毫米，银色太阳纹表盘，防水深度100米
表带： 棕色鳄鱼皮表带
参考价格： 555000元
其他款式： 玫瑰金，白金，不锈钢

Z

5011K手动上弦机芯（Type 20机芯）

功能： 时针，分针，小秒针，动力显示，动力储存48小时
直径: 50毫米
厚度: 10毫米
组件数: 134件
宝石数: 19
摆频: 18000次/小时
备注： 瑞士天文台COSC认证

El Primero 4021 P自动机芯

功能： 时针，分针，小秒针，计时，日历，动力存储50小时
直径： 30毫米
厚度： 7.85毫米
组件数： 248件
宝石数： 39
摆频： 36000次/小时

El Primero 4052 B自动机芯

功能： 时针，分针，小秒针，计时，1/10秒跳秒，日历，动刀储存超过50小时
直径： 30毫米
厚度： 6.6毫米
组件： 326件
宝石： 31
摆频： 36000次/小时

EL PRIMERO 4043自动机芯

功能： 时针，分针，小秒针，计时，动力储存至少50小时
直径： 37毫米
厚度： 10.36毫米
组件数： 461件
宝石数： 46
摆频： 36000次/小时

El Primero 8804 手动机芯

功能： 时针，分针，陀螺仪系统，动力储存至少50小时
直径： 37毫米
厚度： 5.85毫米
组件数： 308件
宝石数： 45
摆频： 36000次/小时

El Primero 自动机芯

功能： 时针，分针，小秒针，计时
直径： 30毫米
厚度： 7.85毫米
宝石数： 31
摆频： 36000次/小时

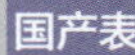

北斗
BeiDou

创立时间：
2004年

员工数量：
500人

年产量:
2万枚

电话:
028 8755 9419

传真:
028 8755 9411

网址:
www.beidouwatch.com

销售方式:
百货商场，各大B2C网上商城

经典款式：
英雄系列，功勋系列，指挥官系列

价格区间:
4880元~9580元

2010 年之前，很多官兵还在通过电视屏幕上播发的时间信息完成对时。为加强全军时频体系建设，通过与军方的多次沟通，评估军用时间安全以及军表的功能需求后，军方委托并授权成都天奥电子研制北斗卫星手表，以期在“十二五”期间实现全军“秒同步”。在时频领域拥有完整产业链的成都天奥电子股份有限公司，从 2008 年开始就致力于北斗卫星授时终端的开发，希望将自己精通的时频技术注入到方寸大小的一只手表中。

2011 年 4 月，成都天奥电子股份有限公司成功推出指针式卫星授时手表，该表通过接收我国自主研发的北斗二代导航卫星信号进行授时，使得手表的时间与我国的标准时间保持精确同步，其时间精度可控制在 0.1 秒内。并拥有防水、防振、防撞击、防静电等户外功能，还兼顾温度计、气压计、高度计等实用配置。

同年，该表通过了中国人民解放军总参测绘导航局与中国电子科技集团总公司的联合鉴定，并授予“军用标准时间表”的称号，成为中国军方唯一认可的中国军表。

北斗卫星授时手表

型号： TA101 英雄系列
机芯： 卫星授时多功能机芯
功能： 北斗卫星授时，世界时间，高度计，指南针，温度计，气压计，秒表，倒计时，响闹功能，电子背光，低电压指示，可充电电池
表壳： 铝镁合金 ，直径48毫米，防水50米
表带： 橡胶，不锈钢日字表扣
参考价格： 4880元

北斗卫星授时手表

型号： TA102 功勋系列
机芯： 卫星授时多功能机芯
功能： 北斗卫星授时，世界时间，高度计，指南针，温度计，气压计，秒表，倒计时，响闹功能，电子背光，低电压指示，可充电电池
表壳： 铝镁合金，直径48毫米，防水50米
表带： 橡胶表带，不锈钢日字表扣
参考价格： 6580元

北斗卫星授时手表

型号： TA103 指挥官系列
机芯： 卫星授时多功能机芯
功能： 北斗卫星授时，世界时间，高度计，指南针，温度计，气压计，秒表，倒计时，响闹功能，电子背光，低电压指示，可充电电池
表壳： 钛金属，直径48毫米，防水50米
表带： 钛金属，钛安全扣
参考价格： 9580元

北京 Beijing

北京手表厂（以下简称“北表”）始建于1958年6月，位于有“北京的后花园”之称的昌平。工厂坐北朝南，背倚军都山，鸟瞰温榆河。半个世纪来，北京手表厂浸润古都文化，沐泽人杰地灵，探究钟表艺术，挑战工艺极限，形成了“人本、协作、求实、创新”的企业文化。

由原轻工业部组织研发、在中国钟表史上有重要地位的第一只“统一机芯”手表样机在北表试制成功的业绩开始，北表渐渐成为国内行业产销规模和社会影响举足轻重的企业。1995年，北表自行独立开发了陀飞轮手表。2004年，北表首发玫瑰金限量款陀飞轮金表，在中国品牌中率先以贵金属外观、陀飞轮高复杂机芯、限量等元素进军高级手表市场。2005年，北表陀飞轮正式冠称“中华陀飞轮”。中华陀飞轮以其特有的无卡度游丝、中华灵燕形的摆夹板、大师手工精细打磨和装配、不对外供应机芯以及有鲜明中国文化主题的外观设计，逐渐形成了独有风格和完整的知识产权。

2006年，中华陀飞轮铂金钻表“游龙戏凤”参展瑞士巴塞尔国际钟表展，同年该表以100万元人民币被收藏，成为中国手表的前无古人之作。2007年春，北表的珐琅机芯陀飞轮表“蝶恋花”、珐琅双陀飞轮表“北京2008”和珐琅金表亮相2007年瑞士巴塞尔国际钟表展（以下简称巴展）。2008年4月，北表携深浮雕全金机芯金表“雅典娜”和中华陀飞轮三问表等高级手表再次参展瑞士巴展。2009年又成功推出中国第一只双轴立体陀飞轮表——太极，确立了北京牌手表在中国高级手表领域的领拓地位。2010年12月6日，北京保利5周年秋季拍卖会上，“蝶恋花”珐琅陀飞轮表以89.6万元成交。

至今，北表已掌握了陀飞轮、双陀飞轮、陀飞轮三问、珐琅、微雕、深浮雕、镂空等高级手表的设计和制造能力，成为掌握雕刻、镂空、珐琅、贵金属加工和机芯精饰技术的拥有完全自主知识产权和高级手表核心技术的手表制造商。

2010年6月19日，北表选择6·19建厂纪念日，第一家旗舰店在北京隆重开业，意味着这个享有52年历史的民族品牌以新的形象正式重归零售市场。2004年底北表转制为有限公司，现有员工600人，资产总额1.3亿元，占地11.5万平方米，建筑面积5.8万平方米，设备2000多台套。致力于为客户提供满意的优质产品，并坚持“第一次就做好”的质量方针。

创立时间:
1958年

员工人数:
600人

年产量:
成表10000枚

电话:
010 69742354

传真:
010 69741988

网址:
www.bjwaf.com

销售方式:
专营店，直销，百货商场，网上商城，淘宝店，会展等

经典款式:
全手工微雕陀飞轮机芯金表-游龙戏凤，双轴立体陀飞轮表-太极，世界首枚珐琅机芯玫瑰金表-蝶恋花

价格区间:
800元~2000000元

印象北京机雕珐琅复合盘全自动机表系列（北海白塔—水立方款）

机芯：B1609ZR全自动机械机芯
功能：时针，分针，秒针
表壳：不锈钢表壳，内嵌珐琅拼合油压表盘，直径40毫米
表带：牛皮表带
参考价格：7800元

福禄寿喜系列之“福”—中国第一只双擒双盒长动力机械表

机芯：B24双盒双擒手上弦机芯
功能：时针，分针
表壳：18K金表壳，银坯掐金丝珐琅表盘，蓝钢表针
表带：鳄鱼皮带，18K金带扣
参考价格：128000元，限量30枚

马踏飞燕Ⅰ-18K玫瑰金陀飞轮表

机芯：TB01-2陀飞轮机芯
功能：时针，分针，陀飞轮
表壳：18K玫瑰金表壳，24K金马油压盘
表带：鳄鱼皮表带，18K玫瑰金带扣
参考价格：128000元，限量99枚
其他款式：马踏飞燕Ⅱ款式（黑色表盘款）

平安富贵图-18K玫瑰金珐琅陀飞轮三问表

机芯：MRB-1陀飞轮三问机芯
功能：时针，分针，三问，飞行式陀飞轮
表壳：18K玫瑰金表壳，银坯掐金丝珐琅表盘，直径43毫米，厚度14毫米
表带：鳄鱼皮，表带扣18K玫瑰金
参考价格：孤品已售

岁朝清供-18K玫瑰金珐琅陀飞轮三问表

机芯：MRB-1陀飞轮三问机芯
功能：时针，分针，三问，飞行式陀飞轮
表壳：18K玫瑰金表壳，银坯掐金丝珐琅表盘，直径43毫米，厚度14毫米
表带：鳄鱼皮，表带扣18K玫瑰金
参考价格：孤品已售

蜗牛与黄鹂-18K金镶钻珐琅女表

机芯：SB18薄型手上弦机芯
功能：时针，分针
表壳：18K金表壳,镶96颗天然钻石，银坯掐金丝珐琅表盘，直径35毫米，厚度9毫米
表带：鳄鱼皮表带，18K金带扣
参考价格：110000元

太极–中国第一只双轴立体陀飞轮表

机芯：TB04双轴立体陀飞轮
功能：时针，分针，能量储备显示，指针式日历，月相
表壳：18K玫瑰金表壳，珍珠贝表盘，直径44毫米，厚度17.5毫米
表带：鳄鱼皮表带，18K玫瑰金蝴蝶扣
参考价格：430000元，限量30枚

枭龙戏珠–18K玫瑰金手工雕刻陀飞轮表

机芯：TB01–2 陀飞轮机芯
功能：时针，分针，陀飞轮
表壳：18K玫瑰金，直径40毫米，厚度11毫米
表带：鳄鱼皮表带，18K玫瑰金蝴蝶扣
参考价格：孤品已售

水晶–蓝宝石夹板双陀飞轮表

机芯：TB02–S双陀飞轮机芯
功能：时针，分针，陀飞轮
表壳：18K玫瑰金表壳，直径44毫米，厚度14毫米
表带：鳄鱼皮表带，13K玫瑰金蝴蝶扣
参考价格：260000元　限量30枚

星月–18K镂空双陀飞轮表

机芯：TB02–L镂空双陀飞轮机芯
功能：时针，分针，双陀飞轮
表壳：18K玫瑰金表壳，直径43毫米，厚度12毫米
表带：鳄鱼皮表带，18K玫瑰金蝴蝶扣
参考价格：260000元，限量99枚

儒迦–18K双擒双盒长动力机械表

机芯：B24双盒双擒手上弦机械机芯
功能：时针，分针，小秒针
表壳：18K金表壳，珍珠贝复合表盘，43毫米直径
表带：鳄鱼皮表带，18K金带扣
参考价格：98000元

梨花双燕–18K金镶钻珐琅女表

机芯：SB18薄型手上弦机芯
功能：时针，分针
表壳：18K金表壳,镶96颗天然钻石，18K金表针，直径35毫米
表带：鳄鱼皮表带，18K金带扣
参考价格：110000元

穿越FNⅣ-不锈钢单陀飞轮表

型号： B013201212S
机芯： TB01-2FN飞返日历陀飞轮机芯
功能： 时针，分针，飞返日历,发条剩余能量指示
表壳： 不锈钢表壳，上圈镀黑陶瓷，表镜及透底为蓝宝石玻璃，沙银油压表盘，电白金时分针，蓝钢能显日历针，直径42毫米，厚度11.6 毫米，54钻
表带： 不锈钢间玫瑰金表带
参考价格： 48000元

穿越FNⅤ-不锈钢单陀飞轮表

型号： B013201213S
机芯： TB01-2FN飞返日历陀飞轮机芯
功能： 时针，分针，飞返日历，发条剩余能量指示
表壳： 不锈钢上圈，壳体镀黑陶瓷，表镜及透底为蓝宝石玻璃，沙银油压表盘，电白金时分针蓝钢能显日历针，直径42毫米，厚度11.6 毫米，54钻
表带： 不锈钢间玫瑰金表带
参考价格： 48000元

穿越Ⅱ-不锈钢陀飞轮表

型号： B009201210S
机芯： TB01-2陀飞轮机芯
功能： 时针，分针
表壳： 不锈钢镀黑陶瓷上圈、壳体，表镜及透底为蓝宝石玻璃，沙银油压表盘，电白金表针，直径42毫米，厚度11.6毫米，20钻
表带： 不锈钢镀黑陶瓷表带
参考价格： 38000元

穿越DNⅠ-不锈钢单陀飞轮表

型号： B012201213S
机芯： TB01-2DN陀飞轮机芯
功能： 时针，分针，日历,发条剩余能量指示
表壳： 不锈钢镀黑陶瓷壳体，18K玫瑰金上圈，表镜及透底为蓝宝石玻璃，沙银油压表盘，电白金时分针，蓝钢能显日历针，表径42毫米，厚度11.6毫米，36钻
表带： 鳄鱼皮表带，不锈钢带扣
参考价格： 83800元

穿越DNⅢ-不锈钢陀飞轮表

型号： B012201209S
机芯： TB01-2DN陀飞轮机芯
功能： 时针，分针，日历,发条剩余能量指示
表壳： 不锈钢表壳，表镜及透底为蓝宝石玻璃，沙银油压表盘，电白金时分针，蓝钢能显日历针，直径42毫米，厚度11.6毫米，36钻
表带： 不锈钢表带
参考价格： 42000元

穿越FNⅠ-不锈钢单陀飞轮表

型号： B013201214S
机芯： TB01-2FN飞返日历陀飞轮机芯
功能： 时针，分针，飞返日历,发条剩余能量指示
表壳： 不锈钢镀黑陶瓷壳体，18K玫瑰金上圈，表镜及透底为蓝宝石玻璃，沙银油压表盘，电白金时分针，蓝钢能显日历针，表径42毫米，厚度11.6 毫米，54钻
表带： 鳄鱼皮表带，不锈钢带扣
参考价格： 88000元

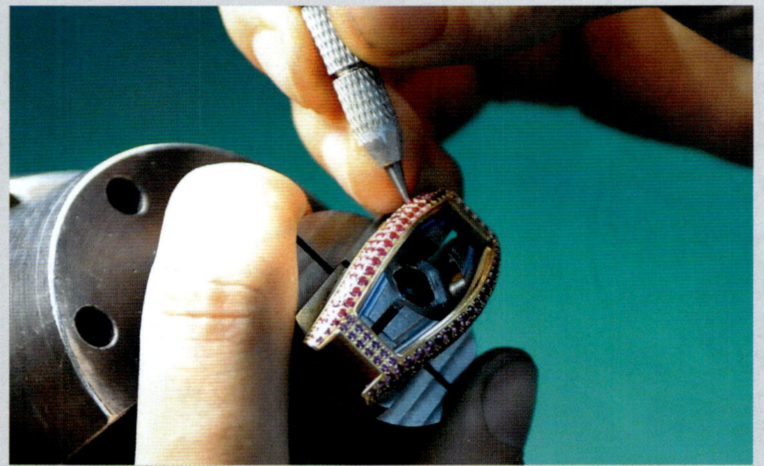

依波
Ebohr

中国海淀集团（HK0256）是在香港上市的国际专业制表集团。依波精品有限公司是中国海淀集团旗下的全资子公司。

依波精品公司始创于 1991 年，拥有依波，卡纳，宇飞等多个手表品牌和瑞士 CODEX—豪度表的亚太区独家代理权。总公司设有企业技术中心和设计研发，精密制造，品牌营销，物流保障，市场销售，豪度事业及行政管理等八大营运中心，下辖多个全资分公司，正式员工 1700 余人。

依波精品有限公司是中国钟表行业的领军企业，依波品牌是“中国名牌产品”，“中国驰名商标”和“中国四大名表”之一，在自主创新、品牌美誉度、市场占有率、经营效益、信息化建设和履行企业公民义务等方面处于行业领先地位。

创立时间：
1991年

员工数量：
1700人

年产量:
100万枚

电话:
0755 2664 5021

传真:
0755 2664 9255

网址:
www.ebohr.cn

销售方式:
专营店，百货商场

经典款式：
依波龙表，依波宇飞苍穹，依波卡纳梦享

价格区间:
3000元~120000元

依波龙表

型号： 19990118
机芯： 进口自动薄型机械机芯
功能： 时针，分针，秒针
表壳： 不锈钢表壳，18K黄金表圈，直径42毫米，防水50米
表带： 不锈钢间金镀纳米膜，附赠真皮表带
参考价格： 13800元

依波宇飞苍穹

型号： 60130235
机芯： 飞行陀飞轮机芯，动力存储60小时
功能： 时针，分针，陀飞轮
表壳： 不锈钢表壳，直径46.1毫米，防水50米
表带： 鳄鱼皮表带，蝴蝶扣
参考价格： 95800 元
其他款式： 玫瑰金款（128000元）

依波卡纳梦享

型号： 80080343
机芯： 瑞士原装薄型石英机芯
功能： 时针，分针
表壳： 18K玫瑰金表壳，镶钻石204颗，红宝石257颗，彩色宝石8颗，防水30米
表带： 绢带，18K玫瑰金带扣，附赠魔鬼鱼皮表带
参考价格： 120000 元

飞亚达
Fiyta

深圳市飞亚达（集团）股份有限公司成立于 1987 年，系境内唯一一家表业上市公司，历经多年艰苦砥砺，已成长为中国手表的旗舰企业，集手表研发、设计、制造、销售为一体，拥有"飞亚达"著名品牌和"亨吉利"商业品牌，营销网络覆盖全国，并延伸至国外。

公司自成立以来，坚持品牌战略，重视技术研发和新品研发，拥有多项国际国内领先技术。飞亚达研制的航天表三度作为航天计时装备征战太空，成功跻身世界三大航天表品牌之列。公司与清华大学联合举办的"飞亚达杯手表设计大赛"，已成为具有国际水平的设计比赛。近年来，飞亚达品牌价值不断上升，独立研制陀飞轮机芯、航天机芯，创新研发手表新材质，创意手表设计和工艺……凭借精湛制表技艺，飞亚达为中国航天员们提供地面训练专用手表与执行任务用表，伴随航天员探索太空；同时，飞亚达也曾为亚冬会、亚洲帆船锦标赛等国际体育赛事提供计时设备。近年，飞亚达以极限系列携手中国摩托车队，于南美大陆上，征战"全世界最艰难、最危险"的达喀尔拉力赛。

创立时间:
1987年

员工数量:
不详

年产量:
不详

电话:
0755 86013389

传真:
0755 86013648

网址:
www.Fiyta.com.cn

销售方式:
品牌专卖店，直营销售网点，渠道商代理销售网点

经典款式:
神九航天表

价格区间:
1000元~34.8万元

2011年，飞亚达首次进入巴塞尔钟表展最核心的1号馆，成为1号馆中唯一的中国品牌。在2012年的表展上，飞亚达旗下的航天系列手表以及独具中国特色的表款成为众人瞩目的焦点。采用特种合金材料，使用经过太空环境验证机芯的“神州八号纪念款”手表和“火星－500”纪念款手表不仅是我国航天事业蓬勃发展的象征，也是飞亚达制表实力的最佳展示。极富中国民族特色的飞亚达艺系列手工掐丝珐琅手表则是一扇传递中国文化的窗口，波澜壮阔的历史洪流，瑰丽秀美的民族风情都跃然呈现在表盘之上，凝聚了中华之美。而飞亚达琅轩系列手表通过简约的设计，彰显了中国人特有的儒雅与内涵。

2012年，神州九号飞船上天，其中首位中国女宇航员刘洋佩戴的就是飞亚达专门开发出的首款适用于太空环境的手工掐丝珐琅航天女表。此外，飞亚达还推出了航天系列神州九号纪念款手表以及神舟九号地面训练工作用表，依然是限量发布。

经典系列

型号： GA8308.MWM
机芯： 国产自动上弦机芯6300
功能： 时针，分针，秒针，日历
表壳： 直径39.0毫米，不锈钢表壳，镀玫瑰金，防水50米
表带： 不锈钢（部分镀玫瑰金）
参考价格： 3380元

Fiyta摄影师系列

型号： GA8232.WBW
机芯： 进口自动上弦机芯
功能： 时针，分针，秒针，24小时显示
表壳： 直径40.0毫米，不锈钢表壳，防水50米
表带： 不锈钢，双边按制实心扣
参考价格： 3080元
其他款式： 牛皮表带，2580元

Fiyta凯旋系列

型号： L996.WWWD
机芯： 瑞士Ronda石英机芯
功能： 时针，分针，秒针，日历
表壳： 直径30毫米，不锈钢表壳，镶嵌锆石，天然白色贝壳，花纹设计，防水50米
表带： 不锈钢
参考价格： 3080元

Fiyta凯旋系列

型号： GA8196.WWW
机芯： 进口自动机械机芯
功能： 时针，分针，小秒针
表壳： 直径40毫米，不锈钢表壳，防水50米
表带： 不锈钢
参考价格： 3480元

Fiyta琅轩系列

型号： GA8436.PWR
机芯： 男表自动机械机芯
功能： 时针，分针，秒针，日历
表壳： 直径39毫米，不锈钢，镀玫瑰金表壳，防水50米
表带： 牛皮
参考价格： 2480元

Fiyta恒昱系列

型号： L9[illegible]0 WWWD
机芯： 瑞士石英机芯
功能： 时针，分针，秒针，日历
表壳： 直径34毫米，陶瓷表壳，不锈钢镀玫瑰金，镶嵌施华洛世奇锆石表圈，防水30米
表带： 不锈钢镀玫瑰金，镶嵌陶瓷块
参考价格： [illegible]980元

Fiyta艺系列辛亥革命系列之孙中山

型号： E2100.PSB
机芯： 瑞士超薄手动上弦机芯
功能： 时针，分针
表壳： 直径40毫米，18K玫瑰金表壳，防水30米，手工制纯银底，掐金丝珐琅盘
表带： 黑色小山羊皮
参考价格： 98000元，限量10枚

Fiyta memory 方形陀飞轮

型号： GA8095
机芯： 陀飞轮机芯
功能： 时针，分针
表壳： 18K金表壳，防水30米
表带： 鳄鱼皮
参考价格： 368000元，仅可订制

Fiyta极限系列

型号： GA8288BBB
机芯： 飞亚达自动机械机芯
功能： 时针，分针，秒针，日历，计时
表壳： 直径45.0毫米，钛合金，镀高科技黑色表壳，防水50米
表带： 不锈钢，单边按制实心扣
参考价格： 6800元

Fiyta翻转陀飞轮

型号： GA8058.WLB
机芯： 陀飞轮机芯
功能： 时针，分针，陀飞轮
表壳： 直径46.2毫米，不锈钢表壳，防水50米，母贝盘面
表带： 手工缝制鲨鱼皮
参考价格： 129800元，限量20枚

Fiyta“后羿神弓”陀飞轮

型号： GA8046.WWB
机芯： 陀飞轮机芯
功能： 时针，分针
表壳： 直径40.5毫米，不锈钢表壳，防水30米
表带： 手工缝制鲨鱼皮
参考价格： 89800元，限量20枚

中国首位女航天员执行任务用表

型号： Z091（F）
机芯： 瑞士石英机芯
功能： 时针，分针，秒针，计时
表壳： 钛合金表壳，侧面镶嵌手工掐丝珐琅，防水50米
表带： 牛皮
参考价格： 店洽

神舟九号地面训练工作用表

型号： GA8592.WBW
机芯： 飞亚达自动机械机芯
功能： 时针，分针，秒针，日历
表壳： 不锈钢表壳，不锈钢底盖，铭刻飞行任务纪念图案，防水100米
表带： 不锈钢
参考价格： 6800元，限量1999枚

中国首位女航天员纪念款

型号： LA8598.WBR
机芯： 瑞士自动机械机芯
功能： 时针，分针，秒针
表壳： 手工掐丝珐琅表盘，不锈钢表壳，防水深度50米
表带： 鳄鱼皮
参考价格： 68000元，限量50枚

Fiyta神八纪念版航天表

型号： GA8470.WBB
机芯： 飞亚达自动机械机芯
功能： 时针，分针，秒针，计时
表壳： 直径44毫米，特种合金不锈钢表壳，防水50米
表带： PU，镶嵌 Fiyta 金属粒
参考价格： 12800元，限量999枚

Fiyta火星 500纪念款

型号： GA8500.HBH
机芯： 飞亚达自动机械机芯
功能： 时针，分针，秒针，AM/PM显示，计时
表壳： 特种合金不锈钢表壳
表带： 钛合金
参考价格： 8800元，限量520枚

Fiyta航海陀飞轮（经典版）

型号： GA8086.WWB
机芯： 陀飞轮机芯
功能： 时针，分针，陀飞轮
表壳： 直径41毫米，不锈钢，镶嵌18K金表壳，防水50米
表带： 手工缝制鲨鱼皮
参考价格： 59800元，限量99枚

Fiyta揽月陀飞轮

型号： GA8096.WWB
机芯： 陀飞轮机芯
功能： 时针，分针，月相，陀飞轮
表壳： 直径43毫米，不锈钢表壳，防水50米
表带： 鳄鱼皮
参考价格： 25800元，限量100枚

Fiyta神舟九号纪念款

型号：GA8596.WBW
机芯：飞亚达自动上弦机芯
功能：时针，分针，秒针，计时
表壳：不锈钢表壳，钛合金底盖，铭刻飞行任务纪念图案，防水100米
表带：不锈钢
参考价格：13800元

Fiyta金表系列

型号：G2036.GWR
机芯：瑞士进口超薄石英机芯
功能：时针，分针
表壳：直径38毫米，18K金表壳，防水30米
表带：牛皮
参考价格：14800元（另有情侣女表）

Fiyta祈福系列

型号：GA8098.TGT
机芯：瑞士自动机械机芯
功能：时针，分针，秒针，日历
表壳：直径37.5毫米，不锈钢表壳，18K金表圈，防水30米
表带：不锈钢，部分镀金
参考价格：56999元（对表参考价：99999元)

FIYTA摄影师系列

型号：LA8262.GWRD
机芯：进口自动机械机芯
功能：时针、分针
表壳：不锈钢镀玫瑰金表壳，直径34.8毫米
表带：棕色牛皮表带
参考价格：3580元~4580元

FIYTA摄影师系列

型号：GA8270.GWR
机芯：进口自动机械机芯
功能：时针、分针，小秒针表盘，24小时小表盘
表壳：不锈钢镀玫瑰金表壳，直径40毫米
表带：牛皮表带
参考价格：2580元~3580元

FIYTA玲珑系列

型号：L591.GGGH
机芯：进口石英机芯
功能：时针、分针
表壳：不锈钢镀玫瑰金表壳，表壳24毫米×13毫米
表带：不锈钢镀玫瑰金镶钻表壳
参考价格：2580元~3580元

格雅
Geya

创立时间:
1993年

员工数量:
不详

年产量:
不详

电话:
0755 26703666

传真:
0755 86130599

网址:
www.geya-watch.com

销售方式:
百货商场

经典款式:
G05008GKK，G08131GHW，G09006GYY

价格区间:
1200元~5800元

格雅品牌创立于 1993 年，生产规模达到年产 100 万枚以上。自主开发设计的手表款式达到五百余款，产品包括：情侣系列、淑女系列、运动休闲系列、卡通系列、礼品系列等。

每一块格雅表都秉持圆润、细腻、干净的设计品味，线条柔和却不失大气。外形圆融却不失硬朗，佩戴舒适却不失庄重。与中国人外圆内方的处世哲学相得益彰，让平和淡定、宠辱不惊的内在力量在腕上流传。

唯爱系列手表

型号: NO.G08131
机芯: 自动上弦机芯
功能: 时针，分针，秒针，日历
表壳: 不锈钢
表带: 不锈钢，不锈钢实心双按蝴蝶扣
参考价格: 2560元

唯爱系列手表

型号: NO.G09006
机芯: 瑞士朗达石英机芯
功能: 时针，分针，小秒针
表壳: 不锈钢，18K金表圈
表带: 不锈钢表带，不锈钢实心双按蝴蝶扣
参考价格: 5800元

驰系列手表

型号: NO.G05008G
机芯: 石英机芯
功能: 时针，分针，秒针，计时
表壳: 不锈钢，防水30米
表带: 不锈钢，双按保险扣
参考价格: 1580元

国产表

廊桥
Longio

创立时间:
1996年

员工人数:
50人

年产量:
2000枚

电话:
00852 2368 0266

传真:
00852 2368 0211

网址:
www.longiowatch.com

销售方式:
专营店

经典款式:
米长虹时间艺术系列，阿斯马拉，极限赛车手等

价格区间:
10000元~2000000元

廊桥（Longio）表业于1996年在中国香港创立，是中国本土高端钟表品牌。从最初的Oem、Odm加工起步，历经数载潜心努力，终成如今集钟表原创设计、生产制造及营销服务于一身的民族品牌。

2011年，凭借原创的纯手工艺羊脂玉手表“廊桥·神话”在瑞士第40届巴塞尔钟表展崭露头角后，廊桥相继受邀参加了摩洛哥顶级私人物品展、首届北京国际顶级生活品牌博览会（pop marques monaco）等知名展会，深受国际国内业界的熟知及认可。

经过数年的筹备，2012年5月8日，廊桥全力打造的首家手表专营店——时间廊桥，于北京朝阳区三里屯SOHO开业，将以北京为首发站，正式进入国内市场。

米长虹时间艺术系列神话Mythos

机芯: TT791.50手动上弦机芯，动力储备120小时
功能: 时针，分针，小秒针
表壳: 和田羊脂玉，直径46毫米，30米防水
表带: 和田羊脂玉，配18K金蝴蝶扣
参考价格: 28000000元，限量1枚

米长虹时间艺术系列国色National Beauty

机芯: TT791.50 手动上弦，动力储备120小时
功能: 时针，分针，小秒针
表壳: 18K白金，直径46毫米，30米防水
表带: 鳄鱼皮，配18K金表扣
参考价格: 1280000元

米长虹时间艺术系列飒露紫Saluzi

机芯: 古董机芯，动力储备大于30小时
功能: 时针，分针
表壳: 18K黄金，直径48.5毫米，30米防水
表带: 马皮，18K金表扣
参考价格: 780000元，限量18枚

阿斯玛拉Asmara

机芯： 中置陀飞轮机芯，动力储备大于65小时
功能： 时针，分针
表壳： 不锈钢316L钛，38.4毫米 x 43.5 毫米，防水30米
表带： 黑色天然胶带，不锈钢双按制蝴蝶扣
参考价格： 85600元~107500元，限量100枚

特拉蒙Telamon

机芯： 自动上弦机芯，动力储备65小时
功能： 时针，分针
表壳： 不锈钢316L，直径47毫米，防水1000米
表带： 不锈钢316 L，配加长潜水扣
参考价格： 109500元，限量100枚

火山Volcan

机芯： 手动上弦机芯，动力储备大于65小时
功能： 时针，分针，秒针，日历
表壳： 钛金属，直径42毫米，50米防水
表带： 黑色胶带，不锈钢双按制蝴蝶扣
参考价格： 88200元~88600元，限量100枚

极限赛车手X-Racer

机芯： 手动上弦机芯，动力储备大于65 小时
功能： 时针，分针
表壳： 钛金属，直径48毫米，300米防水
表带： 黑色胶带，不锈钢双按制蝴蝶扣
参考价格： 102300元~106200元，限量100枚

美男子Adonis

机芯： ETA2824-2，动力储备大于65小时
功能： 时针，分针，秒针
表壳： 不锈钢316L，直径43毫米，防水100 米
表带： 黑色皮带
参考价格： 13600元

铸客Zhuke

机芯： ETA 2824-2，动力储备65小时
功能： 时针，分针，秒针
表壳： 直径45毫米，500米防水
表带： 黑色皮带
参考价格： 18600元

国产表

雷诺
Rarone

雷诺表业有限公司创建于20世纪80年代，1996年正式落户深圳，成立深圳市雷诺表业有限公司，是集研发、生产及销售为一体的大型钟表企业。经过二十多年的生产经营，雷诺现已成为中国钟表行业的骨干企业，是中国钟表协会常务理事单位，广东省钟表行业协会常务副会长单位，深圳钟表协会副会长单位及深港钟表行业联合商会副主席单位。2010年雷诺表业开展新的品牌定位"新一代商务经典手表"。

博鳌组委会授权雷诺品牌为"博鳌亚洲论坛官方商务礼宾用表"。雷诺表为此特别设计的"博鳌·鼎智"系列手表，在2011年博鳌亚洲论坛10周年年会上得以展示，并用于赠送国际政要和商界人士。雷诺公司连续多年参加瑞士巴塞尔世界钟表珠宝展、德国慕尼黑钟表首饰展、中东迪拜商品展、香港钟表展、中国（深圳）国际钟表展等国际著名展会。

创立时间:
1996年

员工数量:
600余人

年产量:
100万枚

电话:
0755 27317756

传真:
0755 27317732

网址:
http://www.rarone.com

销售方式:
直营，代销，经销（专营店，直销，百货商场，会展等）

经典款式:
989049，88048，885159

价格区间:
2000元~12000元

辉煌系列

型号: 989049
机芯: 自动机械机芯
功能: 时针，分针，秒针，日历
表壳: 表圈18K包金，12点位时标镶嵌天然真钻
表带: 18K包金，双按蝴蝶扣
参考价格: 11180元

博鳌·鼎智

型号: 88048
机芯: 全自动机械机芯
功能: 时针，分针，秒针，日历
表壳: 不锈钢表壳
表带: 牛皮表带，双按蝴蝶扣
参考价格: 3480元

毅系列

型号: 885159
机芯: 石英机芯
功能: 时针，分针，秒针，计时，日历
表壳: 不锈钢表壳，蓝宝石镜片
表带: 不锈钢表带配双按蝴蝶扣
参考价格: 2180元

天势
Tendence

创立时间：
2007年

员工数量：
不详

年产量：
不详

电话：
021 6211 9328

传真：
021 6211 9010

网址：
www.tendencewatches.com

销售方式：
百货商场

经典款式：
Crazy疯狂系列撞色手表

价格区间：
2988元~6550元

天势表创立于瑞士卢加诺，品牌以特立独行而著称，具有独特的时尚尺寸和审美特质。天势表集合了一个高度前卫和原始的概念，它的3D拨号设计，使得数字雕刻成凸型文字，同时使用德国日默瓦八星级旅行箱材质，并以大表盘设计，诠释了“Larger than life”的品牌精神。

在天势表的世界中，创意就是精髓，呈现出一种独特的、当代的风格，源于创新、品位和大胆设计的融合。

Crazy疯狂系列撞色手表

型号： T0460405，T0460406，T0460407，T0460408
机芯： miyota机芯
功能： 时针，分针，秒针，计时，日历
表壳： 聚酰胺纤维，防水100米
表带： 硅胶表带
参考价格： 6550元
其他款式： 表圈无水钻款橙色或水蓝表盘款

Pure Glam施华洛世奇系列手表

型号： T0430044，T0430045
机芯： miyota机芯
功能： 时针，分针，秒针
表壳： 316L不锈钢和高耐磨聚酰胺纤维，防水100米
表带： 硅胶表带
参考价格： 6420元
其他款式： T0430046白色表盘金色指针
T0430047黑色表盘金色指针

七夕Skull骷髅系列情侣手表

型号： 05023014（男款），T0330016(女款)
机芯： miyota机芯
功能： 时针，分针，秒针
表壳： 不锈钢和高耐聚碳酸酯，生活防水100米
表带： 硅胶表带
参考价格： 4170元（男款），2988元（女款）

创立时间：
1996年

员工数量：
800人

年产量：
950000只

电话：
0755 8609 5278

传真：
0755 8609 5999

网址：
www.poscerwatch.com

销售方式：
专营店，百货商场，会展

经典款式：
简·爱系列，伯列朗特·飞行者系列，伯列朗特·拯救者系列，伯列朗特·星舰系列

价格区间：
600元~15800元

宝时捷
Poscer

宝时捷品牌创建于20世纪90年代初，目前，公司拥有研发技术创新的队伍以及先进的生产、检测设备和专业的检测人员。研发技术、生产流程和检测均达到国内高标准的水平。每款产品均有自主知识产权，拥有相应发明创造、外观设计专利。

宝时捷表重视将品牌与消费者无缝连接，自品牌成立以来，在中央电视台《幸运52》投放过广告，赞助过韩国电视剧《世纪特警》以及国内热播电视剧《蜗居》，并与国内多家媒体合作，逐步成长为国内知名钟表品牌。

2009年，公司投入数百万元，聘请香港影星陈启泰和国外七位知名演员作为“POSCER宝时捷”形象代言人，拍摄广告大片“伯列朗特·拯救者系列”，并荣获“2011年度钟表品牌营销大奖”。品牌立足于差异化营销，走品牌化道路，通过提升品牌文化内涵，树立鲜明品牌个性，积极应对国内外品牌竞争。

伯列朗特 · 飞行者系列手表

型号： 6042 M
机芯： 自动上弦进口机芯
功能： 时针，分针，秒针，第二时区显示
表壳： 不锈钢，直径46毫米，防水100米
表带： 真皮表带
参考价格： 2800元

伯列朗特 · 星舰系列

型号： 6035L
机芯： 自动上弦进口机芯
功能： 时针，分针，秒针
表壳： 不锈钢，钨钢表圈，直径34毫米,防水30米
表带： 真皮表带
参考价格： 1580元

简 · 爱系列K金对表

型号： 3001MK/LK
机芯： 石英机芯
功能： 时针，分针，秒针，日历
表壳： 不锈钢，18K玫瑰金表圈，直径45.7毫米（男款），35.8毫米（女款）
表带： 真皮
参考价格： 3800元

伯列朗特 · 飞行者系列手表

型号： 8175MB
机芯： 石英机芯
功能： 时针，分针，秒针，日历，24时针
表壳： 不锈钢，直径42毫米，防水30米
表带： 棕色真皮
参考价格： 880元

伯列朗特 · 飞行者系列手表

型号： 8175MA黑
机芯： 石英机芯
功能： 时针，分针，秒针，日历，24时针
表壳： 不锈钢，直径42毫米，防水30米
表带： 不锈钢/间金
参考价格： 930元

伯列朗特 · 飞行者系列手表

型号： 6044M白
机芯： 自动上弦进口机芯
功能： 时针，分针，秒针，第二时区显示
表壳： 不锈钢，直径46毫米，防水100米
表带： 真皮表带
参考价格： 2500元

罗西尼
Rossini

罗西尼，创立于 1984 年，是中国成立最早的一家中外合资专业化制表公司，具有年开发新表上百款，年生产成表上百万只的能力。拥有总部员工 490 人及 2000 余人的销售团队，销售点网布全国，是中国较负盛名的钟表品牌之一。

在中国钟表市场中，罗西尼以高品质、高品位的手表以及特有的风格和品牌内涵吸引着消费者的目光。拥有“中国驰名商标”、“中国 500 个最具价值品牌”、“中国消费市场 20 年最具影响力品牌”、“高新技术企业”等多项荣誉。2012 年，根据全国大型零售企业商品销售最新调查统计显示，罗西尼牌手表连续十年（2002 ~ 2011 年）荣列同类产品市场销量第一位，品牌价值居中国钟表企业榜首。2012 年，罗西尼表业被国家列为首批“国家品牌培育百家试点企业”。

2012 年，罗西尼现代化欧式园林钟表产业基地正式启用，集设计研发、生产制造、品牌运营、钟表博物馆、旅游参观等于一体，加速了企业规模化、集团化和国际化发展进程。

创立时间:
1984年

员工数量:
2500人

年产量:
120万枚

电话:
0756 3333805
全国客服 400 189 3399

传真:
0756 3332799

网址:
www.rossini.com.cn

销售方式:
商场专柜，专卖店，电子商务，工业旅游

经典款式:
雅尊商务系列（双子星系列，蓝爵系列，传承系列），典美时尚系列（奥俪薇系列），锐冠(RANGE 1)运动手表，丝绸超薄手表，陀飞轮手表，光电能电波表

价格区间:
450元 ~ 110000元

锐冠运动系列–足球计时功能手表

型号： YD5559 B04B
机芯： 瑞士石英机芯
功能： 时针，分针，秒针，日历，计时
表壳： 黑色全砂不锈钢表身，黑色全砂不锈钢上套，防水100米
表带： 进口黑色PU带，麦穗纹设计
参考价格： 2180元
其他款式： YD5559 B01A（价格：2180元）

锐冠运动系列

型号： YD5557 G01C
机芯： 日本进口石英机芯
功能： 时针，分针，秒针，日历，计时
表壳： IP玫瑰金色不锈钢表身，不锈钢上套，防水100米
表带： 白色硅胶表带，玫瑰金色表带扣
参考价格： 2790元
其他款式： YD5557 G01B（价格：2790元），YD5557 G01A（价格：2790元）

雅尊商务传承系列绅士简约款

型号： 5535T01B
机芯： 瑞士自动上弦机芯
功能： 时针，分针，秒针，日历
表壳： 间金色全光不锈钢表身,金色不锈钢上套，防水30米
表带： 间金色不锈钢表带，双按蝴蝶扣
参考价格： 6380元
其他款式： 5535W01A（价格：6380元）

雅尊商务传承系列月相功能特别款

型号： 5567T06B
机芯： 西铁城6P20石英机芯
功能： 时针，分针，秒针，日期，星期，月相
表壳： 间金色全光不锈钢表身，金色全光不锈钢上套
表带： 咖啡色牛皮表带，原色不锈钢折叠扣
参考价格： 1280元
其他款式： 5567T01A（价格：1580元），5567W03C（价格：1580元）

奥俪薇时尚系列女装手表

型号： 5468G01B
机芯： 镂空自动上弦机芯
功能： 时针，分针，秒针
表壳： 金色全光不锈钢表身,金色全光不锈钢上套，表冠头部镶嵌锆石，防水30米
表带： 牛皮表带配罗西尼专用镶宝石皮带扣
参考价格： 3580元
其他款式： 5468W01A（价格：3580元）

罗西尼限量版陀飞轮金表

型号： 5525G06B
机芯： 陀飞轮镂空机芯
功能： 时针，分针，秒针，飞返日历，飞返星期，陀飞轮秒针
表壳： 18K金表身，顶端镶嵌优质天然钻石，不锈钢底托镶钻，防水30米
表带： 鳄鱼皮表带（赠送牛皮表带）
参考价格： 110000元，限量60枚
其他款式： 5525G01A（价格：110000元）

创立时间：
1955年

员工数量：
不详

年产量:
不详

电话:
022 5867 6882

传真:
022 5867 6882

网址:
www.seagullwatch.com
www.sea-gullmall.com

销售方式:
专营店，百货商场，会展

经典款式：
浮雕龙表

价格区间:
千元到万元不等，最贵的为168万元的“三合一”手表

海鸥
Seagull

天津海鸥手表集团公司前身是“天津手表厂”，于 1955 年 3 月 24 日试制成功“中国第一只手表”，亦是中国最大的表业制造集团之一。总部 2010 年迁入天津空港经济区的“海鸥工业园”，在上海、大连、烟台、石家庄等地设有制造基地，销售专卖店在全国各大中城市落成开业。长达半个多世纪的发展历程为集团奠定了技术基础和文化积淀，形成“自主知识产权”价值核心，并发展成为集手表机芯和成品表于一身，研发、生产、组装、销售于一体的制表企业集团，推进海鸥高端机械手表的发展和新材料、新技术、新工艺在手表制造中的应用，逐步实现“与世界知名品牌同台竞技”的目标。

超薄镶钻玫瑰金女士手表

型号： 719.379L
机芯： ST4100手动上弦机芯
功能： 时针，分针，小秒盘
表壳： 全钢镀玫瑰金镶钻，厚度7.3毫米，直径28.1毫米，30米防水
表带： 牛皮表带
参考价格： 8800元

海鸥机械计时表M199S

型号： M199S
机芯： ST1908手动上弦机芯
功能： 时针、分针、小秒针，日历，月相，计时
表壳： 不锈钢表壳
表带： 牛皮表带
参考价格： 9800元

18K白金双偏心陀飞轮手表

型号： ST8080-2GB
机芯： ST8080-2手动上弦机芯
功能： 时针，分针，陀飞轮
表壳： 18K白金表壳，厚度约12毫米，直径41毫米，30米防水
表带： 鳄鱼皮表带，18K传统式白金扣
参考价格： 260000元，限量200枚

海鸥镂空双陀飞轮ST8083GK

型号： ST8083GK
机芯： ST8083手动上弦机芯
功能： 时针、分针，日历，月相，双陀飞轮
表壳： 18K玫瑰金表壳
表带： 鳄鱼皮表带
参考价格： 280000元

海鸥三问人偶打簧金表ST9100GD（限量30只）

型号： ST9100GD
机芯： ST9100手动上弦机芯
功能： 时针、分针、秒针，三问功能（报时、报刻、报分）
表壳： 18K玫瑰金表壳
表带： 鳄鱼皮表带
参考价格： 480000元

海鸥多功能自动不锈钢机械表819.381

型号： 819.381
机芯： ST2585自动上弦机芯
功能： 时针、分针、秒针，10点位飞返日、2点位能量指示
表壳： 不锈钢表壳
表带： 牛皮表带
参考价格： 2680元

海鸥表薄型自动不锈钢机械表M201SG

型号： M201SG
机芯： ST1812自动上线机芯
功能： 时针、分针、秒针，窗口日历
表壳： 不锈钢表壳
表带： 牛皮表带
参考价格： 4800元

海鸥璀璨母贝719.387

型号： 719.387
机芯： ST2130自动上弦机芯
功能： 时针、分针、秒针，窗口日历
表壳： 全钢镀玫瑰金镶钻表壳
表带： 牛皮表带
参考价格： 2680元

海鸥表镶钻母贝盘女装金表陀飞轮ST8400VGLC

型号： ST8400VGLC
机芯： ST4000手动上弦机芯
功能： 时针、分针，陀飞轮
表壳： 18K玫瑰金镶钻表壳
表带： 鳄鱼皮表带
参考价格： 198000元

国产表

天霸
Tianba

创立时间：
1982年

员工数量：
不详

年产量：
240万枚

电话：
0755 89896666

传真：
0755 84261799

网址：
http://www.degrisogono.com

销售方式：
百货商场（专营店，直销，百货商场，会展等）

经典款式：
TL2087，TM5138，TL5142

价格区间：
1500元~3500元

深圳天霸钟表有限公司诞生于 1982 年，集设计、开发生产及销售于一体，现已建立无尘装配车间，开设以钢、钛为主一条龙的钟表的生产制造基地，手表月产量达 20 万只；并在原材料、机械设备、生产技术、测试上不断研发及改良，企业拥有全新的实验室，以全套瑞士测试标准要求每一只手表。

天霸表从 1989 年起连续三度荣获国内商业部、贸易部颁发的最畅销国内商品“金桥奖”，1990 年，天霸表赞助“第十一届北京亚运会”，并赠送天霸纯金表以资鼓励。1995 年荣获“消费者信得过产品及全国外商投资企业明星”；1999 年被评为“20 世纪影响国人的非常品牌”；2002 年荣获“同行业销售领先品牌”等殊荣；2006 年，天霸石英手表被评为“中国石英手表市场消费者满意第一品牌”。天霸表在石英表风行的年代成为中国石英表业的领军品牌，企业可对产品进行世界顶级的质量测试，为中国钟表品牌制定专业标准。

智者本色TM5137

型号： TM5137.02SI（玫瑰金色）
TM5137.04ST（黄金色）
机芯： 原装进口日本机械机芯
功能： 时针，分针，秒针
表壳： 全钢表壳，表圈
表带： 实心钢带配双按蝴蝶扣
参考价格： 2380元

智者本色TM/L2138

型号： TM138.02，TL2138.02
机芯： 原装进口日本机械机芯
功能： 时针，分针，秒针，日历
表壳： 全钢表壳，表圈，复合结构“凸”型双重表盘
表带： 棕色进口鳄鱼纹小牛皮表带配双按蝴蝶表扣
参考价格： 2280元

名媛本色TL5142

型号： TL5442.01PK，TL5142.02PC
机芯： 原装进口日本机械机芯
功能： 时针，分针，秒针
表壳： 全钢表壳，表圈
表带： 真牛皮表带和实心钢带配双按蝴蝶扣
参考价格： 3200元

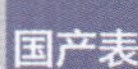

天王
Tian Wang

创立时间:
1988年

员工数量:
1200人

年产量:
120万枚

电话:
0755 8171 9888

传真:
0755 2806 6409

网址:
www.tianwangwatch.cn

销售方式:
专营店，直销，百货商场

经典款式:
天爵陀飞轮系列81868，锋尚系列GS5632PB/D，GS5658T/D,金骑士系列81699,轮时代系列GS5590T/D；尚SHINE系列LS3609PW/3D 等

价格区间:
2000元～150000元

天王电子（深圳）有限公司，是香港时计宝集团全资附属公司，拥有“天王”手表品牌。如今，天王表设计生产出了天爵陀飞轮系列、锋尚系列、风云系列、龙凤系列、金骑士系列、轮时代系列、恒隽系列、锋睿系列、名匠系列、雅仕系列、博雅系列、尚·SHINE 系列、俪姿系列等多个系列经典款式。特设的“品质监督控制中心”以ISO9001质量保障体系为执行标准，确保天王表始终如一的产品品质；全封闭无尘防静电化装配车间以及严酷的环境实验室为天王表的生产提供支撑和保障。同时，还引进了先进的管理信息系统对公司进行全程业务管理，使管理日趋科学化和现代化。

天王表采用皇冠造型作为品牌标志，连续四年被国内贸易部、中国电子工业部、中国轻工业总会、中国消费者协会、国家技术监督局、中国纺织总会、国家经贸委等七部委评为全国畅销产品“金桥奖”，更先后荣获了“中国名牌”、“中国驰名商标”、“国家级高新技术企业”等荣誉。

金骑士系列

型号: 81699
机芯: 进口优质手动机械机芯
功能: 时针，分针，秒针
表壳: 不锈钢表壳，18K玫瑰金表圈，50米防水
表带: 深棕色牛皮表带，不锈钢双按双开皮带扣，扣面蚀唛电玫瑰金
参考价格: 8694元

轮时代系列

型号: GS5590T/D
机芯: 进口优质露摆自动机械机芯
功能: 时针，分针，秒针
表壳: 不锈钢表壳，侧面钨钢圈口，50米防水
表带: 实芯钢带间电黄金，钨钢中珠，双按双开不锈钢蝴蝶扣
参考价格: 3939元

尚SHINE系列

型号: LS3609PW/3D
机芯: 进口优质多功能石英机芯
功能: 时针，分针，秒针，24小时指示，周历，日历
表壳: 不锈钢壳电玫瑰金，30米防水
表带: 实芯不锈钢表带电玫瑰金，白色陶瓷中珠，不锈钢双按双开蝴蝶扣
参考价格: 2468元

钟表品牌APP应用程序

A. Lange & Söhne 朗格
https://itunes.apple.com/cn/app/a.-lange-sohne-timepieces/id346532227?mt=8

Audemars Piguet 爱彼
https://itunes.apple.com/us/app/ap/id411874174?mt=8

Bedat & Co. 宝达
https://itunes.apple.com/cn/app/bedat-c/id483491284?mt=8

Bell & Ross 柏莱士
https://itunes.apple.com/cn/app/bell-ross/id308126616?mt=8

Blancpain 宝珀
http://itunes.apple.com/cn/app/blancpain/id507418506?mt=8

Breguet 宝玑
https://itunes.apple.com/cn/app/breguet/id520826484?mt=8

Breitling 百年灵
https://itunes.apple.com/cn/app/breitling-reno-air-races-game/id435476183?mt=8

Bulgari 宝格丽
https://itunes.apple.com/cn/app/b-retrospective/id407484081?mt=8

Bulova Accutron 宝路华·臻创
https://itunes.apple.com/cn/app/bulova-time/id478319155?mt=8

Cartier 卡地亚
https://itunes.apple.com/cn/app/ka-de-ya-gao-ji-zhi-biao-xi-lie/id414027798?mt=8

Chanel 香奈儿
https://itunes.apple.com/cn/app/chanel-mode/id409934435?uo%3D2%26mt%3D8%26uo%3D2

Certina 雪铁纳
https://itunes.apple.com/cn/app/certina/id474446210?mt=8

Citizen 西铁城
https://itunes.apple.com/cn/app/citizen/id434806602?mt=8

Dior 迪奥
https://itunes.apple.com/cn/app/dior/id315312415

DeWitt
https://itunes.apple.com/cn/app/dewitt-watches/id330996539?mt=8

法穆兰 Franck Muller
https://itunes.apple.com/cn/app/franck-muller-hd/id493861585?mt=8

Frederique Constant 康斯登
https://itunes.apple.com/cn/app/frederique-constant-geneve/id504550607?mt=8

Folli Follie
https://itunes.apple.com/cn/app/folli-follie/id409346711?mt=8

Girard-Perregaux 芝柏
https://itunes.apple.com/cn/app/girard-perregaux/id397989601?mt=8

Gucci 古驰
https://itunes.apple.com/cn/app/gucci-style/id334876990?mt=8

Hublot 宇舶
https://itunes.apple.com/cn/app/ihublot/id425918737?mt=8

IWC 万国
https://itunes.apple.com/de/app/iwc/id348140539?mt=8

Jaeger-LeCoultre 积家
https://itunes.apple.com/cn/app/jaeger-lecoultre-app/id413624685?mt=8

Jaquet Droz 雅克德罗
https://itunes.apple.com/cn/app/jaquet-droz/id424794858?mt=8

JeanRichard 尚维沙
https://itunes.apple.com/cn/app/jeanrichard/id452520346?mt=8

Longines 浪琴
https://itunes.apple.com/cn/app/longines-lang-qin-biao/id438417568?mt=8

Milus 美利时
https://itunes.apple.com/cn/app/milus/id424775697?mt=8

Maurice Lacroix 艾美
https://itunes.apple.com/cn/app/maurice-lacroix/id352097924?mt=8

Montblanc 万宝龙
https://itunes.apple.com/cn/app/montblanc/id409101819?mt=8

Nomos 诺莫斯
https://itunes.apple.com/cn/app/nomos-glashutte-weltzeitung/id392809868?mt=8

Omega 欧米茄
https://itunes.apple.com/cn/app/omega-lifetime/id395903246?mt=8

Parmigiani 帕玛强尼
https://itunes.apple.com/cn/app/parmigiani/id380253794?mt=8

Perrelet 伯特莱
https://itunes.apple.com/cn/app/perrelet/id348678479?mt=8

Panerai 沛纳海
https://itunes.apple.com/cn/app/panerai-cat/id433429616?mt=8

Ralph Lauren 拉夫劳伦
https://itunes.apple.com/cn/app/ralph-lauren-collection-spring/id294067384?mt=8

Rolex 劳力士
https://itunes.apple.com/cn/app/id485665264?mt=8

TAG Heuer 豪雅
https://itunes.apple.com/cn/app/monaco-v4/id341640335?mt=8

Tissot 天梭
https://itunes.apple.com/cn/app/tissot/id506298493?mt=8

Tudor 帝舵
https://itunes.apple.com/cn/app/2012nian-di-duo-biao-xin-kuan/id507199772?mt=8

Ulysse Nardin 雅典
https://itunes.apple.com/cn/app/ulyssenardin/id499855791?mt=8

Vacheron-Constantin 江诗丹顿
https://itunes.apple.com/cn/app/vacheron-constantin-ipad-edition/id515183008?mt=8

Van Cleef & Arpels 梵克雅宝
https://itunes.apple.com/cn/app/van-cleef-arpels-charms-watch/id289531164?mt=8

Zenith 真力时
https://itunes.apple.com/cn/app/zenith-watches/id473939481?mt=8

图书在版编目（CIP）数据

时尚时间2013世界名表年鉴／《时尚时间》编著.—北京：中国轻工业出版社，2013.4

ISBN 978-7-5019-9079-5

Ⅰ. ①时… Ⅱ. ①时… Ⅲ. ①手表－世界－2013－年鉴 Ⅳ. ①TH714.52-54

中国版本图书馆CIP数据核字(2012)第274407号

策划编辑：王巧丽
责任编辑：王巧丽　责任终审：孟寿萱　封面设计：朱　晔
版式设计：宋媛媛　责任校对：燕　杰　责任监印：马金路

出版发行：中国轻工业出版社（北京东长安街6号，邮编：100740）
印　刷：北京利丰雅高长城印刷有限公司
经　销：各地新华书店
版　次：2013年4月第1版第1次印刷
开　本：720×1000　1/16　印张：31.5
字　数：500千字
书　号：ISBN 978-7-5019-9079－5
定　价：228.00元
邮购电话：010-65241695　传真：65128352
发行电话：010-85119835　85119793　传真：85113293
网　址：http://www.chlip.com.cn
Email:club@chlip.com.cn
如发现图书残缺请直接与我社邮购联系调换
121168S8X101HBW